奠基 计算机网络

修订版

韩立刚 王艳华 潘刚柱 张庆力 编著

清華大学出版社
北京

内 容 简 介

本书是一本讲解计算机网络基础的图书，但其内容并没有局限于计算机网络，还包括了网络安全、搭建网络服务器等实用操作内容。本书一改传统计算机网络教材艰涩的叙述方式，而是基于笔者多年的网络运营经验从实用角度阐述理论，希望可以给读者不一样的阅读体验。本书使用 Packet Tracer 和 Dynamips 两款路由器模拟软件为读者搭建好逼真实验环境，为您的学习扫除障碍。

本书涉及的内容，理论部分包括网络设备、开放式系统互联（OSI）、IP 地址、TCP/IP 协议、安装服务器、配置服务器网络安全、灰鸽子木马防治、P2P 终结者的工作原理。路由器操作部分包括网络操作系统（IOS）的配置。路由部分包括静态路由、路由汇总、默认路由。动态路由讲述了 RIP、EIGRP 和 OSPF。交换部分包括交换机端口安全和 VLAN 管理。网络安全包括标准访问控制列表、扩展访问控制列表。网络地址转换包括静态 NAT、动态 NAT 和端口地址转换。IPv6 包括 IPv6 地址、IPv6 的动态和静态路由、IPv6 和 IPv4 共存技术。广域网包括广域网封装 PPP、HDLC 和帧中继、路由器和 Windows 实现的 VPN。

本书光盘包含 50 小时的计算机网络相关视频操作以及 PPT 教学课件。

本书适合于作为计算机网络自学教材、大专院校教材、社会培训教材、CCNA 教辅等，另外本书提供的一些实用网络操作，对网络从业人员也具有相当的参考价值。

图书在版编目(CIP)数据

奠基 • 计算机网络 / 韩立刚等编著. — 修订本. — 北京：清华大学出版社，2013(2024.8 重印)
（清华电脑学堂）
ISBN 978-7-302-32043-2

Ⅰ.①奠… Ⅱ. ①韩… Ⅲ. ①计算机网络——基本知识 Ⅳ. ①TP393

中国版本图书馆 CIP 数据核字（2013）第 078666 号

责任编辑：栾大成
装帧设计：杨玉芳
责任校对：胡伟民
责任印制：宋　林

出版发行：清华大学出版社
网　　址：https://www.tup.com.cn，https://www.wqxuetang.com
地　　址：北京清华大学学研大厦 A 座　　**邮　　编：**100084
社 总 机：010-83470000　　**邮　　购：**010-62786544
投稿与读者服务：010-62776969，c-service@tup.tsinghua.edu.cn
质量反馈：010-62772015，zhiliang@tup.tsinghua.edu.cn
印 装 者：三河市龙大印装有限公司
经　　销：全国新华书店
开　　本：188 mm×260 mm　　**印　张：**23.75　　**字　　数：**655 千字
附 DVD 1 张
版　　次：2013 年 7 月第 1 版　　**印　　次：**2024 年 8 月第 11 次印刷
定　　价：69.00 元

产品编号：049694-02

前　言

IT 职业生涯从《奠基计算机网络》开始

有不少计算机专业的学生毕业找工作，发现不能立刻满足用人单位对 IT 人才的要求。现在我们来分析一下原因，看一下在学校学到的专业课程和用人单位的要求。

计算机专业课程：C 语言，数据结构，离散数学，数据库原理，编译原理，操作系统，计算机组成原理，计算机网络原理，数字电路、模拟电路等。可以看到学校的课程设置偏理论、偏底层，学完这些课程要是不去制造计算机都有点屈才，这些理论再讲 10 年课本都不需要更新，学校做到了以不变应万变。

再看用人单位的需求，下面列出智联招聘网站几家用人单位对 IT 人才的需求，可以看到，虽然职位是网络工程师，但恨不得什么都能干，有的还要求你有经验。

用人单位	职位	技能要求
上海杨浦区同欣进修学校	网络工程师	1.具有丰富的计算机硬件知识，精通计算机、服务器和网络维护； 2.熟悉局域网架构，具有良好的网络规划、组建、维护和独立处理网络系统故障的能力； 3.熟悉路由器、交换机、网络设备的设置与管理； 4.熟练使用办公软件。
浙江中国轻纺城网络有限公司	网络维护工程师	1.有一定的局域网维护经验（包括路由器、交换机等），会简单的综合布线能力； 2.熟练操作通用办公软件，能够对出现的网络问题、电脑病毒、打印机故障等及时有效地处理； 3.熟悉 Linux 操作系统； 4.熟悉 Windows Server 服务器，了解 Active Directory（域管理）等基本的管理和使用； 5.熟悉 Web、FTP、Mail 软件配置。
百事饮料(南昌)有限公司	网络维护人员	1.熟悉 Windows 网络组建，域管理，Cisco 网络设备和服务器的基本维护； 2.熟练地对单机硬件/电脑周边设备及 Windows 操作系统进行排障处理，熟悉常用工具软件及办公软件的应用及维护。

可以看到这三家单位都是招聘网络维护工程师，从技能要求来看，要求能够维护具体的设备，能够操作具体的服务器（Windows Server 或 Linux）。因此在学校学的网络原理、操作系统，不能立刻胜任这些工作，计算机专业尚且如此，更不要说有志于投身网络的其他专业和社会人员了。因此你要进一步针对具体的网络设备和服务器进行学习，这就是职业 IT 培训。

计算机专业的学生，刚出校门，面对用人单位的要求，发现自己似乎什么都不会，尤其是要求有经验，这对刚出校门的学生几乎苛刻。于是有的学生就开始迷茫和彷徨，不知道从何下手开始学习。

从智联招聘 100 家企业对 IT 人才的技能要求，同时结合本人从事微软、思科等厂家培十余年的经验，为微软正版用户做技术支持 6 年的经验，这里将 IT 技能进行了归纳整理。这些技能覆盖了企业对 IT 人才 80%以上的技能要求。

IT系统集成课程 涵盖以下几方面的技能：

1. 企业网络的管理和维护。
2. 企服务器的管理和维护。
3. 运行在这些服务器上的应用，比如数据库、Web服务器、邮件服务器以及办公系统的管理和维护。
4. 数据库管理和维护。
5. 确保网络安全。
6. 确保IT系统高可用。
7. 服务器虚拟化技能。

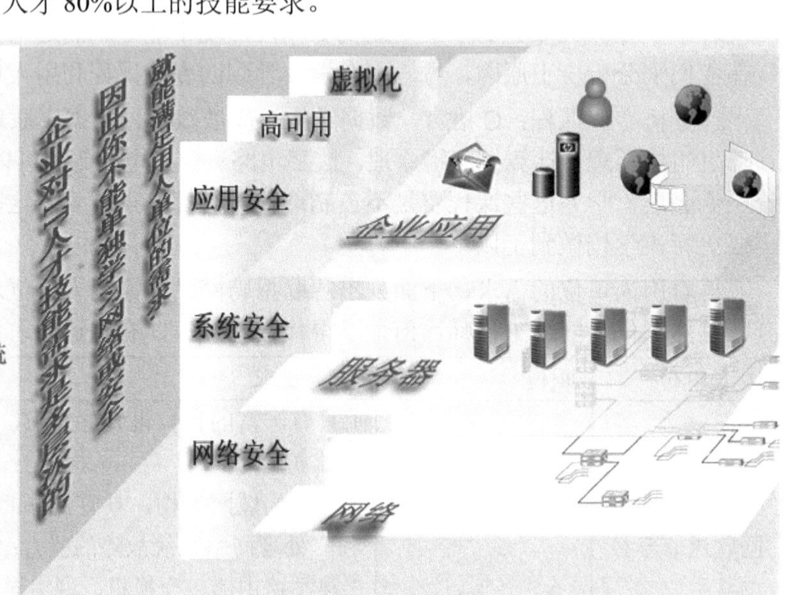

从上图可以看到，企业组建网络不是目的，目的是为了在网络上进行更多的应用，比如企业邮件服务器、数据库服务器、办公自动化网站、流媒体服务器（用来开展培训）等。这些应用需要运行在 Windows Server 或 Linux 服务器上，因此你还要能够配置 Windows Server 和 Linux 服务器。这些服务器要想对用户提供服务，就要确保网络的畅通、安全和稳定。

因此我把 IT 技能分层，一个全面的 IT 人才，应该掌握以下技能：

（1）能够维护企业的局域网（规划网络、划分 VLAN），广域网（使企业的网络连接到 Internet 和企业远程网络）。（本书的名称《奠基计算机网络》有两个层面的意思：一、本书是你学习网络的的基础，二、本书是你 IT 职业生涯的开始）。

（2）在服务器方面的技能，你需要学会服务器（Windows Server 和 Linux）的配置，网络基础服务的实现（比如域名解析服务器、DHCP 服务器的搭建，远程访问服务器的配置等等）。

（3）在这些服务器上承载的各种企业应用，也需要掌握专门的技能，比如数据库的管理[包括性能优化、高可用技术（数据库镜像、双机热备技术）、搭建企业邮件服务器（如微软邮件服务器 Exchange 2010 的管理）]。

（4）在前三条贯穿始终的是安全，包括网络安全、操作系统安全、应用安全。

（5）在前三条贯穿始终的还有高可用，包括网络高可用、服务器高可用、应用高可用。

（6）还有虚拟化技术（如微软的 Hyper-V 和 VMWare 的 ESX 服务器），能够搭建更加灵活的企业数据中心，这也是当前主流的 IT 技术。

以上列出的课程，是一个 IT 网络从业人员应该掌握的技能，旨在为计算机专业的在校大学生和刚刚参加工作的人员，确定一个学习方向。你可以在任何一个领域深入学习，比如深入学习数据库，可以做一个专业的 DBA。

本书的目标

本书的目标就是让你胜任企业网络方面的工作，让你解决工作中遇到的问题，如果你打算报考计算机方向研究生，这本书并不适合你；如果你打算学完之后从事网络方面的工作，本书是最佳选择。

《奠基计算机网络》是一本讲解计算机网络基础的图书，但其内容并没有只局限于计算机网络，还包括网络安全、网络排错、Windows Server 2003 搭建网络服务器和使用 Windows 实现的网络功能。

该书主要面向当前和未来的网络技术，因此没有过多地介绍互联网的历史，而是对下一代网络协议 IPv6 进行了详尽的介绍。该书没有打算让读者去研发 TCP/IP 协议，因此对于

TCP/IP 封装起来的内部的工作机制没有过多的讲解，但通过在 Windows Server 2003 上安装服务和配置服务器安全，使读者能够更深入地理解 TCP/IP 协议传输层和应用层协议之间的关系、服务和端口的关系、端口和网络安全的关系。学习后，你将能够通过查看建立的 TCP 会话来检查 Windows 操作系统是否中了木马，并使用 IPSec 防止木马。该书没有打算让读者去制造网卡或其他网络设备，因此没有为你详细讲述网卡传输信号的细节，也不会让你用复杂的公式计算以太网数据包传输延迟，但对于网络中使用网卡 MAC 地址欺骗造成的网络故障进行了详尽的讲解，为你展示了使用捕包工具捕获数据包排除网络故障的方法。该书没有打算让读者去改进动态路由的算法，因此对于复杂的动态协议的算法没有过多的讲解，但对于各种动态路由协议的适用场景和特点进行了详细的介绍和比较，并设计实验环境供你体验。总之，本书为你提供了对所学知识操作一遍的机会，消除读者对纯理论的神秘感，所有的实验环境在光盘中都为你提供了。

为什么写这本书

高校的计算机网络教程大多偏重理论，没有针对具体的网络设备安排课程内容。如果报考研究生，掌握这些理论是必不可少的。本书中的案例也可作为高校计算机网络的实验手册，这对于你深刻理解计算机网络中的理论有很大帮助。

再就是针对 Cisco 网络工程师认证的教程《CCNA 学习指南》，是针对 Cisco 认证的教材。其内容只局限于网络知识和 Cisco 路由器的操作，没有进一步扩展，比如讲授 TCP/IP，没有更进一步地讲述网络安全，也没有讲述在 Windows 操作系统上实现的网络安全。再比如，在讲授网络地址转换 NAT 时，只讲到在 Cisco 路由器上实现的地址转换，并没有讲述在 Windows Server 上实现的 NAT。在讲授 Cisco 路由器实现的 VPN 时，没有讲述使用 Windows 实现的 VPN。在讲授 IPv6 时，没有讲授 IPv4 和 IPv6 共存技术的具体实施。

本人从事 IT 技术培训工作十余年，并多年从事微软的产品技术支持服务，在排除操作系统和网络故障方面积累了大量的经验。在讲授 CCNA 课程时，将为客户排除网络故障的大量案例插入合适的章节，使抽象的理论和实际结合，在授课过程中尽量避免使用听起来高深的术语，而是使用直白晓畅的语言进行阐述。经过多年的积累沉淀，逐渐形成自己 CCNA 授课的风格和内容，广受学员欢迎，尤其是初学网络的学员。

对于自学计算机网络的学生，苦于没有网络设备，使得网络的学习仅停留于理论，而陷入困顿。有些学校即便有网络设备，也很难为每一个学员提供实验所需的网络环境。基于此，本书使用 Packet Tracer 和 Dynamips 软件为读者设计、搭建好了实验环境，读者只需打开软件，按着书上的步骤验证所需知识即可。

本书适合谁

- 计算机网络的初学者
- 高校在校生
- 企业 IT 员工

对读者的要求

要求读者有使用网络的经验，那怕你会 QQ 聊天或网络偷菜，也就算是有了学习本书的基础。

本书特色

- 侧重应用，尽量挖掘理论在实践中的应用。
- 使用路由器模拟软件 Packet Tracer 设计实验和实验步骤。
- Dynamips 软件搭建实验环境。有些实验 Packet Tracer 不支持，就使用 Dynamips 软件模拟真实的路由操作系统。
- 针对理论设计了实验环境，帮助你理解理论。
- 有和教材相对应的 PPT，适合作为学校教材。
- 光盘中教学有视频，帮助你自学。
- 学习本书，你只需一台内存 1GB 以上的计算机即可。

本书主要内容

第 1 章：介绍了局域网、广域网、服务器、客户机、OSI 参考模型、网络设备等基本概念；集线器、交换机、路由器的功能；网卡、网线、直通线、交叉线、全反线的应用场景；OSI 参考模型与网络排错以及网络安全的关系；Cisco 组网的三层模型。

第 2 章：详细阐述 TCP/IP 的层次结构，以及每层包含的协议，讲解了传输层两个协议——TCP 和 UDP 的应用场景，应用层协议和传输层协议的关系，应用层协议和服务之间的关系；演示了在 Windows Server 2003 上安装配置 FTP 服务、Web 服务、POP3 服务、SMTP 服务和 DNS 服务，启用服务器的远程桌面，并且配置客户端连接这些服务器；配置 Windows 防火墙保护 Windows XP 安全和使用 TCP/IP 筛选配置服务器安全，防止主动入侵计算机；配置 IPSec 严格控制进出服务器的数据流量，避免木马程序造成威胁；展示使用捕包工具排除网络故障。

第 3 章：本章内容包括 IP 地址层次结构、IP 地址分类、保留的 IP 地址、私有地址、等长子网划分和变长子网划分。

第 4 章：讲述如何使用 Dynamips 软件在计算机上运行路由器 IOS，并搭建本书的实验环境，然后在这个软件上运行 IOS 进行路由器的常规配置来熟悉 Cisco 命令行界面；当完全熟悉了这个界面后，你将能够配置主机名、口令和其他更多的内容，并且通过使用 Cisco IOS 来进行排错；使用安全设备管理器（SDM）管理路由器、恢复路由器密码、升级和安装路由器 IOS。

第 5 章：在本章中您将学习数据包路由的详细过程，以及网络能畅通的必要条件。通过本章的学习，您将能够排除数据包路由产生的网络故障，并且能够使用路由汇总和默认路由简化路由表的配置，你还能够在 Windows 中配置路由和默认路由。通过配置路由器的路由表，可以实现网络的负载均衡。

第 6 章：本章讲述配置路由器使用动态路由协议自动构建路由表；讲述 RIP（路由信息协议）、EIGRP（增强内部网关路由协议）以及 OSPF（开放式最短路径优先）的工作特点和配置方法；配置 RIP 和 EIGRP 支持变长子网和不连续子网，配置 EIGRP 进行手动汇总，配置 OSPF 协议多区域，在边界路由器进行汇总；配置路由再发布、将静态路由发布到动态路由、不同动态路由协议之间实现路由再发布。

第 7 章：本章介绍交换机、集线器和网桥设备的区别，以及交换机如何优化网络；介绍设计高可用的交换网络和交换机阻断环路的生成树技术；交换机端口安全；介绍什么是 VLAN（虚拟局域网）、如何创建 VLAN，以及将相应的接口指定到特定的 VLAN，配置干道链路和 VLAN 间路由；使用 VTP（VLAN 间干道协议）协议简化 VLAN 管理。

第 8 章：本章内容包括从 OSI 参考模型来看网络安全，典型的安全网络架构，安全威胁，标准访问控制列表，扩展访问控制列表，使用访问控制列保护路由器安全，基于时间的访问控制列表，使用 ACL 降低安全威胁。

第 9 章：本章介绍网络地址转换（Network Address Translation，NAT）、动态网络地址转换和端口地址转换（Port Address Translation，PAT），PAT 也称为网络地址转换复用；介绍 NAT、PAT 和端口映射的应用场景以及配置方法；演示了使用 Windows XP 配置连接共享实现 NAT 和端口映射、在 Windows Server 2003 上配置 NAT 和端口映射。

第 10 章：本章介绍 IPv6 相较现在的 IP 有哪些方面的改进，IPv6 的地址体系，IPv6 下的计算机地址配置方式，IPv6 的静态路由和动态路由，支持 IPv6 的动态路由协议 RIPng、EIGRPv6 和 OSPF 协议 v3 的配置；IPv6 和 IPv4 共存技术、双协议栈技术、6 to 4 的隧道技术、ISATAP 隧道和 NAT-PT 技术。

第 11 章：本章主要为大家介绍广域网使用的协议，重点讲授广域网协议 HDLC、PPP 和帧中继。同时给还会介绍 VPN 的配置，使用 Cisco 路由器和 Windows Server 2003 配置为远程访问服务器。

第 12 章：网络排错和 IP 地址自动分配，本章以一台计算机不能访问 Internet 为例，讲述了网络网络排错的一般步骤，讲解了如何配置路由器支持跨网段分配 IP 地址。

致 谢

河北师范大学软件学院采用“校企合作”的办学模式。在课程体系设计上与市场接轨；在教师的使用上，大量聘用来自企业一线的工程师；在教材及实验手册建设上，结合国内优秀教材的知识体系，大胆创新，开发了一系列理论与实践相结合的教材（本教材即是其中一本）。在学院新颖模式培养下，百余名学生进入知名企业实习或已签订就业合同，得到了用人企业的广泛认可。这些改革及成果的取得，首先要感谢河北师范大学校长蒋春澜教授的大力支持和鼓励，同时还要感谢河北师范大学校党委对这一办学模式的肯定与关心。

在本书整理完成的过程中，对河北师范大学数信学院院长邓明立教授、软件学院副院长赵书良教授以及李文斌副教授表示真诚的谢意，是他们为本书的写作提供了一个良好的环境，是他们为本书内容的教学实践保驾护航。他们与编著者关于教学的沟通与交流为本书提供了丰富的案例和建议。感谢河北师范大学软件学院教学团队中的每一位成员，还要感谢河北师范大学软件学院每一位学生，是他们的友好、热情、帮助和关心促使本书的形成。

最后，感谢我的家人在本书创作过程中给予的支持与理解。

韩立刚

MSN：onesthan@hotmail.com

QQ：458717185

作者 QQ 在线答疑

本书视频教程完善，通俗易懂，能够减少你报培训班的费用，你可以反复按照视频做练习。唯一与参加培训的之处就是你有了问题，没有办法向老师请教，为弥补这一缺陷，本书为你提供 QQ 在线答疑。同时为广大读者提供学习过程中需要的各种资源。

作者 QQ：458717185，欢迎广大读者提问，必将白问不厌。

读者评价

本书自出版以来，收到热心读者的好评与建议无数，正是这些鼓励和建议让笔者精心修订为现在的版本。下面截图为当当、京东、亚马逊的部分评价。

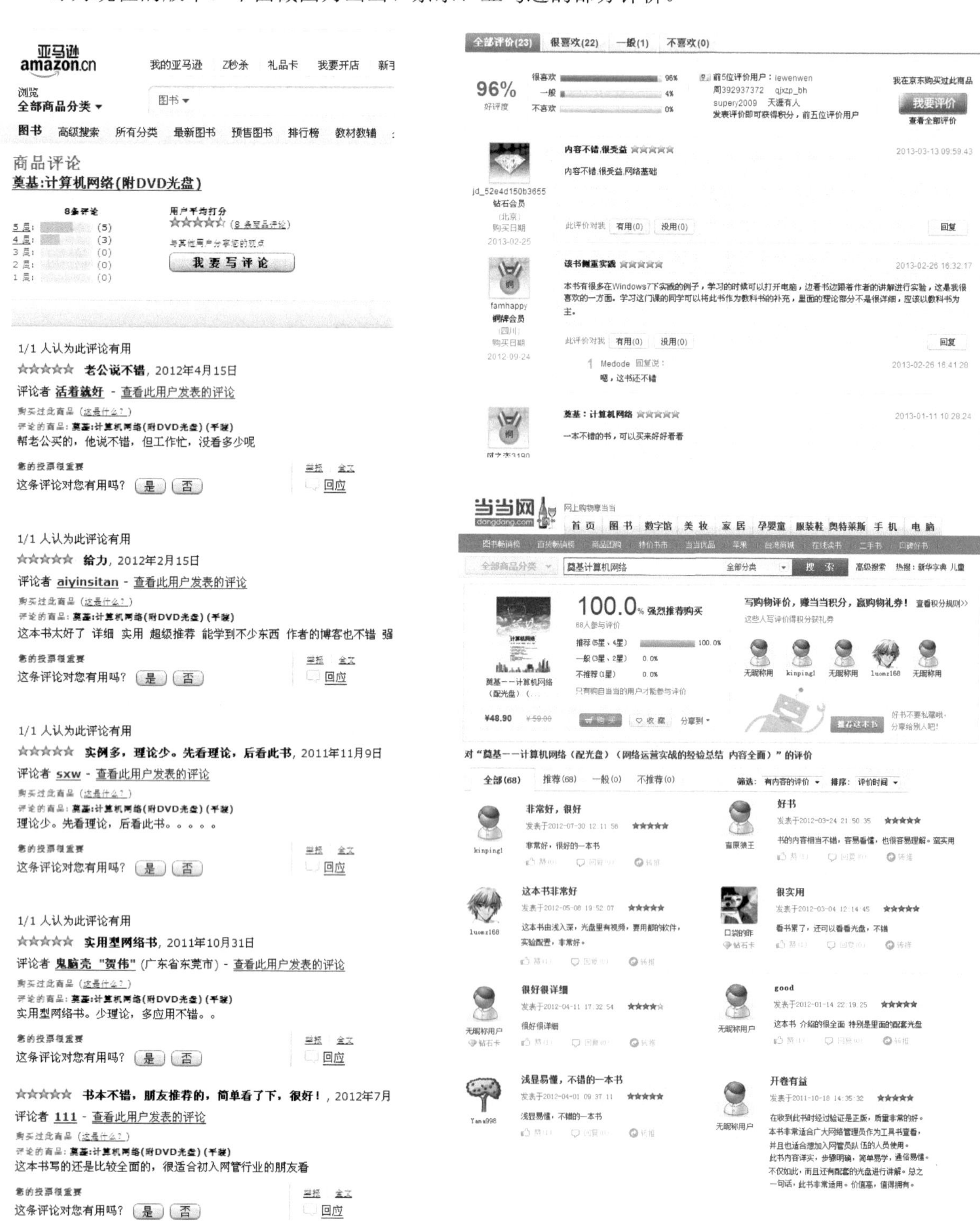

目录

第 1 章　计算机网络..1
1.1　Internet 概览..2
1.1.1　Internet 示意图..2
1.1.2　国内 Internet 骨干网..3
1.1.3　本书涉及的主要技术..5
1.2　本书涉及的几个概念..6
1.2.1　局域网和广域网..6
1.2.2　服务器和客户机..7
1.3　网际互联模型..8
1.3.1　分层的方法..9
1.3.2　参考模型的优点..9
1.3.3　OSI 的分组..11
1.4　理解 OSI 参考模型..11
1.4.1　实例：应用程序包含 IP 地址带来的麻烦..11
1.4.2　OSI 参考模型与排错..12
1.4.3　通过建立的会话查看木马..14
1.5　网络设备..15
1.5.1　网卡..15
1.5.2　网线..18
1.5.3　集线器..20
1.5.4　交换机..23
1.5.5　路由器..24
1.6　数据封装..26
1.7　传输模式..27
1.7.1　半双工和全双工以太网..27
1.7.2　设置网卡的双工模式..28
1.8　Cisco 组网三层模型..29
1.8.1　核心层..30
1.8.2　汇聚层..31
1.8.3　接入层..31
1.8.4　高可用网络设计..32
1.9　习题..33
第 2 章　TCP/IP 协议..37
2.1　OSI 和 DoD 模型..38
2.2　传输层协议..38
2.2.1　传输控制协议..39
2.2.2　用户数据报协议..39
2.3　应用层协议..40
2.3.1　应用层协议和传输层协议的关系..40
2.3.2　应用层协议和服务的关系..41
2.3.3　示例 1：查看远程桌面侦听的端口..42
2.3.4　示例 2：端口冲突造成服务启动失败..44
2.4　应用层协议和服务..45
2.4.1　在 Windows Server 2003 上安装服务..45
2.4.2　配置 FTP 服务器..48
2.4.3　配置 Web 服务器..52
2.4.4　配置 SMTP 服务和 POP3 服务..55
2.4.5　启用远程桌面且更改默认端口.63
2.4.6　配置 DNS 服务器..66
2.5　配置服务器网络安全..70
2.5.1　端口扫描..70
2.5.2　使用 Telnet 排除网络故障..71
2.5.3　Windows 防火墙保护客户端安全..72
2.5.4　使用 TCP/IP 筛选保护服务器安全..76
2.5.5　使用 IPSec 保护服务器安全..80
2.6　网络层协议..91
2.6.1　IP 协议..92
2.6.2　ICMP 协议..94
2.6.3　IGMP 协议..99
2.6.4　ARP 协议..100
2.7　使用捕包工具排除网络故障..105
2.7.1　示例：查看谁在发送广播包...105
2.7.2　捕包软件安装的位置..108
2.8　习题..110

第3章 IP地址 115
3.1 理解IP地址 116
3.1.1 IP地址组成 116
3.1.2 学习IP地址预备知识 117
3.1.3 IP地址写法 118
3.1.4 IP地址的分类 118
3.1.5 网络ID和主机ID 119
3.1.6 保留的IP地址 120
3.1.7 私有IP地址 121
3.2 等长子网划分 122
3.2.1 子网掩码的作用 122
3.2.2 CIDR 123
3.2.3 等长子网划分 124
3.2.4 判断IP地址所属的网段 127
3.2.5 A类网络子网划分 128
3.3 变长子网划分 129
3.3.1 示例：变长子网划分 129
3.3.2 超网 130
3.3.3 合并网络的规律 131
3.4 习题 133
第4章 Cisco IOS 137
4.1 Cisco路由器的硬件和IOS 138
4.1.1 Cisco路由器的硬件分类 138
4.1.2 Cisco路由器的主要组件 139
4.1.3 路由器IOS命名 141
4.2 连接到路由器进行配置 141
4.2.1 使用超级终端配置路由器 143
4.2.2 使用超级终端Telnet路由器 ...144
4.3 路由器的常规配置 145
4.3.1 实验环境和要求 146
4.3.2 使用Packet Tracer搭建实验环境 147
4.3.3 查看路由器信息 150
4.3.4 配置路由器的全局参数 152
4.3.5 配置路由器的接口 153
4.3.6 配置路由器允许通过Telnet配置 156
4.3.7 查看、保存和删除路由器配置157
4.3.8 加密口令 159
4.4 Cisco命令行帮助功能 160
4.4.1 使用帮助功能和命令简写 160
4.5 习题 162
第5章 静态路由 165
5.1 IP路由 166
5.1.1 配置静态路由 166
5.1.2 删除静态路由 170
5.2 路由汇总 171
5.2.1 通过路由汇总简化路由表 172
5.2.2 路由汇总例外 173
5.2.3 无类域间路由（CIDR） 173
5.3 默认路由 174
5.3.1 使用默认路由作为指向Internet的路由 174
5.3.2 让默认路由代替大多数网段的路由 175
5.3.3 使用默认路由和路由汇总简化路由表 177
5.3.4 Windows上的默认路由和网关178
5.4 总结 180
5.5 实验 180
5.5.1 实验1：静态路由 180
5.5.2 实验2：使用默认路由 183
5.5.3 实验3：使用默认路由和路由汇总 185
5.5.4 实验4：网络排错 186
5.6 习题 187
第6章 动态路由 189
6.1 动态路由 190
6.2 RIP协议 190
6.2.1 RIP的配置过程 191
6.2.2 RIPv1和RIPv2 195
6.3 EIGRP协议 197
6.3.1 EIGRP的配置过程 198
6.3.2 关闭EIGRP的自动汇总 200
6.3.3 查看EIGRP的配置和路由表..200
6.3.4 EIGRP手动汇总 201
6.3.5 确认EIGRP选择的最佳路径..201
6.3.6 查看EIGRP的备用路径 202

6.3.7 查看 EIGRP 邻居......203
6.3.8 显示 EIGRP 协议活动......204
6.3.9 更改 EIGRP 的默认设置......204
6.4 OSPF 协议......204
6.4.1 OSPF 相关术语......205
6.4.2 支持多区域......207
6.4.3 OSPF 的 network 参数......208
6.4.4 配置 OSPF 单区域......209
6.4.5 检查路由表......210
6.4.6 查看 OSPF 链路状态数据库......211
6.4.7 测试 OSPF 收敛速度......211
6.4.8 OSPF 多区域......213
6.5 RIP、EIGRP 和 OSPF 协议的对比......215
6.5.1 路由协议的类型......215
6.5.2 路由协议的优先级......216
6.5.3 验证路由协议的优先级......216
6.6 实验......219
6.6.1 实验 1：配置 RIPv2 支持变长子网......219
6.6.2 实验 2：配置 RIPv2 支持不连续子网......220
6.6.3 实验 3：配置 EIGRP 手动汇总......221
6.6.4 实验 4：OSPF 排错......223
6.7 总结......224
6.8 习题......226
第 7 章 交换......229
7.1 局域网组网设备......230
7.1.1 集线器......230
7.1.2 网桥......230
7.1.3 交换机......231
7.1.4 查看交换机的 MAC 地址表......231
7.1.5 交换机上配置监控端口......232
7.2 生成树协议......233
7.2.1 生成树协议......233
7.2.2 生成树术语......234
7.2.3 生成树的操作......235
7.2.4 生成树的端口状态......236
7.2.5 确认和更改根桥......236
7.2.6 关闭 VLAN 1 的生成树......238
7.3 交换机端口安全......238
7.3.1 端口和 MAC 地址绑定......239
7.3.2 控制端口连接计算机的数量......241
7.4 VLAN......241
7.4.1 什么是 VLAN......242
7.4.2 创建和管理 VLAN......243
7.4.3 跨交换机的 VLAN......245
7.4.4 配置干道链路......246
7.4.5 帧标记......248
7.4.6 VLAN 干道协议（VTP）......249
7.4.7 配置 VTP 域......250
7.5 配置 VLAN 间路由......252
7.5.1 单臂路由器实现 VLAN 间路由......252
7.5.2 多层交换机实现 VLAN 间路由......254
7.6 习题......255
第 8 章 网络安全......259
8.1 网络安全简介......260
8.1.1 从 OSI 参考模型来看网络安全......260
8.1.2 典型的安全网络架构......261
8.1.3 防火墙的种类......261
8.1.4 常见的安全威胁......262
8.2 访问控制列表......265
8.2.1 标准访问控制列表......265
8.2.2 扩展访问控制列表......268
8.2.3 使用访问控制列表保护路由......270
8.3 访问控制列表的位置......271
8.4 习题......271
第 9 章 NAT......275
9.1 网络地址转换技术简介......276
9.1.1 NAT 的应用场景......276
9.1.2 NAT 的类型......276
9.2 实现网络地址转换......277
9.2.1 配置静态 NAT......277
9.2.2 配置动态 NAT......279
9.2.3 配置 PAT......281
9.2.4 配置端口映射......282
9.3 在 Windows 上实现网络地址转换和端口映射......285

9.3.1 在 Windows XP 上配置连接共享和端口映射......285
9.3.2 在 Windows Server 2003 上配置网络地址转换和端口映射......287
9.4 动手实验......290
9.5 习题......290
第 10 章 IPv6......295
10.1 为什么需要 IPv6......296
10.1.1 IPv4 的不足之处......296
10.1.2 IPv6 的改进......297
10.1.3 IPv6 协议栈......298
10.1.4 ICMPv6 协议的功能......299
10.2 IPv6 寻址......301
10.2.1 IPv6 寻址及表达式......301
10.2.2 IPv6 的地址类型......302
10.2.3 IPv6 中特殊的地址......303
10.2.4 IPv6 计算机地址配置方法......304
10.3 配置 IPv6 路由......308
10.3.1 配置 IPv6 静态路由......308
10.3.2 配置 RIPng 支持 IPv6......310
10.3.3 配置 EIGRPv6 支持 IPv6......312
10.3.4 配置 OSPFv3 支持 IPv6......314
10.4 习题......317
第 11 章 广域网......321
11.1 广域网简介......322
11.1.1 广域网术语......322
11.1.2 广域网连接类型......323
11.1.3 通用的广域网协议......324
11.2 典型的广域网协议......325
11.2.1 HDLC......325
11.2.2 点到点 PPP......327
11.2.3 帧中继......332
11.3 虚拟专用网......340
11.3.1 VPN 使用的广域网协议......341
11.3.2 配置 Windows 服务器为 VPN 服务器......342
11.4 习题......349
第 12 章 网络排错和地址自动分配......353
12.1 网络排错......354
12.1.1 网络排错过程......354
12.1.2 网络排错案例......354
12.2 IP 地址自动分配方案......359
12.2.1 配置路由器支持跨网段分配 IP 地址......360
12.3 习题......362

第 1 章　计算机网络

本章介绍了局域网、广域网、服务器、客户机、OSI 参考模型、网络设备等基本概念；集线器、交换机、路由器的功能；网卡、网线、直通线、交叉线、全反线的应用场景；OSI 参考模型与网络排错以及网络安全的关系；Cisco 组网的三层模型。

本章主要内容：

- Internet 概览
- 局域网和广域网
- 服务器和客户机
- OSI 参考模型
- OSI 参考模型对网络排错的指导
- OSI 参考模型与网络安全
- 网络设备
- 数据封装
- 全双工和半双工以太网
- Cisco 组网三层模型

1.1 Internet 概览

Internet 正在越来越深刻地影响着我们的生活。我国广大网民大多使用 ADSL 接入 Internet，通过 Internet 我们可以用 QQ 和远方的朋友视频语音聊天，在线看电影，学习，看新闻，看网站。可以通过百度查找资料，通过淘宝网购物，通过网银转账、交话费，网上购票，远程监控，发送电子邮件等应用。

通过本节你将会明白你是如何通过家里的 ADSL 连接到 Internet，以及访问托管在互联网服务提供商（ISP——Internet Service Provider）的机房中的服务器，以及企业机房如何接入到 Internet。

1.1.1 Internet 示意图

Internet 是全球网络，在中国主要有三家基础互联网服务提供商，向广大用户综合提供互联网接入业务、信息业务和增值业务如图 1-1 所示。

▲图 1-1　中国三大基础运营商

- 中国电信：拨号上网、ADSL、1X、CDMA1X、EVDO rev.A、FTTx。
- 中国移动：GPRS 及 EDGE 无线上网、TD-SCDMA 无线上网，一少部分 FTTx。
- 中国联通：GPRS，W-CDMA 无线上网、拨号上网、ADSL、FTTx。

下面使用电信和网通两个 ISP 为例，为你展现 Internet 的一个局部组成。图 1-2 中所示网站的连接纯属虚构。

首先来介绍 Internet 接入，无论在农村还是城市，电话已经普及，网通和电信利用现有的电话网络可以方便地为用户提供 Internet 接入服务，当然需要使用 ADSL 调制解调器连接计算机和电话线。如图 1-2，青园小区用户使用 ADSL 连接到中心局，通过中心局连接到电信运营商，红星小区使用 ADSL 连接到网通运营商。因为广大网民主要是浏览网页、下载视频，主要是从 Internet 获取信息，ADSL 就是针对这类应用设计的，即下载速度快，上传速度慢。

如果企业的网络需要接入 Internet，可以使用光纤直接接入。可以为企业服务器分配公网地址，企业的网络就成为 Internet 的一部分。

> **提示** 如果某个公司的网站需要为网民提供服务，比如淘宝网、百度、银河和搜狐网站服务器以及 QQ 服务器等，需要托管在网通和电信的机房，提供 7×24 小时的高可用服务。机房不能轻易停电，需要保持无尘环境，温度、湿度、防火装置都有要求，总之和你家的电脑待遇不一样。

如图 1-2 所示，电信运营商和网通运营商之间使用 10G 的线路连接，虽然带宽很高，但其承载了所有网通访问电信的流量以及电信访问网通的流量，因此还是显得拥堵。青园小区的用户访问搜狐网站速度快，但是访问网通机房银河网站速度就会显得慢。怪不得网络上有这样一句话："世界上最远的距离不是南极和北极，而是网通和电信的距离"。

为了解决跨运营商访问网速慢的问题，你可以把公司的服务器托管在双线机房，即同时连接网通和电信的机房，如图 1-3 所示的百度网站和淘宝网服务器。这样网通和电信的网民访问此类网站，速度没有差别。

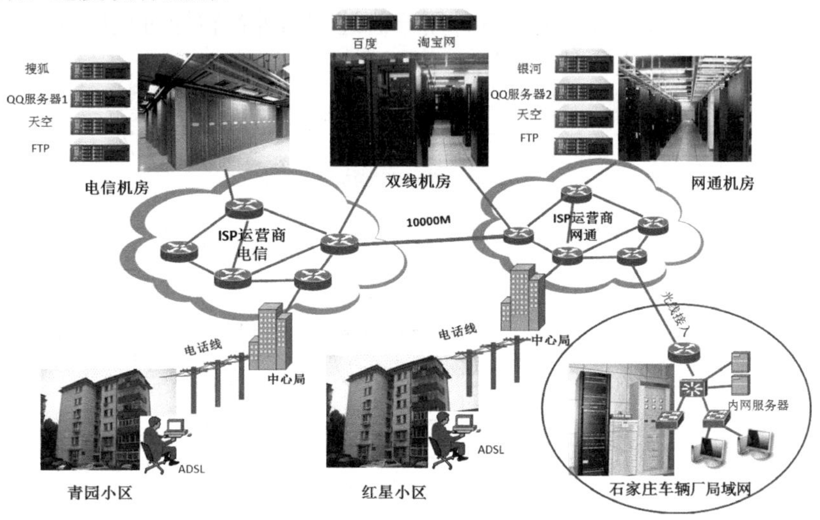

▲图 1-2　Internet 示意图

有些 Web 站点可以有多个镜像站点，比如图 1-3 中的天空网站，在电信和网通机房分别托管一个 Web 服务器，网站内容一模一样，对用户来说就是一个网站。可以让用户选择从什么网站下载。比如从天空网站下载软件，你可以根据自己所属的 ISP 运营商选择从电信还是网通下载。

▲图 1-3　天空网站的镜像站点

> **提示**　通过本书的学习，你平时上网过程中的众多困惑将会找到答案。

1.1.2　国内 Internet 骨干网

以上对网通、电信两大运营商、ADSL 用户以及企业接入 Internet 做了示意讲解。下面将全面介绍我国 Internet 骨干网。

骨干网是国家批准的可以直接和国外连接的城市级高速互联网，它由所有用户共享，负责传输大范围（在城市之间和国家之间）的骨干数据流。骨干网基于光纤，通常采用高速传输网络传输数据，用高速包交换设备提供网络路由。建设、维护和运营骨干网的公司或单位就被称为 Internet 运营机构（也称为 Internet 供应商）。不同的 Internet 运营机构拥有各自的骨干网，以独立于其他供应商。国内各种用户想连到国外都得通过这些骨干网。我国现有 Internet 骨干网互联情况及出口带宽如图 1-4 所示。

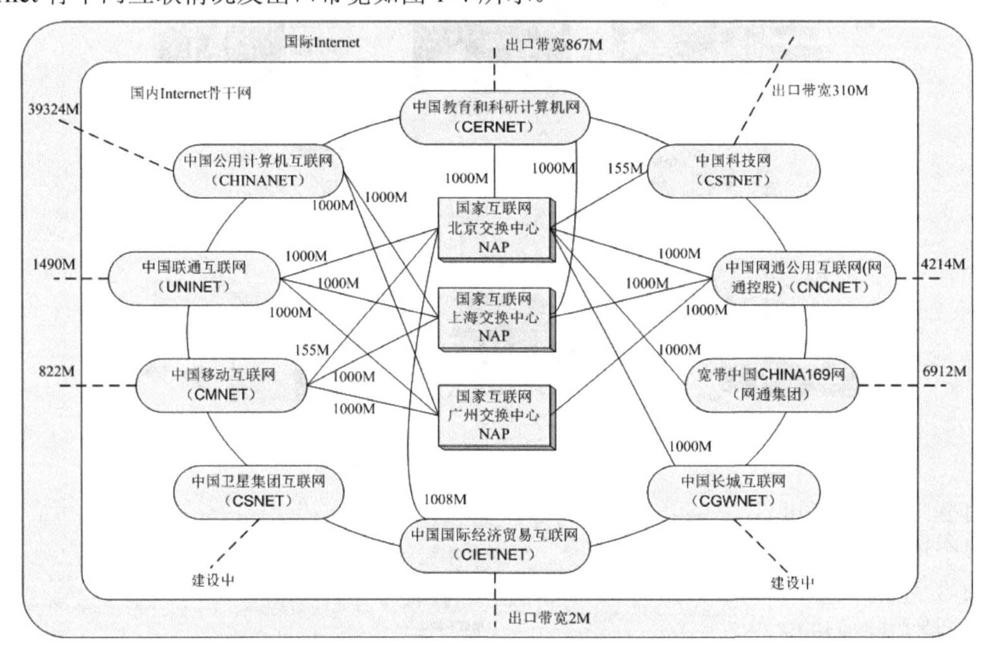

▲图 1-4　我国现有 Internet 骨干互联图

（1）**中国科技网（CSTNET）**由中国科学院计算机网络信息中心运行和管理，始建于 1989 年，于 1994 年 4 月首次实现了我国与国际互联网络的直接连接，为非营利、公益性的国家级网络，也是国家知识创新工程的基础设施。主要为科技界、科技管理部门、政府部门和高新技术企业服务。

（2）**中国公用计算机互联网（CHINANET）**由中国电信部门经营管理的中国公用计算机互联网的骨干网，于 1994 年成立，现已基本覆盖全国所有地市，并与中国公用分组交换数据网（CHINAPAC）、中国公用数字数据网（CHINADDN）、帧中继网、中国公用电话网（PSTN）和中国公用电子信箱系统（CHINAMAIL）互连互通。作为中国最大的 Internet 接入单位，为中国用户提供 Internet 接入服务。

（3）**中国教育和科研计算机网（CERNET）**由国家投资建设，教育部负责管理，清华大学等高等学校承担建设和运行的全国性学术计算机互联网络，是全国最大的公益性计算机互联网络。CERNET 始建于 1994 年，是全国第一个 IPv4 主干网。CERNET 全国中心目前设在清华大学。CERNET 目前联网大学、教育机构、科研单位，是我国教育信息化的基础平台。

（4）**中国联通计算机互联网（UNINET）**由中国联通经营管理，是经国务院批准，直接进行国际联网的经营性网络，面向全国公众提供互联网络服务。UNINET 是架构在联通宽带 ATM 骨干网基础上的 IP 承载网络，具有先进性、综合性、统一性、安全性及全国漫游的特点。

（5）**中国网通公用互联网（CNCNET）**由中国网络通信有限公司从 1999 年 8 月开始建

设和运营，是在我国率先采用 IP/DWDM 优化光通信技术建设的的全国性高速宽带 IP 骨干网络，承载包括语音、数据、视频等在内的综合业务及增值服务，并实现各种业务网络的无缝连接。2002 年 5 月 16 日，中国网络通信（控股）有限公司，以及原中国电信集团公司及其所属北方 10 省（区、市）电信公司和吉通通信有限责任公司组建成立了中国网络通信集团公司，简称“中国网通”，后与联通合并。

（6）**中国国际经济贸易互联网（CIETNET）**由 1996 年成立的中国国际电子商务中心（China International Electronic Commerce Center，简称 CIECC）组建运营，是我国唯一的面向全国经贸系统企、事业单位的专用互联网。CIECC 是国家级全程电子商务服务机构，是国际电子商务开发与应用的先行者，是中国十大国际互联网接入单位之一。它还建设运营国家“金关工程”骨干网——中国国际电子商务网。

（7）**中国长城网（CGWNET）**军队专用网，属公益性互联网络。

（8）**中国移动互联网（CMNET）**由中国移动自 2000 年 1 月开始组建，是全国性的、以带宽 IP 技术为核心的，可同时提供语音、图像、数据、多媒体等高品质信息服务的开放型电信网络，属经营性互联网络。

（9）**中国卫星集团互联网（CSNET）**由中国卫星通信集团建设。

1.1.3　本书涉及的主要技术

本书虽是计算机网络的入门图书，但是内容却涉及到局域网和广域网以及网络安全等主流的网络技术。

本书涉及到的技术如图 1-5 所示。

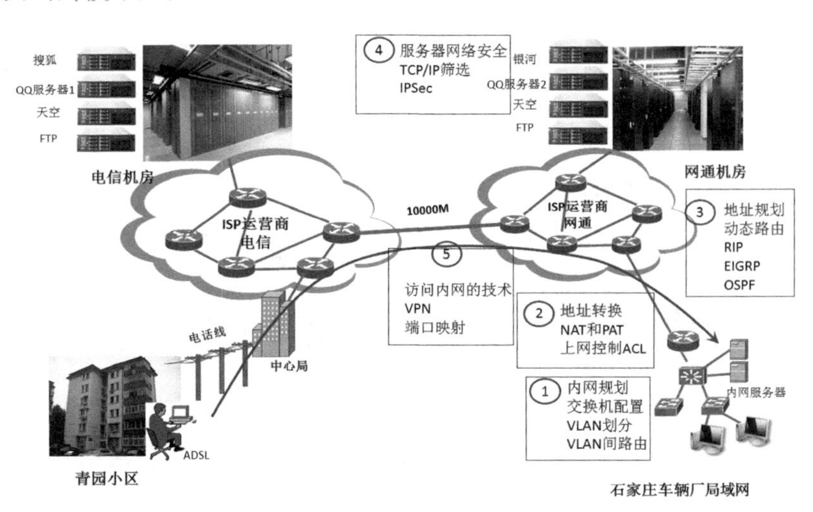

▲图 1-5　本书涉及的主要技术

（1）如果你是企业网络管理员，本书将会告诉你如何组建和管理企业局域网，规划网络，部署服务器，按部门创建 VLAN，实现 VLAN 间路由，设置网络安全规则，能够将企业局域网通过 NAT 技术连接到 Internet，并能够控制进出企业网络的流量，同时也能够配置端口映射使 Internet 上的用户能够访问企业内外的服务器，同时也会告诉你如排除网络故障。

(2)如果你是在较大规模网络 ISP 工作的网络管理员，本书将会告诉你如何规划 IP 地址，划分子网和超网，配置路由器，使用动态路由协议（比如 EIGRP 或 OSPF 协议）为数据通信选择最佳路径。你将会使用数据包跟踪工具排除网络故障。

(3)如果你是某公司的网站维护人员，通过学习计算机通信原理以及 TCP/IP 协议，你将能够保证托管在网通或电信机房服务器的网络安全，使用 TCP/IP 筛选，以及 IPSec 严格控制出入服务器的数据流量，防止主动入侵和木马造成的安全威胁。

(4)如果你是普通的家庭上网用户，本书将会告诉你如何设置计算机保护上网安全，查看计算机是否中了木马，以及如何排除上网故障，如何通过代理服务器绕过防火墙。

(5)如果你是出差在外地的员工，本书将会告诉你如何使用 VPN 拨号访问企业内网，同时也会告诉你如何配置路由器和 Windows Server 2003 作为远程访问服务器。

(6)如果你对下一代互联网 IPv6 充满了兴趣，本书将会展示 IPv6 的新增功能，实现 IPv4 向 IPv6 过渡时用到的双协议栈、6to4 隧道、ISATAP 隧道以及 NAT-PT 四种主流技术。

1.2 本书涉及的几个概念

下面介绍本书涉及的几个概念，其中涉及局域网和广域网，服务器和客户机。

1.2.1 局域网和广域网

在讲解网络理论之前，先看看石家庄车辆厂的网络拓扑。石家庄车辆厂分为南车石家庄车辆厂和北车唐山车辆厂，都有自己的局域网，而访问 Internet 的出口在南车石家庄车辆厂，如图 1-6 所示。

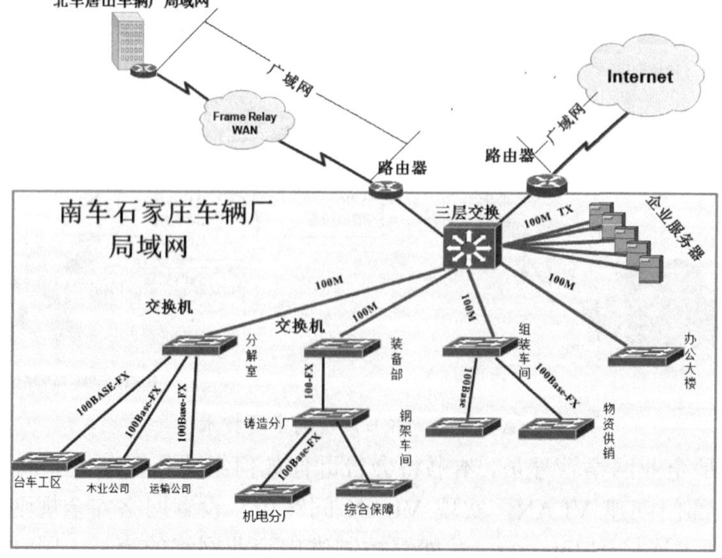

▲图 1-6　车辆厂网络拓扑图

南车和北车分别位于石家庄市和唐山市，该公司不可能自己布线将两个城市的局域网连接起来，因此租用网通的帧中继连接，其租用的带宽为 2M。

现在企业局域网使用的设备主要是交换机和三层交换机，三层交换机实现企业 VLAN 间的路由。局域网的带宽为 10M、100M 和 1000M 几个标准。

路由器用来连接广域网，因为路由器有广域网接口，可以和网通或电信的广域网线路连接。

结合以上实例来理解一下局域网和广域网及其区别。

- 局域网一般企业自己购买设备，将物理位置较近办公区的计算机使用网络设备连接起来，一般覆盖范围是几千米以内。局域网使用的网络设备有集线器或交换机，带宽为 10M、100M 和 1000M 这几个标准，而使用无线连接的局域网带宽标准则为 54M。
- 广域网一般企业租用网通或电信的线路，通常跨接的范围从几十公里到几千公里，它能连接多个城市或国家。广域网的带宽由企业所付的费用决定，比如我们上网的 ADSL 就是租用网通或电信的服务，带宽有 1M、2M 和 4M 几个标准。

> **提示**
> 广域网和局域网的划分有时候也不是单纯从距离上划分的。比如你和邻居都分别使用 ADSL 访问 Internet，当你访问邻居的计算机共享文件或其他资源的时候，你的计算机和邻居的计算机就是广域网连接，因为你们是通过用租网通或电信提供的服务连接的。如果你和邻居的计算机使用网线直接连接，则是局域网连接。
> 再比如一个企业的两栋大楼距离几公里，这两栋大楼中的局域网通过公司自己部署光纤连接，我们也可以将其理解为局域网，因为没有租用网通或电信提供的服务。

1.2.2 服务器和客户机

现在介绍服务器和客户机的区别。

在网络和数据库的相关图书中，服务器和客户机是两个经常出现的术语。它们的含义从不同的角度来理解是不一样的，初学者容易在这些术语上产生困惑。

1. 从硬件角度来理解

硬件角度（物理角度）的客户机通常指一些适合家庭或办公环境使用的笔记本电脑（见图 1-7）或台式机（见图 1-8）。这些计算机上网的目的是享受各种网络服务，如电子邮件服务、网站浏览服务等。

▲图 1-7　笔记本电脑

▲图 1-8　台式机

硬件角度的服务器是指一些有别于普通用户使用的 PC 的特殊计算机，如图 1-9 所示，这些计算机在网络中用来提供各种网络服务。为了适应大容量的数据存储和频繁的客户机访问操作，这些计算机一般都配备可热插拔的、大容量的硬盘，24 小时不间断的 UPS 电源等硬件设备。

▲图 1-9　刀片服务器

2. 从软件角度来理解

软件角度（逻辑角度）的客户机（Client）通常指一些安装了享受网络服务软件的计算机。比如，我们上网浏览网站需要 IE 浏览器，这里的 IE 浏览器就是一种 Web 客户机软件，我们就称安装了 IE 浏览器的计算机是一台 Web 客户机；再如，我们使用电子邮件服务就需要用 Outlook 或者 Foxmail，我们就称安装了电子邮件软件的计算机是一台 E-mail 客户机。

问题	我的计算机上同时安装有电子邮件软件和 IE 浏览器，那么可不可以说我的计算机同时是 Web 客户机和 E-mail 客户机呢？答案：确实可以。

软件角度的服务器（Server）通常指一些安装了提供网络服务软件的计算机。比如，我们要提供网站服务就需要安装 Windows 2000 Server 或者 Windows Server 2003 服务器操作系统下的 IIS（Internet Information Server，Internet 信息服务器）软件，这里的 IIS 就是一种 Web 服务器软件，我们就称安装了 IIS 的计算机是一台 Web 服务器，依此类推。

问题	一台普通的 PC 可不可以安装像 IIS 这样的软件来提供网络服务呢？答案：当然可以，前提是只要你的 PC 能够为你的网络提供服务，而且服务的质量还能让你的老板和同事满意。

在本书的叙述中，除非特别声明，否则服务器和客户机都是从软件的角度来理解的。

1.3 网际互联模型

当网络刚开始出现时，典型情况下只能在同一制造商的计算机产品之间进行通信，例如只能实现整个的 DECnet 解决方案或 IBM 解决方案，而不能将两者结合在一起。20 世纪 70 年代后期，国际标准化组织（International Organization for Standardization，ISO）创建了开放系统互联（Open Systems Interconnection，OSI）参考模型，从而打破了这一壁垒。

OSI 模型的创建是为了帮助供应商根据协议来构建可互操作的网络设备和软件，以便不同供应商的网络设备能够互相协同工作。

OSI 模型是面向网络构建的最基本的层次结构模型，该模型采用分层的方法来实现数据和网络信息从一台计算机的应用程序，经过网络介质，传送到另一台计算机的应用程序。

在下面各节中，将讨论分层的方法，以及怎样采用分层的方法来排除互联网中的故障。

1.3.1 分层的方法

参考模型是一种概念上的蓝图，描述了通信是怎样进行的。它解决了实现有效通信所需要的所有过程，并将这些过程划分为逻辑上的层。层可以简单地理解成数据通信需要的步骤。当一个通信系统以这种层的方式进行设计时，就称为是分层的体系结构。

打个比方：将石家庄某厂大型机械设备搬到北京的某个房间中，需要哪些步骤呢？首先需要将设备拆卸，并对各个部件编号、打包，通过汽车运到石家庄火车站，通过火车运到北京火车站，再通过市内交通工具运送到北京的房间，最后打开包装，将各个部件根据编号组装成设备。

在这种场景中，各个环节就隐喻了通信系统中的层。为了保证工作的顺利进行，每个环节都必须按标准交付给下一个环节，以保证下一个环节的正确运行。比如打包工人装箱必须能够符合汽车装载和运输，从汽车卸载下来的箱子，必须能够符合火车运输的标准。同时每个环节内部的变化不会影响其他环节，比如石家庄市建了许多立交桥给汽车运输提速，不影响打包工人的工作，也不影响火车的运输；火车提速了，不会影响室内的汽车运输或打包工人的工作。

一旦业务启动，各环节的人员就会做出与自己的部门有关的规划，他们需要制定实际的方案来实现所分配的任务。这些实际的方案，或者叫协议，需要被编辑成标准的操作规程手册，并加以严格执行。在手册中，每个不同的规程被赋予不同的解释，并伴有不同程度的重要性和实现性。如果你有一个合作伙伴或者成立了另一家公司，让他们遵守你的这些业务规程就是必不可少的（至少要相互兼容）。

软件开发者可以使用参考模型来理解计算机通信的过程，并看看在每一层中需要实现哪些类型的功能。如果他们正在为某一层开发协议，他们需要关心的只是这一层的功能，而不是任何其他层的功能。当然其他层的功能由其他层对应的协议来实现。

1.3.2 参考模型的优点

OSI 参考模型是层次化的，其主要意图，是允许不同供应商的网络产品能够在相应的层次上实现互操作。

采用 OSI 层次模型的优点如下。

- 将网络的通信过程划分为小一些、功能简单的部件，有助于各个部件的开发、设计和故障排除。
- 通过网络组件的标准化，允许多个供应商进行开发，比如定义以太网和广域网设备的接口标准和电压标准等。
- 通过定义在模型的每一层实现的功能，提高产业的标准化。
- 允许各种类型的网络硬件或软件相互通信，比如，思科公司的交换机和华为公司的交换机能够很好地连接通信；IE 浏览器和火狐狸浏览器都可以浏览网页等。
- 防止对某一层所做的改动影响到其他层，这样就有利于开发，比如你将组建局域网的设备由集线器替换成交换机，而你的路由器不需要更改；你的网站的改版，对网络设备也没影响等。

OSI 参考模型（OSI 规范）最重要的功能之一，是帮助不同类型的主机实现相互之间的数据传输，这意味着可以在一台 UNIX 主机和一台 PC 机或 Mac 机之间进行数据传输。尽管 OSI 模型不是物理意义上的模型，但它提供了一系列的指南，使应用程序开发者创建并实现在网络中运行的应用程序，它也为创建并实现联网标准、设备和网际互联方案提供了一个框架。

OSI 参考模型有 7 个不同的层，如图 1-10 所示。每层对应的功能，尤其是当前网络中普遍应用的功能都包含在其中。

层	功能
应用层	提供用户接口，特指网络应用程序，能产生网络流量的应用程序，客户端程序有QQ、MSN、IE浏览器等。服务器程序有Web服务流媒体服务等。
表示层	表示数据，处理数据。比如加密，压缩，数据是二进制还是ASCII码。
会话层	维持不同应用程序的数据分割，比如流媒体服务器和每一个点播节目的客户端软件建立会话，服务器才能区分每个用户点播的节目和进度。
传输层	提供可靠或不可靠的传输，能够错误纠正，纠正失败能够重传。
网络层	提供逻辑寻址，根据数据包的逻辑地址选择最佳网络路径。
数据链路层	将数据包组合为帧。使用MAC地址提供对介质的访问，执行差错检测，但不纠正。
物理层	在设备之间传输比特流，指定电压大小、线路速率、设备和电缆的接口标准。

▲图 1-10　OSI 参考模型

- 应用层：提供用户接口，特指网络应用程序，能产生网络流量的应用程序，比如客户端的 QQ、MSN、IE 浏览器等，服务器端的 Web 服务、流媒体服务等。而 Windows XP 记事本程序和计算器程序由于不产生网络流量，所以它们不属于应用层。
- 表示层：表示数据，如采用二进制或 ASCII 码等；处理数据，如数据加密、数据压缩等。这一层常常是软件开发人员需要考虑的问题。比如 QQ 软件开发人员就要考虑用户的聊天记录在网络传输之前加密，防止有人使用捕包工具捕获用户数据，泄露信息；针对 QQ 视频聊天，开发人员就要考虑如何通过压缩数据节省网络带宽。
- 会话层：会话层的作用主要是建立、维护、管理应用程序之间的会话。比如流媒体服务器和每一个点播节目的客户端软件分别建立会话，服务器才能区分每个用户点播的节目和相应进度。
- 传输层：提供可靠或不可靠的传输，能够错误纠正，纠正失败能够重传。传输层的可靠传输负责建立端到端的连接，并负责数据在端到端连接上的传输。传输层通过端口号区分上层服务，并通过滑动窗口技术实现可靠传输、流量控制、拥塞控制以及通过三次握手建立连接。
- 网络层：为网络设备提供逻辑地址，根据数据包的逻辑地址选择最佳网络路径。负责数据从源端发送到目的端，负责数据传输的寻径和转发。
- 数据链路层：也经常被人们称为 MAC 层，它管理网络设备的物理地址，所以物理地址也被称作 MAC 地址。数据链路层将数据包封装为帧，使用 MAC 地址提供对介质的访问，执行差错检测，但不纠正。数据链路层向上提供对网络层的服务。
- 物理层：主要负责二进制数据比特流在设备之间的传输。物理层规定电压大小、线路速率、设备和电缆的接口标准。物理层关心的是以下一些内容。
  - ♦ 接口和媒体的物理特性。
  - ♦ 位的表示和传输速率。
  - ♦ 位的同步。

- ♦ 物理拓扑：星状拓扑、环状拓扑、总线拓扑等。
- ♦ 传输模式：单工、半双工或全双工。

1.3.3 OSI 的分组

OSI 参考模型 7 个不同的层分为两个组，如图 1-11 所示。

上面 3 层为 OSI 的高层，主要面向用户应用，定义了终端系统中的应用程序将如何彼此通信，以及如何与用户通信。软件开发人员在开发应用程序时需要考虑 OSI 上面 3 层，不必要考虑数据通信方面的事情。

下面 4 层为 OSI 的底层，主要面向数据传输，定义了怎样进行端到端的数据传输。网络工程师的工作主要涉及 OSI 参考模型的下面 4 层。网络工程师负责把网络调通、优化后，就可以为多种应用程序提供网络通信。

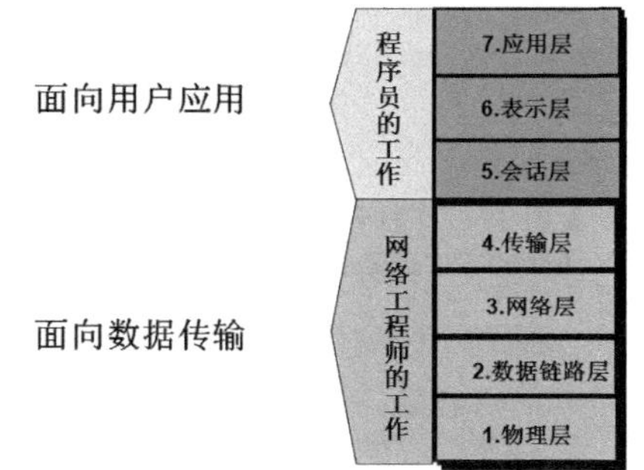

▲图 1-11　OSI 模型分为两个组

1.4 理解 OSI 参考模型

以上对 OSI 参考模型的阐述，虽然是纯理论方面，但理解了之后，对以后的工作会有很大的帮助，下面讲几个例子来加深对 OSI 参考模型的理解。

1.4.1 实例：应用程序包含 IP 地址带来的麻烦

2000 年石家庄某医院的网络管理员打电话到我公司请求技术支持，问如何在不更改医院 IP 地址的情况下连接到市医保中心，市医保中心统一规划 IP 地址，要求医院重新规划 IP 地址。问题是现在医院的很多应用程序都是自己开发的，开发时客户端程序连接数据库服务器使用的都是 IP 地址，因此服务器的 IP 地址变化，会造成客户端连接数据库失败。

这就是应用层包含了网络层信息造成的麻烦，显然这是没有遵循 OSI 参考模型的理念。如果是客户端程序使用域名连接数据库服务器，当服务器更改了 IP 地址以后，客户端可以根据域名使用 DNS 解析到新的数据库服务器的 IP 地址，这样应用层和网络层就没有关联了。

更改程序的工作量太大了，我公司最终选择通过给医院的计算机配置两个 IP 地址解决该问题，即医院计算机原来的 IP 地址保持不变，再根据市医保中心的地址规划，添加第二个 IP 地址。

以下步骤可以为计算机添加多个 IP 地址，如图 1-12～图 1-15 所示。

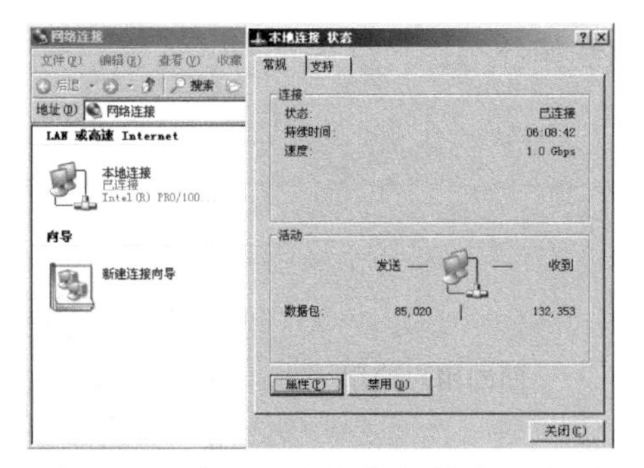

▲图 1-12　打开“本地连接 状态”对话框

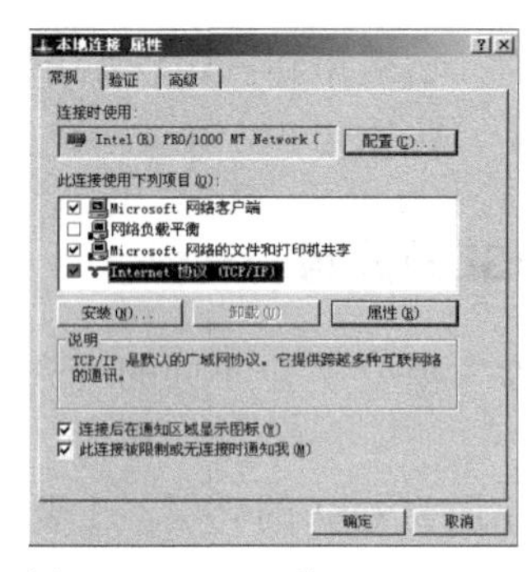

▲图 1-13　选择“Internet 协议（TCP/IP）”选项

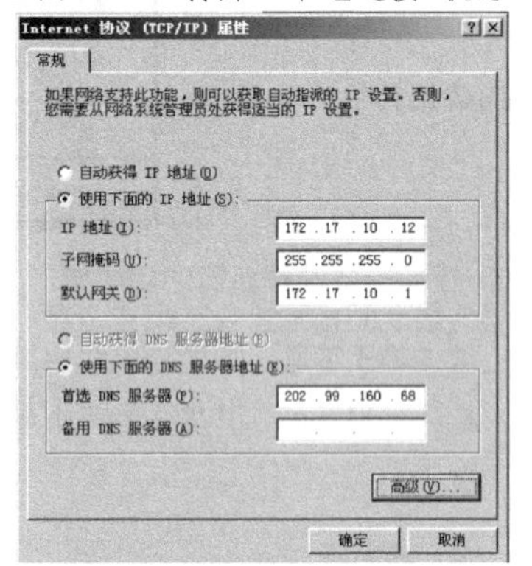

▲图 1-14　设置 IP 地址

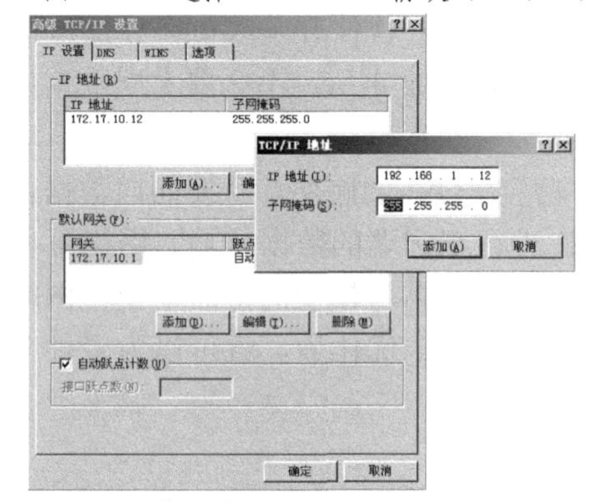

▲图 1-15　添加新的 IP 地址

1.4.2　OSI 参考模型与排错

OSI 参考模型中底层为其上层提供服务，因此排错也应该从底层到高层依次排错。

假若你是某公司的 IT 技术支持人员，某个员工打电话说不能打开网页了，该如何排错呢？

（1）物理层检查。首先查看网线是否连接正常。打开客户端的网络连接，如果出现红叉，如图 1-16 所示，则证明网线没有连接好，属于物理层故障。如果没有出现红叉，也不一定连接正常，双击，打开“本地连接 状态”对话框，查看“已发送”和“已接收”的数据包，其中任何一个为 0 都不能正常通信，如图 1-17 所示，可以检查网线和网卡的接触是否有问题，用网钳重新压一压水晶头。

▲图 1-16　出现红叉

▲图 1-17　接收的包为 0

如果重新做了网线的水晶头，“已发送”或“已接收”的数据包仍为 0，则可以试试先卸载网卡驱动，再重新加载驱动，就能解决网卡驱动引起的网络故障。

鼠标右键单击“我的电脑”，在弹出的快捷菜单中选择“管理”命令，打开“设备管理器”界面，右击网卡，在弹出的快捷菜单中“卸载”命令。

在弹出的设备删除确认对话框中，单击“确定”按钮，如图 1-18 所示。

可以看到删除了网卡驱动，本地连接也就没有了。

然后再次扫描检测硬件改动，就可以重新加载网卡驱动，本地连接又会出现，如图 1-19 所示。

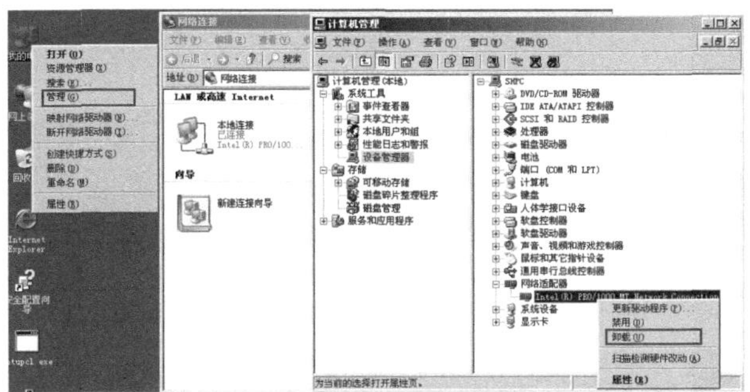

▲图 1-18　卸载网卡

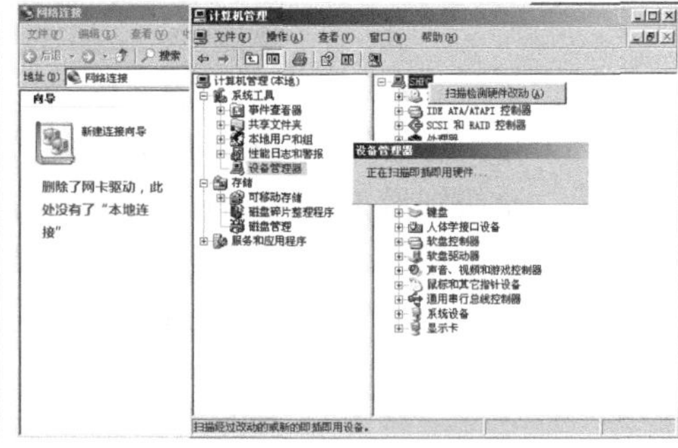

▲图 1-19　重新扫描硬件

（2）数据链路层排错。ping 网关，如果时通时断，有可能是网络堵塞，也有可能是 MAC 地址冲突（我就碰到过 MAC 地址冲突的情况，使用 VMWare 克隆出一个操作系统，结果克隆的操作系统和现有的操作系统 MAC 地址冲突）；ping 网关不通，还要检查计算机连接的交换机的端口所属 VLAN 是否正确。

（3）网络层排错。首先看看 IP 地址是否配置正确，是否与其他 IP 地址有冲突，如果 IP 地址和网关配置错误也同样不能上网，如图 1-20 所示。

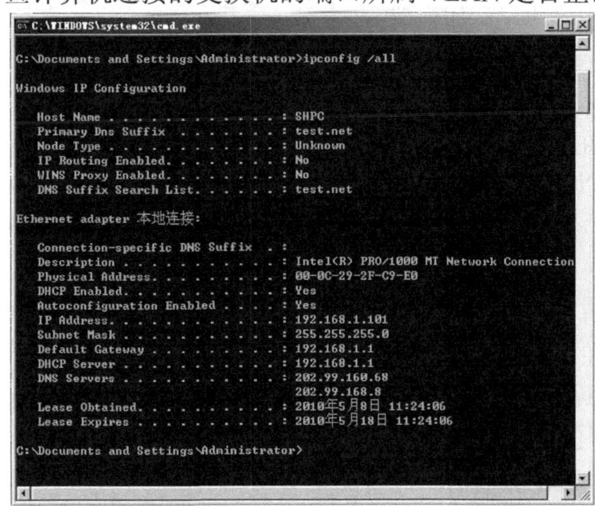

▲图 1-20　IP 地址错误

（4）表示层故障。比如我们打开的网页是乱码，就是表示层出现故障了。如图 1-21 所示，打开百度网页，能够正常显示页面内容。如图 1-22 所示，选择“查看”→“编码”→“其他”→“西里尔文”。如图 1-23 所示，IE 浏览器以西里尔文解释网页，则出现乱码。

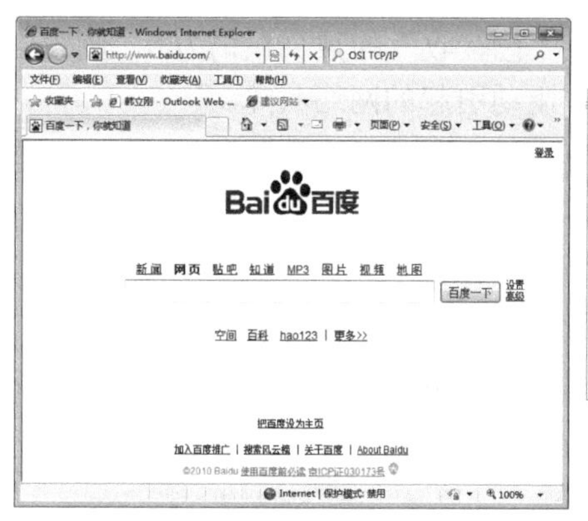

▲图 1-21　表示层正常

▲图 1-22　更改 IE 编码

（5）应用层故障。查看 IE 的配置，如果 IE 安全级别设置得高，有些网页的功能则不能正常运行。如果设置了一个错误的代理服务器或安装了错误的 IE 插件也会造成网页打不开的现象。

▲图 1-23　表示层出现错误

1.4.3　通过建立的会话查看木马

通过查看可疑会话可以确认是否中了木马。

某单位的服务器最近出现异常，网络管理员感觉有人在操作他的服务器，于是他怀疑服务器中了木马。他想查看一下服务器是否中了木马，如何确认呢？

只要你的计算机中了木马，木马程序会自动运行，或者作为你的计算机上的一个服务，或者是开机就自动运行，然后就在后台偷偷地和远程的客户端连接。攻击者就可以看到哪些中了木马的计算机在运行，便可以操作中了木马的计算机。如果计算机中了木马，木马程序会自动和外网的客户端建立连接，我们可以通过查看计算机的对外连接来确认是否中了木马。

这位网管可以如下这样做。

首先需要登录计算机，但不访问任何网络资源，并且保证 Windows 没有在后台更新系统，杀毒软件也没有更新病毒库（因为这些活动也会建立会话，干扰你查找木马）。

如图 1-24 所示，运行 netstat –nob 查看有没有到 Internet 上的连接，可以看到源端口和目标端口，源地址和目标地址，以及建立会话的进程或程序。

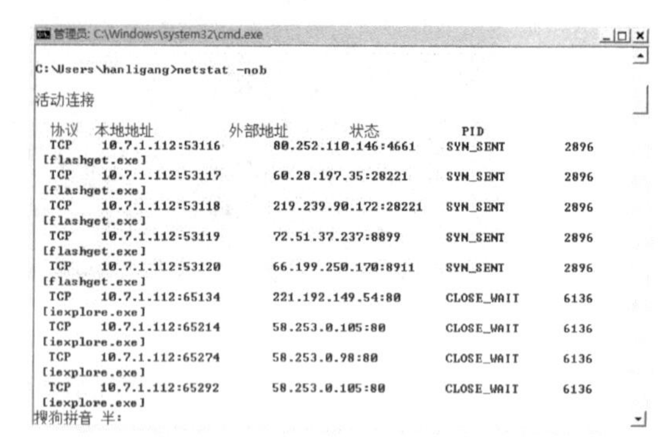

▲图 1-24　通过 netstat –nob 查看连接

之后主要查看与外网地址连接的会话，如果有连接，那可能就是木马程序，即可看到进程号和该进程号对应的程序。

补充知识

还有一种方法查找木马，就是使用微软自带的系统配置工具 msconfig。木马一般会在操作的电脑上伪装成服务，或将自己放置在自动启动项，我们可以检查服务和自动启动项，查找可疑服务或程序。

（1）选择“开始”→“运行”命令，打开“运行”对话框，输入 msconfig，单击“确定”按钮，打开“系统配置实用程序”对话框。

（2）如图 1-25 所示，切换到“服务”选项卡，选中“隐藏所有 Microsoft 服务”复选框，查看是否有可疑的服务。

（3）如图 1-26 所示，切换到“启动”选项卡，查看有没有可疑的自动启动项。如果有可疑的启动项，则将其禁用。

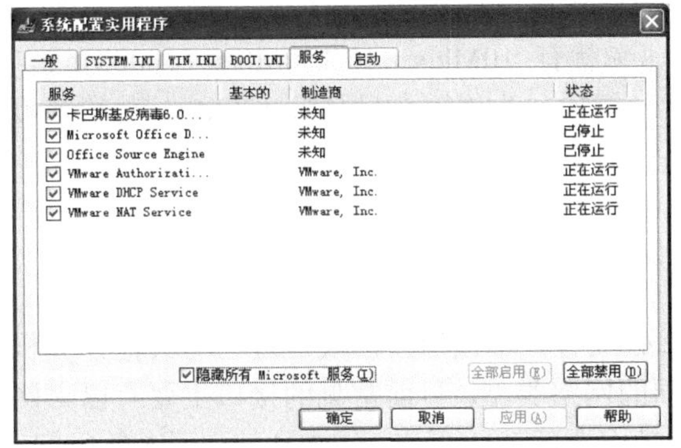
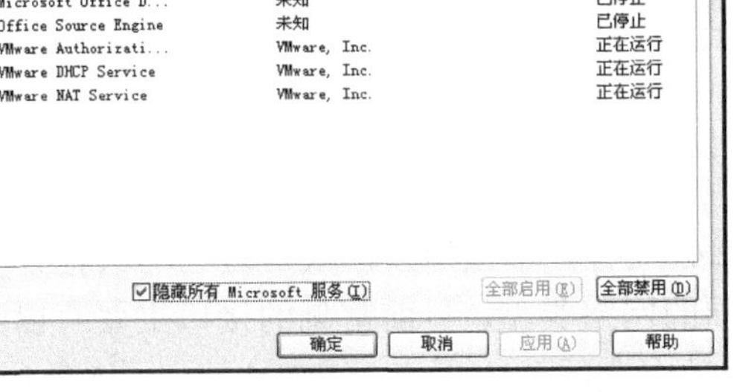

▲图 1-25　隐藏所有 Microsoft 服务

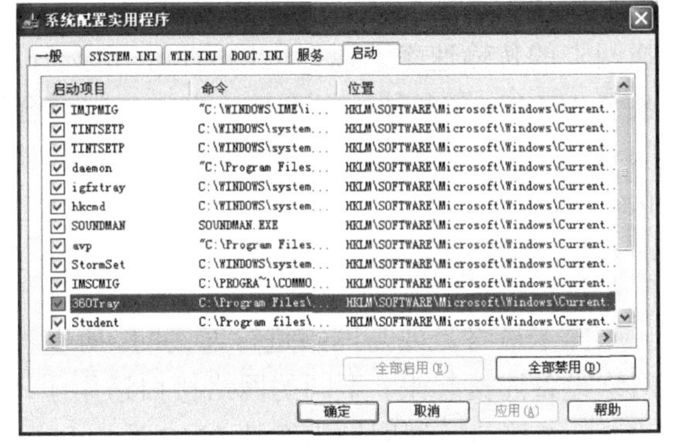

▲图 1-26　查看启动项

1.5 网络设备

要想组建网络，除了计算机和服务器之外，还需要网卡、网线、集线器、交换机和路由器设备。下面将介绍这些网络设备的相关知识。

1.5.1 网卡

计算机与外界局域网的连接是通过主机箱内插入一块网络接口板（或者是在笔记本电脑中插入一块 PCMCIA 卡）。网络接口板又称为通信适配器或网络适配器（Adapter）或网络接口卡 NIC（Network Interface Card），但是现在更多的人愿意使用更为简单的名称——网卡，如图 1-27 所示。

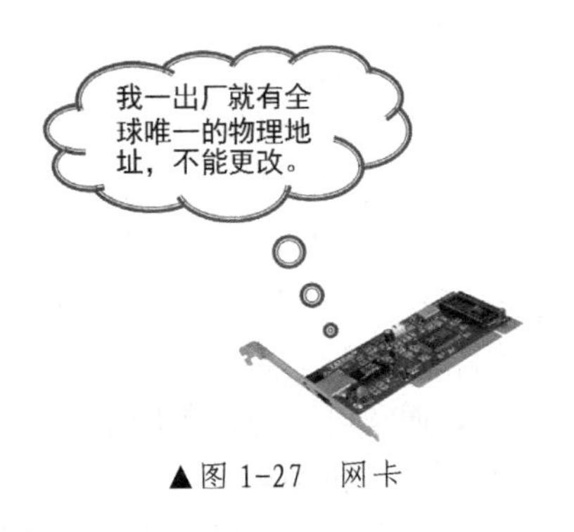

▲图 1-27　网卡

网卡是工作在数据链路层的网络组件，是局域网中连接计算机和传输介质的接口，不仅能实现与局域网传输介质之间的物理连接和电信号匹配，还涉及帧的发送与接收、帧的封装与拆封、介质访问控制、数据的编码与解码以及数据缓存的功能等。

1．网卡的功能

随着集成度的不断提高，网卡上芯片的个数不断地减少，虽然现在各厂家生产的网卡种类繁多，但其功能大同小异，其主要功能有以下三个。

- 数据的封装与解封：发送时将上一层交来的数据加上首部和尾部，成为以太网的帧。接收时将以太网的帧剥去首部和尾部，然后送交上一层。
- 链路管理：主要是 CSMA/CD（Carrier Sense Multiple Access with Collision Detection，带冲突检测的载波侦听多路访问）协议的实现。
- 编码与译码：即曼彻斯特编码与译码。

2．网卡的传输速率

应根据服务器或工作站的带宽需求并结合物理传输介质所能提供的最大传输速率来选择网卡的传输速率。以以太网为例，可选择的速率就有 10Mb/s、10/100Mb/s、1000Mb/s，甚至 10Gb/s 等多种，但不是速率越高就越合适。例如，为连接在只具备 100Mb/s 传输速度的双绞线上的计算机配置 1000Mb/s 的网卡就是一种浪费，因为其最多只能实现 100Mb/s 的传输速率。

3．网卡的接口

网卡最终是要与网络进行连接的，所以也就必须有一个接口使网线通过它与其他计算机网络设备连接起来。不同的网络接口适用于不同的网络类型，目前常见的接口主要有以太网的 RJ-45 接口、细同轴电缆的 BNC 接口和粗同轴电缆的 AUI 接口、FDDI 接口、ATM 接口等。而且有的网卡为了适用于更广泛的应用环境，提供了两种或多种类型的接口，如有的网卡会同时提供 RJ-45、BNC 接口或 AUI 接口。

RJ-45 接口是最为常见的一种网卡，也是应用最广泛的一种接口类型网卡，这主要得益于双绞线以太网应用的普及。因为这种 RJ-45 接口类型的网卡就是应用于以双绞线为传输介质的以太网中，它的接口类似于常见的电话接口 RJ-11，但 RJ-45 是 8 芯线，而电话线的接口是 4 芯的，通常只接 2 芯线（ISDN 的电话线接 4 芯线）。在网卡上还自带两个状态指示灯，通过这两个指示灯颜色可初步判断网卡的工作状态。

4．MAC 地址

MAC（Media Access Control）地址，或称为物理地址、硬件地址，用来定义网络设备的位置。在 OSI 模型中，第三层网络层使用 IP 地址，第二层数据链路层使用 MAC 地址。因此一个主机会有一个 IP 地址，而每个网卡会有一个专属于它的 MAC 地址。

MAC 地址是烧录在 Network Interface Card（网卡，NIC）里的。MAC 地址是由 48 比特（6 字节）的十六进制的数字组成的。其中 0～23 位叫做组织唯一标志符（organizationally unique），是识别 LAN（局域网）结点的标识，24～47 位是由厂家自己分配。其中第 8 位是组播地址标志位。网卡的物理地址通常是由网卡生产厂家烧入网卡的 EPROM（一种闪存芯片，通常可以通过程序擦写），它存储的是传输数据时真正赖以标识发出数据的电脑和接收数据的主机地址。

也就是说，在网络底层的物理传输过程中，是通过物理地址来识别主机的，它一般是全球唯一的。比如，著名的以太网卡，其物理地址是 48 bit（比特位）的整数，如

44-45-53-54-00-00，以机器可读的方式存入主机接口中。以太网地址管理机构（除了管这个外还管别的）（IEEE）（IEEE：电气和电子工程师协会）将以太网地址，也就是 48 bit 的不同组合，分为若干独立的连续地址组，生产以太网网卡的厂家就购买其中一组，具体生产时，逐个将唯一地址赋予以太网卡。

形象地说，MAC 地址就如同我们身份证上的身份证号码，具有全球唯一性。

5. MAC 地址的应用

身份证在平时的作用并不是很大，但是到了关键时刻，身份证就是用来证明你的身份的。比如你要去银行提取大额现金，这时就要用到身份证。那么 MAC 地址与 IP 地址绑定就如同我们在日常生活中的本人携带自己的身份证去做重要事情一样的道理。有的时候，我们为了防止 IP 地址被盗用，就通过简单的交换机端口绑定（端口的 MAC 表使用静态表项），可以在每个交换机端口只连接一台主机的情况下防止修改 MAC 地址的盗用，如果是三层设备还可以提供交换机端口/IP/MAC 三者的绑定，防止修改 MAC 的 IP 盗用。一般绑定 MAC 地址都是在交换机和路由器上配置的，是网管人员才能接触到的，对于一般电脑用户来说只要了解了绑定的作用就行了。比如你在校园网中把自己的笔记本电脑换到另外一个宿舍就无法上网了，这个就是因为 MAC 地址与 IP 地址（端口）绑定引起的。

6. 查看和更改计算机的 MAC 地址

MAC 地址是绑定在网卡上的一个 12 位十六进制字符，它们在出厂的时候已经固化在网卡中，它是网卡在网络中的身份识别。有很多网络环境中都用到了 IP 地址和 MAC 地址绑定的情况。而 MAC 地址是先调入内存中后传输出去的，所以，我们可以通过修改其 MAC 地址来打破这些限制。

（1）如何获取本机的 MAC 地址？

在 Windows 2000/XP 中，依次选择“开始”→“运行”命令，在打开的对话框中输入“CMD”，单击“确定”按钮，在打开的命令窗口中输入“ipconfig /all”，回车。即可看到 MAC 地址，如图 1-28 所示。

（2）如何更改计算机的 MAC 地址？

① 如图 1-29 所示，打开“网络连接”窗口，右击“本地连接”，在弹出的快捷菜单中选择“属性”命令。

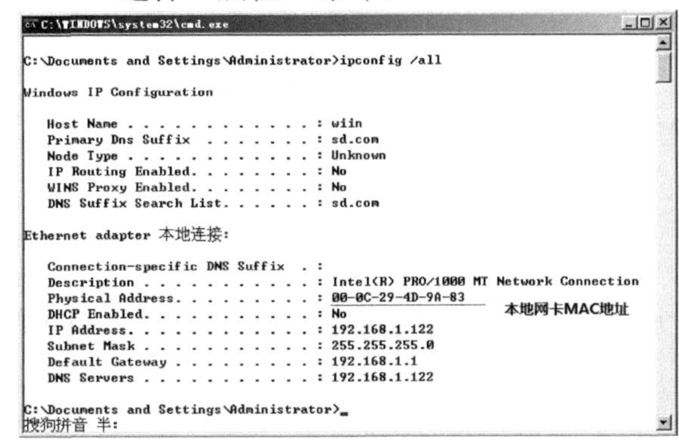

▲图 1-28 查看 MAC 地址

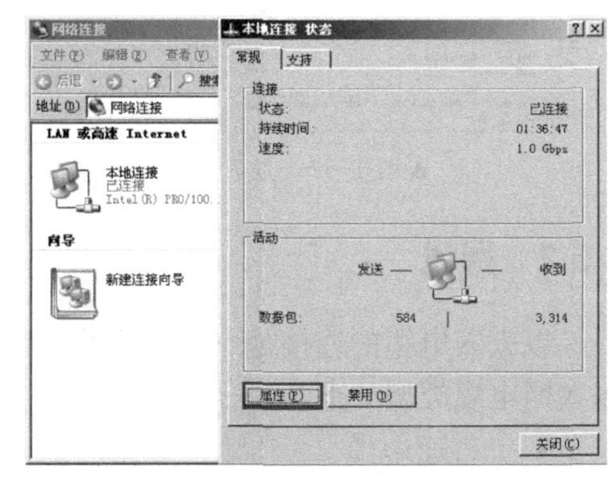

▲图 1-29 “本地连接 状态”对话框

② 在出现的“本地连接 状态”对话框中，单击“属性”按钮。

③ 如图 1-30 所示，在出现的“本地连接 属性”对话框，单击“配置”按钮。

④ 如图 1-31 所示，在出现的属性对话框的“高级”选项卡的“属性”列表框中，选择 Locally Administered Address”，选中“值”文本框左侧的单选按钮，并在其中输入新的 MAC 地址。单击“确定”按钮。

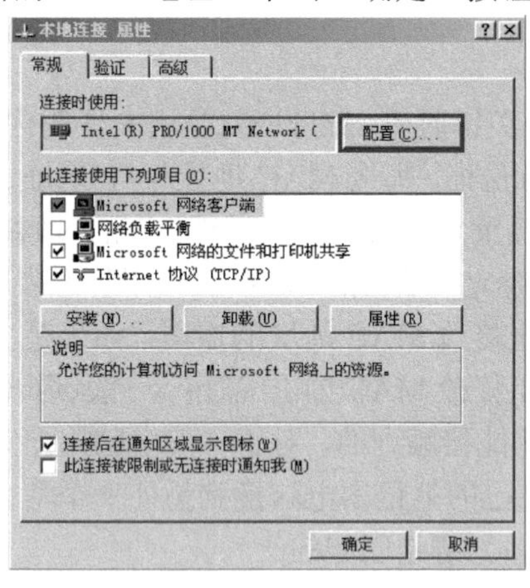

▲图 1-30 “本地连接 属性”对话框

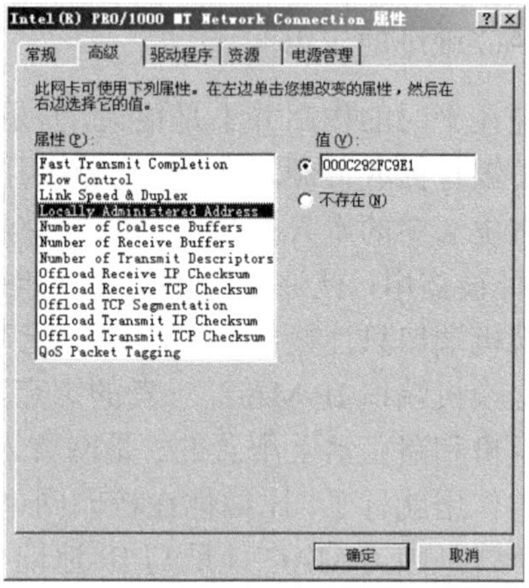

▲图 1-31 输入新的 MAC 地址

⑤ 如图 1-32 所示，在命令提示符下，输入 ipconfig /all 查看更改后的 MAC 地址。实际上网卡芯片的 MAC 地址并没有被改变。

⑥ 更改后的 MAC 地址存储在计算机的注册表中，你可以搜索到。选择“开始”→“运行”命令，在打开的对话框中输入“regedit”，打开注册表编辑工具。

⑦ 如图 1-33 所示，选择“编辑”→“查找”命令，在出现的“查找”对话框中，输入 MAC 地址，就能搜索到上面更改的 MAC 地址。

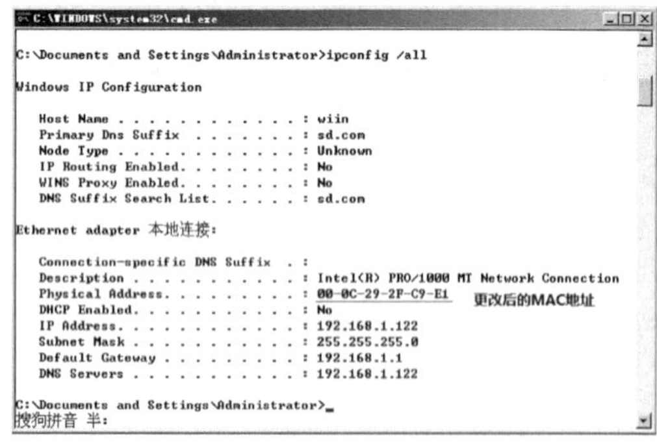

▲图 1-32 查看更改后的结果

▲图 1-33 在注册表中查看更改的结果

1.5.2 网线

以太网电缆的连接是一个重要的话题，尤其是在你打算参加 Cisco 考试的时候。可用的以太网电缆类型如下。

- 直通电缆
- 交叉电缆
- 反转电缆

下面将对这些电缆类型分别进行讨论。

1. 直通电缆

直通线，又叫正线或标准线，两端采用 568B 做线标准，注意两端都是同样的线序且一一对应。

具体的线序制作方法如下。

双绞线夹线顺序是两边一致，统一都是：1—白橙、2—橙、3—白绿、4—蓝、5—白蓝、6—绿、7—白棕、8—棕，如图 1-34 所示。注意两端都是同样的线序且一一对应。这就是 100M 网线的做线标准，即 568B 标准，也就是我们平常所说的正线、标准线或直通线。

直通线应用最广泛，这种类型的以太网电缆用来实现下列连接。

- 主机到交换机或集线器
- 路由器到交换机或集线器

在直通电缆中，使用了 4 根电缆线来连接以太网设备。制作这种类型的电缆相对来说比较简单。图 1-35 所示是使用在直通以太网电缆中的 4 根电缆线。

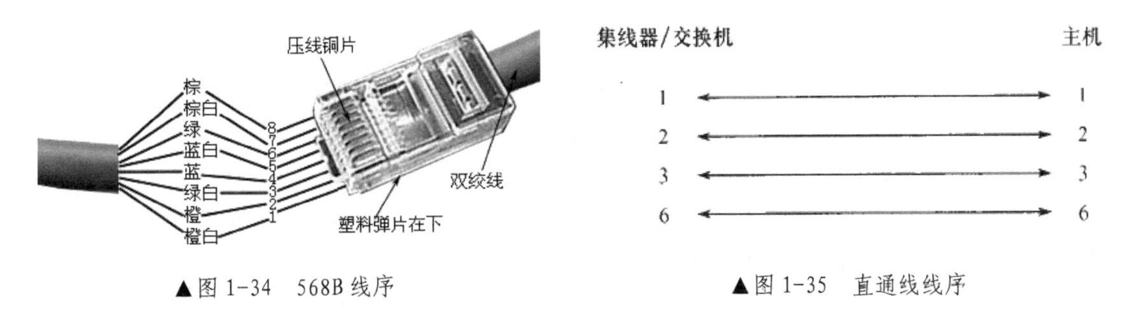

▲图 1-34　568B 线序

▲图 1-35　直通线线序

> **注意**　只使用了 1、2、3 和 6 这些插脚引线。只需进行 1 到 1、2 到 2、3 到 3 和 6 到 6 的连接，就马上可以连网了。然而要记住，这些电缆只是以太网使用的，不能用于其他的网络，比如语音网络、令牌环和 ISDN 等。

2. 交叉电缆

交叉线，又叫反线，线序按照一端 568A，一端 568B 的标准排列好线序，并用 RJ-45 水晶头夹好。

具体的线序制作方法如下。

一端采用：1—白绿、2—绿、3—白橙、4—蓝、5—白蓝、6—橙、7—白棕、8—棕，即 568A 标准，如图 1-31 所示；另一端在这个基础上将这 8 根线中的 1 号和 3 号线，2 号和 6 号线互换一下位置，这时网线的线序就变成了 568B（即白橙，橙，白绿，蓝，白蓝，绿，白棕，棕的顺序）做线标准不变，这样交叉线就做好了，如图 1-36 所示。

这种类型的以太网电缆用来实现下列连接。

- 交换机到交换机
- 集线器到集线器
- 主机到主机
- 集线器到交换机

▪ 路由器直连到主机

和在直通电缆中一样，这种电缆也使用 4 根同样的电缆线，但是要将不同的插脚引线连接起来。图 1-37 显示了这 4 根电缆线是怎样用在以太网交叉电缆中的。

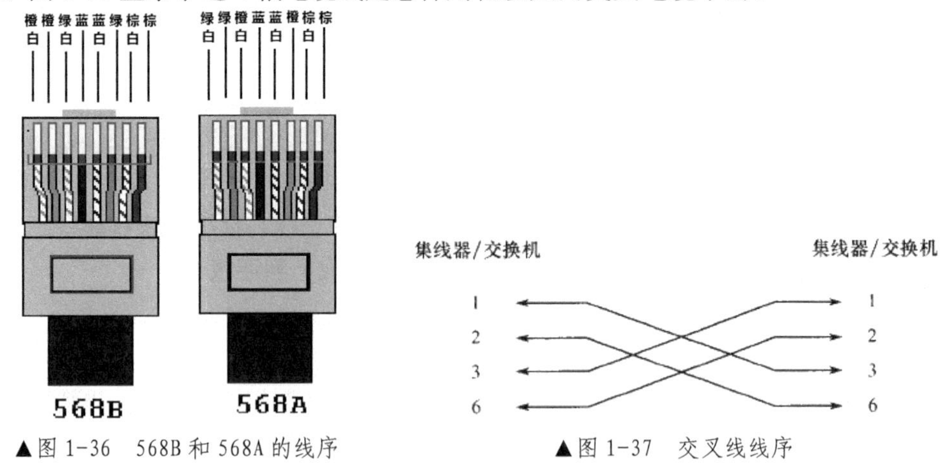

▲图 1-36 568B 和 568A 的线序

▲图 1-37 交叉线线序

3．反转电缆

尽管这种类型的电缆不是用来连接各种以太网部件的，但是你可以用它来实现从主机到路由器控制台串行通信（Console）端口的连接。

如果有一台 Cisco 路由器或交换机，就可以使用这种电缆将运行超级终端（HyperTerminal）的 PC 与 Cisco 硬件设备连接起来。在这种电缆中使用了 8 根电缆线来连接串行设备。图 1-38 显示了用在反转电缆中的 8 根电缆线。

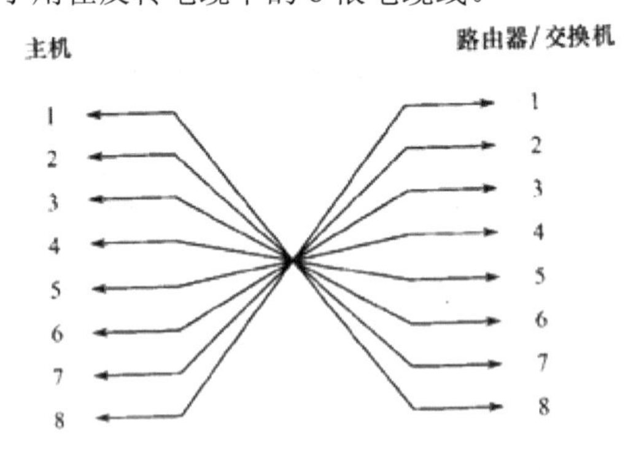

▲图 1-38 反转电缆线序

这些可能是最容易制作的电缆线了，因为你只需切断直通电缆线的一端，并将它反转过来连接即可（当然，要用另一个连接器）。

1.5.3 集线器

集线器的英文名称为“Hub”。“Hub”是“中心”的意思，集线器的主要功能是对接收到的信号进行再生整形放大，以扩大网络的传输距离，同时把所有结点集中在以它为中心的结点上，如图 1-39 所示。

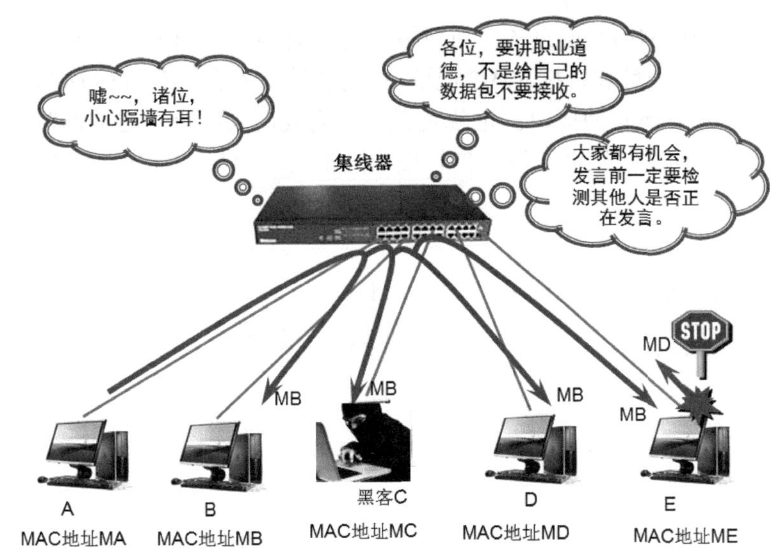

▲图 1-39　集线器配置图示

集线器工作于 OSI 参考模型的第一层，即物理层。它与网卡、网线等传输介质一样，属于局域网中的基础设备，采用 CSMA/CD 访问方式。

使用集线器的接入设备越多，冲突几率越大。

集线器使用 CSMA/CD 技术。

载波侦听多路访问/冲突检测 CSMA/CD 是一种介质访问的控制方法，当在同一个共享网络中的不同结点同时传送数据包时，不可避免地会产生冲突，而 CSMA/CD 机制就是用来解决这种冲突问题的。

1．CSMA/CD 的工作原理

当一个结点想在网络中发送数据时，它首先检查线路上是否有其他主机的信号在传送：如果有，说明其他主机在发送数据，自己则利用退避算法等一会再试图发送；如果线路上没有其他主机的信号，自己就将数据发送出去，同时，不停地监听线路，以确信其他主机没有发送数据，如果检测到有其他信号，自己就发送一个 JAM 阻塞信号，通知网段上的其他结点停止发送数据，这时，其他结点也必须采用退避算法等一会再试图发送。

2．CSMA/CD 的重要特性

- 使用 CSMA/CD 协议的以太网不能进行全双工通信，而只能进行双向交替通信（半双工通信）。
- 每个站在发送数据之后的一小段时间内，存在着遭遇碰撞的可能性。
- 这种发送的不确定性使整个以太网的平均通信量远小于以太网的最高数据率。

集线器属于纯硬件网络底层设备，当网络中的 A 计算机和 B 计算机进行通信时，虽然数据帧有具体的源 MAC 地址和目标 MAC 地址，但是集线器不会针对目标 MAC 地址进行转发，而是将这个信号传递到所有的接口。也就是说，当它要向某结点发送数据时，不是直接将数据发送到目的结点，而是将数据包发送到与集线器相连的所有节结点，如图 1-40 所示。

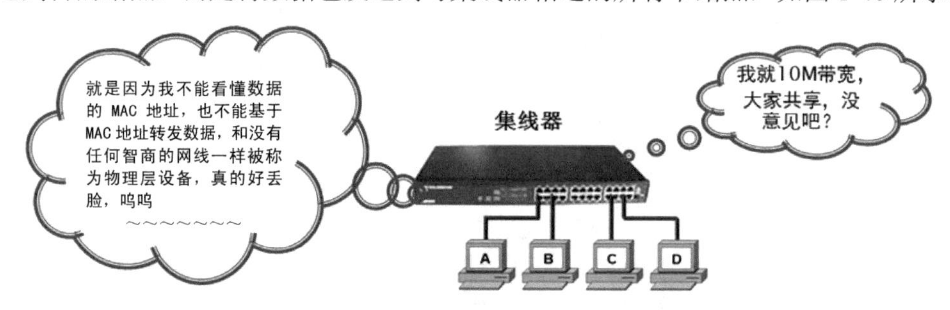

- 所有设备在同一个冲突域
- 所有设备在同一个广播域
- 所有设备共享带宽

补充知识

广播通信，就像我上课前说："同学们好！"，其中"同学们"，指的所有学生，在计算机网络中就相当于广播地址，目标MAC地址是FF-FF-FF-FF-FF-FF就是广播地址，广播数据要求同一网段的计算机都能收到。

点到点通信，就像我上课时说："刘飞同学回答这个问题。"，其中"刘飞"就是特定的一个人，在计算机网络中相当于特定MAC，目标地址和源地址都是具体的地址，这类通信就是点到点通信。

▲图 1-40　集线器运行在物理层

这种广播发送数据方式有以下几方面不足。

- 用户数据包向所有结点发送，很可能带来数据通信的不安全因素，一些别有用心的人很容易就能非法截获他人的数据包。
- 由于所有数据包都是向所有结点同时发送，加上以上所介绍的共享带宽方式，就更可能造成网络堵塞的现象，越发降低了网络的执行效率。因此集线器连接的网为一个冲突域。
- 非双工传输，网络通信效率低。集线器的同一时刻每一个端口只能进行一个方向的数据通信，而不能像交换机那样进行双向双工传输，网络执行效率低，不能满足较大型网络通信的需求。

正因如此，尽管集线器技术也在不断改进，但实质上只是加入了一些交换机（switch）技术，发展到了今天的具有堆叠技术的堆叠式集线器，有的集线器还具有智能交换机功能。可以说集线器产品已在技术上向交换机技术进行了过渡，具备了一定的智能性和数据交换能力。但随着交换机价格的不断下降，仅有的价格优势已不再明显，集线器的市场越来越小，处于淘汰的边缘。尽管如此，集线器对于家庭或者小型企业来说，在经济上还是有一点诱惑力的，特别适合家庭中几台机器的网络或者中小型公司作为分支网络使用。

1.5.4 交换机

交换机（意为“开关”）是一种用于电信号转发的网络设备，它可以为接入交换机的任意两个网络结点提供独享的电信号通路。最常见的交换机是以太网交换机。其他常见的还有电话语音交换机、光纤交换机等，如图 1-41 所示。

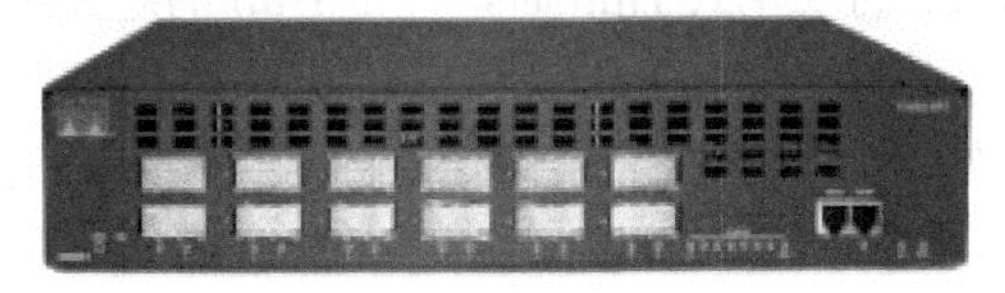
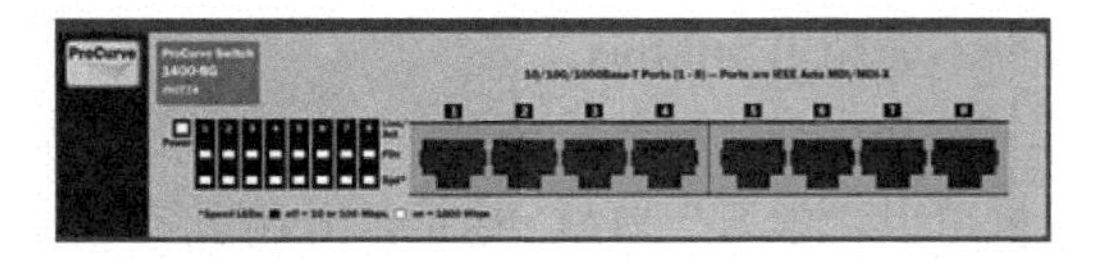

▲图 1-41　交换机图示

在计算机网络系统中，交换概念的提出改进了共享工作模式。我们之前介绍过的 Hub 集线器就是一种共享设备。Hub 本身不能识别目的地址，当同一局域网内的 A 主机给 B 主机传输数据时，数据包在以 Hub 为架构的网络上是以广播方式传输的，由每一台终端通过验证数据包头的地址信息来确定是否接收。也就是说，在这种工作方式下，同一时刻网络上只能传输一组数据帧的通信，如果发生碰撞还得重试。这种方式就是共享网络带宽。

交换机拥有一条很高带宽的背部总线和内部交换矩阵。交换机的所有端口都挂接在这条背部总线上，控制电路收到数据包以后，处理端口会查找内存中的地址对照表以确定目的 MAC（网卡的硬件地址）的 NIC（网卡）挂接在哪个端口上，通过内部交换矩阵迅速将数据包传送到目的端口，目的 MAC 若不存在则广播到所有的端口，接收端口回应后交换机会“学习”新的地址，并把它添加到内部 MAC 地址表中。

使用交换机也可以把网络“分段”，通过对照 MAC 地址表，交换机只允许必要的网络流量通过。通过交换机的过滤和转发，可以有效地隔离广播风暴，减少误包和错包的出现，避免共享冲突，如图 1-42 所示。

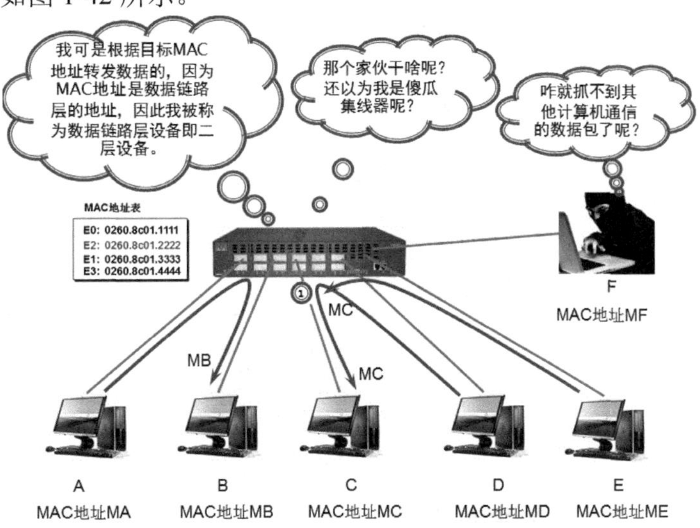

交换机学习构造完MAC地址表之后，知道了每个接口对应哪个MAC地址。
交换机能能够基于MAC地址转发数据，因此A给B通信，不影响D给C通信。
有的同学会想如果D给C通信时，E也给C通信，连接C的端口1就会产生冲突，交换机端口能够缓存数据并让数据帧排队，因此交换机能够很好的解决这类冲突。
如果发送广播包，交换机将广播包转发到所有接口。

▲图 1-42　交换机工作在链路层

交换机在同一时刻可进行多个端口对之间的数据传输。每一端口都可视为独立的网段，连接在其上的网络设备独自享有全部的带宽，无须同其他设备竞争使用。当结点 A 向结点 D 发送数据时，结点 B 可同时向结点 C 发送数据，而且这两个传输都享有网络的全部带宽，都有着自己的虚拟连接。假若这里使用的是 10Mb/s 的以太网交换机，那么该交换机这时的总流通量就等于 2×10Mb/s＝20Mb/s，而使用 10Mb/s 的共享式 Hub 时，一个 Hub 的总流通量也不会超出 10Mb/s。

总之，交换机是一种基于 MAC 地址识别，能完成封装转发数据帧功能的网络设备。交换机可以“学习”MAC 地址，并将其存放在内部地址表中，通过在数据帧的始发者和目标接收者之间建立临时的交换路径，使数据帧直接由源地址到达目的地址。

交换机和集线器相比有以下优点。

- 交换机的端口带宽独享。
- 交换机比集线器安全。
- 将目标 MAC 地址为 FF-FF-FF-FF-FF-FF 的数据帧发送到所有交换机端口（除了发送端口外），因此交换机连接的网是一个广播域。

因为交换机能够基于 MAC 地址转发数据，而 MAC 地址属于 OSI 参考模型的第二层地址，因此我们称交换机为二层设备。

1.5.5 路由器

路由器是连接因特网中各局域网、广域网的设备，它会根据信道的情况自动选择和设定路由，以最佳路径、按前后顺序发送信号的设备。路由器的英文名是 Router，它是互联网的枢纽、“交通警察”。目前路由器已经广泛应用于各行各业，各种不同档次的产品已经成为实现各种骨干网内部连接、骨干网间互联和骨干网与互联网互联互通业务的主力军，如图 1-43 所示。

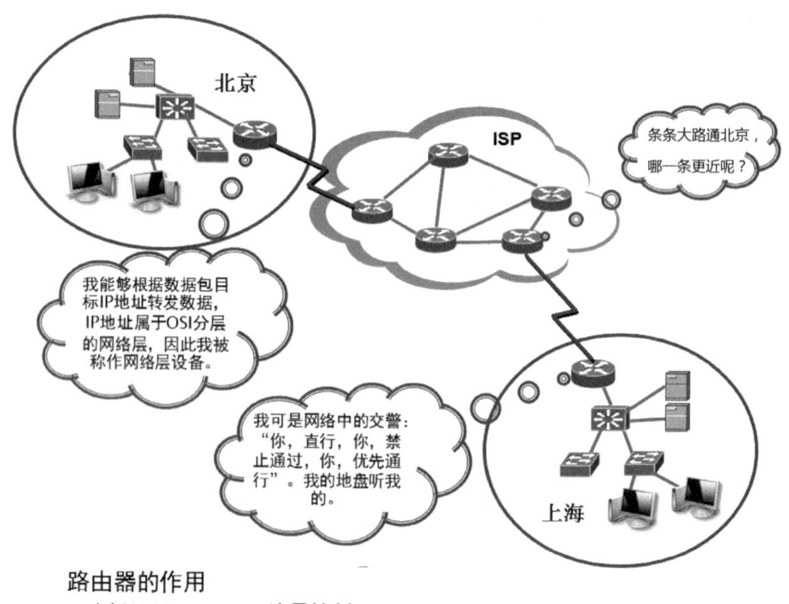

▲图 1-43　路由器运行在网络层

在路由过程中，信息至少会经过一个或多个中间结点。通常，人们会把路由和交换进行对比，主要是因为在普通用户看来这两者所实现的功能是完全一样的。其实，路由和交换之间的主要区别就是交换机根据 MAC 地址转发数据帧，发生在 OSI 参考模型的第二层（数据链路层），而路由器基于网络层地址转发数据包，发生在 OSI 参考模型第三层，即网络层，因此我们说路由器为三层设备。

举例来说，大家都知道打电话分本地和长途，打长途电话需要拨区号，打本地电话则不需要拨区号。类似的来理解计算机之间的通信，交换机端口连接的计算机就相当于在同一个区的电话，负责在同一个区转发数据，即所连接的计算机的 IP 地址网络部分必须相同。路由器的接口连接不同的网段，负责在不同的网段转发数据包，相当于在不同区打长途电话。

如图 1-44 所示，交换机 1 连接的计算机都在 172.16.0.0/16 网段，交换机 2 连接的计算机都在 172.17.0.0/16 网段。路由器的两个以太网接口连接交换机 1 和交换机 2。连接交换机 1 的接口设置 IP 地址 172.16.0.1 作为 172.16.0.0/16 网段的网关，连接交换机 2 的接口设置 IP 地址 172.17.0.1 作为 172.17.0.0/16 网段的网关。网关就是到其他网段的出口，一般为路由器接口的 IP 地址，且该地址为该网段中第一个或最后一个可用的 IP 地址，这样可尽量避免计算机和网关的 IP 地址冲突。

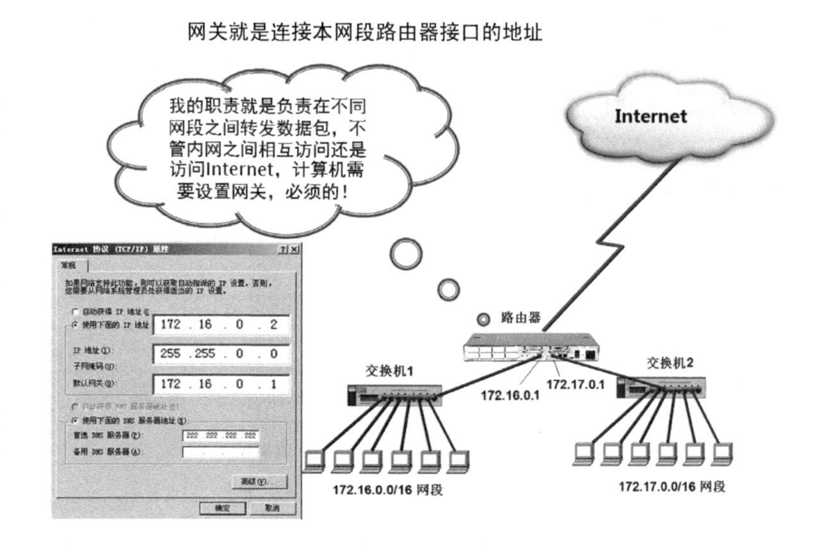

▲图 1-44　使用路由器连网

路由器是互联网的主要结点设备。路由器通过路由决定数据的转发，转发策略称为路由选择（routing），这也是路由器名称的由来（router，转发者）。作为不同网络之间互相连接的枢纽，路由器系统构成了基于 TCP/IP 国际互联网络 Internet 的主体脉络。也可以说，路由器构成了 Internet 的骨架，它的处理速度是网络通信的主要瓶颈之一，其可靠性则直接影响着网络互联的质量。因此，在园区网、地区网，乃至整个 Internet 的研究领域，路由器技术始终处于核心地位，其发展历程和方向成为整个 Internet 研究的一个缩影。

路由器的作用如下。

- 默认时，路由器将不会转发任何广播包或组播包。
- 在不同网段转发数据包，路由器使用 IP 地址，IP 地址在网络层的报头中，用来决定将包转发到的下一跳路由器。
- 路由器可以使用管理员创建的访问表来控制被允许进入或流出一个接口的包的安全性。
- 第三层设备 （这里是指路由器）可以提供虚拟 LAN（VLAN）之间的连接。
- 路由器可以为特定类型的网络流量提供服务质量（QoS）。

1.6 数据封装

数据要通过网络进行传输，要从高层一层一层地向下传送，如果一个主机要传送数据到别的主机，先把数据装到一个特殊的协议报头中，这个过程就叫封装（encapsulate/encapsulation），如图 1-45 所示。

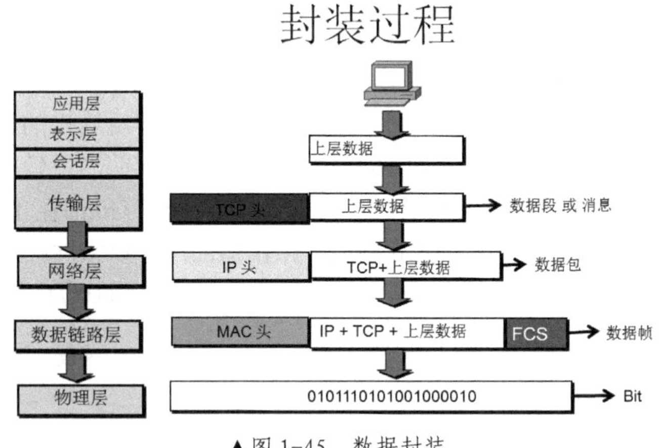

▲图 1-45　数据封装

计算机在传数据之前需要将数据分段，在每段添加附加信息，称为封装。封装分为切片和加控制信息。

从事 IT 职业，我们经常会听到数据包、数据帧这样的名称。当数据在传输层添加上源端口和目标端口，我们称之为数据段或消息，可靠传输称为数据段，不可靠传输称为消息。在网络层会为数据段或消息添加目标地址和源地址，称为数据包。数据包在数据链路层添加了目标 MAC 地址、源 MAC 地址和帧校验序列（FCS），称为数据帧，如图 1-46 所示。

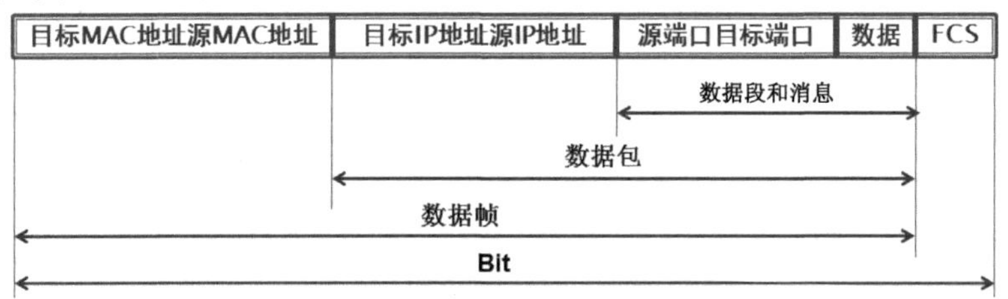

▲图 1-46　数据段/消息、数据包、数据帧的概念

> **注意** 在这里需要记住，数据包包括数据、端口和 IP 地址。数据帧包括数据、端口、IP 地址和 MAC 地址。

计算机在接收到数据帧后，需要去掉为了传输而添加的附加信息，这称为解封装，是上述封装操作的逆向过程，如图 1-47 所示。

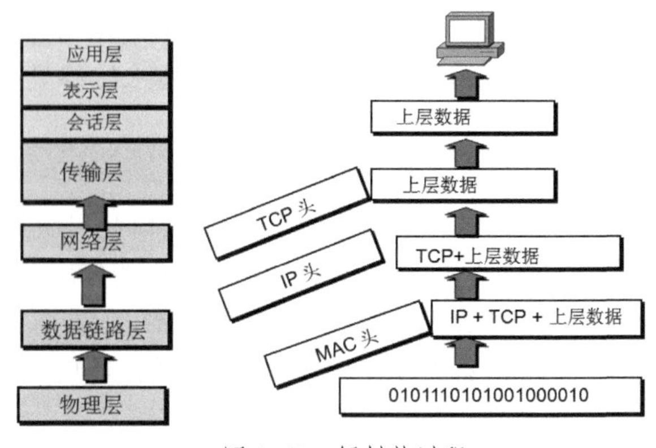

▲图 1-47　解封装过程

1.7 传输模式

按照数据流的方向可分为三种传输模式：单工、半双工和全双工。

1. 单工模式

单工（Simplex Communication）模式的数据传输是单向的。通信双方中，一方固定为发送端，一方则固定为接收端，信息只能沿一个方向传输。

单工模式一般用在只向一个方向传输数据的场合。例如，计算机与打印机之间的通信是单工模式，因为只有计算机向打印机传输数据，而没有向反方向的数据传输。还有在某些通信信道中，如单工无线发送、广播电台和收音机、电视台和电视之间的通信为单工模式。

2. 半双工模式

半双工模式是指通信使用同一根传输线，既可以发送数据又可以接收数据，但不能同时进行发送和接收。数据传输允许数据在两个方向上传输，但是，在任何时刻只能由其中的一方发送数据，另一方接收数据。因此半双工模式既可以使用一根数据线，也可以使用两根数据线。它实际上是一种切换方向的单工通信，如同对讲机（步话机）一样。半双工通信中每端需有一个收发切换电子开关，通过切换来决定数据向哪个方向传输。因为有切换，所以会产生时间延迟，信息传输效率较低。

3. 全双工模式

全双工模式是指数据通信允许数据同时在两个方向上传输。因此，全双工通信是两个单工通信方式的结合，它要求发送设备和接收设备都有独立的接收和发送能力，就和电话一样。在全双工模式中，每一端都有发送器和接收器，有两根传输线，可在交互式应用和远程监控系统中使用，信息传输效率较高。全双工以太网在原始的 802.3 Ethernet 中定义，它只使用一对电缆线，数字信号在线路上是双向传输的。当然，这与 IEEE 规范所讨论的全双工工作过程稍微有一点不同，但 Cisco 所说的通常是在以太网中所发生的事情。

1.7.1 半双工和全双工以太网

半双工以太网采用 CSMA/CD 协议，以防止产生冲突。如果产生冲突，就允许重传。如果使用集线器组建以太网，则必须工作在半双工模式，因为端站点必须能够检测到冲突。在 Cisco 看来，半双工以太网—典型的为 10BaseT，只有 30%～40%的效率。因为一个大的 10BaseT 网络通常最多只给出 3～4Mb/s 的带宽。

全双工以太网使用两对电缆线，而不像半双工模式那样使用一对电缆线。全双工模式在发送设备的发送方和接收设备的接收方之间采用点到点的连接，这就意味着在全双工数据传送方式下，可以得到更高的传输速率。由于发送数据和接收数据是在不同的电缆线上完成的，因此不会产生冲突。

全双工以太网之所以不会产生冲突，是因为它就像带多个入口的高速公路，而不是像半双工方式所提供的只有一条入口的路。全双工以太网能够在两个方向上提供 100%的效率。比如，可以用运行在全双工方式下的 10Mb/s 以太网得到 20Mb/s 的传输速率，或者将 FastEthernet 的传输速率提高 200Mb/s，这是很了不起的。但是，这种速率有时被称为聚合速率，也就是说，你需要获得100%的效率，就像生活中的事情一样，这不可能完全得到保证，如图1-48所示。

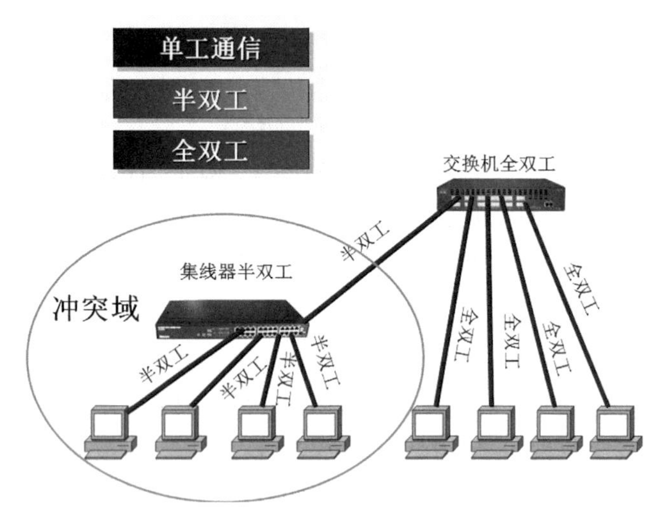

▲图1-48 半双工和全双工以太网

全双工以太网可以用于下列三种情况。

- 交换机到主机的连接。
- 交换机到交换机的连接。
- 使用交叉电缆的从主机到主机的连接。

最后，请记住下列重点。

- 在全双工模式下，不会有冲突域。
- 专用的交换机端口可用于全双工结点。
- 主机的网卡和交换机端口必须能够运行在全双工模式下。

1.7.2 设置网卡的双工模式

较新的计算机网卡双工模式或交换机的端口双工模式为自动协商方式。

自动协商的出现是为了保证新的全双工以太网兼容老的以太网。

自动协商的内容主要包括双工模式、运行速率以及流控等参数。

自动协商是建立在双绞线以太网的底层机制上的，它只对双绞线以太网有效。

假如A和B两端都支持自动协商，A的工作速率有10/100/1000Mb/s，B的工作速率有10/100Mb/s，那么它们协商的结果是100Mb/s。这里很好理解，就是一个相与后取最大值的结果。

假如A和B两端中，A支持自动协商，B不支持自动协商，那么由于强行设定的站点不会告诉正在协商的站点自己的速率和单双工模式，自动协商的站点就必须自己决定合适的速率和单双工模式来匹配对端，这叫做平行检测。协商站点监听从对端过来的链路脉冲能够辨别通信速率。10Mb/s、100Mb/s和1000Mb/s以太网使用不同的信号模式，所以协商站点能识别对端的工作速率，然后达成一致。

但假如 A 和 B 一个是半双工，一个是强行设定的站点。因为强行设定的站点不进行协商，协商站点无法知道强行设定站点工作在哪种双工模式下。根据 802.3 标准，它必须与强行站点使用相同的速率，但是工作在半双工模式下，不能检测到对端信息，则会产生全半双工不匹配的问题。

现在的电脑都是支持自动协商的，自动协商不再是问题了。

打开本地连接状态对话框，如图 1-49 所示，单击“属性”按钮，打开本地连接属性对话框，单击“配置”如图 1-50 所示。

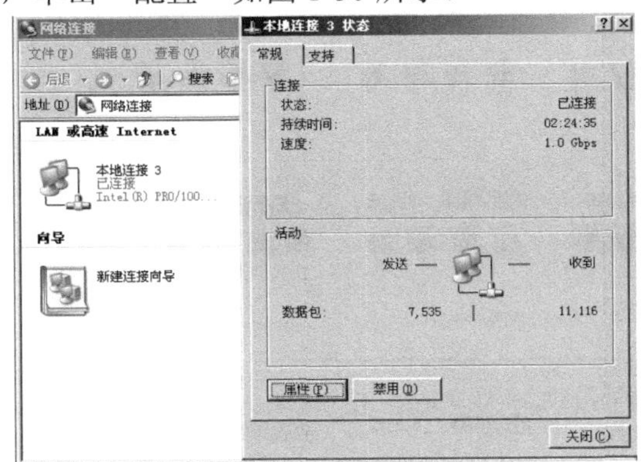

▲图 1-49　本地连接状态对话框

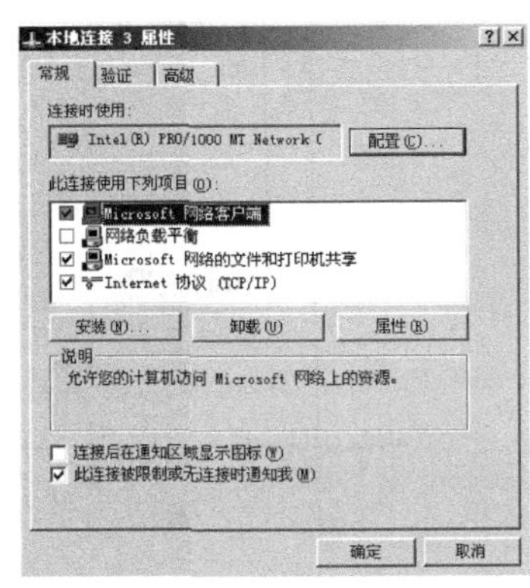

▲图 1-50　本地连接属性对话框

在“高级”选项卡的“属性”列表框中选中 Link Speed & Duplex 选项，可以看到默认是自动检测方式，如图 1-51 所示。你可以强制指定 100Mb/s 全双工、100Mb/s 半双工、10Mb/s 全双工和 10Mb/s 半双工。

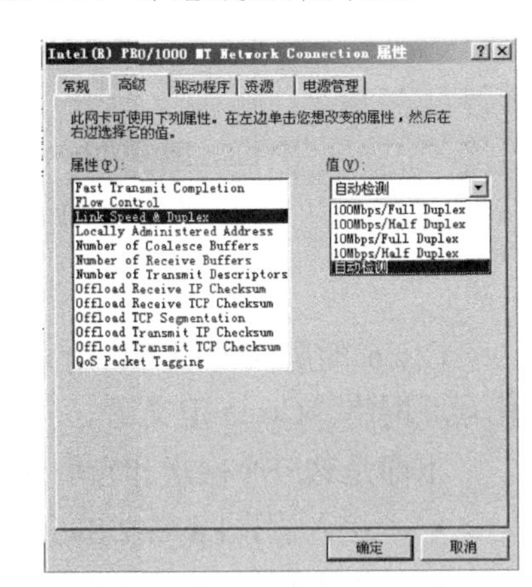

▲图 1-51　设置双工模式

1.8　Cisco 组网三层模型

现在以河北师范大学软件学院网络为例，介绍网络设备的部署位置和网络设备的层次。

河北师范大学软件学院位于田家炳楼的 7 楼、8 楼和 9 楼。在每间教室部署接入层交换机，每间教室的交换机为学生的笔记本提供网络接入。每层都有机房，在机房部署汇聚层交换机，连接教室中交换机，在 9 楼有核心层交换机，连接各个楼层的汇聚层交换机和学院的服务器，100Mb/s 光纤连接 Internet，如图 1-52 所示。

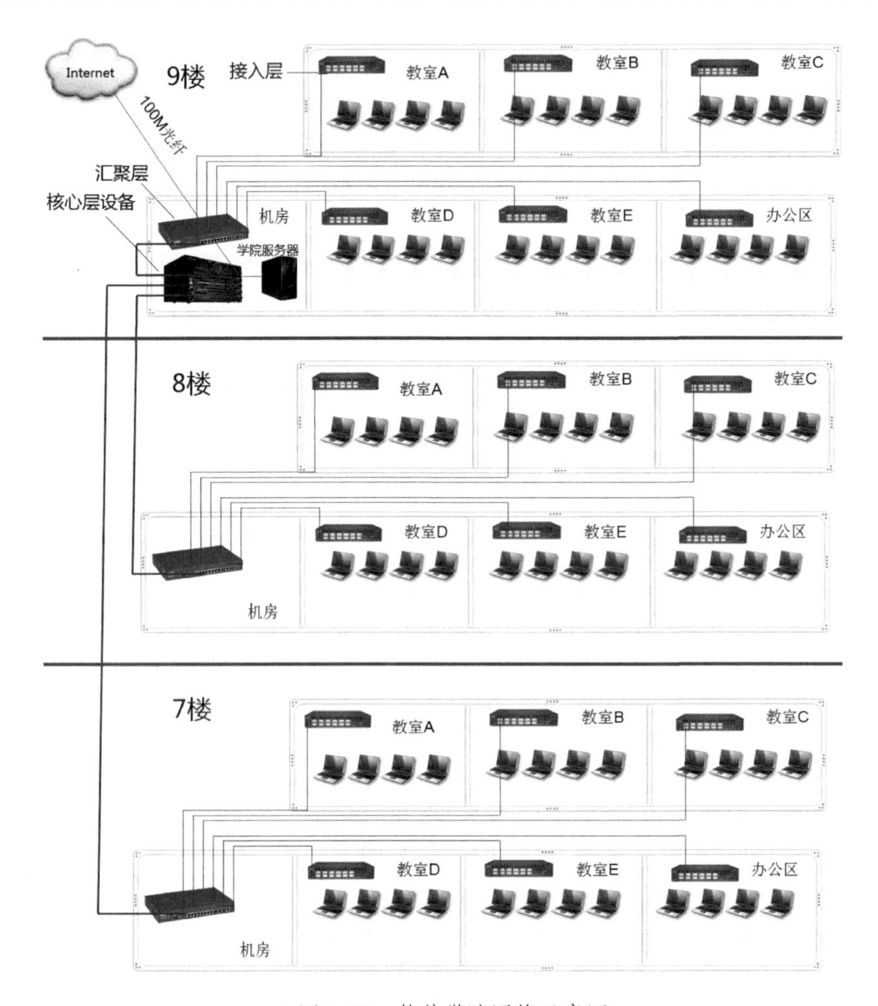

▲图 1-52 软件学院网络示意图

Cisco 的层次模型可以用来帮助设计、实现和维护可扩展、可靠、性能价格比高的层次化互联网络。Cisco 定义了三个层次，每一层都有特定的功能。

下面是这三个层次和它们的典型功能。

- 接入层，Layer 2 Switching，最终用户被许可接入网络的点。
- 汇聚层，Layer 3 Switching，接入层设备的汇聚点。
- 核心层，Layer 2/Layer 3 Switching，高速交换背板，不进行任何过滤，因为会影响转发速度。

1.8.1 核心层

从字面意义上看，核心层（Core Layer）就是网络的核心。它位于顶层，负责可靠而迅速地传输大量的数据流。网络核心层的唯一意图是，尽可能快地交换数据流。跨核心层传输的数据流对大多数用户来说是公共的。然而要记住，用户数据是在汇聚层进行处理的，如果需要的话，汇聚层会将请求转发到核心层。

如果核心层出了故障，就会影响到每一位用户。因此，核心层的容错就成了一个问题。

核心层很可能流过大量的数据，因此，速度和延迟在这里是分别考虑的。给出了核心层的功能，现在我们就可以考虑一些设计问题了。让我们从不应该做的事情谈起。

- 不要做任何影响到通信流量的事。其中包括使用访问列表、在 VLAN 之间进行路由选择以及进行包过滤。
- 不要在这里支持工作组接入。
- 当互联网络扩展时（比如添加了路由器），应避免扩充核心层。如果核心层的性能成了问题，就应当升级而不是扩充。

现在，我们来看看在设计核心层时应当做的一些事情，包括下面这些。

- 在设计核心层时一定要实现高可靠性，考虑采用对速率和冗余都有利的数据链路层技术，比如 FDDI、带有冗余链路的快速以太网，甚至 ATM。
- 在设计时一定要时刻想着传输速率，核心层的延迟应当非常小。
- 选择收敛时间短的路由协议。如果路由表收敛慢的话，快速的和有冗余的数据链路连接就没有意义了。

1.8.2 汇聚层

汇聚层（Distribution Layer）有时也称为工作组层，它是接入层和核心层之间的通信点。汇聚层的主要功能是提供路由、过滤和 WAN 接入，如果需要的话，它还决定数据包可以如何对核心层进行访问。汇聚层必须决定用最快的方式来处理网络服务请求。比如，一个文件请求如何被转发到服务器。在汇聚层决定了最佳路径后，它就将请求转发到核心层，由核心层将请求快速传送到正确的服务中。

汇聚层是实现网络策略的地方，在这里，可以在所定义的网络操作中试验其灵活性。在汇聚层上，有一些通用的操作，包括下面这些。

- 路由。
- 工具的实现，比如访问表、包过滤和排序。
- 网络安全和网络策略的实现，包括地址翻译和防火墙。
- 重新分配路由协议，包括静态路由。
- 在 VLAN 之间进行路由，以及其他工作组所支持的功能。
- 定义广播域和组播域。

在汇聚层应当避免做的事情有限，主要是不能使用专门属于其他层的功能。

1.8.3 接入层

接入层（Access Layer）控制用户和工作组对互联网络资源的访问。接入层有时也称为桌面层。大多数用户所需要的网络资源将在本地获得，由分配层处理远程服务的数据流。下面是接入层的一些功能。

- 连续的访问控制和策略（对汇聚层的延续）。
- 创建分隔的冲突域（分段）。
- 到汇聚层的工作组连通性。

在接入层经常采用诸如 DDR 和以太网交换这样的技术，这里采用静态路由（而不是动态路由协议）。

大家应该想得到，三个不同的层次并不意味着需要三台不同的路由器，也许要少一些，也许要多一些。记住，这只是一种逻辑上的分层方法。

1.8.4 高可用网络设计

思科的层次模型可以帮助您设计、实施和维持一个可扩展、可靠、最具成本效益的分层互联网。

如果企业的网络非常重要（比如医院的网络）。为了避免汇聚层和核心层设备故障造成网络故障，可以设计成双核心层和双汇聚层，如图 1-53 所示。

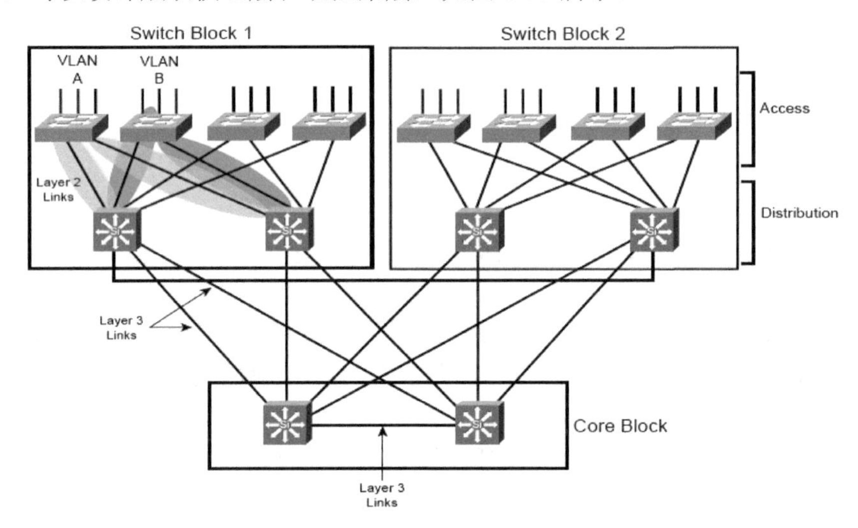

▲图 1-53　双核心层和双汇聚层网络

1.9 习题

1. 开放系统互联参考模型简称________。
2. OSI 参考模型分为________层，分别是________、________、________、________、________、________和________。
3. 物理层传送数据的单位是________，数据链路层传送数据的单位是________，传输层传送数据的单位是________。
4. 在 OSI 参考模型中，七层协议中的__(1)__利用通信子网提供的服务实现两个用户进程之间端到端的通信。在这个模型中，如果 A 用户需要通过网络向 B 用户传送数据，则首先将数据送入应用层，在该层为它附加控制信息后送入表示层；在表示层对数据进行必要的变换并加头标后送入会话层；在会话层加头标送入传输层；在传输层将数据分解为__(2)__后送至网络层；在网络层将数据封装成__(3)__后送至数据链路层；在数据链路层将数据加上头标和尾标封装成__(4)__后发送到物理层；在物理层数据以__(5)__形式发送到物理线路。B 用户所在的系统接收到数据后，层层剥去控制信息，把原数据传送给 B 用户。

(1) A．网络层　B．传输层　C．会话层　D．表示层
(2) A．数据包　B．数据流　C．数据段　D．报文分组
(3) A．数据段　B．数据包　C．路由信息　D．报文分组
(4) A．数据段　B．数据包　C．数据帧　D．报文分组
(5) A．比特流　B．数据帧　C．数据段　D．报文分组

5. 路由器是一种常用的网络互连设备，它工作在 OSI 的__(1)__上，在网络中它能够根据网络通信的情况__(2)__，并识别__(3)__。相互分离的网络经路由器互连后__(4)__。通常并不是所有的协议都能够通过路由器，如__(5)__在网络中就不能被路由。

(1) A．物理层　B．数据链路层
　　C．网络层　D．传输层
(2) A．动态选择路由　B．控制数据流量
　　C．调节数据传输率　D．改变路由结构
(3) A．MAC 地址
　　B．网络地址
　　C．MAC 地址和网络地址
　　D．MAC 地址和网络地址的共同逻辑地址
(4) A．形成了一个更大的物理网络
　　B．仍然还是原来的网络
　　C．形成了一个逻辑上单一的网络
　　D．成为若干个互联的子网

（5）A. NetBEUI　　B. Apple Talk
C. IPX　　D. IP

6. 属于物理层的互连设备是________。
A. 中继器　　B. 网桥
C. 交换机　　D. 路由器

7. 在 OSI 参考模型中，物理层的功能是__（1）__，网络层的服务访问点也称为__（2）__，通常分为__（3）__两部分。
（1）A. 建立和释放连接　　B. 透明地传输比特流
C. 在物理实体间传送数据帧　　D. 发送和接受用户数据
（2）A. 用户地址　　B. 网络地址
C. 端口地址　　D. 网卡地址
（3）A. 网络号和端口号　　B. 网络号和主机地址
C. 超网号和子网号　　D. 超网号和端口地址

8. 在 OSI 参考模型中，__________实现数据压缩功能。
A. 应用层　　B. 表示层
C. 会话层　　D. 网络层

9. 按照网络分级设计模型，通常把网络设计分为三层，即核心层、汇聚层和接入层。以下关于分级网络的描述中，不正确的是__________。
A. 核心层承担访问控制列表检查功能
B. 汇聚层实现网络的访问策略控制
C. 工作组服务器放置在接入层
D. 在接入层可以使用集线器代替交换机

10. 下列________设备可以隔离 ARP 广播帧。
A. 路由器　　B. 网桥
C. 以太网交换机　　D. 集线器

11. 在 OSI 参考模型中，实现端到端的应答、分组排序和流量控制功能的协议层是__________。
A. 数据链路层　　B. 网络层
C. 传输层　　D. 会话层

12. 在层次化园区网络设计中，__________是接入层的功能。
A. 高速数据传输　　B. VLAN 路由
C. 广播域的定义　　D. MAC 地址过滤

习题答案

1. OSI
2. OSI 参考模型分为 7 层，分别是应用层、表示层、会话层、传输层、网络层、数据链路层、物理层。
3. 物理层传送数据的单位是比特，数据链路层传送数据的单位是数据帧，传输层传送数据的单位是数据段。
4. （1）C、（2）C、（3）B、（4）C、（5）A
5. （1）C、（2）A、（3）B、（4）A、（5）A
6. A
7. （1）B、（2）B、（3）B
8. B
9. A
10. A
11. C
12. C

读书笔记

第 2 章　TCP/IP 协议

传输控制协议/因特网协议（TCP/IP）组是由美国国防部（DoD）所创建的，主要用来确保数据的完整性及在毁灭性战争中维持通信。如果能进行正确的设计和应用，TCP/IP 网络将是可靠的并富有弹性的网络。

本章将详细阐述 TCP/IP 的层次结构，以及每层包含的协议，讲解了传输层两个协议 TCP 和 UDP 协议的应用场景，应用层协议和传输层协议的关系，应用层协议和服务之间的关系。并且演示了在 Windows Server 2003 上安装配置 FTP 服务、Web 服务、POP3 服务、SMTP 服务和 DNS 服务，启用服务器的远程桌面，并且配置客户端连接这些服务器。

TCP/IP 是 Transmission Control Protocol/Internet Protocol 的简写，中文译名为传输控制协议/因特网互联协议，又叫网络通信协议，这个协议是 Internet 最基本的协议、Internet 国际互联网络的基础，简单地说，就是由网络层的 IP 协议和传输层的 TCP 协议组成的。

配置 Windows 防火墙保护 Windows XP 安全和使用 TCP/IP 筛选配置服务器安全，防止主动入侵计算机。配置 IPSec 严格控制进出服务器的数据流量，避免木马程序造成威胁。

同时展示使用捕包工具排除网络故障。

本章主要内容：

- TCP/IP 协议和 DoD 模型
- 传输层协议
- 应用层协议
- 应用层协议和服务的关系
- 配置服务器网络安全
- 使用捕包工具排除网络故障

2.1 OSI 和 DoD 模型

DoD 模型基本上是 OSI 模型的一个浓缩版本，它只有 4 个层次，而不是 7 个，它们是：

- 应用层
- 传输层
- 网络层
- 网络接口层

其中，如果在功能上和 OSI 参考模型互相对应的话，如图 2-1 所示。

- DoD 模型的 Process/Application 层对应 OSI 参考模型的最高 3 层。
- DoD 模型的 Host-to-Host 层对应 OSI 参考模型的 Transport 层。
- DoD 模型的 Internet 层对应 OSI 参考模型的 Network 层。
- DoD 模型的 Network Access 层对应 OSI 参考模型的最低 2 层。

OSI	DoD	TCP/IP协议集
应用层 表示层 会话层	应用层	Telnet，FTP，SMTP，DNS，HTTP 以及其他应用协议
传输层	传输层	TCP， UDP
网络层	网络层	IP，ARP，RARP，ICMP
数据链路层 物理层	网络接口层	各种通信网络接口（以太网等） （物理网络）

▲图 2-1　OSI 与 DoD 的比较

2.2 传输层协议

通常情况一个数据包最大 1500 个字节，在网络上的通信有以下两种情况。

一种情况是，一个数据包就能完成通信任务，例如，我们上网时输入网址 www.91xueit.com，你的计算机需向要域名解析服务器（DNS）发送一个数据包查询该域名对应的 IP 地址，DNS 服务器向你的计算机返回一个数据包告你的计算机该网址对应的 IP 地址，这类通信一个数据包就能完成。再比如 QQ 聊天，你给好友发送一个信息“你好！新年快乐”，这几个字一个数据包就能发送给你的好友。

另一种情况是，一个数据包不能完成的通信任务，需要把信息分成多个数据包传输，比如，我们打开 IE 浏览器，访问网站，网页中有很多文字和图片，一个数据包不能发送到客户端，需要把数据分成段，编上号，然后分段传递到客户端。针对以上两种情况，在 TCP/IP 协议栈，传输层有两个协议——TCP 和 UDP。

TCP（Transmission Control Protocol，传输控制协议）：一个数据包不能完成通信任务的通信在传输层大多使用 TCP 协议。传输前数据分段，编号，客户端和服务器建立会话，可靠传输——传输过程数据包丢失，要求服务器重传。

UDP（User Data Protocol，用户数据报协议）：一个数据包就能完成的任务在传输层大多使用 UDP 协议，不可靠传输，服务器和客户端不建立会话，比 TCP 建立会话节省服务器资源，数据不分段，不编号。也有一些多播通信使用 UDP 协议。

理解了 TCP 和 UDP 的应用场景之后，你可以针对某种应用推断出其传输层使用的是 TCP 协议还是 UDP 协议，比如，发送电子邮件，一个数据包是不能完成电子邮件传输的，发送电子邮件的 SMTP 协议在传输层是 TCP；使用 FTP 上传文件和下载文件，一个数据包也不能完成文件的上传和下载，因此你可以推断 FTP 在传输层使用的也是 TCP 协议；访问 Web 站点，一个数据包也不能将 Web 页面的图片和文字传送到客户端，你可以推断其在网络层使用的是 TCP 协议。

> **提示** 大家可以推断一下，使用 QQ 聊天时，传输层使用的是什么协议；使用 QQ 给好友传文件时，传输层使用的是什么协议。由于 QQ 聊天，是交互的，通常不需要连续传递大量数据，和好友聊天的信息，使用一个数据包通常就能传输到客户端，因此 QQ 聊天在传输层使用的是 UDP 协议；QQ 传文件，需要传递的文件通常需要将文件分成多个数据包进行连续传输，在传输过程中不允许出现丢包，因此在传输层使用 TCP 协议。可见一个程序中不同的应用在传输层可能选择不同的协议。

2.2.1 传输控制协议

传输控制协议（TCP）通常从应用程序中得到大段的信息数据，然后将其分割成若干个数据段。TCP 会为这些数据段编号并排序，这样，在目的方的 TCP 协议栈才可以将这些数据段再重新组成原来应用数据的结构。由于 TCP 采用的是虚电路连接方式，这些数据段在被发送出去后，发送方的 TCP 会等待接收方 TCP 给出一个确认性应答，那些没有收到确认应答的数据段将被重新发送。

当发送方主机开始沿分层模型向下发送数据段时，发送方的 TCP 协议会通知目的方的 TCP 协议去建立一个连接，也就是所谓的虚电路。这种通信方式被称为是面向连接的。在这个初始化的握手协商期间，双方的 TCP 层需要对接收方在返回确认应答之前，可以连续发送多少数量的信息达成一致。随着协商过程的深入，用于可靠传输的信道就被建立起来。

TCP 是一个全双工的、面向连接的、可靠的并且是精确控制的协议，但是要建立所有这些条件和环境并附加差错控制，并不是一件简单的事情。所以，毫无疑问，TCP 是复杂的，并在网络开销方面是昂贵的。然而，由于如今的网络传输同以往的网络相比，已经可以提供更高的可靠性，因此，TCP 所附加的可靠性就显得没那么必要了。

2.2.2 用户数据报协议

用户数据报协议（UDP）适用于一个数据包就能完成的数据通信任务。比如 QQ 聊天发送的数据，域名解析（DNS）一个数据包就能完成。这类通信不需要在客户端和服务器端建立会话，节省服务器资源。如果网络不稳定，发送数据包失败，客户端会重试。

UDP 协议也广泛应用到多播和广播，比如多媒体教室程序将屏幕广播给学生的计算机，教室中的计算机接收教师计算机电脑屏幕。这类通信虽然一个数据包不能完成数据包通信，但这类通信不需要客户端和服务器端连接会话。

UDP 无须排序所要发送的数据段，而且不关心这些数据段到达目的方时的顺序。在发送完数据段后，就忘记它们。它不去进行后续工作，如去核对它们，或者产生一个安全抵达的确认，它完全放弃了可以保障传送可靠性的操作。正是因为这样，UDP 被称为是一个不可靠的协议，但这并不意味着 UDP 就是无效率的，它只表明，UDP 是一个不处理传送可靠性的协议。

更进一步讲，UDP 不去创建虚电路，并且在数据传送前也不联系对方。正因为这一点，它又被称为是无连接的协议。由于 UDP 假定应用程序能保证数据传送的可靠性，因而它不需要对此做任何的工作。这给应用程序开发者在使用因特网协议栈时多提供了一个选择：使用传输可靠的 TCP，还是使用传输更快的 UDP。

因此，如果你正在使用语音 IP（VoIP），那么你就不会再使用 UDP，因为如果数据段未按顺序到达（在 IP 网络中这是很常见的），那么这些数据段将只会以它们被接收到的顺序传递给下一个 OSI（DoD）层面。而与之不同的是，TCP 则会以正确的顺序来重组这些数据段，以保证秩序上的正确，UDP 却做不到这一点。

2.3 应用层协议

传输层协议添加端口就可以标识应用层协议。应用层协议代表着服务器上的服务，服务器上的服务如果对客户端提供服务，必须在 TCP 或 UDP 端口侦听客户端的请求。

2.3.1 应用层协议和传输层协议的关系

传输层的协议 TCP 或 UDP 加上端口就可以标识一个应用层协议，TCP/IP 协议中的端口范围是从 0～65535。

1. 端口的作用

端口有什么用呢？我们知道，一台拥有 IP 地址的主机可以提供许多服务，比如 Web 服务、FTP 服务、SMTP 服务等，这些服务完全可以通过 1 个 IP 地址来实现。那么，主机是怎样区分不同的网络服务呢？显然不能只靠 IP 地址，因为 IP 地址与网络服务的关系是一对多的关系。实际上是通过“IP 地址+端口号”来区分不同的服务的。

服务器一般都是通过知名端口号来识别的，如图 2-2 所示。例如，对于每个 TCP/IP 实现来说，FTP 服务器的 TCP 端口号都是 21，每个 Telnet

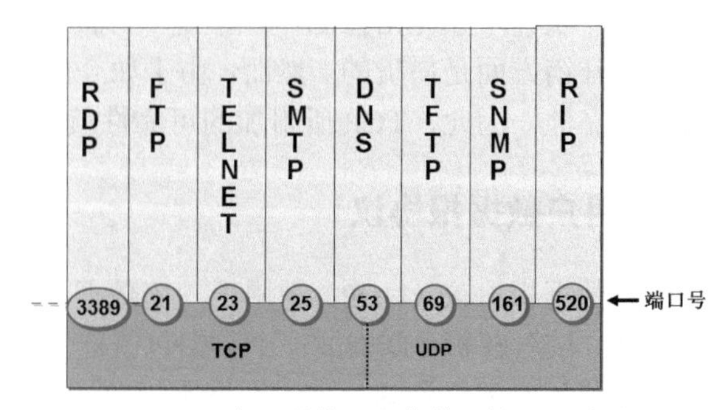

▲图 2-2　应用层协议和传输层协议的关系

服务器的 TCP 端口号都是 23，每个 TFTP（简单文件传送协议）服务器的 UDP 端口号都是 69。任何 TCP/IP 实现所提供的服务都用知名的 1～1023 之间的端口号。这些知名端口号由 Internet 号分配机构（Internet Assigned Numbers Authority，IANA）来管理。

2. 应用层协议和传输层协议的关系

下面是一些常见的应用层协议和传输层协议之间的关系。

- HTTP 默认使用 TCP 的 80 端口标识
- FTP 默认使用 TCP 的 21 端口标识
- SMTP 默认使用 TCP 的 25 端口标识
- POP3 默认使用 TCP 的 110 端口
- HTTPS 默认使用 TCP 的 443 端口
- DNS 使用 UDP 的 53 端口
- 远程桌面协议（RDP）默认使用 TCP 的 3389 端口
- Telnet 使用 TCP 的 23 端口
- Windows 访问共享资源使用 TCP 的 445 端口

3. 知名端口

知名端口即众所周知的端口号，范围从 0～1023，这些端口号一般固定分配给一些服务。比如 21 端口分配给 FTP（文件传输协议）服务，25 端口分配给 SMTP（简单邮件传输协议）服务，80 端口分配给 HTTP 服务，135 端口分配给 RPC（远程过程调用）服务等。

网络服务是可以使用其他端口号的，如果不是默认的端口号则应该在地址栏上指定端口号，方法是在地址后面加上冒号“:”(半角)，再加上端口号。比如使用“8080”作为 WWW 服务的端口，则需要在地址栏里输入“http://www.cce.com.cn:8080”。

但是有些系统协议使用固定的端口号，它是不能被改变的，比如 139 端口专门用于 NetBIOS 与 TCP/IP 之间的通信，不能手动改变。

客户端在访问服务器时，源端口一般都是动态分配的 1024 以上的端口。

2.3.2 应用层协议和服务的关系

应用层协议代表的是服务器上的服务。

不管是 Windows XP 还是 Windows 7，无论是 Windows Server 2003 还是 Windows Server 2008 都有内置的一些服务。这些服务有的是为本地计算机提供服务的，比如停止了 Network Connections 服务，你就不能打开网络连接修改 IP 地址；有的是为网络中的其他计算机提供服务，这类服务使用 TCP 或 UDP 的特定端口侦听客户端请求。

举例说明，如图 2-3 所示，Server 服务器安装了 Web 服务、FTP 服务、SMTP 服务和 POP3 服务。Web 服务在 TCP 的 80 端口侦听客户端请求，SMTP 服务在 TCP 的 25 端口侦听客户端的请求，POP3 在 TCP 的 110 段侦听客户端请求，FTP 在 TCP 的 21 端口侦听客户端请求。

Client A 访问 Server 的 Web 服务，数据包的目标端口为 80，Client B 访问 Server 的 FTP 服务，数据包的目标端口为 21。这样，服务器 Server 就可以根据数据包的目标端口来区分客户端要请求的服务。

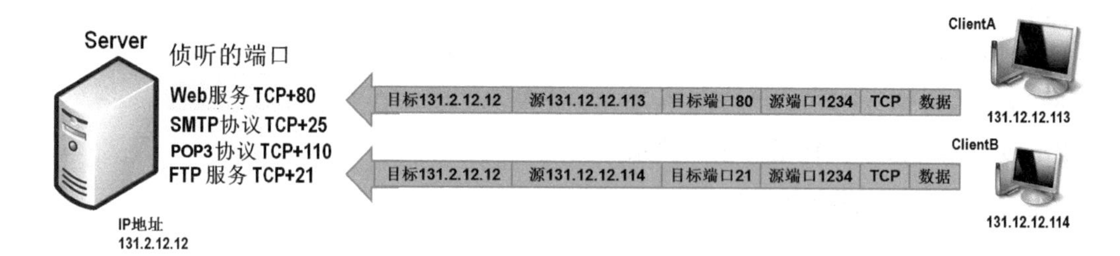

▲图 2-3　服务与端口

总结	数据包中的目标 IP 地址用来定位服务器，而数据包中的目标端口用来定位服务器上的服务。

2.3.3　示例 1：查看远程桌面侦听的端口

本示例将会在 Server 上启用远程桌面，来查看远程桌面的侦听端口。

（1）如图 2-4 所示，在 Server 的计算机上运行 netstat –an 可以看到在 TCP 和 UDP 侦听的端口。其中 TCP 的 445 端口是为其他计算机访问其共享资源侦听的端口。注意观察在 TCP 协议侦听的没有 3389 端口。

（2）如图 2-5 所示，输入 netstat –anb 还可以看到侦听端口的进程或程序。

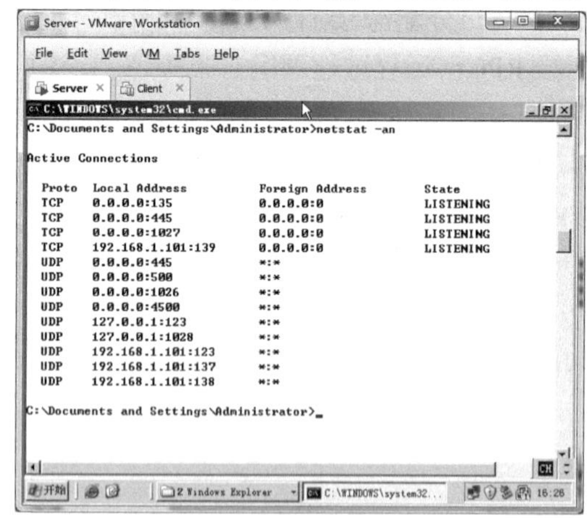

▲图 2-4　查看侦听端口

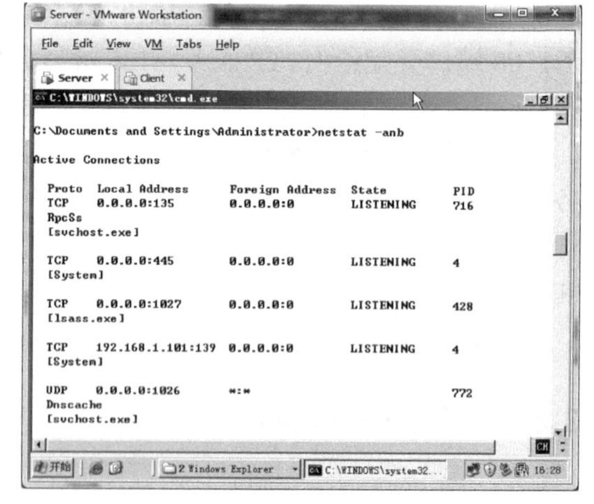

▲图 2-5　查看侦听端口的进程

（3）如图 2-6 所示，右击桌面上的“我的电脑”图标，在弹出的快捷菜单中选择“属性”命令。

（4）如图 2-6 所示，在出现的“系统属性”对话框的“远程”选项卡中，选中“启用这台计算机上的远程桌面”复选框，在出现的提示对话框中，提示空密码不允许远程登录，单击“确定”按钮。如图 2-7 所示，在 Server 上查看侦听的端口，可以看到在 TCP 协议侦听的有 3389 端口。

▲图 2-6　启用远程桌面

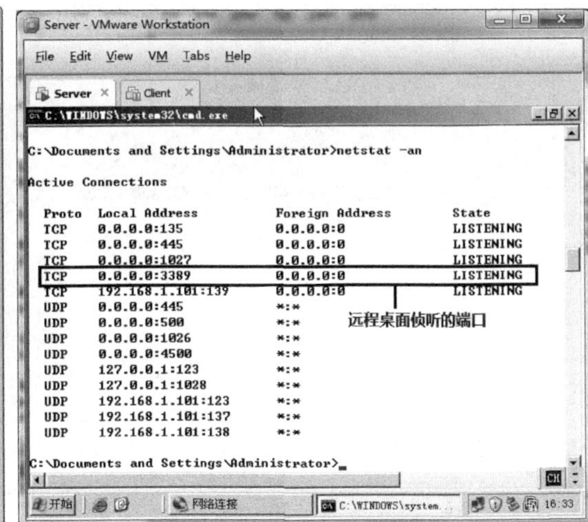

▲图 2-7　查看侦听的端口

（5）如图 2-8 所示，输入 net user administrator a1！重设 administrator 的密码为 a1!。

（6）如图 2-8 所示，输入 ipconfig 查看 IP 地址。

（7）如图 2-9 所示，在 Client 计算机上，选择“开始”→“运行”命令，在弹出的对话框中输入“mstsc”，单击“确定”按钮。

（8）如图 2-9 所示，在打开的远程桌面客户端对话框中，输入 Server 的 IP 地址，单击“连接”按钮。

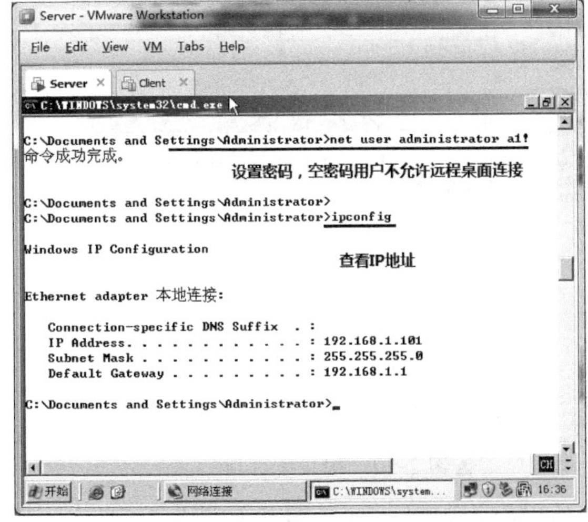

▲图 2-8　重设密码和查看 IP 地址

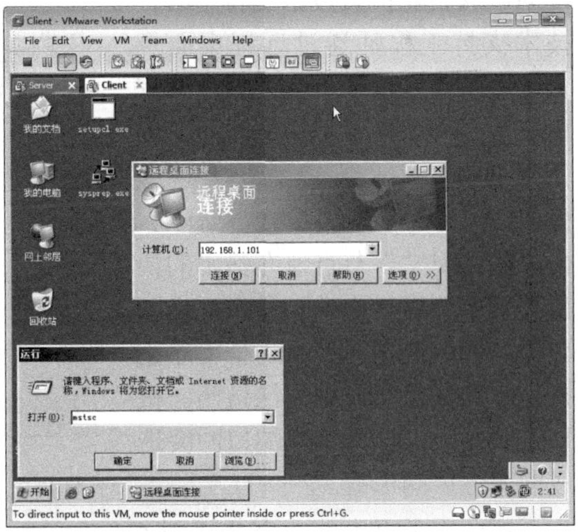

▲图 2-9　使用远程桌面连接

（9）如图 2-10 所示，在“登录到 Windows”对话框中输入账号和密码，单击“确定”按钮。

（10）如图 2-11 所示，在 Server 上查看远程桌面建立的会话。

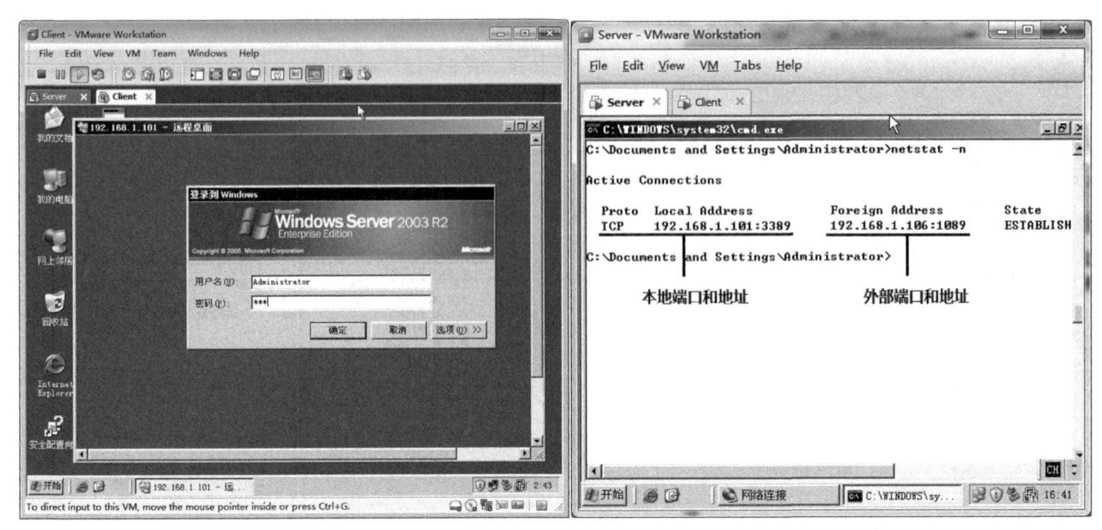

▲图 2-10 输入账号和密码　　　▲图 2-11 查看建立的会话

2.3.4 示例 2：端口冲突造成服务启动失败

服务器上的服务侦听的端口不能冲突。否则将会造成服务启动失败。

某家公司的网站不能访问了，操作系统是 Windows 2003。打电话求助微软企业护航技术支持中心，技术支持工程师通过远程桌面登录到服务器，选择“开始”→“程序”→“管理工具”→“Internet 信息服务管理器”命令，发现该 Web 站点停止，如图 2-12 所示。右击“默认网站”节点，在弹出的快捷菜单中选择“启动”命令，启动服务出现错误提示：另一个程序正在使用此文件，进程无法访问。根据经验判断，这是服务端口冲突造成的服务启动失败。

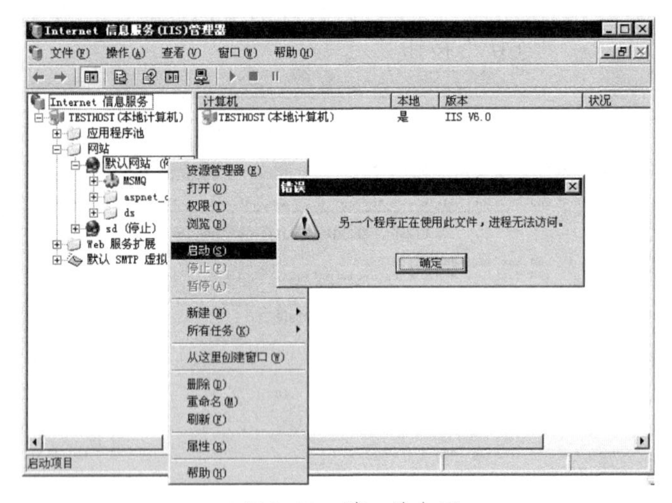

▲图 2-12 端口被占用

这台服务器上就一个 Web 站点，肯定是其他程序占用了该 Web 站点使用的 80 端口，如何确认哪个程序占用了该端口呢？

操作步骤：

（1）如图 2-13 所示，在命令提示符下输入 netstat –aonb >>C:\p.txt，这样，就可将输出结果保存在 C:\p.txt。

（2）打开 C 盘根目录下的 p.txt。

注意	所有用命令提示符显示的结果都可以使用 >> 路径\文件名.txt 保存到文件。如 ipconfig /all >>C:\ipconfig.txt。

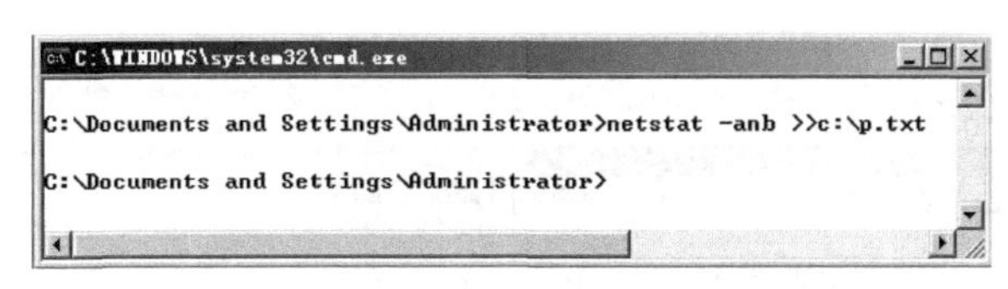

▲图 2-13　将输出保存到记事本

（3）如图 2-14 所示，netstat –aonb 命令能够查看侦听的端口、侦听端口的进程号和应用程序的名字。发现是 Web 迅雷占用了 80 端口，造成服务器 Web 服务启动失败。

```
p.txt - 记事本
文件(F) 编辑(E) 格式(O) 查看(V) 帮助(H)

Active Connections

  Proto  Local Address          Foreign Address        State           PID
  TCP    0.0.0.0:25             0.0.0.0:0              LISTENING       1592
  [inetinfo.exe]

  TCP    0.0.0.0:53             0.0.0.0:0              LISTENING       1540
  [dns.exe]

  TCP    0.0.0.0:80             0.0.0.0:0              LISTENING       4244
  [WebThunder.exe]

  TCP    0.0.0.0:88             0.0.0.0:0              LISTENING       472
  [lsass.exe]

  TCP    0.0.0.0:100            0.0.0.0:0              LISTENING       392
  [WebThunder.exe]
```

▲图 2-14　查看占用 80 端口的程序

（4）解决办法就是卸载 Web 迅雷。

原来该单位的系统管理员使用服务器上安装的 Web 迅雷下载了软件，重启服务器后，Web 迅雷比 Web 服务先启动，占用了 TCP 的 80 端口，造成 Web 服务启动失败。

2.4 应用层协议和服务

下面就以 Web 服务、FTP 服务、SMTP 服务、POP3 服务和 DNS 服务为例，帮助读者理解传输层协议和应用层协议的关系，并深刻理解服务和应用层协议之间的关系。

现在在 Windows Server 2003 上安装 Web 服务、FTP 服务、SMTP 服务、POP3 服务和 DNS 服务并配置这些服务，查看这些服务侦听的端口，并且配置客户端访问这些服务。配置服务器和客户端不使用默认端口进行通信。

通过更改服务侦听的端口，可以迷惑入侵者，入侵者通过端口扫描工具，查看服务器侦听的端口，就可以判断服务器运行的服务。如果你的服务器只对内网的用户提供服务，或者不对 Internet 上的用户提供服务，你都可以更改服务不使用默认端口，这样可以迷惑攻击者，增强服务器的安全。

2.4.1 在 Windows Server 2003 上安装服务

读者朋友对在计算机上安装程序一定非常熟悉。现在介绍一下在 Server 计算机上安装 Web 服务、FTP 服务、SMTP 服务、POP3 服务和 DNS 服务。

（1）如图 2-15 所示，在 Server 上更改 DNS 指向自己的 IP 地址。

（2）如图 2-16 所示，选择 VM→Removable Devices→CD/DVD（IDE）→Settings 菜单命令。

▲图 2-15 配置 IP 地址

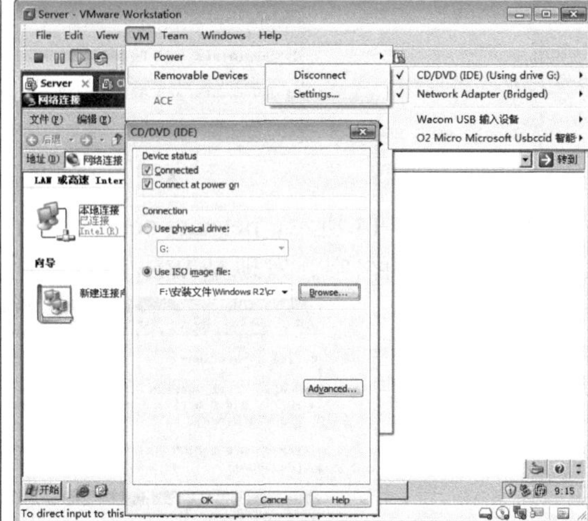

▲图 2-16 选择 Windows 安装盘

（3）在弹出的 CD/DVD 对话框中，选中 Use ISO image file 单选按钮，单击 Browse 按钮，浏览到 Windows Server 2003 的安装盘，单击 OK 按钮。

（4）如图 2-17 所示，选择"开始"→"设置"→"控制面板"命令，在弹出的"控制面板"窗口中，单击"添加或删除程序"图标。

（5）如图 2-18 所示，在打开的"添加或删除程序"窗口中，单击"添加/删除 Windows 组件"图标。

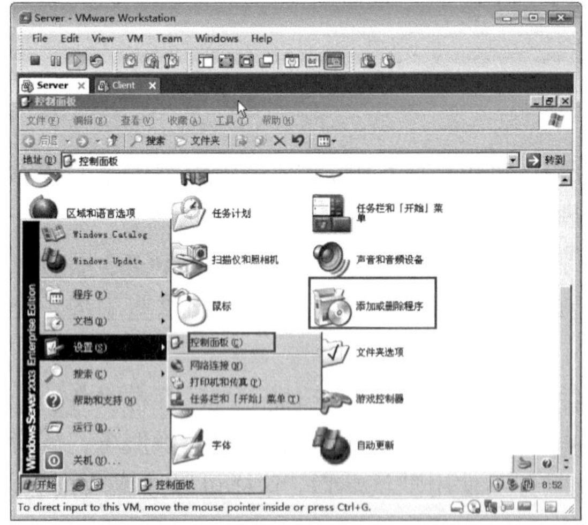

▲图 2-17 单击"添加或删除程序"图标

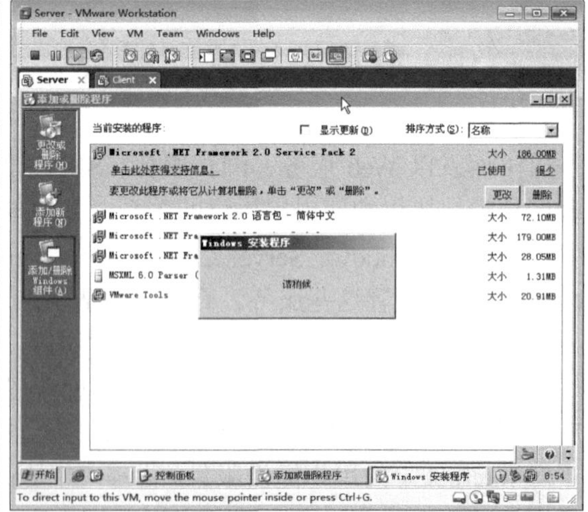

▲图 2-18 添加或删除 Windows 组件

（6）如图 2-19 所示，在弹出的"Windows 组件向导"对话框中，选中"电子邮件服务"复选框，以及"网络服务"复选框，单击"详细信息"按钮。

（7）如图 2-20 所示，在弹出的"网络服务"对话框中，选中"域名系统（DNS）"复选框，单击"确定"按钮。

▲图 2-19 选择“电子邮件服务”复选框

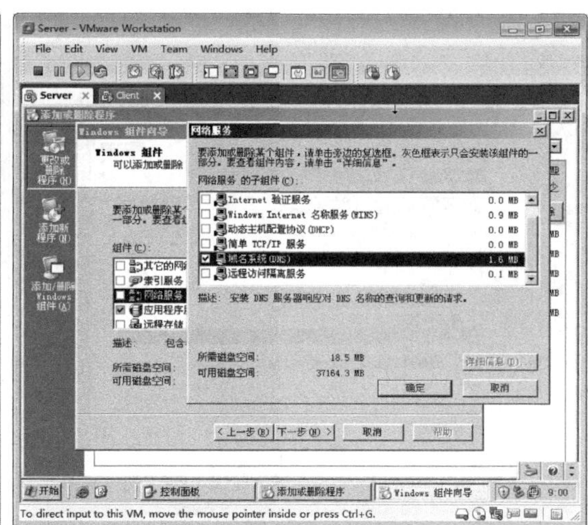

▲图 2-20 选择 DNS 服务

（8）如图 2-21 所示，在“Windows 组件向导”对话框中，选中“应用程序服务器”复选框，单击“详细信息”按钮。

（9）如图 2-22 所示，在弹出的“应用程序服务器”对话框中，选中“Internet 信息服务（IIS）”复选框，单击“详细信息”复选框。

▲图 2-21 选择应用程序服务器

▲图 2-22 选择 IIS 服务

（10）如图 2-23 所示，在弹出的“Internet 信息服务（IIS）”对话框中，选中 SMTP Service 复选框和“文件传输协议（FTP）服务”复选框，单击“确定”按钮。

（11）在“Windows 组件向导”对话框中，单击“下一步”按钮，完成服务安装。

（12）如图 2-24 所示，安装完成后，在命令提示符下，输入 netstat –an 命令可以查看安装服务侦听的端口。可以发现没有进程在 TCP 的 110 端口侦听。这是为什么呢？

▲图 2-23　安装 FTP 和 SMTP 服务

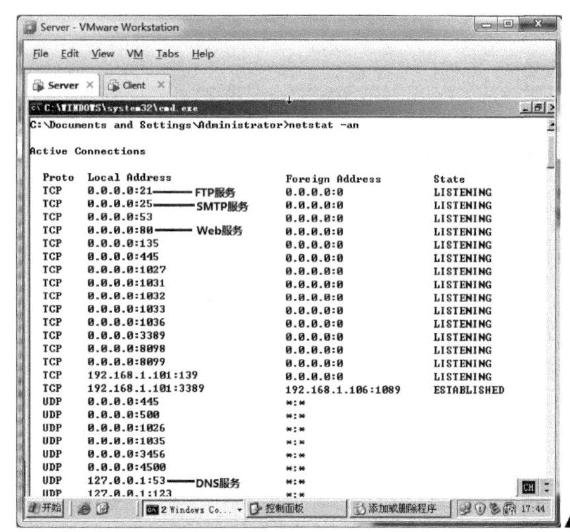

▲图 2-24　查看侦听的端口

（13）选择“开始”→“程序”→“管理工具”→“服务”命令，打开服务管理器。

（14）如图 2-25 所示，可以看到 POP3 服务的状态为“未启动”。右击该服务，在弹出的快捷菜单中，选择“启动”命令。

（15）如图 2-26 所示，查看 TCP 的 110 端口是否侦听。在命令提示符下输入 netstat –an | find“110” 可以筛选查看有 110 的行。

结论	由此可知计算机在哪些端口侦听，是由运行的服务决定的。如果你的计算机只安装了某个服务，但是没有运行，该服务的端口照样不侦听，客户端无法访问。

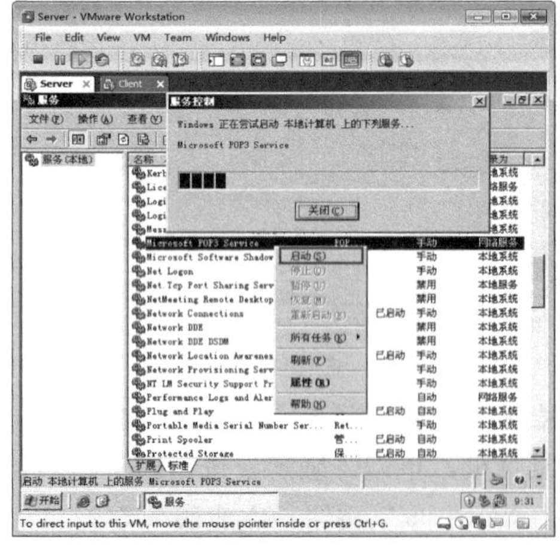

▲图 2-25　启动服务

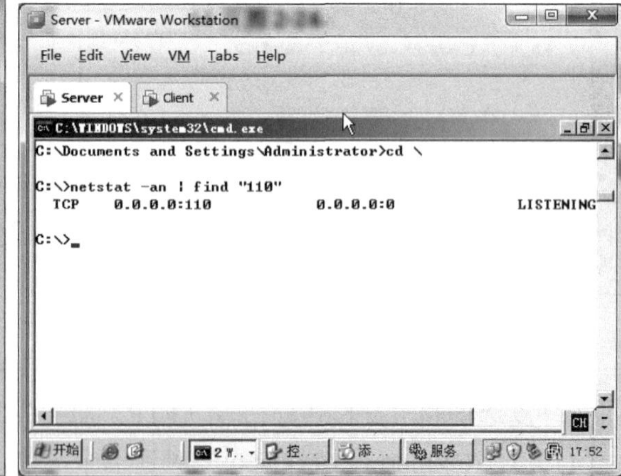

▲图 2-26　查看侦听的端口

2.4.2　配置 FTP 服务器

FTP 是 File Transfer Protocol（文件传输协议）的英文简称，而中文简称为“文传协议”。用于 Internet 上控制文件的双向传输。同时，它也是一个应用程序（Application），用户可以通过它把自己的 PC 与世界各地所有运行 FTP 协议的服务器相连，访问服务器上的大量程序和信息。FTP 的主要作用，就是让用户连接上一个远程计算机（这些计算机上运行着 FTP 服务器程序）查看远程计算机上有哪些文件，然后把文件从远程计算机上复制到本地计算机，或把本地计算机的文件传送到远程计算机去。

以下步骤将会在 Server 上创建一个允许匿名访问的 FTP 站点，允许上传和下载。

（1）如图 2-27 所示，选择“开始”→“程序”→“管理工具”→“Internet 信息服务（IIS）管理器”命令。

（2）如图 2-28 所示，在打开的“Internet 信息服务（IIS）管理器”窗口中，右击“默认 FTP 站点”节点，在弹出的快捷菜中选择“停止”命令。

▲图 2-27　打开 IIS 管理器

▲图 2-28　停止默认站点

（3）如图 2-29 所示，右击“FTP 站点”节点，在弹出的快捷菜中选择“新建”→“FTP 站点”命令。

（4）在弹出的欢迎使用“FTP 站点创建向导”设置界面中，单击“下一步”按钮。

（5）如图 2-30 所示，在弹出的“FTP 站点描述”设置界面中，输入描述信息，单击“下一步”按钮。

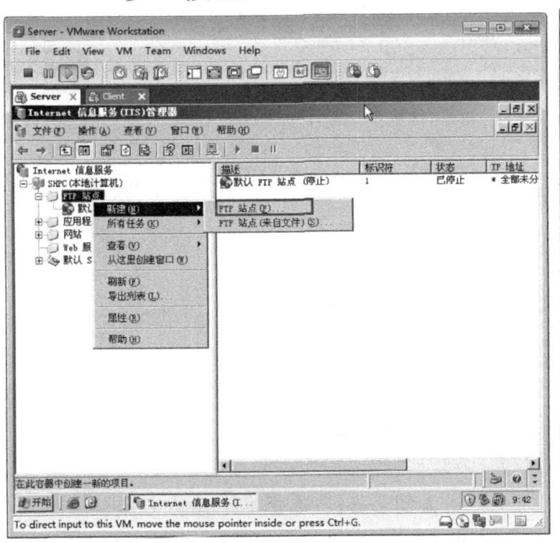

▲图 2-29　新建 FTP 站点

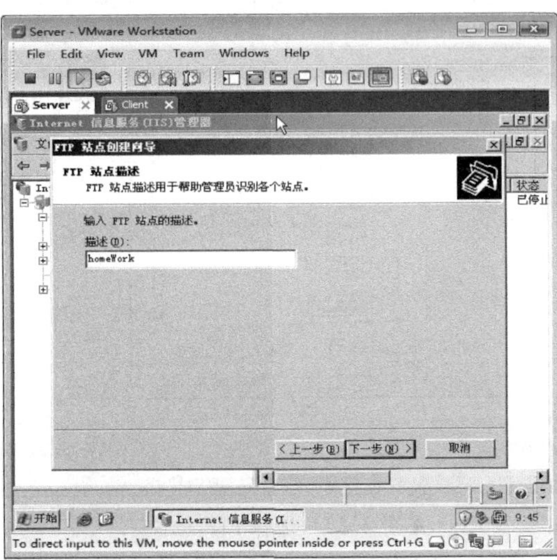

▲图 2-30　输入描述信息

（6）如图 2-31 所示，在弹出的“IP 地址和端口设置”设置界面中，选择 IP 地址和默认端口 21，单击“下一步”按钮。

（7）如图 2-32 所示，在弹出的“FTP 用户隔离”设置界面中，选中“不隔离用户”单选按钮，单击“下一步”按钮。

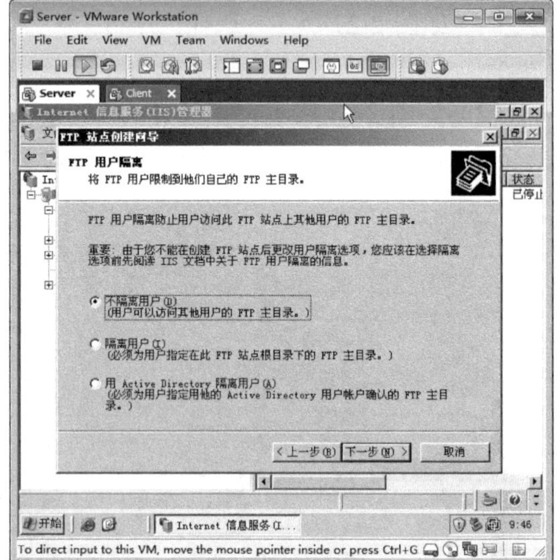

▲图 2-31　选择 IP 地址和端口　　▲图 2-32　不隔离用户

（8）如图 2-33 所示，在弹出的“FTP 站点主目录”设置界面中，单击“浏览”按钮，在弹出的“浏览文件夹”对话框中，单击“新建文件夹”按钮，在 C 盘根目录下新建文件夹“homeWork”，单击“确定”按钮。单击“下一步”按钮。

（9）如图 2-34 所示，在弹出的“FTP 访问权限”设置界面中，选中“读取”复选框和“写入”复选框，单击“下一步”按钮。

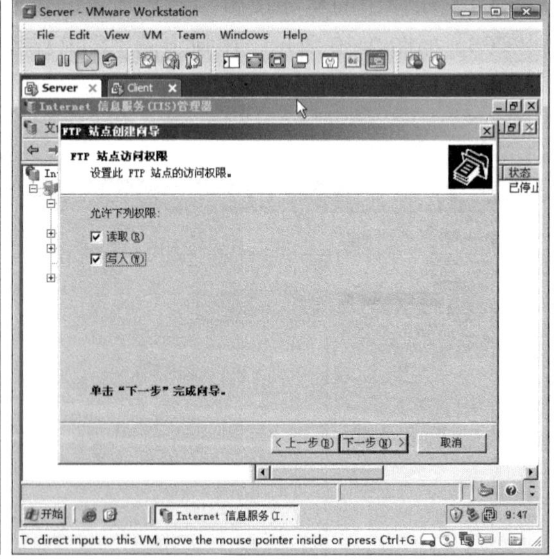

▲图 2-33　选择 FTP 路径　　▲图 2-34　选择 FTP 站点权限

（10）在弹出的“已成功完成 FTP 站点创建向导”设置界面中，单击“完成”按钮。

（11）如图 2-35 所示，在 Client 计算机上，双击桌面上的“我的电脑”图标，打开 Windows 资源管理器，在“地址”栏中输入 ftp://10.7.10.123 访问刚才创建的 FTP 站点，并将桌面上的记事本文件拖曳到 FTP 站点。说明客户端能匿名访问 FTP 站点且能够上传文件。

（12）如图 2-36 所示，在 Server 计算机上，右击刚才创建的 homeWork FTP 站点，弹出的快捷菜中选择“属性”命令。

▲图 2-35　向 FTP 上传文件

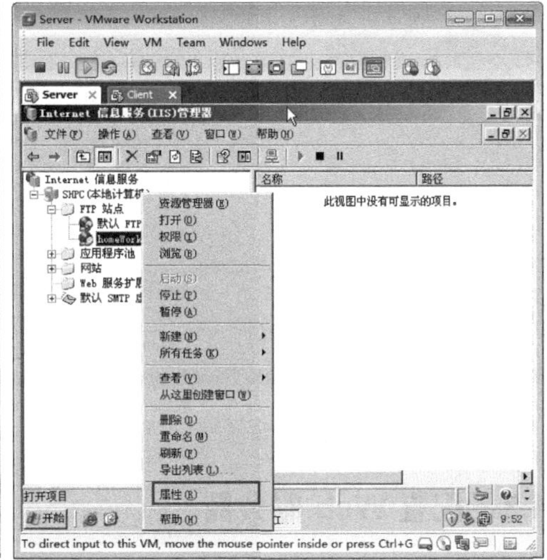

▲图 2-36　FTP 属性

（13）如图 2-37 所示，在弹出的“homeWork 属性”对话框的“FTP 站点”选项卡中，将 TCP 的端口更改为 2121，然后单击“确定”按钮。

（14）如图 2-38 所示，在命令提示符下输入 netstat –an | find " 2121 "，能够看到 FTP 侦听的端口变为 2121。

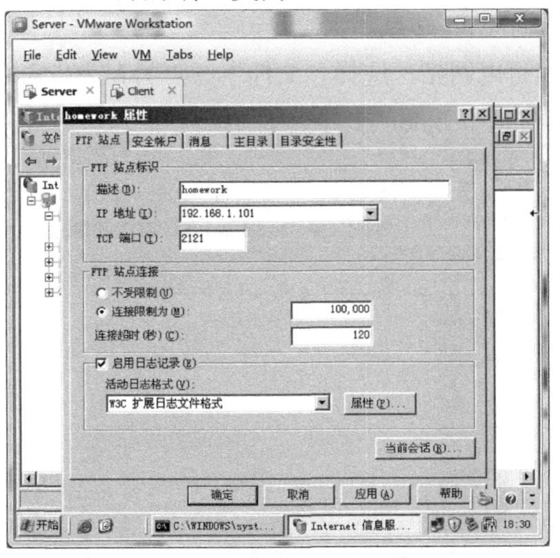

▲图 2-37　更改默认端口

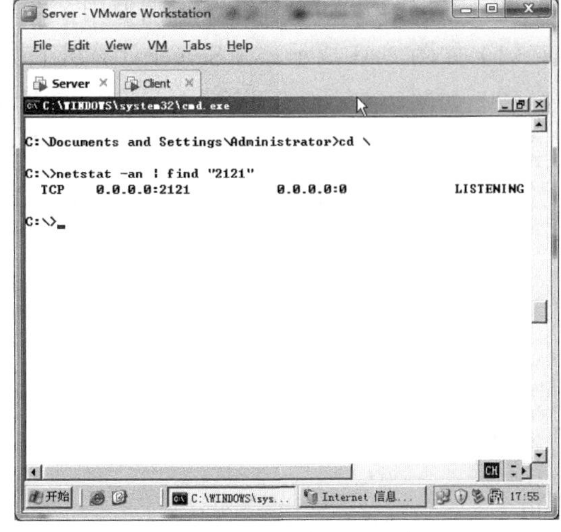

▲图 2-38　查看侦听的端口

（15）如图 2-39 所示，在 Client 计算机上访问 FTP 站点应在 IP 地址后面添加“2121”来表明不是使用 FTP 默认端口访问 FTP 服务。

(16) 如图 2-40 所示，在命令提示符下输入 netstat–n，可以看到使用 2121 端口和 FTP 建立的会话，注意观察源端口为大于 1024 的动态端口。

▲图 2-39 使用指定端口访问 FTP

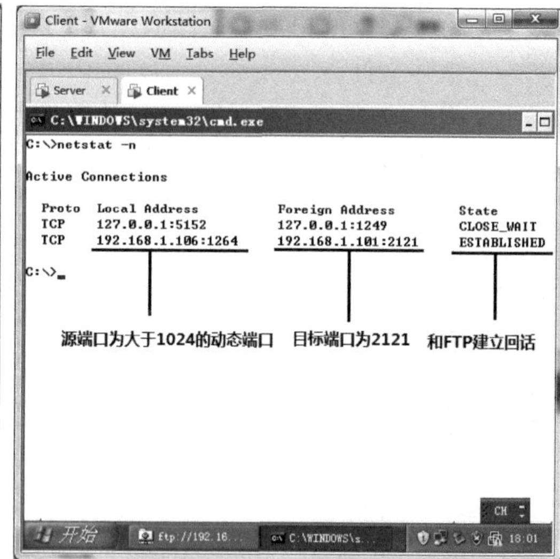

▲图 2-40 建立的会话

2.4.3 配置 Web 服务器

Web 服务器使用 HTTP 和客户端通信，默认使用 TCP 的 80 端口侦听客户端的请求。

超文本传输协议（HyperText Transfer Protocol，HTTP）是互联网上应用最为广泛的一种网络协议，所有的 WWW 文件都必须遵守这个标准。设计 HTTP 最初的目的是为了提供一种发布和接收 HTML 页面的方法。

以下步骤将会创建一个 Web 站点，然后在客户端使用默认端口 80 访问 Web 站点，更改 Web 站点端口为 8080，并在客户端使用 8080 访问 Web 站点。

(1) 如图 2-41 所示，在 Server 计算机上访问百度网站，选择“文件”→“另存为”命令。

(2) 如图 2-42 所示，将网页另存到 C 盘根目录下 baidu 文件夹中。

▲图 2-41 选择“另存为”命令

▲图 2-42 保存网页

（3）如图 2-43 所示，打开“Internet 信息服务（IIS）管理器”窗口，右击“默认网站”节点，在弹出的快捷菜中选择“属性”命令。

（4）如图 2-44 所示，在弹出的“默认网站 属性”对话框的“主目录”选项卡中，将本地路径更改为“c:/baidu”。这就指定了存放的文件夹。

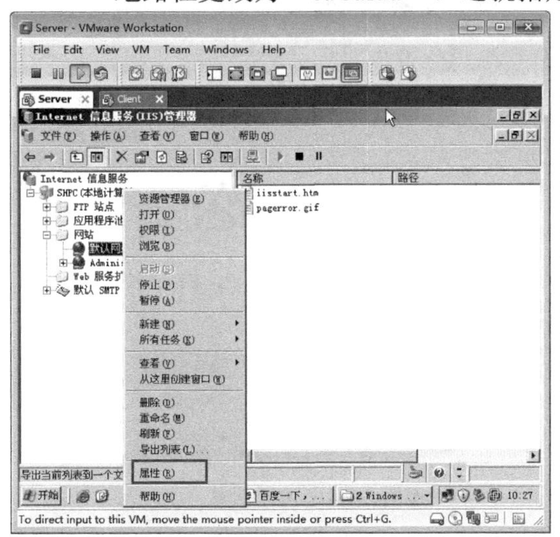

▲图 2-43　打开网站属性

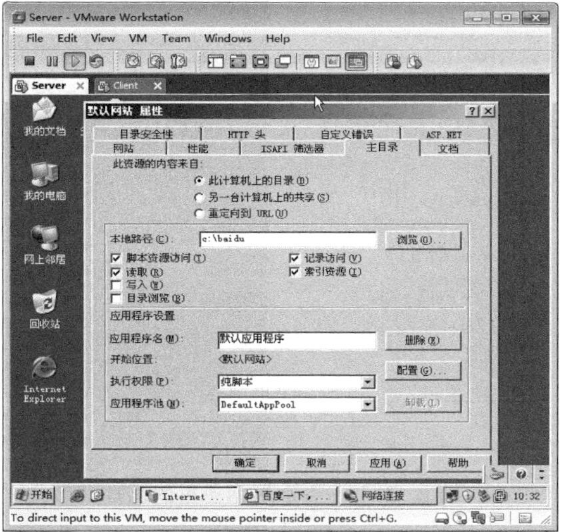

▲图 2-44　查看网站目录

（5）如图 2-45 所示，在“文档”选项卡中，单击“添加”按钮，在弹出的“添加默认内容页”对话框中，输入“百度一下，你就知道.htm”，单击“确定”按钮。

（6）如图 2-46 所示，在“启动默认内容文档”选项组中选中“百度一下，你就知道.htm”选项，单击“上移”按钮，使选中的选项移至顶端。单击“确定”按钮。这就指定其为该网站的首页。

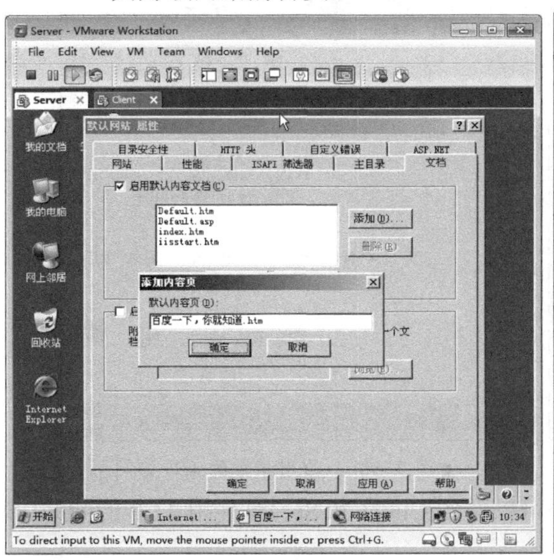

▲图 2-45　指定网站首页

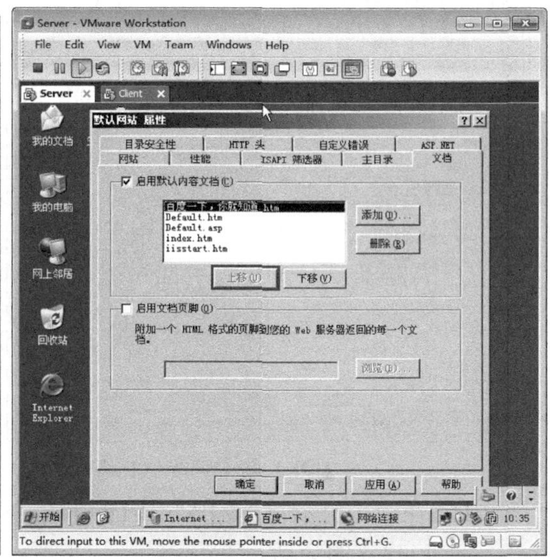

▲图 2-46　上移至顶端

（7）如图 2-47 所示，在“网站”选项卡中，可以看到该网站使用的是 TCP 的 80 端口。单击“确定”按钮。

(8)如图 2-48 所示，在 Client 计算机上打开 IE 浏览器，输入 Server 网址，可以访问该网站的首页。

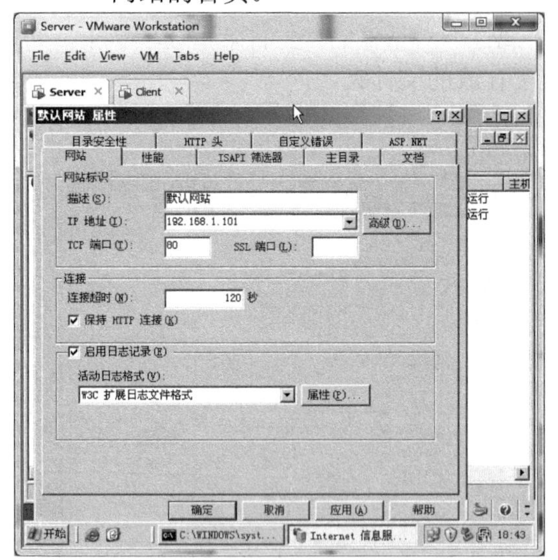

▲图 2-47　查看网站使用的端口

▲图 2-48　访问网站

(9)如图 2-49 所示，在 Server 计算机上，将网站侦听的 TCP 端口更改为 8080，单击“确定”按钮。

(10)如图 2-50 所示，在 Client 计算机上，打开 IE，在“地址”栏中输入 http://10.7.10.239:8080 指定端口。能够访问该网站。

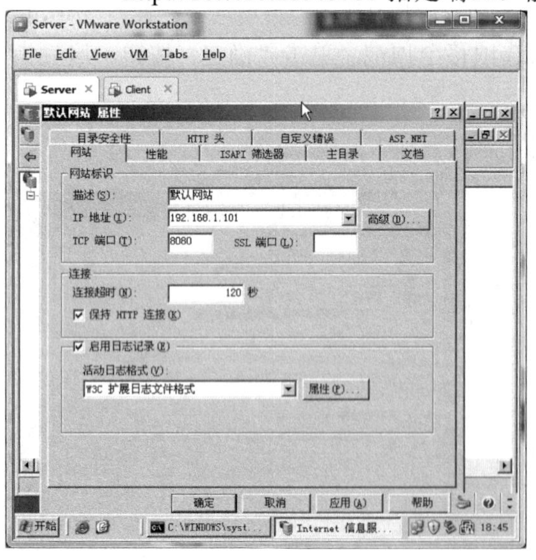

▲图 2-49　更改 TCP 端口

▲图 2-50　使用指定的端口访问

(11)在命令提示符下输入 netstat –n 命令可以看到 Client 和 Server 使用 TCP 的 8080 端口建立的会话。

2.4.4 配置 SMTP 服务和 POP3 服务

SMTP（Simple Mail Transfer Protocol）即简单邮件传输协议，它是一组用于由源地址到目的地址传送邮件的规则，由它来控制信件的中转方式。SMTP 协议属于 TCP/IP 协议族，它帮助每台计算机在发送或中转信件时找到下一个目的地。通过 SMTP 协议所指定的服务器，就可以把 E-mail 寄到收信人的服务器上，整个过程只要几分钟。SMTP 服务器则是遵循 SMTP 协议的发送邮件服务器，用来发送或中转发出的电子邮件。

POP3（Post Office Protocol 3）即邮局协议的第 3 个版本，它是规定个人计算机如何连接到互联网上的邮件服务器进行收发邮件的协议。它是因特网电子邮件的第一个离线协议标准，POP3 协议允许用户从服务器上把邮件存储到本地主机（即自己的计算机）上，同时根据客户端的操作删除或保存在邮件服务器上的邮件，而 POP3 服务器则是遵循 POP3 协议的接收邮件服务器，用来接收电子邮件的。POP3 协议是 TCP/IP 协议族中的一员，由 RFC 1939 定义。本协议主要用于支持使用客户端远程管理在服务器上的电子邮件。

以下示例将会配置 Server 上的 SMTP 服务和 POP3 服务，并且在 Client 计算机上配置邮件服务器客户端 Outlook Express，收发电子邮件。

- 配置 POP3 服务，创建邮箱。
- 配置 SMTP 服务，创建远程域，允许将电子邮件发送到 Internet。
- 配置服务器和客户端不使用默认的端口收邮件。

操作步骤：

（1）如图 2-51 所示，在 Server 计算机上，选择“开始”→“程序”→“管理工具”→“POP3 服务”菜单命令。

（2）如图 2-52 所示，在打开的“POP3 服务”窗口中，选中 SHPC 选项，单击“新域”链接，在弹出的“添加域”对话框中，输入域名 ess.com，单击“确定”按钮。

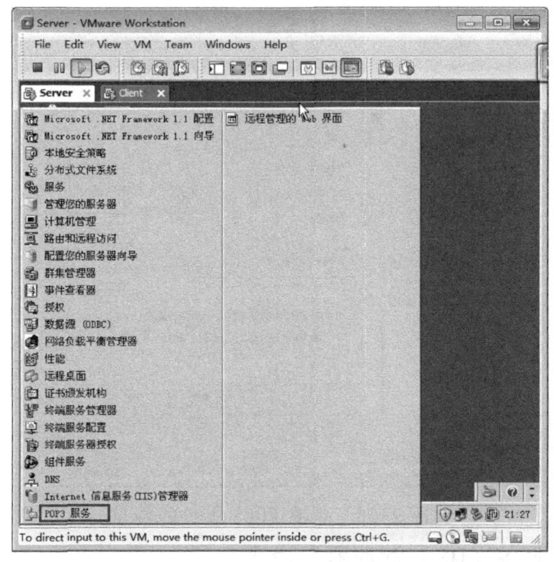

▲图 2-51 选择“POP3 服务”命令

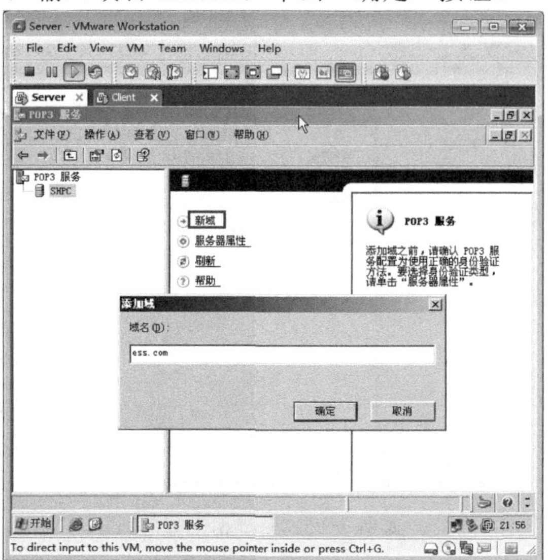

▲图 2-52 创建域

（3）如图 2-53 所示，选中 ess.com 选项，单击“添加邮箱”链接，在弹出的“添加邮箱”对话框中，输入邮箱名称 hanligang，选中“为此邮箱创建相关联的用户”复选框，输入密码，单击“确定”按钮。这样，也就同时在该 Server 计算机上创建了一个用户 hanligang。

（4）如图 2-54 所示，在弹出的“POP3 服务”对话框中，注意观察登录邮箱账户名，单击“确定”按钮。

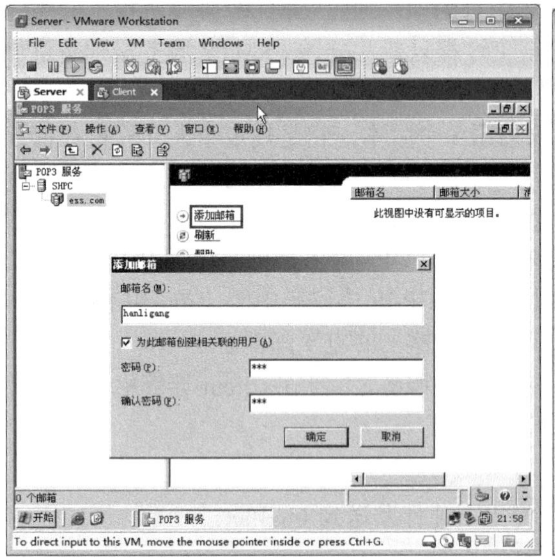

▲图 2-53　添加邮箱

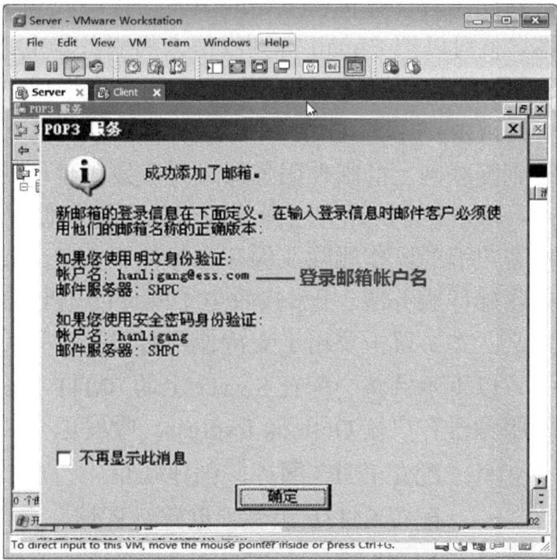

▲图 2-54　“POP3 服务”对话框

（5）如图 2-55 所示，在 ess.com 域下创建 hanxu 邮箱和用户。

（6）如图 2-56 所示，右击 SHPC 节点，在弹出的快捷菜中选择“属性”命令，在弹出的“SHPC 属性”对话框中，可以看到 POP3 服务的默认端口为 TCP 的 110。

▲图 2-55　创建两个邮箱

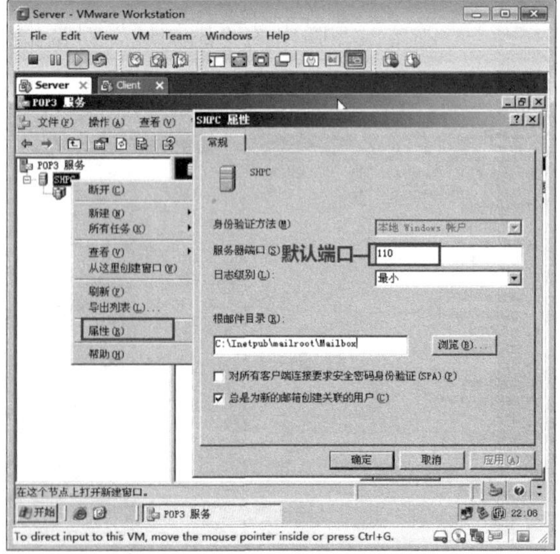

▲图 2-56　查看 POP3 服务的端口

（7）如图 2-57 所示，选中“Internet 信息服务（IIS）管理器”命令。

（8）如图 2-58 所示，在打开的“Internet 信息服务（IIS）管理器”窗口中，右击“默认 SMTP 虚拟服务器”节点，在弹出的快捷菜中选择“属性”命令。

（9）如图 2-58 所示，在弹出的“默认 SMTP 虚拟服务器 属性”对话框中，单击“高级”按钮，可以在弹出的“高级”对话框中看到默认端口为 TCP 的 25，单击“确定”按钮。

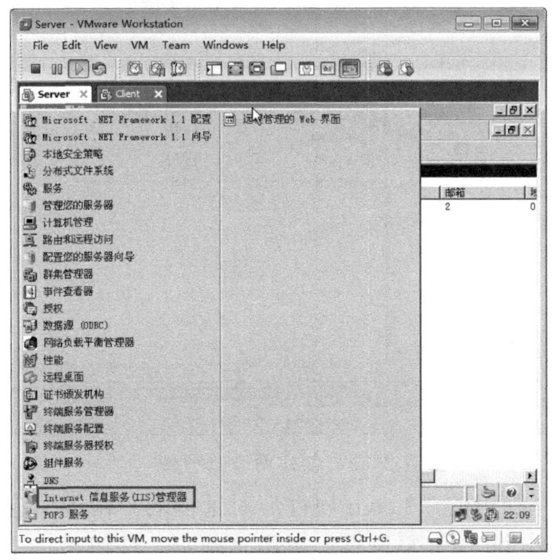

▲图 2-57　选择“Internet 信息服务（IIS）管理器”命令

▲图 2-58　查看 SMTP 默认端口

（10）如图 2-59 所示，右击“域”节点，在弹出的快捷菜中选择“新建”→“域”命令。

（11）如图 2-60 所示，在弹出的“新建 SMTP 域向导”对话框中，选中“远程”单选按钮，单击“下一步”按钮。

▲图 2-59　新建域

▲图 2-60　指定为远程域

（12）如图 2-61 所示，在弹出的“域名”设置界面中，输入名称*.com，单击“完成”按钮，其中，“*”是通配符。

（13）如图 2-62 所示，同样创建*.net 远程域，其中，“*”是通配符。

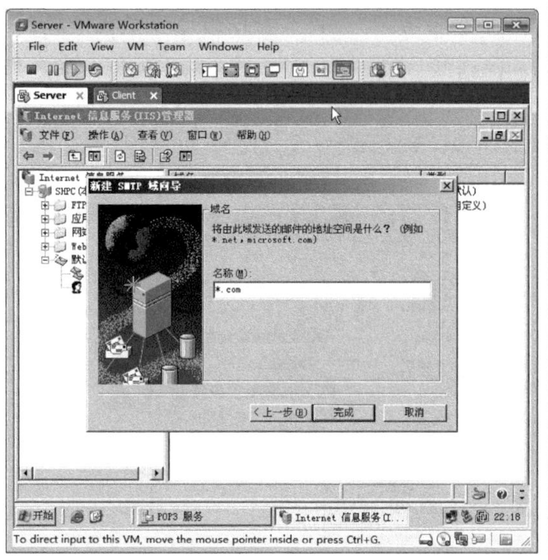

▲图 2-61　输入域名称

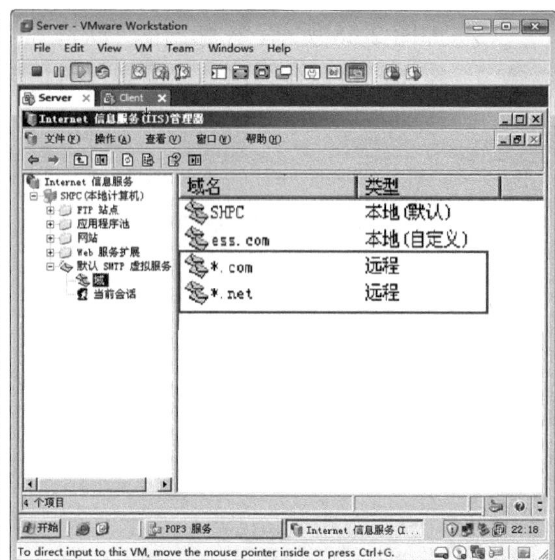

▲图 2-62　创建两个远程域

（14）如图 2-63 所示，双击*.com 选项，在弹出的“*.com 属性”对话框的“常规”选项卡中，选中“允许将传入邮件中继到此域”复选框，单击“确定”按钮。

（15）如图 2-64 所示，同样配置*.net 远程域，在 “ *.net 属性”对话框的“常规”选项卡中，选中“允许将传入邮件中继到此域”复选框，单击“确定”按钮。这样，SMTP 服务能将 onesthan@hotmail.com，han@inhe.net 邮件转发到这些邮局。电子邮件只要包括.com 和.net 都能够中继出去。

▲图 2-63　允许将传入邮件中继到*.com

▲图 2-64　允许将传入邮件中继到*.net

（16）如图 2-65 所示，在 Client 计算机上，选择“开始”→“程序”→ Outlook Express 命令。

（17）如图 2-66 所示，在弹出的“您的姓名”设置界面中，输入显示名，单击“下一步”按钮。

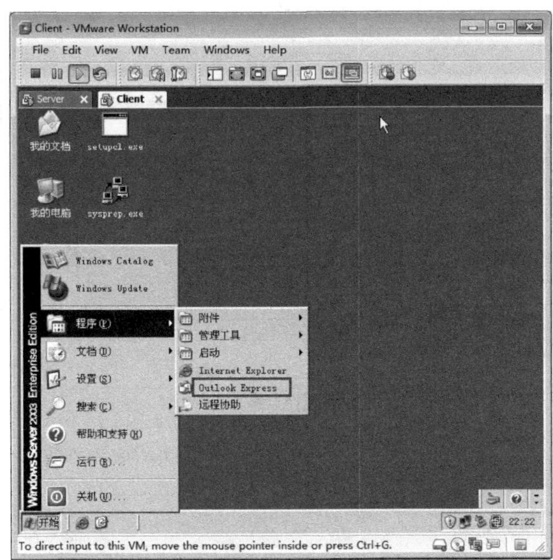

▲图 2-65　选择 Outlook Express

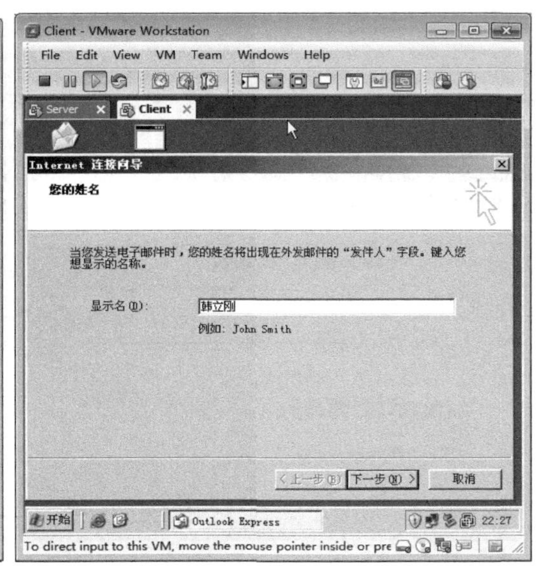

▲图 2-66　输入显示名

（18）如图 2-67 所示，在弹出的“Internet 电子邮件地址”设置界面中，输入 hanligang@ess.com，单击“下一步”按钮。

（19）如图 2-68 所示，在弹出的“电子邮件服务器名”设置界面中，选择 POP3 服务器，指定接收邮件服务器的地址和发送邮件服务器的地址，在这里都是 Server 的 IP 地址，单击“下一步”按钮。

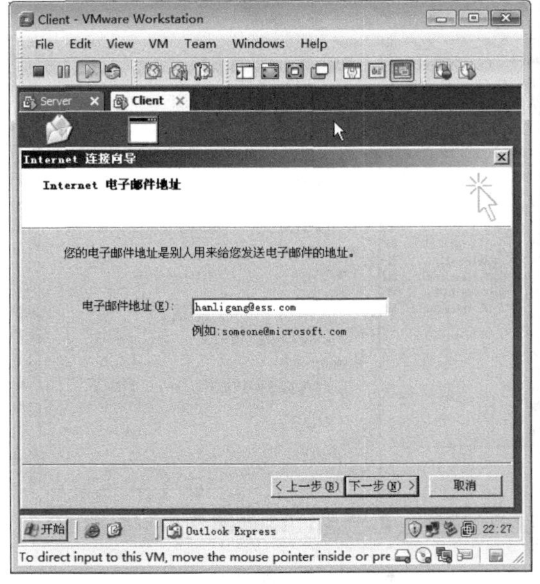

▲图 2-67　配置电子邮件地址

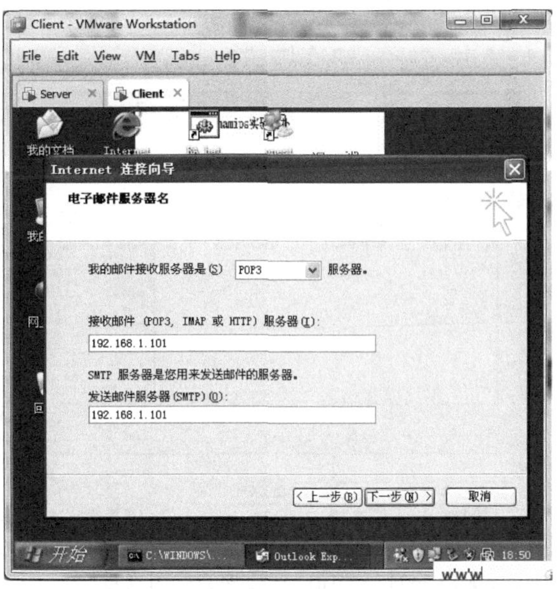

▲图 2-68　输入收发电子邮件服务器的地址

（20）如图 2-69 所示，在弹出的“Internet 邮件登录”设置界面中，输入账户名 hanligang@ess.com 和密码，选中“记住密码”复选框，单击“下一步”按钮，完成账户的配置。

（21）如图 2-70 所示，选择“工具”→“账户”菜单命令。

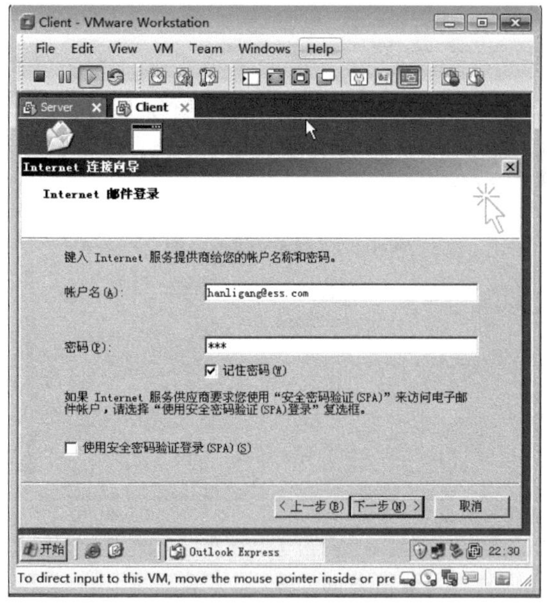

▲图 2-69　输入账户名和密码

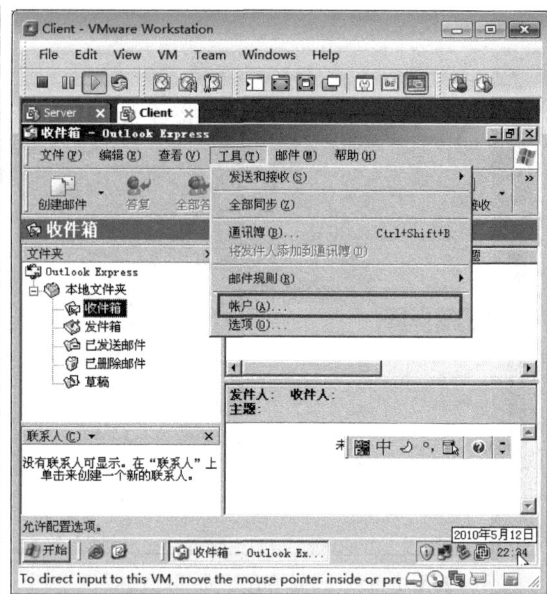

▲图 2-70　选择“账户”命令

（22）如图 2-71 所示，在弹出的“Internet 账户”对话框的“邮件”选项卡中，选中刚才创建的邮件账户，然后单击“属性”按钮。

（23）如图 2-72 所示，在出现的邮箱账户属性对话框的“服务器”选项卡中，选中“我的服务器要求身份验证”复选框。

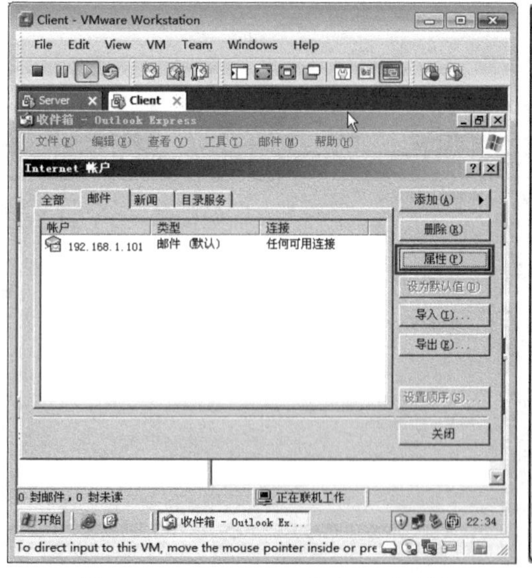

▲图 2-71　“Internet 账户”对话框

▲图 2-72　配置验证

（24）如图 2-73 所示，单击“创建邮件”按钮，在“测试邮件”窗口的“收件人”文本框中输入“hanligang@ess.com”和“hanxu@ess.com”；“抄送”文本框中输入“onesthan@hotmail.com”，单击“发送”按钮。

（25）如图 2-74 所示，单击“发送/接收”按钮，可以看到收到自己的邮件。

▲图 2-73　创建邮件　　　　▲图 2-74　发送邮件

（26）如图 2-75 所示，在 Server 计算机上，打开“POP3 服务”窗口，右击 SHPC 节点，在弹出的快捷菜单中选择“属性”命令，在弹出的“SHPC 属性”对话框中，将服务器端口更改为 120，单击“确定”按钮。

（27）如图 2-76 所示，右击 SHPC 节点，在弹出的快捷菜单中选择“所有任务”→“重启动”命令。

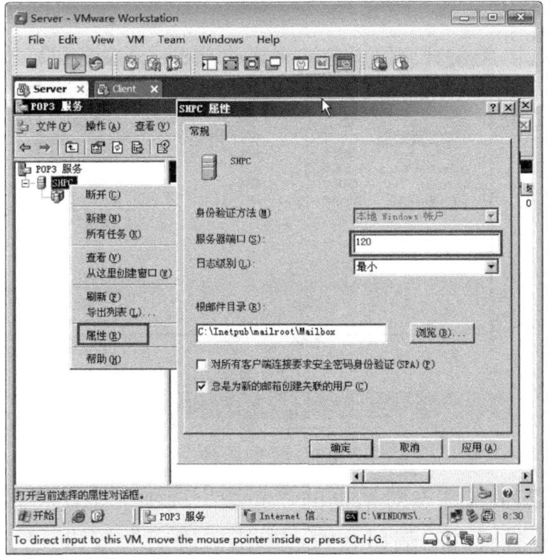

▲图 2-75　更改邮件服务器端口　　　　▲图 2-76　重启服务

（28）如图 2-77 所示，在命令提示符下输入 netstat –an 命令，可以看到出现了在 120 端口侦听。

（29）如图 2-78 所示，在 Client 计算机上，单击“发送/接收”按钮，客户端使用默认端口接收电子邮件失败。

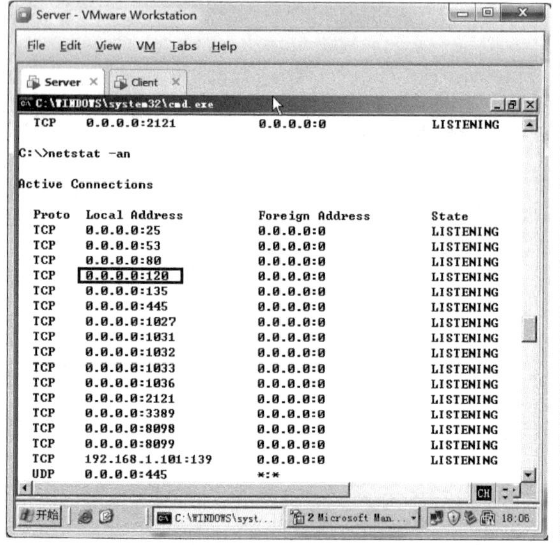

▲图 2-77 查看侦听的端口

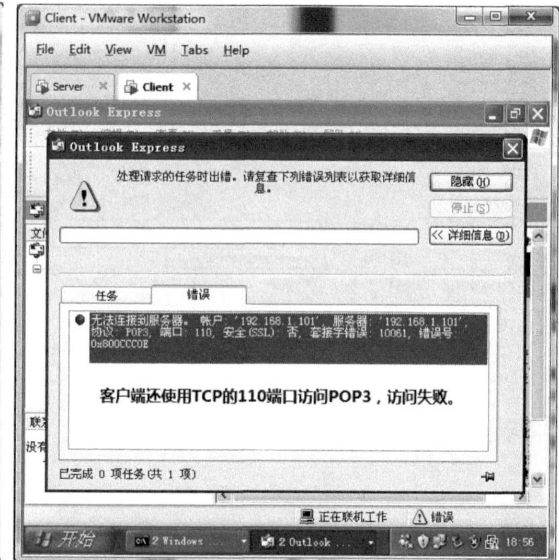

▲图 2-78 客户端访问失败

（30）如图 2-79 所示，选择“工具”→“账户”菜单命令。

（31）如图 2-80 所示，在弹出的“Internet 账户”对话框的“邮件”选项卡中，选中 10.7.10.239 选项，单击“属性”按钮。

▲图 2-79 配置 Outlook 账户

▲图 2-80 配置属性

（32）如图 2-81 所示，在弹出的“10.7.10.239 属性”对话框的“高级”选项卡中，将接收邮件端口更改为 120，使之和服务器侦听的端口一致，单击“确定”按钮。

（33）如图 2-82 所示，再次单击“发送/接收”按钮，操作成功。

▲图 2-81　更改客户端端口

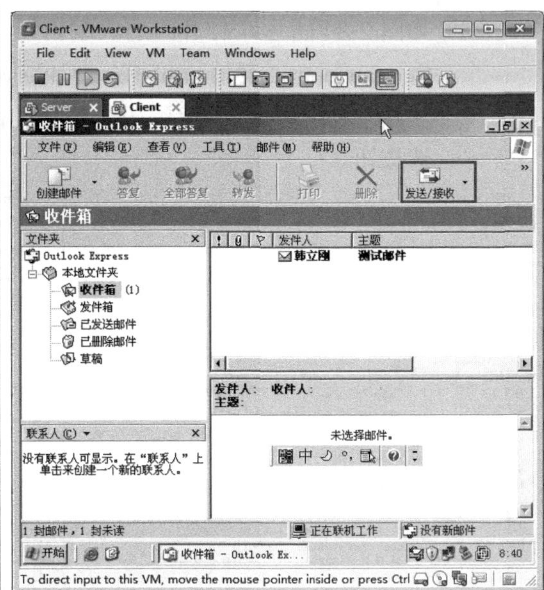

▲图 2-82　发送接收成功

总结　服务器更改服务端口，客户端也要做相应更改，才能正确请求服务。

2.4.5　启用远程桌面且更改默认端口

无论 Windows XP、Windows 7 还是 Windows Server 2003 或 Windows Server 2008，都提供了远程桌面服务。启用远程桌面后，就可以允许远程计算机通过网络连接到计算机，进行远程管理。下面将演示在 Server 计算机上启用远程桌面，在 Client 计算机上使用 mstsc 连接 Server。

有些服务没有提供更改端口的界面，比如，远程桌面服务就没有提供更改端口的界面，它可以通过注册表更改端口。但是有些系统协议使用固定的端口号，是不能被改变的，比如 139 端口专门用于 NetBIOS 与 TCP/IP 之间的通信，不能手动改变。

提示　如果你不知道如何更改某个服务的端口，可以访问 http://www.baidu.com 进行搜索。

以下示例将远程桌面服务的侦听端口由默认的 3389 更改为 4000。

（1）在 Server 计算机上，右击“我的电脑”图标，在弹出的快捷菜单中选择“属性”命令。

（2）如图 2-83 所示，在弹出的“系统属性”对话框的“远程”选项卡中，选中“启用这台计算机上的远程桌面”复选框。

（3）如图 2-83 所示，在命令提示符下输入 netstat –an | find " 3389 " 命令，能够看到远程桌面在 3389 端口侦听。

（4）单击“运行”→“开始”→“运行”，输入 regedit，单击“确定”按钮，启动注册表编辑器。

（5）如图 2-84 所示，打开注册表编辑器，展开 HKEY_LOCAL_MACHINE\SYSTEM\CurrentControlSet\Control\TerminalServer\WinStations\RDP-Tcp\PortNumber 注册表项。

（6）如图 2-84 所示，在“编辑”菜单中，选择“修改”命令，然后选中“十进制”单选按钮。

▲图 2-83　启用远程桌面

▲图 2-84　更改注册表

（7）输入新端口号，然后单击“确定”按钮。

（8）退出注册表编辑器。

（9）如图 2-85 所示，打开“系统属性”对话框，在“远程”选项卡中，取消选中“启用这台计算机上的远程桌面”复选框，单击“应用”按钮，再选中“启用这台计算机上的远程桌面”复选框，单击“应用”按钮。相当于重启远程桌面服务。

（10）如图 2-86 所示，在命令提示符下输入 netstat –an 命令，可以看到侦听的端口被改为 4000。

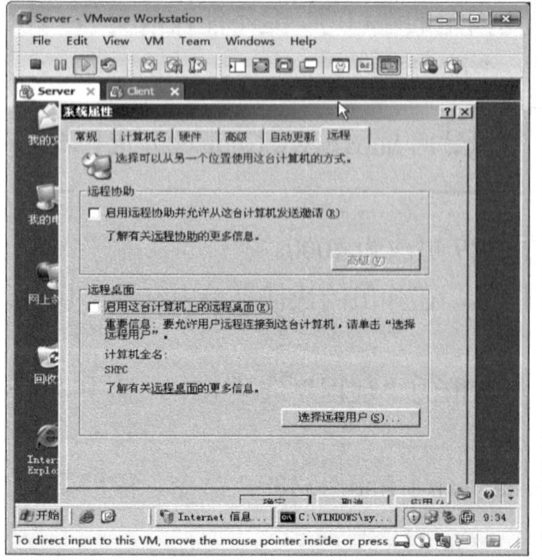

▲图 2-85　重启远程桌面

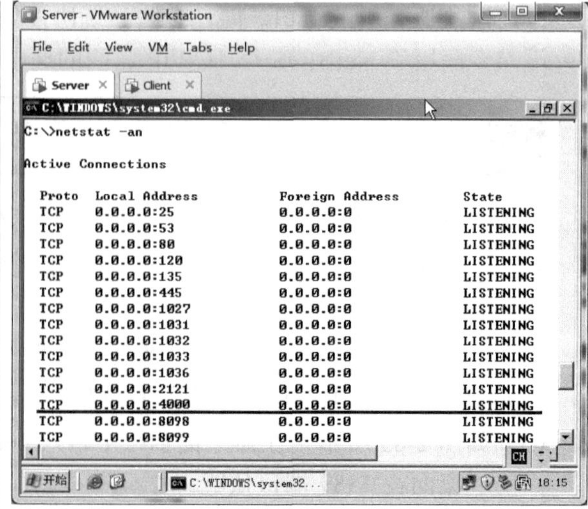

▲图 2-86　查看侦听的端口

（11）如图 2-87 所示，在 Client 计算机上，选择“开始”→“运行”，在打开的“运行”对话框中，输入 mstsc，单击“确定”按钮。

（12）如图 2-87 所示，在弹出的“远程桌面连接”对话框中，输入 Server 的 IP 地址，单击“连接”按钮。默认是使用 3389 端口连接服务器，出现连接失败提示对话框，单击“确定”按钮。

（13）如图 2-88 所示，在“远程桌面连接”对话框中，输入 Server 的 IP 地址后面添加冒号以及端口号 4000，单击“连接”按钮。

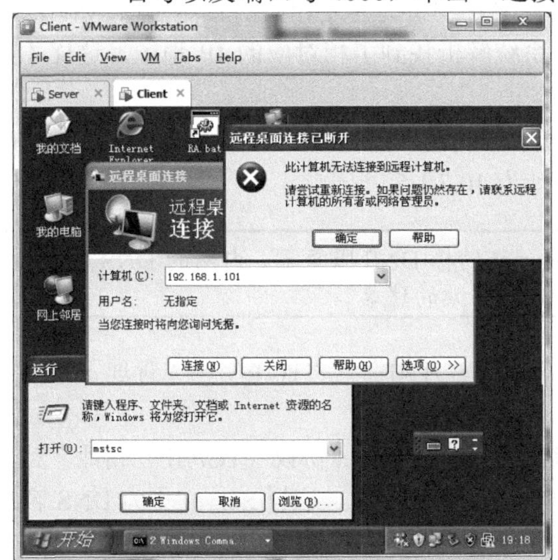

▲图 2-87 客户端使用默认的端口连接失败

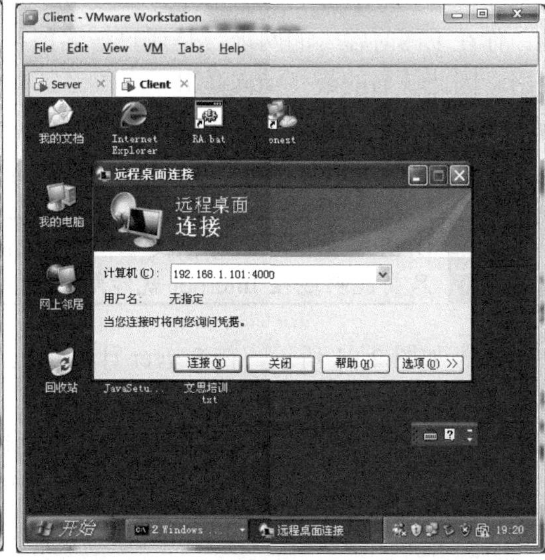

▲图 2-88 使用指定端口连接服务器

（14）如图 2-89 所示，可以看到使用 4000 端口连接 Server 远程桌面成功。

（15）如图 2-90 所示，在命令提示符下输入 netstat –n 命令，可以看到远程桌面建立的会话。

▲图 2-89 使用 4000 端口连接成功

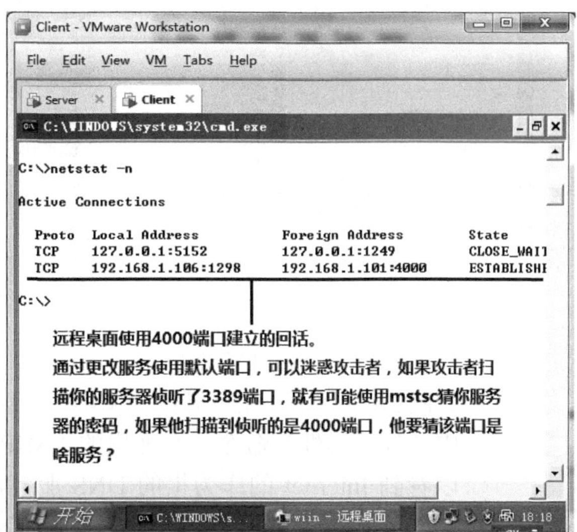

▲图 2-90 查看建立的会话

2.4.6 配置 DNS 服务器

DNS 是域名系统 Domain Name System 的缩写，该系统用于命名组织到域层次结构中的计算机和网络服务。在 Internet 上域名与 IP 地址之间是一对一（或者多对一）的关系，域名虽然便于人们记忆，但计算机之间只能互相认识 IP 地址，它们之间的转换工作称为域名解析。域名解析需要由专门的域名解析服务器来完成，DNS 就是进行域名解析的服务器。DNS 命名用于 Internet 等 TCP/IP 网络中，通过用户友好的名称查找计算机和服务。当用户在应用程序中输入 DNS 名称时，DNS 服务可以将此名称解析为与之相关的其他信息，如 IP 地址。你在上网时输入的网址，是通过域名解析系统解析找到了相对应的 IP 地址，这样才能上网。因此域名的最终指向是 IP。

下面将演示配置企业自己的 DNS 服务器负责解析内网服务器的域名 ess.com 和 Internet 域名。内网网站的域名为 www.ess.com，IP 地址为 10.7.1.5。

> **提示** DNS 服务器默认有根提示，指向 Internet 的根 DNS 服务器，内网的 DNS 服务器只要能够连接 Internet 就能解析 Internet 网站的域名。

（1）如图 2-91 所示，在 Server 计算机上，选择“开始”→“程序”→“管理工具”→DNS 命令，打开 DNS 管理工具。

（2）如图 2-92 所示，打开 Server 的本地连接，在“Internet 协议（TCP/IP）属性”对话框中，将自己的首选 DNS 服务器指向自己的 IP 地址，这样 Server 作为 DNS 客户机就可以向自己的 DNS 服务请求服务。

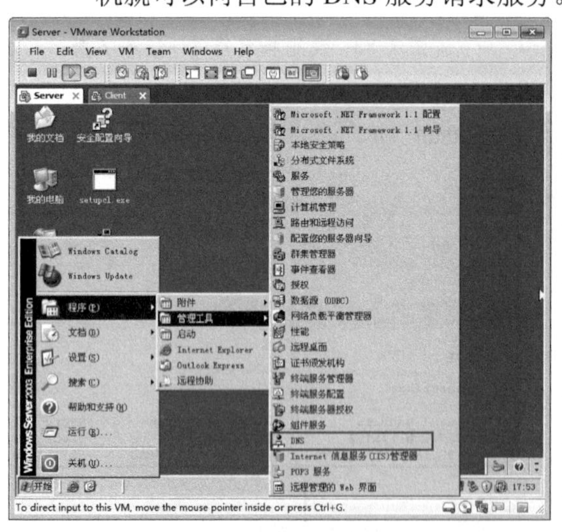

▲图 2-91 选择 DNS 命令

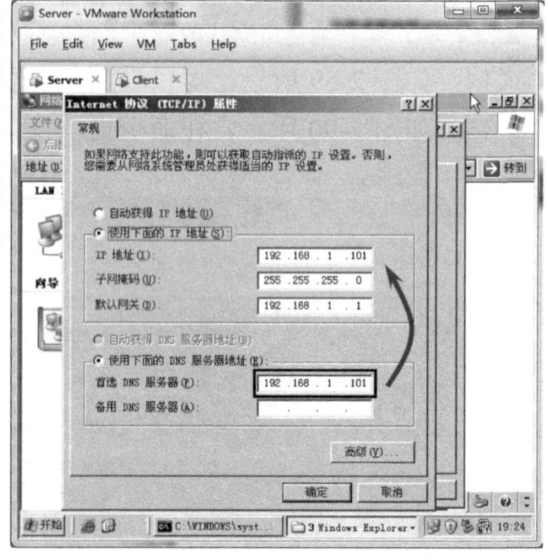

▲图 2-92 配置使用的 DNS 服务器

（3）如图 2-93 所示，在打开的 DNS 管理工具中，右击 SHPC 节点，在弹出的快捷菜单中选择“属性”命令。在弹出的“SHPC 属性”对话框的“根提示”选项卡中，可以看到 Internet 的作为根的 DNS 服务器。只要装上 DNS 服务，就能解析 Internet 上的域名，DNS 服务器会向这些根 DNS 转发域名解析请求。

（4）如图 2-94 所示，在命令提示符下，输入 ping www.inhe.net 命令可以看到解析到的 IP 地址。

（5）如图 2-94 所示，在命令提示符下输入 nslookup 命令，回车，可以看到提供名称解析的 DNS 服务器，输入 www.baidu.com，回车，可以看到解析到的 IP 地址，在这里可以看到解析出两个 IP 地址，可以断定百度网站有镜像站点提供负载均衡。你可以输入 www.sohu.com，查看该域名对应的 IP 地址。

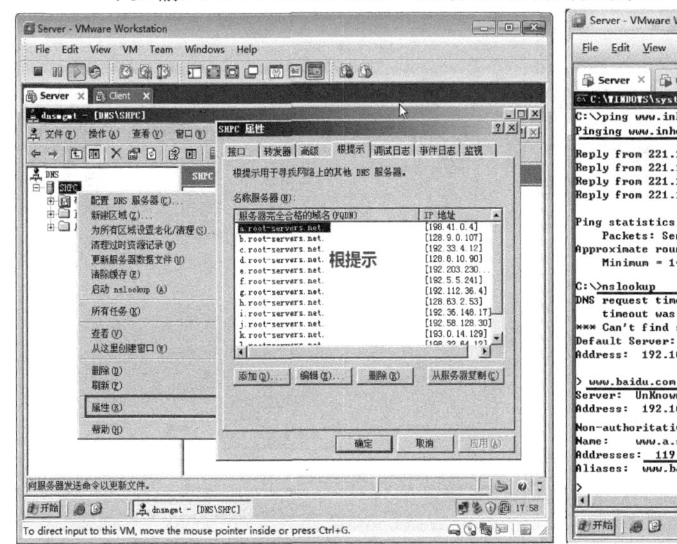

▲图 2-93　查看 DNS 根提示

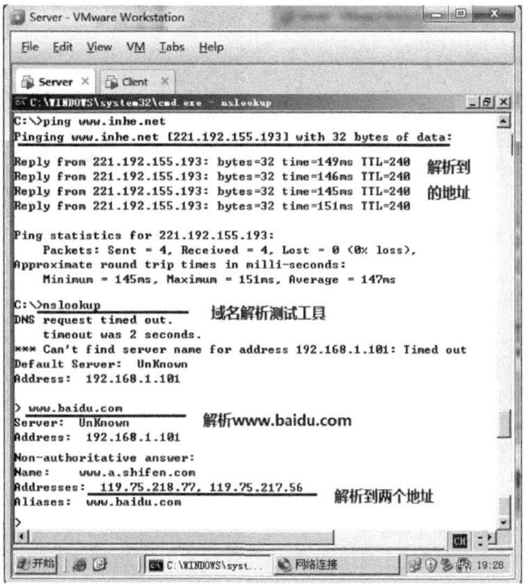

▲图 2-94　测试名称解析

（6）如图 2-95 所示，你公司有一个内网网站，用户使用 www.ess.com 域名访问。你打算内网计算机使用 Server 能够解析内网网站域名。你可以在 DNS 服务器上创建正向查找区域。右击“正向查找区域”节点，在弹出的快捷菜单中选择“新建区域”命令。

（7）如图 2-96 所示，在弹出的“欢迎使用新建区域向导”设置界面中，单击“下一步”按钮。

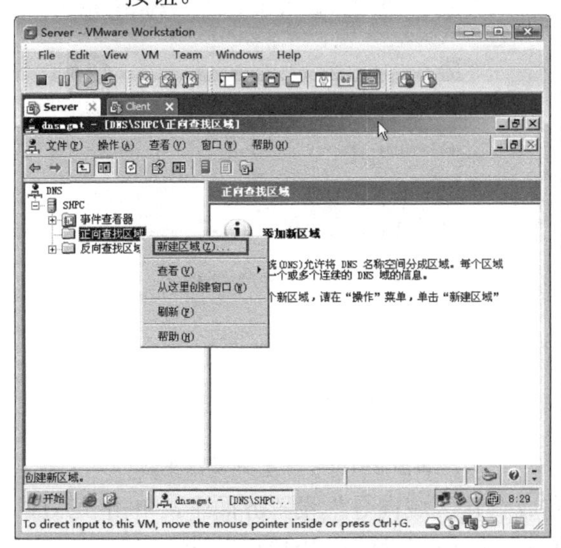

▲图 2-95　创建正向区域

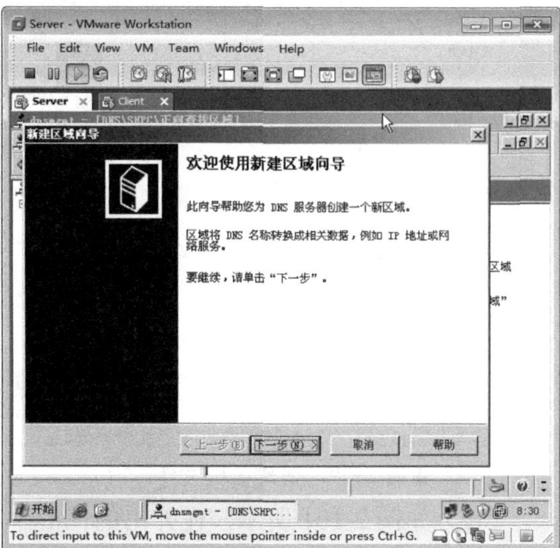

▲图 2-96　DNS 配置向导

(8) 如图 2-97 所示，在弹出的“区域类型”设置界面中，选中“主要区域”单选按钮，单击“下一步”按钮。

(9) 如图 2-98 所示，在弹出的“区域名称”设置界面中，输入区域名称 ess.com，单击“下一步”按钮。

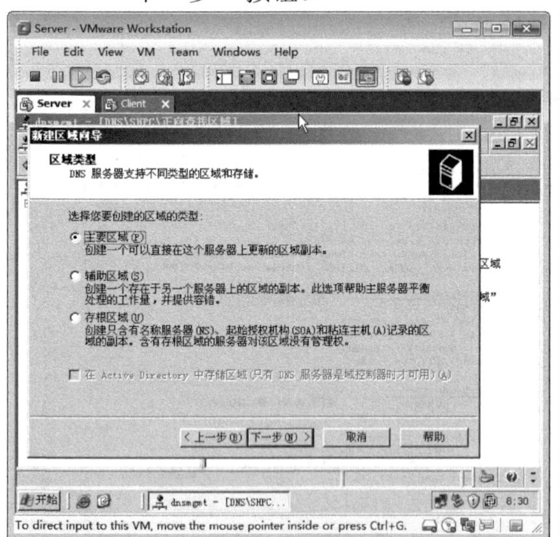

▲图 2-97 选择区域类型

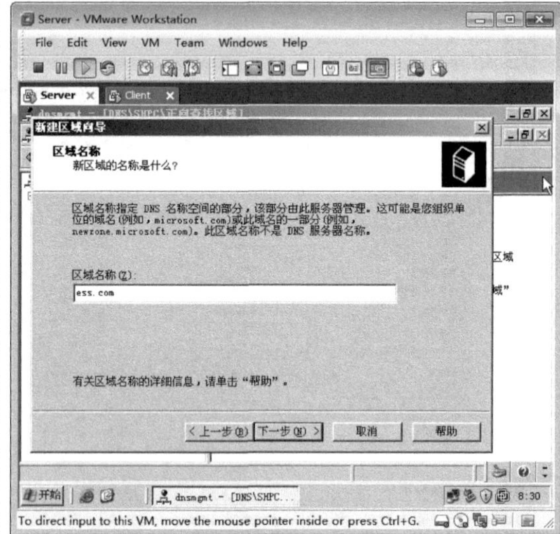

▲图 2-98 输入区域名称

(10) 如图 2-99 所示，在弹出的“区域文件”设置界面中，保持默认，单击“下一步”按钮。

(11) 如图 2-100 所示，在弹出的“动态更新”设置界面中，选中“不允许动态更新”单选按钮，单击“下一步”按钮。

▲图 2-99 创建区域文件

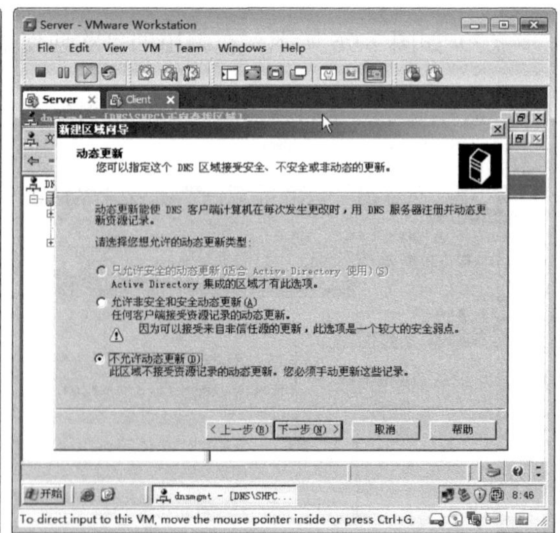

▲图 2-100 不允许动态更新

(12) 如图 2-101 所示，在弹出的“正在完成新建区域向导”设置界面中，单击“完成”按钮。到目前为止该 DNS 服务器负责 ess.com 名称空间的域名解析。

(13) 如图 2-102 所示，在 ess.com 区域下添加主机记录，右击 ess.com 节点，在弹出的快捷菜单中选择“新建主机”命令。

▲图 2-101　完成区域创建

▲图 2-102　添加主机记录

（14）如图 2-103 所示，在弹出的“新建主机”对话框中，输入名称和 IP 地址。

（15）如图 2-104 所示，在 Client 计算机上，打开本地连接 TCP/IP 属性，将首选 DNS 服务器指向 Server 计算机的 IP 地址。

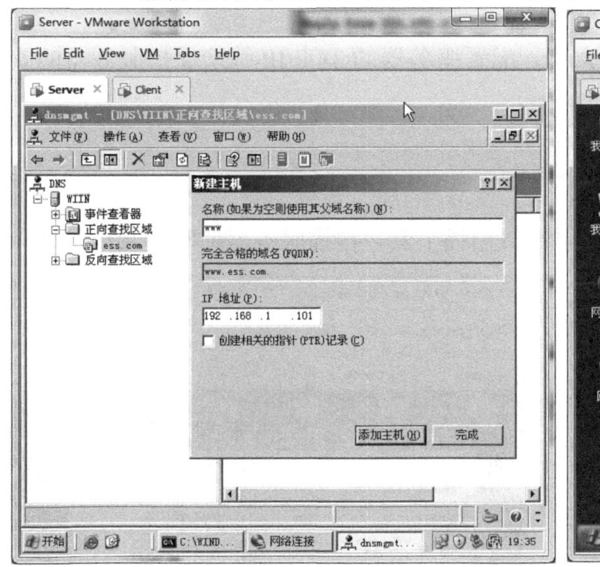

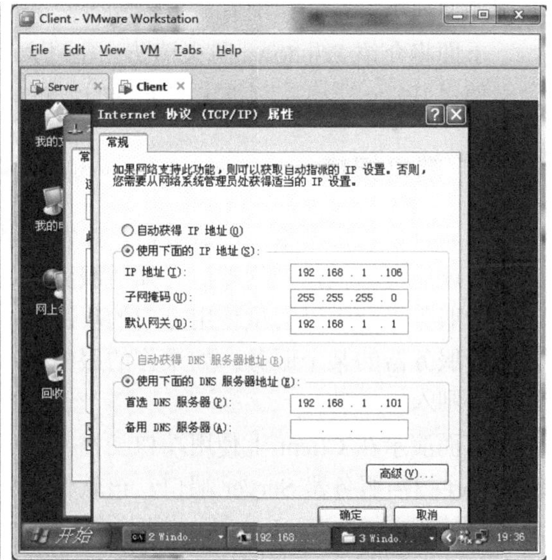

▲图 2-103 输入名称和 IP 地址　　▲图 2-104 配置 DNS 客户端

（16）如图 2-105 所示，在命令提示符下输入 ping www.ess.com，能够解析出 IP 地址，输入 ping www.hotmail.com 也能够解析出 IP 地址。注意：出现 Request time out，并不意味着你不能访问该网站。

（17）如图 2-106 所示，在命令提示符下输入 nslookup www.sohu.com 能够解析出该网站的所有 IP 地址。

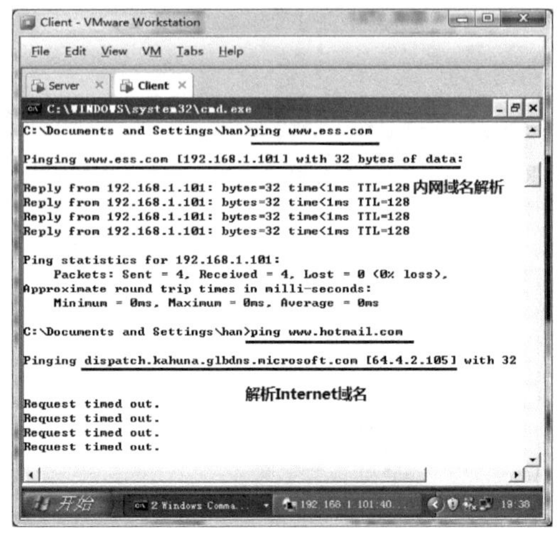

▲图 2-105 域名解析结果(1)

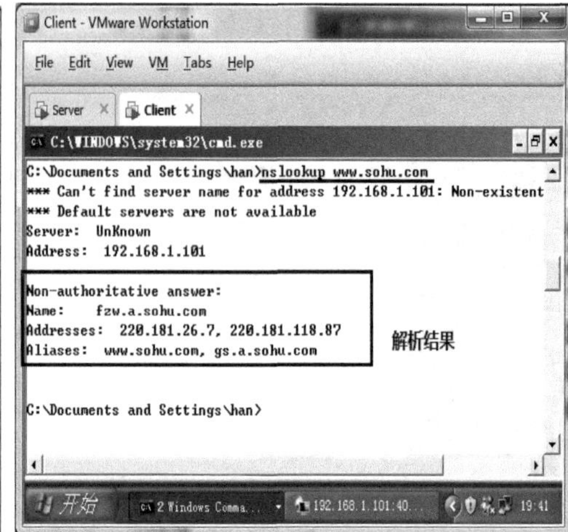

▲图 2-106 域名解析结果(2)

2.5 配置服务器网络安全

以上介绍了应用层协议和传输层协议的关系以及应用层协议和服务的关系。现在进一步介绍如何使用这些知识配置服务器安全。

下面将介绍 Windows 防火墙防止主动入侵、配置服务器的 TCP/IP 筛选保护服务器的安全、使用 IPSec 严格控制进出服务器的流量。

2.5.1 端口扫描

黑客打算攻击网络上的服务器，首先使用端口扫描工具，扫描服务器侦听的端口，这样入侵者就能根据扫描到的端口，知道服务器运行的服务，就可以尝试使用专门的攻击工具入侵服务器的某个服务。如果你的服务有漏洞，则入侵成功。

▲图 2-107 端口扫描结果

下面演示在 Client 上使用端口扫描工具 ScanPort 扫描服务器 Server 端口。该软件可以在网站 http://down.51cto.com/搜索并下载。

(1)将 Server 的 Web 服务、FTP 服务、SMTP 服务和 POP3 服务使用的端口改回默认值。

(2)如图 2-107 所示，在“起始 IP”和“结束 IP”文本框中输入 Server 的 IP 地址，“端口号”文本框中输入“1-1024”，单击“扫描”按钮。

(3)可以看到扫描到了 21、25、53、80、110、135、139 和 445 端口。没有扫描出 3389 端口，那是因为你指定的端口范围为 1～1024。

你可以根据端口扫描的结果判定，该服务器运行了 FTP 服务、SMTP 服务，DNS 服务、Web 服务和 POP3 服务，并且能够访问其共享资源，因为扫描到了其在 TCP 的 445 端口侦听。

2.5.2 使用 Telnet 排除网络故障

如果员工告诉你，他的计算机不能访问网站。你需要断定是他的计算机系统出了问题还是 IE 浏览器中了恶意插件，或者是网络层面的问题。

如图 2-108 所示，通过 Telnet 服务器的某个端口，就能断定是否访问该服务器的某个服务。如果你没有端口扫描工具，可以使用 Telnet 测试远程服务器侦听的端口。在命令提示符下输入 telnet 10.7.10.239 80。

如图 2-109 所示，如果 Telnet 成功，将会和服务器在该端口建立会话。再打开命令提示符，输入 netstat –n，可以看到建立的会话。

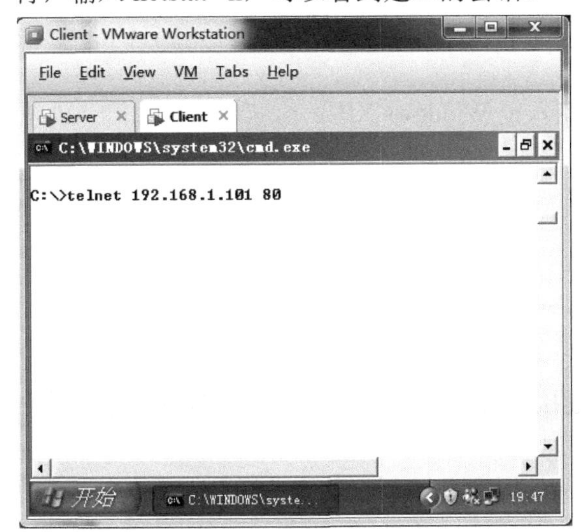

▲图 2-108 Telnet 测试

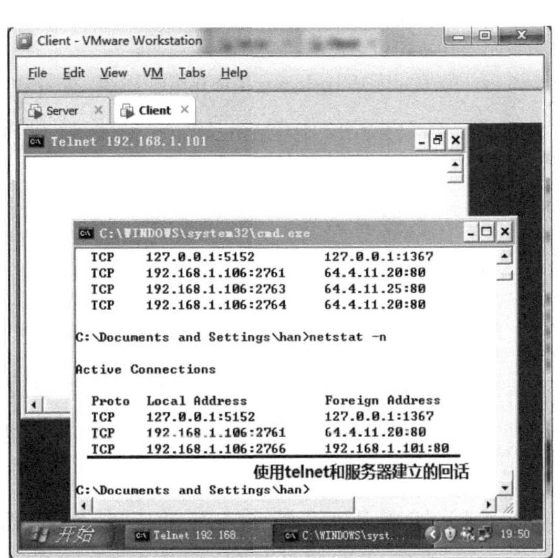

▲图 2-109 查看 Telnet 建立的会话

如图 2-110 所示，是 Telnet 端口失败的例子，失败的原因可能是远程计算机防火墙没有打开相应的端口，或远程服务器没有启动该端口对应的服务，或服务器和客户机之间的路由器拦截了到服务器特定端口的数据包。不管什么原因，Telnet 特定端口失败，就意味着不能访问远程服务器上的那个服务。如果 Telnet www.51cto.com 80 能够成功，而你的 IE 浏览器打不开该网址，说明是你的 IE 浏览器或计算机出现问题，即应用层出现问题，而非网络问题。

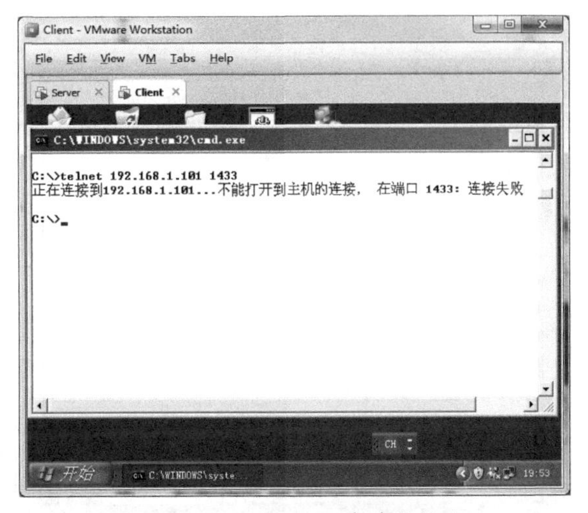

▲图 2-110 Telnet 失败的例子

2.5.3 Windows 防火墙保护客户端安全

Windows XP、Vista 和 Windows 7 都属于工作站操作系统，即安装在用户工作或娱乐用的计算机操作系统。对于普通使用者来说，要想从网络层面保护计算机安全，最好启用 Windows 防火墙。Windows 防火墙只阻截所有传入的未经请求的流量，对主动请求传出的流量不做理会。

如果在网络层不做任何防护，入侵者只要知道了你的计算机的管理员账号和密码，就能主动入侵你的系统。

现在介绍一款能够主动入侵计算机，并且能够远程监视和控制计算机的软件“DameWare 迷你远程控制”，用以验证 Windows 防火墙的作用。该软件可以在 http://down.51cto.com 网站搜索 DameWare 并下载。

1. 任务

- 关闭 Windows XP 的防火墙
- 入侵者使用 DameWare 迷你远程控制入侵 Windows XP
- 启用 Windows XP 防火墙
- 入侵者入侵失败

2. 操作步骤

（1）在 Windows XP 中，选择“开始”→“设置”→“网络连接”命令。

（2）双击“本地连接”，弹出“本地连接 状态”对话框，单击“属性”按钮。

（3）如图 2-111 所示，在弹出的“本地连接 属性”对话框的“高级”选项卡中，单击“设置”按钮。

（4）如图 2-112 所示，在弹出的“Windows 防火墙”对话框的“常规”选项卡中，选中“关闭”单选按钮。

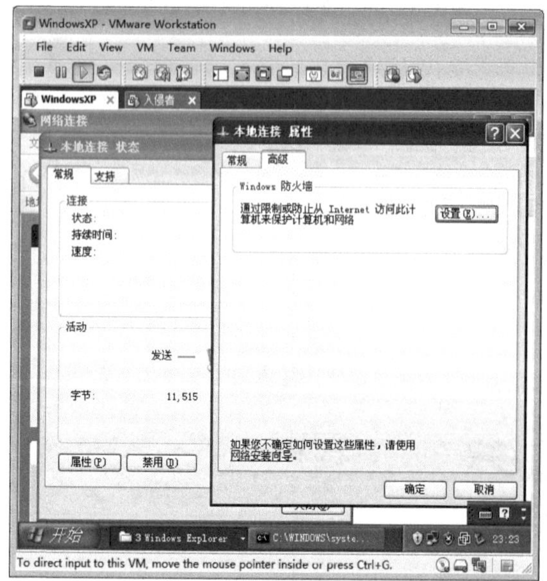

▲图 2-111 “本地连接 属性”对话框

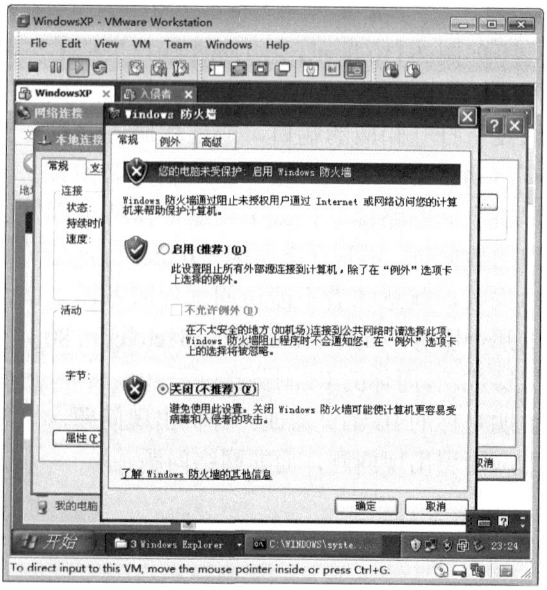

▲图 2-112 “Windows 防火墙”对话框

（5）如图 2-113 所示，选择“开始”→“运行”命令，在弹出的对话框中输入 gpedit.msc，单击“确定”按钮。

（6）如图 2-114 所示，打开组策略编辑工具，展开“计算机配置”\“Windows 设置”\“安全设置”\“本地策略”“安全选项”节点，在详细栏，双击“网络访问：本地账户的共享和安全模式”，在出现的对话框中，选中“经典-本地用户以自己的身份验证”按钮。单击“确定”按钮。如果不这样设置，Windows XP 默认只允许 guest 用户访问共享资源。

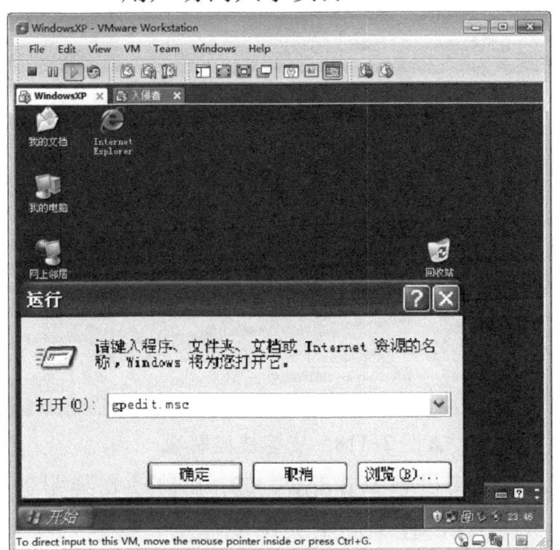

▲图 2-113 “运行”对话框

▲图 2-114 配置本地安全设置

（7）如图 2-115 所示，在入侵者的计算机上安装“DameWare 迷你远程控制”软件，单击“下一步”按钮，完成安装。

（8）如图 2-116 所示，打开 DameWare，选择“控制和连接”→“连接”菜单命令。

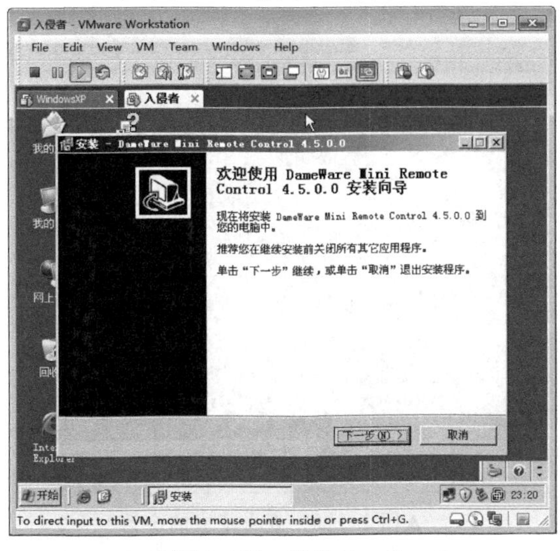

▲图 2-115 安装 DameWare

▲图 2-116 入侵他人计算机

（9）如图 2-217 所示，在出现的“远程连接”对话框中的“主机”文本框中输入 Windows

XP 的地址，在“用户”和“口令”文本框中分别输入连接 Windows XP 的用户和口令，该用户必须是 Windows XP 的 administrators 组的成员。单击“连接”按钮。

（10）如图 2-218 所示，出现提示对话框，提示在 Windows XP 上没有安装服务。单击“确定”按钮进行安装。

▲图 2-117　连接远程计算机

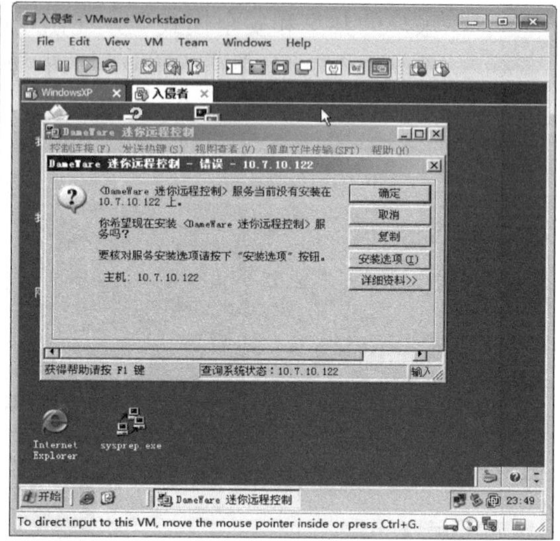

▲图 2-118　安装被控制端

（11）如图 2-119 所示，该程序会自动将安装文件拷贝到 Windows XP，并自动安装服务，即可远程监控和操作 Windows XP 了。不过，在桌面上会出现提示，该软件不算是黑客工具。

（12）如图 2-120 所示，在命令提示符下输入 netstat –n，可以看到远程监控软件建立的会话。

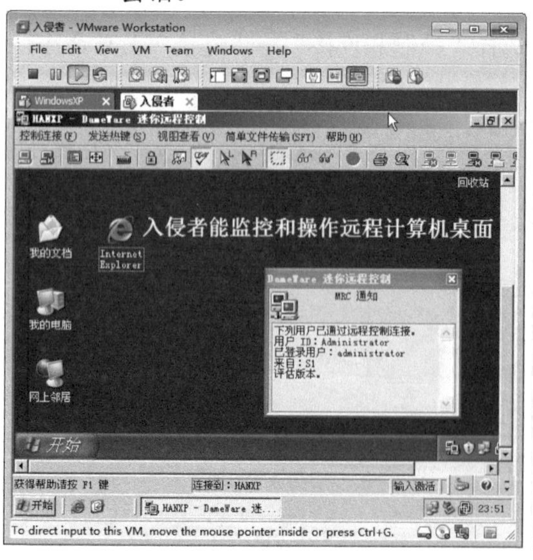

▲图 2-119　入侵成功

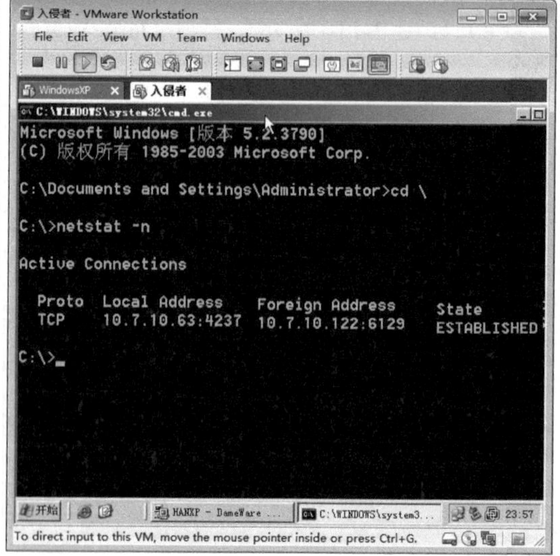

▲图 2-120　查看建立的会话

（13）在 Windows XP 上，选择“开始”→“运行”命令，在弹出的“运行”对话框中输入 msconfig，单击“确定”按钮。打开“系统配置实用程序”对话框。

（14）如图 2-121 所示，在“服务”选项卡中，选中“隐藏所有 Microsoft 服务”复选框，可以看到在 Windows XP 上安装的服务。

（15）如图 2-122 所示，在入侵者计算机上，单击，断开 Windows XP 的连接。

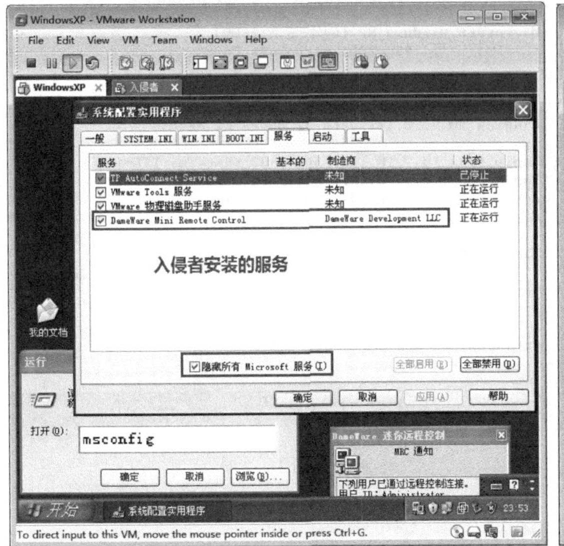

▲图 2-121　安装的服务

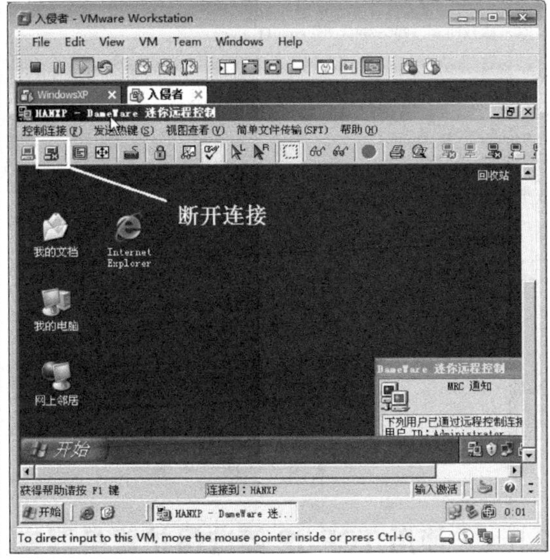

▲图 2-122　断开连接

（16）如图 2-123 所示，在 Windows XP 上，启用 Windows 防火墙，且选中“不允许例外”复选框，单击“确定”按钮。

（17）如图 2-124 所示，在入侵者计算机上，再次连接 Windows XP 失败。

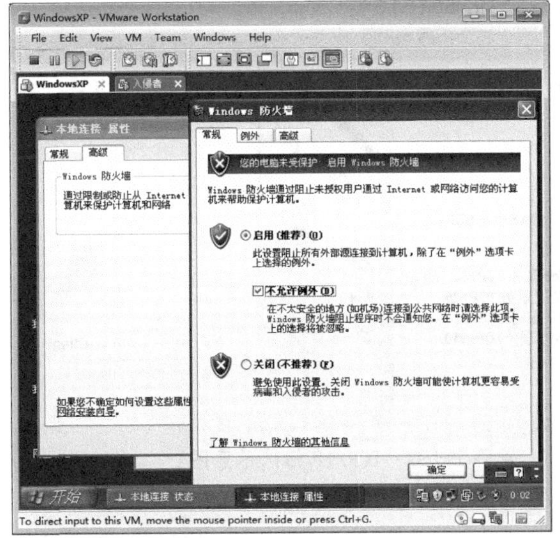

▲图 2-123　启用防火墙

▲图 2-124　入侵失败

（18）如图 2-125 所示，在命令提示符下，ping Windows XP 的地址，发现不通。

（19）如图 2-126 所示，在 Windows XP 上 ping 入侵者计算机的 IP 地址，能够 ping 通。

（20）这足以证明 Windows 防火墙的作用，能够防止主动的入侵，不拦截出去的流量。

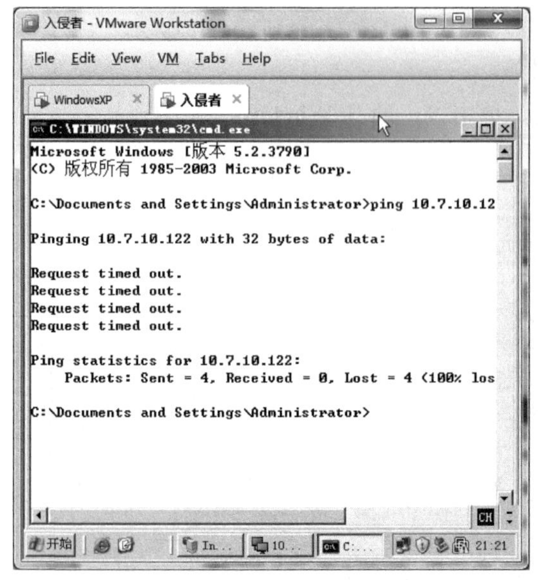

▲图 2-125　不通

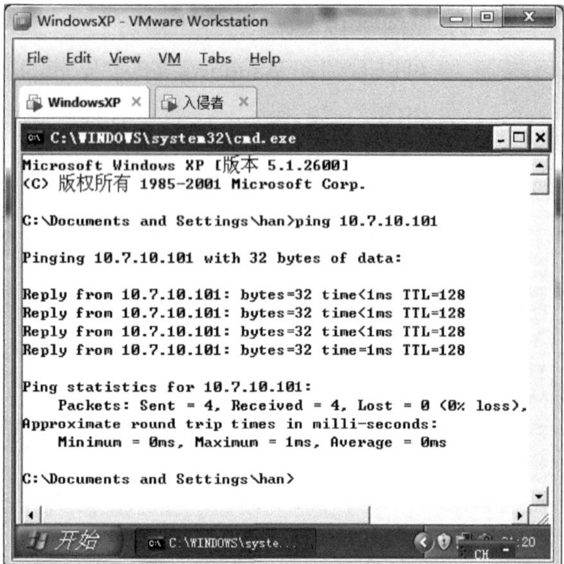

▲图 2-126　通

2.5.4　使用 TCP/IP 筛选保护服务器安全

对于部署在 Internet 的服务器，安全是必须要考虑的事情。为了降低服务器受攻击的危险，停止不必要的服务或在本地连接的 TCP/IP 属性中只打开必要的端口。

如图 2-127 所示，实验环境为 Server 的 IP 地址 192.168.1.200，运行着 Web 服务，SMTP 服务、POP3 服务、FTP 服务和 DNS 服务。Client 的 IP 地址为 192.168.1.121。只允许 Client 计算机访问 Server 计算机的 Web 服务、FTP 服务和 DNS 服务。以下演示配置 Server 计算机的 TCP/IP 筛选只允许 TCP 目标端口为 80 和 21 的数据包进入，以及只允许 UDP 目标端口为 53 的数据包进入。

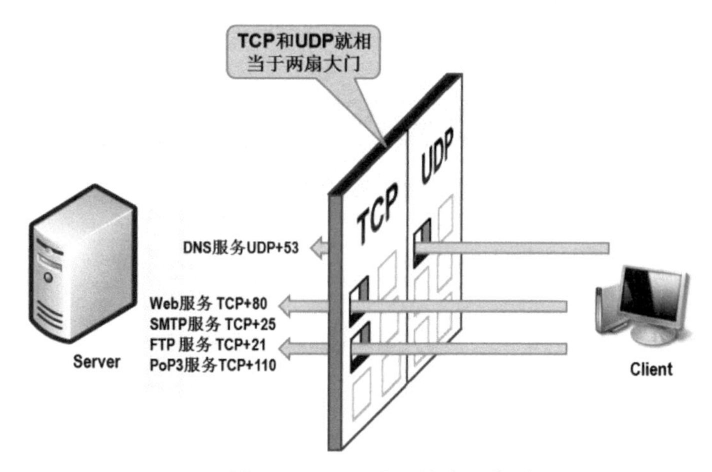

▲图 2-127　TCP/IP 筛选示意图

（1）如图 2-128 所示，在 Client 计算机上安装 ScanPort 软件，输入起始地址和结束地址都为 Server 计算机的 IP 地址 192.168.1.200，并输入端口号的范围，单击“扫描”按钮。

（2）如图 2-128 所示，可以看到扫描结果。通过扫描结果，可以断定该服务器运行着 FTP 服务、SMTP 服务，DNS 服务、Web 服务和 POP3 服务等。

（3）如图 2-129 所示，在 Server 上，打开“本地连接 属性”对话框，选中“Internet

协议（TCP/IP）”复选框，单击“属性”按钮。

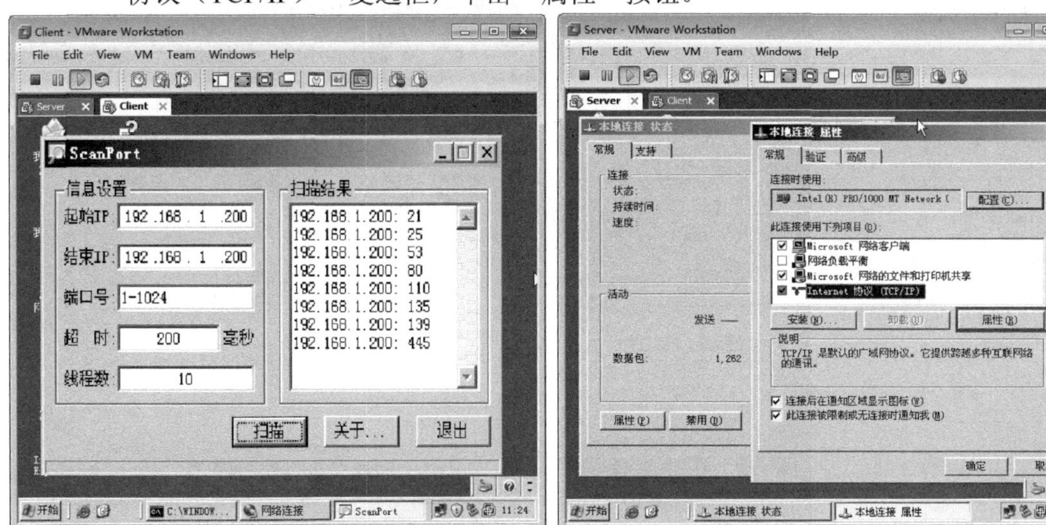

▲图 2-128　端口扫描　　　▲图 2-129　“本地连接 属性”对话框

（4）如图 2-130 所示，在打开的“Internet 协议（TCP/IP）属性”对话框中，单击“高级”按钮。

（5）如图 2-131 所示，在出现的“高级 TCP/IP 设置”对话框的“选项”选项卡中，选中“TCP/IP 筛选”选项，单击“属性”按钮。

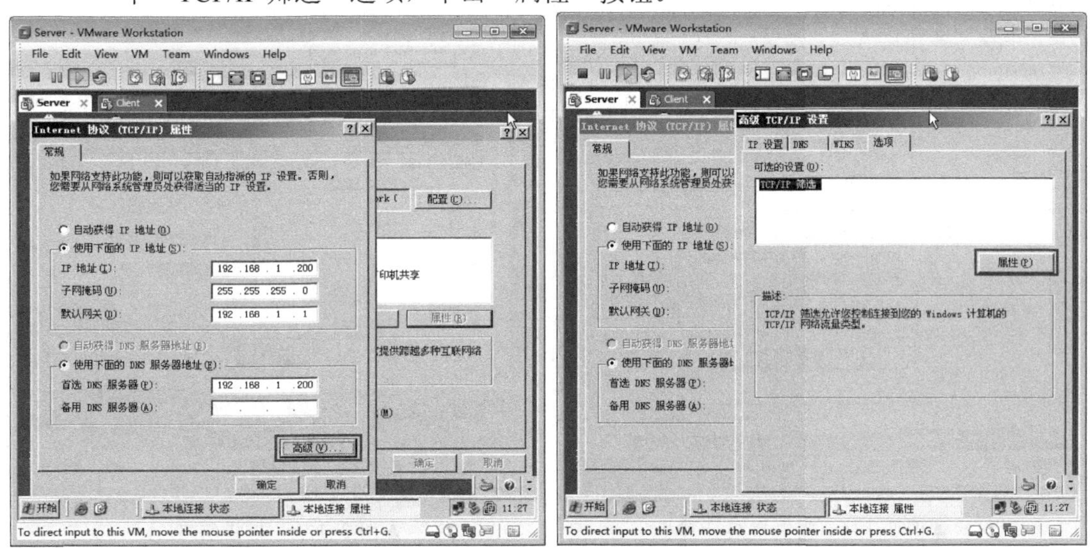

▲图 2-130　“Internet 协议（TCP/IP）属性”对话框　　▲图 2-131　“高级 TCP/IP 设置”对话框

（6）如图 2-132 所示，在出现的“TCP/IP 筛选”对话框中，选中“启用 TCP/IP 筛选”复选框，TCP 端口选中“只允许”单选按钮，单击“添加”按钮。

（7）如图 2-132 所示，在出现的“添加筛选器”对话框中，输入 80，单击“确定”按钮。

（8）如图 2-133 所示，同样添加 TCP 的 21 端口。

（9）如图 2-133 所示，UDP 端口选中“只允许”单选按钮，添加端口 53，单击“确定”按钮。

▲图 2-132　添加允许的 TCP 端口

▲图 2-133　添加允许的 UDP 端口

（10）如图 2-134 所示，提示需要重启计算机，单击“是”按钮，重启计算机。

（11）如图 2-135 所示，在 Client 上，发现只能扫描到 21 和 80 端口，端口扫描只是扫描 TCP 的端口，不扫描 UDP 端口。这样 Client 计算机只能访问 Server FTP 服务和 Web 服务。

▲图 2-134　需要重启计算机

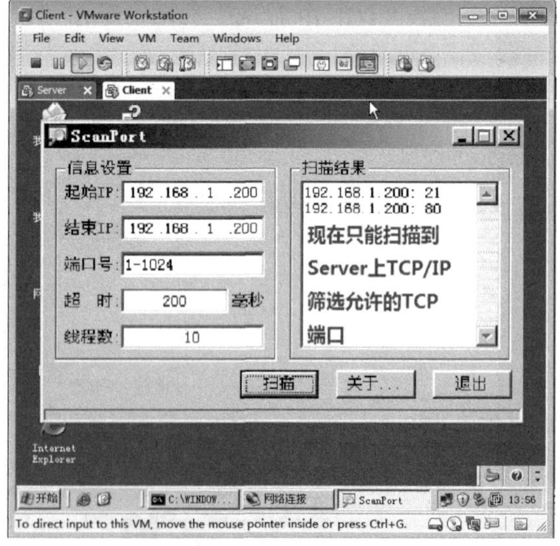

▲图 2-135　扫描端口

（12）如图 2-136 所示，在 Server 上，在命令提示符下输入 netstat –an 查看侦听的端口。可以看到该服务器在 TCP 的 25、110 端口侦听。这说明 TCP/IP 筛选并不控制服务器侦听的端口。

（13）如图 2-137 所示，在 Client 上，运行 ping www.ess.com，可以看到 Client 计算机可以通过 Server 进行域名解析。

（14）如图 2-137 所示，telnet Server 的 25 端口和 110 端口失败。说明 TCP/IP 筛选没有允许这些端口。

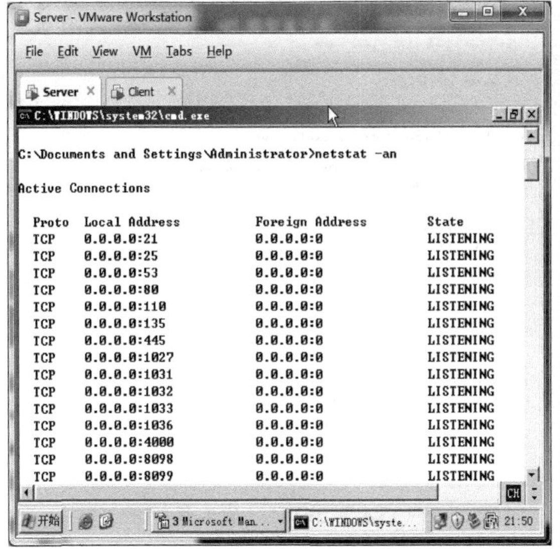

▲图 2-136 查看侦听的端口

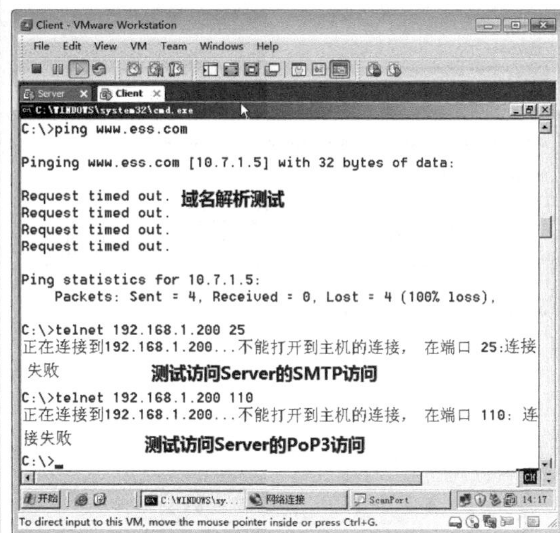

▲图 2-137 测试域名解析

（15）如图 2-138 所示，在 Client 上可以访问 Server 的 Web 服务，也能够访问 FTP 服务。

（16）如图 2-139 所示，在 Server 上访问 Client 计算机的共享文件夹，输入 Client 计算机的用户名和密码，能够访问成功。

▲图 2-138 能够访问 Web 和 FTP 站点

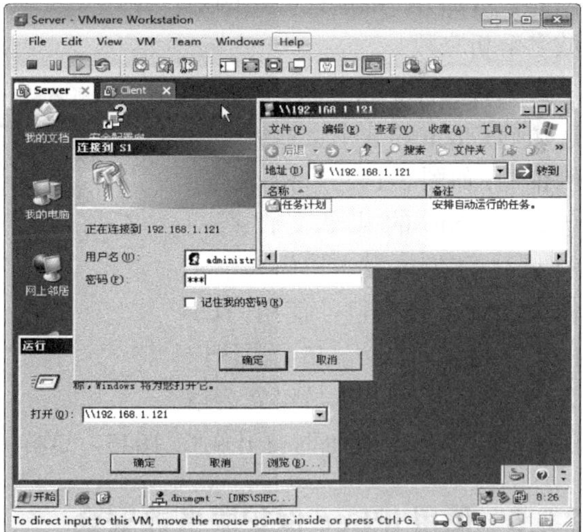

▲图 2-139 TCP/IP 筛选不影响出去的流量

（17）如图 2-140 所示，在命令提示符下输入 netstat –n，可以看到建立的会话，说明 TCP/IP 筛选并不控制出去的流量。

（18）如图 2-141 所示，在 Server 上 ping www.sohu.com，发现不能域名解析，输入 nslookup 后，输入 www.sohu.com，可以看到解析失败。为什么 Server 不能将域名解析呢？

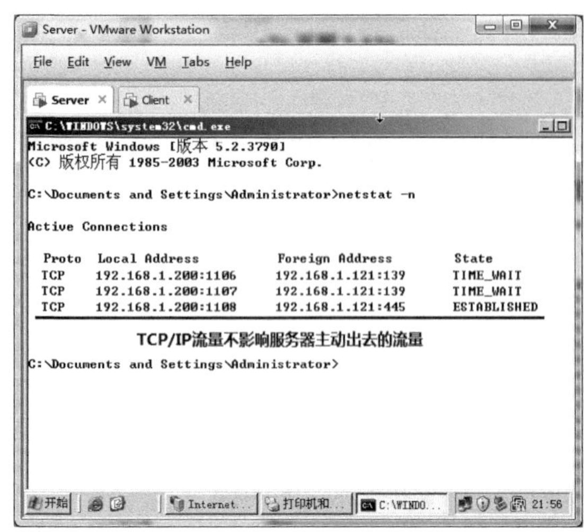

▲图 2-140 查看建立的会话

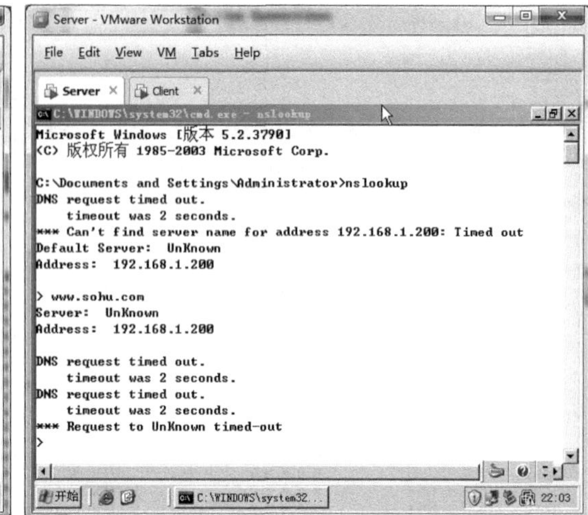

▲图 2-141 域名解析

Server 为什么不能解析 Internet DNS 服务器的域名？举例说明：Server 向 Internet DNS 发送域名解析的请求，协议是 UDP，目标端口为 53，源端口为 1027，当数据包发出去后，由于 UDP 不建立会话，发出去的数据包或请求就忘记了，在域名解析结果返回来的时候，由于 TCP/IP 筛选 UDP 只打开了 53 端口，而没有打开 1027 端口，因此被 TCP/IP 筛选拦截。因此域名解析失败。

为什么 Server 的 TCP/IP 筛选访问 Client 的共享文件夹？举例说明：如图 2-142 所示，Server 访问 Client 的共享文件夹，Server 向 Client 发送访问共享文件夹的请求数据包，使用 TCP 协议，目标端口为 445，源端口为 1045，因为 TCP 是建立会话的，所以 Server 会临时打开端口 1045，这样 Client 返回的数据包，能够进入 Server。

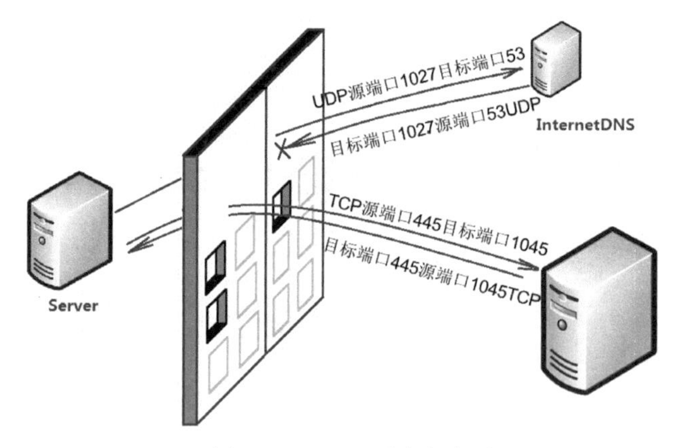

▲图 2-142 UDP 不建立会话

2.5.5 使用 IPSec 保护服务器安全

不管是在 Windows XP 上启用防火墙还是 Windows Server 上配置 TCP/IP 筛选，都不能严格控制出去的流量。因此如果你的服务器中了木马程序（比如中了灰鸽子木马程序），该程序会主动连接入侵者建立会话，入侵者就能监控和控制你的服务器了。

最大化配置服务器网络安全，你可以严格控制进出服务器的流量，比如你的服务器是 Web 服务器，你可以配置只允许 TCP 目标端口 80 的数据包进入服务器，TCP 源端口为 80 的数据包离开服务器。这样即便你的服务器中了灰鸽子木马程序，也不能主动连接入侵者。这种控制方式可以通过配置服务器 IPSec 来实现，Windows XP，Windows Server 2003 和 Windows Server 2008 都支持 IPSec。

下面就以通过 IPSec 配置 Web 服务器安全，防止灰鸽子木马程序为例。演示入侵者制作木马程序，在 Server 上启用 Windows 防火墙，安装木马程序，在入侵者远程控制服务器。配置 IPSec，如图 2-143 所示，只允许 TCP 的目标端口为 80 数据包进入服务器，只允许 TCP 的源端口为 80 的数据包离开服务器。验证木马程序不能连接入侵者。

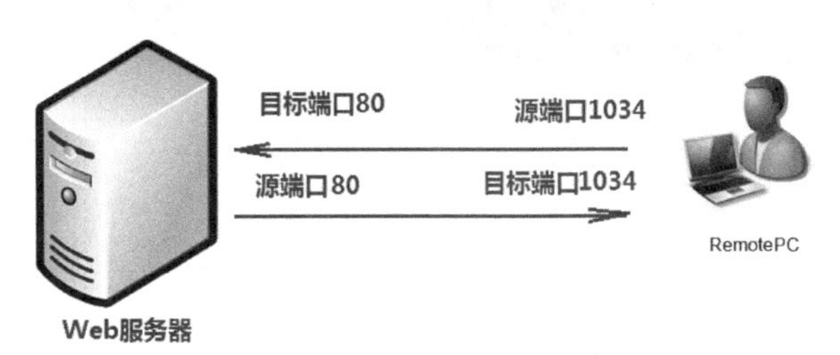

▲图 2-143　访问 Web 服务器的流量

入侵者的 IP 地址为 192.168.1.121，服务器 Server 的 IP 地址为 192.168.1.200。

1．制作木马程序

灰鸽子木马程序，可以在 http://down.51cto.com/搜索“灰鸽子”，可以找到并下载。

中了灰鸽子木马程序，会主动连接到入侵者，入侵者就可以远程监控和操控中了木马的服务器。这就要求木马程序能够连接到入侵者，因此生成的木马程序必须指定入侵者的 IP 地址。

（1）如图 2-144 所示，在入侵者的计算机上安装并运行灰鸽子木马程序，单击“配置服务程序”按钮。提示木马程序在中了招的计算机上是以服务的方式存在的。

（2）如图 2-145 所示，在出现的“服务器配置”对话框的“自动上线设置”中输入入侵者的 IP 地址。

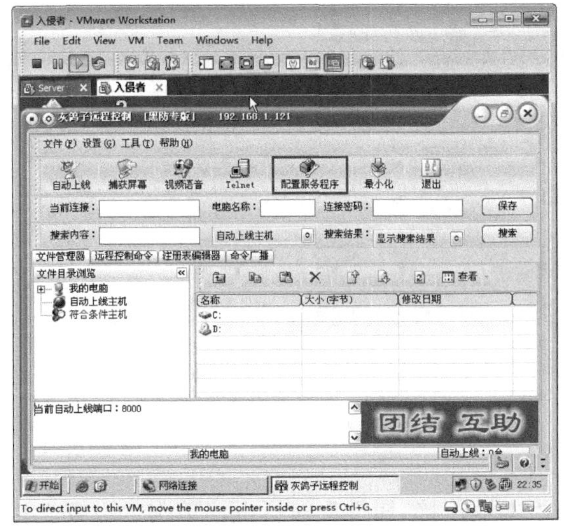

▲图 2-144　运行灰鸽子木马程序

▲图 2-145　“服务器配置”对话框

（3）如图 2-146 所示，在“安装选项”选项卡中，选中“安装成功后自动删除安装文件”复选框。木马程序一般都是在后台偷偷运行的，取消选中“程序安装成功后提示安装成功”和“程序运行时在任务栏显示图标”复选框。

（4）如图 2-147 所示，在“启动设置”选项卡中，选中“Win2000/XP 下优先安装成服务启动”复选框，然后单击“生成服务器”按钮，这样就制作好了木马程序。

▲图 2-146 “安装选项”选项卡

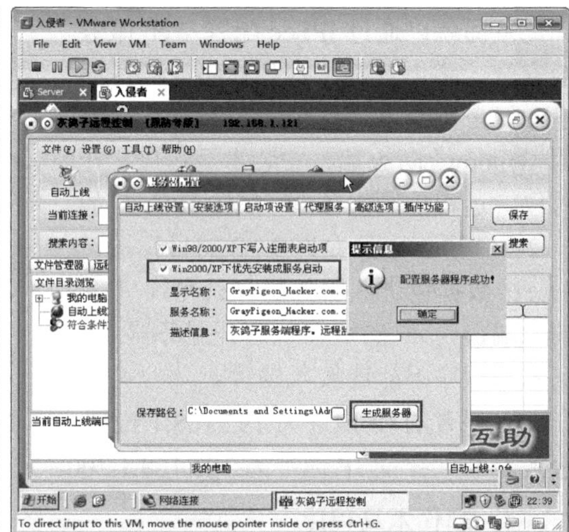

▲图 2-147 “服务器配置”对话框

（5）如图 2-148 所示，可以看到生成的木马程序“Server.exe”。

（6）如图 2-149 所示，将有木马程序的文件夹共享。以方便 Server 访问，模拟中木马的过程。

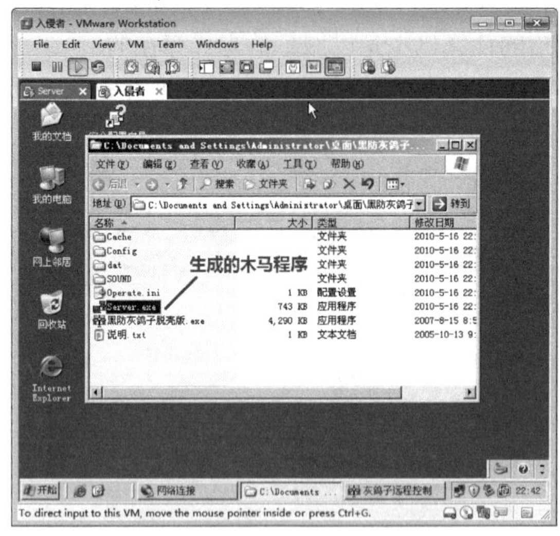

▲图 2-148 生成的木马程序

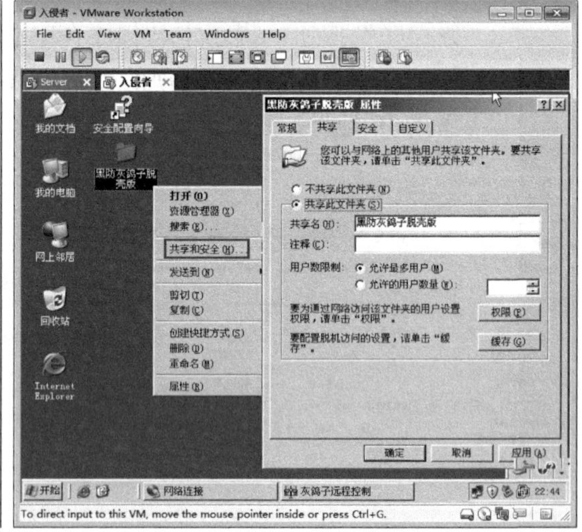

▲图 2-149 共享存放木马的文件夹

2. 中木马的过程

（1）如图 2-150 所示，在 Server 上，打开“本地连接 属性”对话框，单击“设置”按钮，在出现的“Windows 防火墙”提示对话框中，单击“是”按钮，启用 Windows 防火墙服务。

（2）如图 2-151 所示，在出现的“Windows 防火墙”对话框的“常规”选项卡中，选中“启用”单选按钮和“不允许例外”复选框。

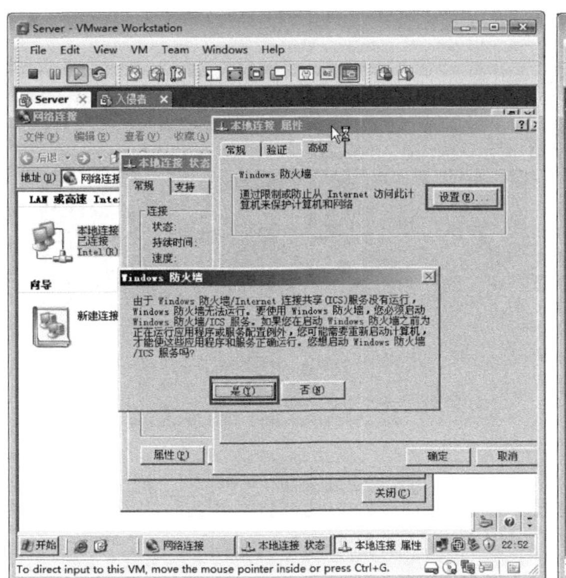

▲图 2-150 “本地连接 属性”对话框

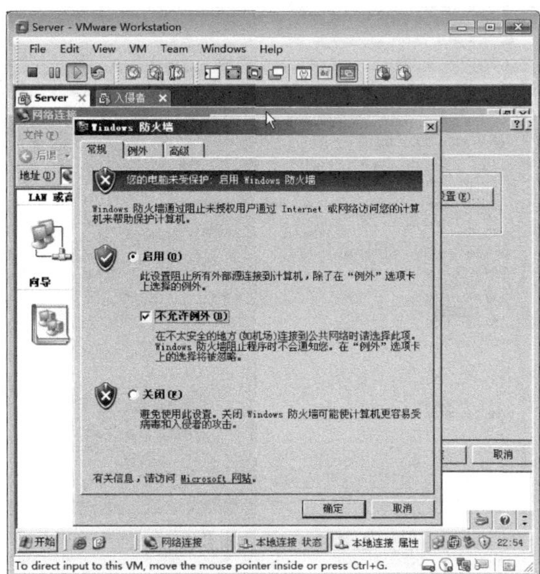

▲图 2-151 “Windows 防火墙”对话框

（3）如图 2-152 所示，可以看到本地连接启用了 Windows 防火墙的图标，加了一把锁。

（4）如图 2-153 所示，在 Server 上访问入侵者的共享文件夹，将木马程序拷贝到桌面，双击，安装木马程序。

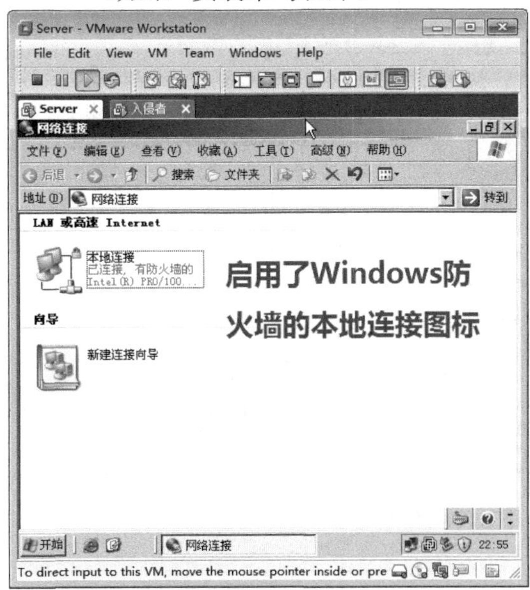

▲图 2-152 启用 Windows 防火墙

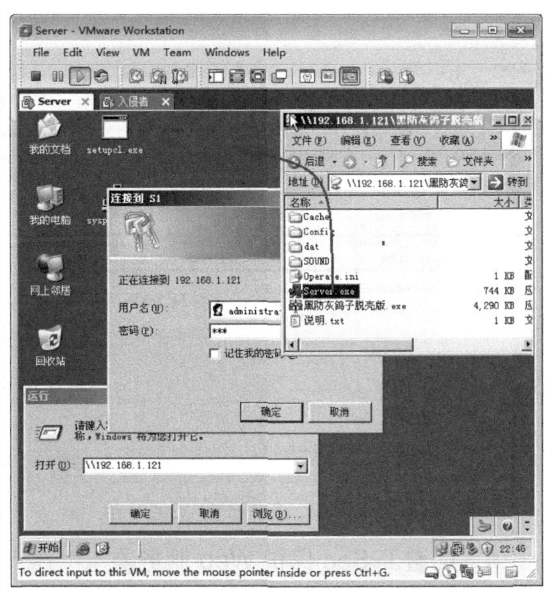

▲图 2-153 将木马拷贝到本地并安装

3. 远程监控和控制

（1）如图 2-154 所示，在入侵者计算机上，可以看到中了木马的计算机自动上线，选中上线的服务器，单击“捕获屏幕”按钮。可以远程监控 Server 桌面。

（2）如图 2-155 所示，单击图中框起的鼠标和键盘图标，还可以控制远程计算机。

▲图 2-154　捕获屏幕

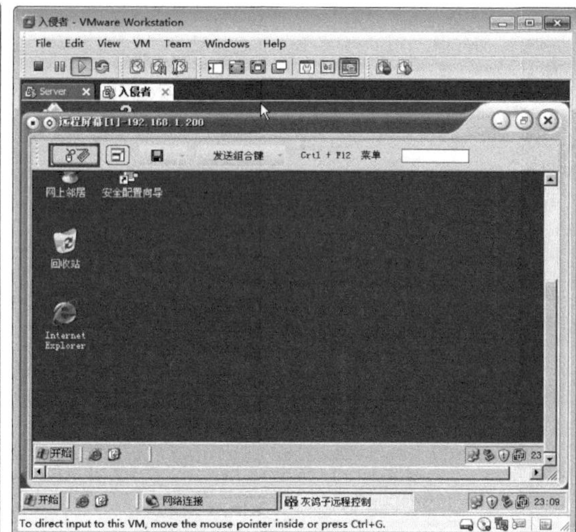

▲图 2-155　远程控制

（3）如图 2-156 所示，在 Server 上的命令提示符下输入 netstat –n，可以看到木马建立的会话。

（4）如图 2-157 所示，在 Server 上，运行 msconfig，打开“系统配置实用程序”对话框，选中“隐藏所有 Microsoft 服务”复选框，可以看到灰鸽子木马安装的服务。

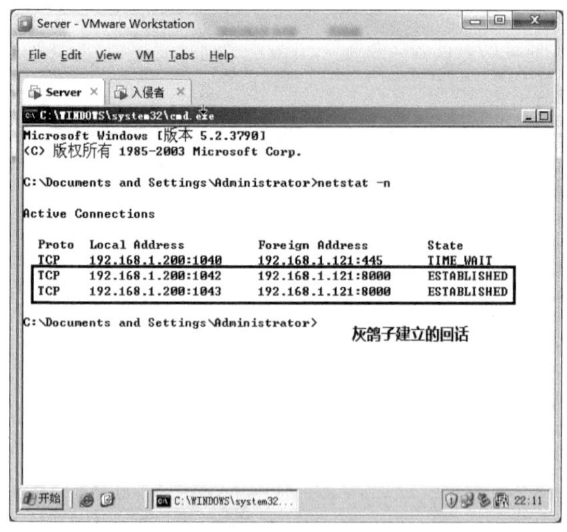

▲图 2-156　灰鸽子建立的会话

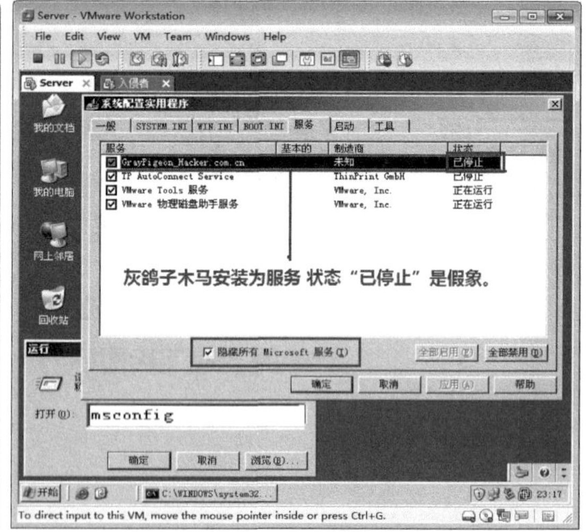

▲图 2-157　安装的灰鸽子木马

4．配置 IPSec 保护 Web 服务器

（1）如图 2-158 所示，在 Server 上禁用 Windows 防火墙。现在使用 IPSec 严格控制出入流量。

（2）如图 2-159 所示，选择“开始”→“程序”→“管理工具”→“本地安全策略”命令。

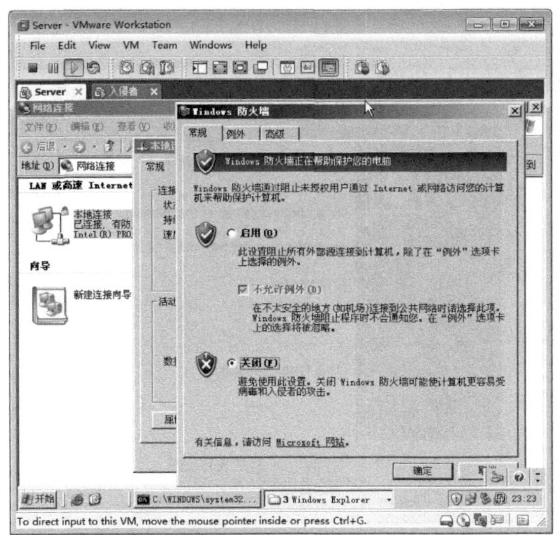

▲图 2-158　关闭 Windows 防火墙

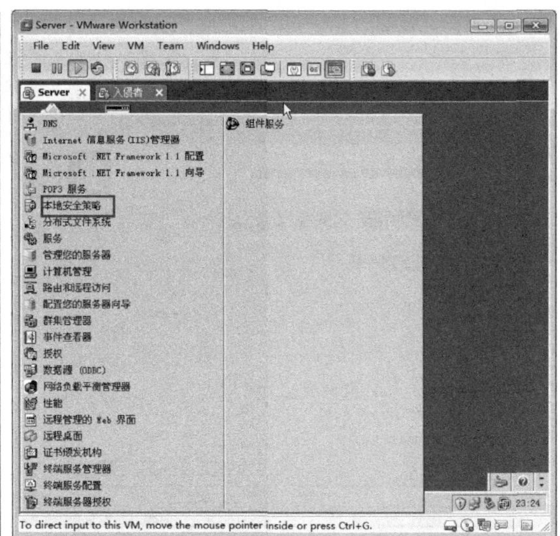

▲图 2-159　选择“本地安全策略”命令

（3）如图 2-160 所示，在打开的“本地安全设置”窗口中，右击“IP 安全策略，在本地计算机”节点，在弹出的快捷菜单中选择“创建 IP 安全策略”命令。

（4）在出现的“欢迎使用 IP 安全策略向导”对话框中，单击“下一步”按钮。

（5）如图 2-161 所示，在出现的“IP 安全策略名称”设置界面中，输入名称和描述信息，单击“下一步”按钮。

▲图 2-160　“本地安全设置”窗口

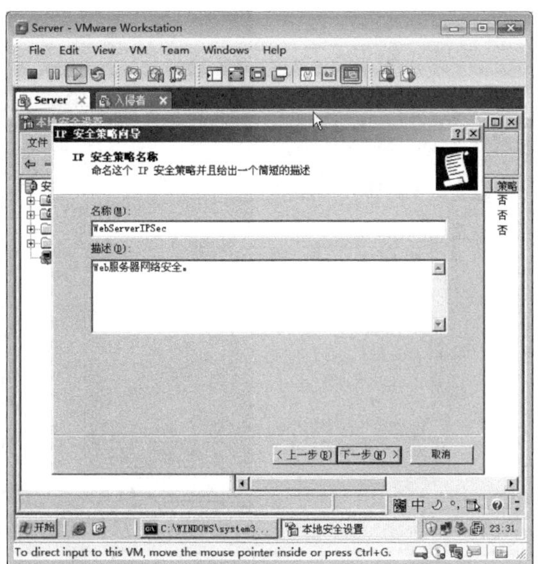

▲图 2-161　“IP 安全策略名称”设置界面

（6）如图 2-162 所示，在出现的“安全通讯请求”设置界面中，取消选中“激活默认响应规则”复选框，单击“下一步”按钮。

（7）如图 2-163 所示，在出现的“正在完成 IP 安全策略向导”设置界面中，单击“完成”按钮。

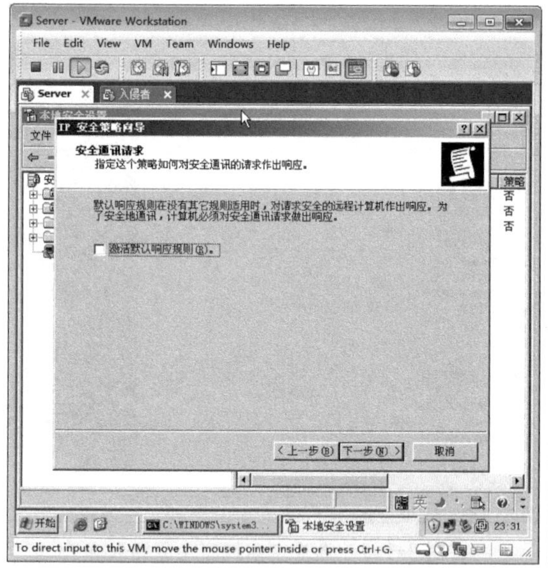

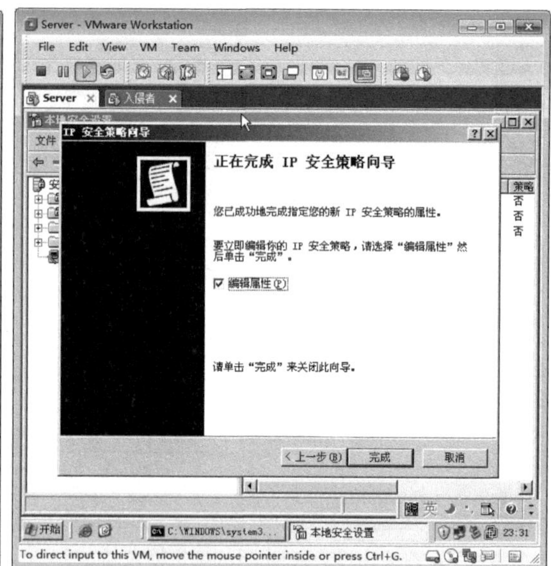

▲图 2-162 “安全通讯请求”设置界面　　▲图 2-163 “正在完成 IP 安全策略向导”设置界面

（8）如图 2-164 所示，在出现的“WebServerIPSec 属性”对话框中，取消选中“使用‘添加向导’”复选框，单击“添加”按钮。

（9）如图 2-165 所示，在出现的“新规则 属性”对话框中，选中“所有 IP 通讯”单选按钮，单击“筛选器操作”标签。

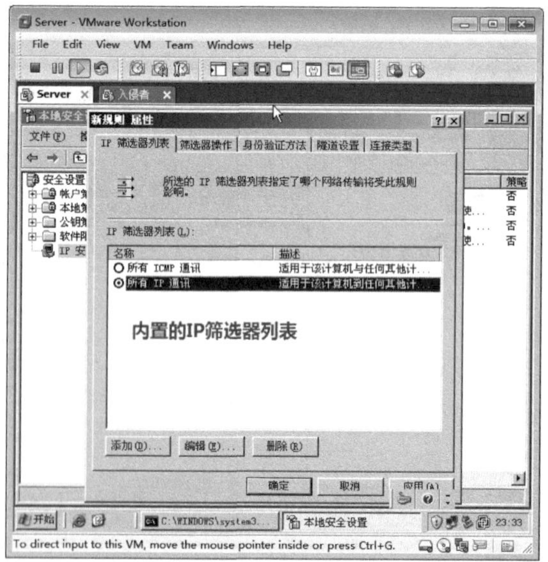

▲图 2-164 “WebServerIPSec 属性”对话框　　▲图 2-165 “新规则 属性”对话框

（10）如图 2-166 所示，在“筛选器操作”选项卡中，没有拒绝的动作，取消选中“使用‘添加向导’”复选框，单击“添加”按钮。

（11）如图 2-167 所示，在出现的“新筛选器操作 属性”对话框的“安全措施”选项卡中，选中“阻止”单选按钮，单击“常规”标签。

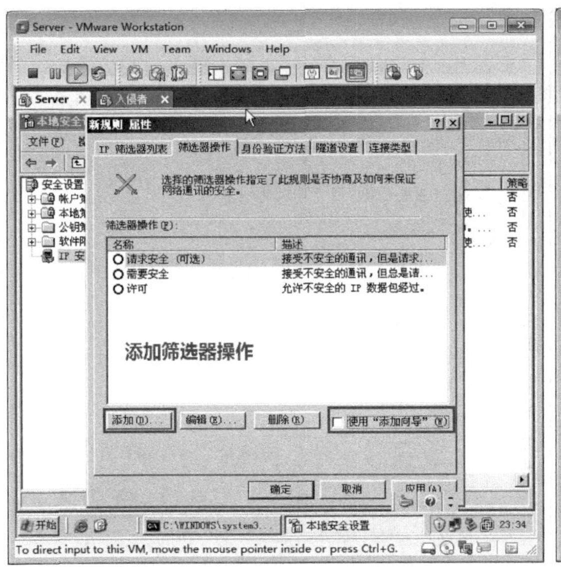

▲图 2-166　添加筛选器的操作　　　　▲图 2-167　选择阻止

（12）如图 2-168 所示，在“常规”选项卡中，输入名称，单击“确定”按钮。

（13）如图 2-169 所示，在“新规则 属性”对话框中，选择刚刚创建的操作“拒绝通信”，单击“应用”按钮。

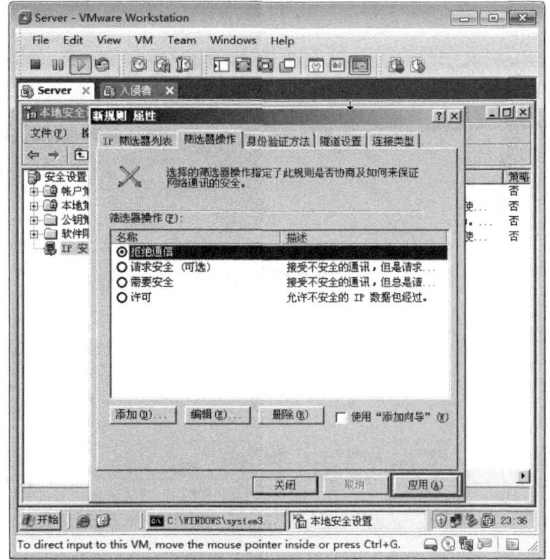

▲图 2-168　指定操作名称　　　　▲图 2-169　选择操作

（14）如图 2-170 所示，单击“确定”按钮。

（15）如图 2-171 所示，这样就添加了拒绝所有通信，相当于拔了网线。然后添加规则允许访问 Web 站点的流量出入。

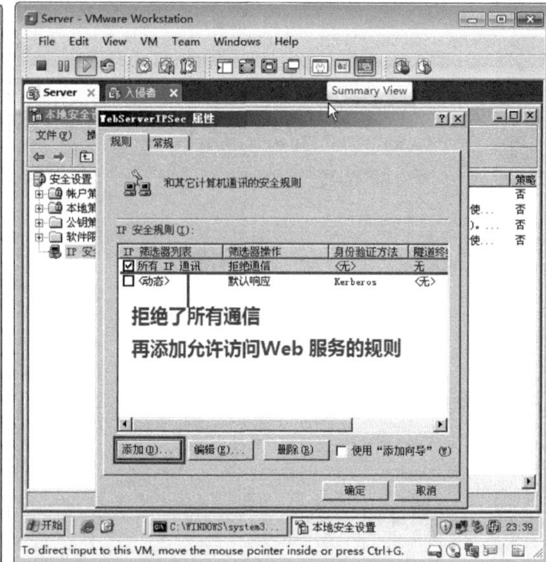

▲图 2-170　完成添加规则　　　　▲图 2-171　添加允许访问 Web 服务的规则

（16）如图 2-172 所示，在“新规则 属性”对话框中，单击“添加”按钮。

（17）如图 2-173 所示，在出现的“IP 筛选器列表”对话框中，输入规则名称，取消选中“使用添加向导”复选框，单击“添加”按钮。

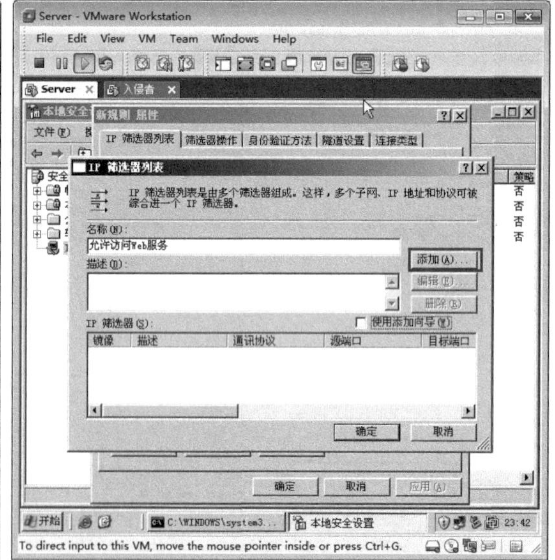

▲图 2-172　添加筛选器列表　　　　▲图 2-173　添加筛选器

（18）如图 2-174 所示，在出现的“IP 筛选器 属性”对话框中，可以看到源地址和目标地址，一定要选中“镜像，与源地址和目标地址正好相反的数据包相匹配”复选框。

（19）如图 2-175 所示，在“协议”选项卡中，协议选择 TCP，“设置 IP 协议端口”选项组中，选中“从此端口”和“到任意端口”单选按钮，单击“确定”按钮。

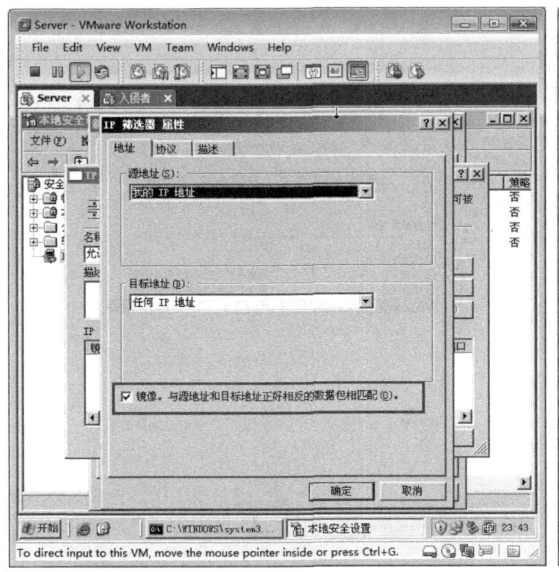

▲图 2-174　配置筛选器

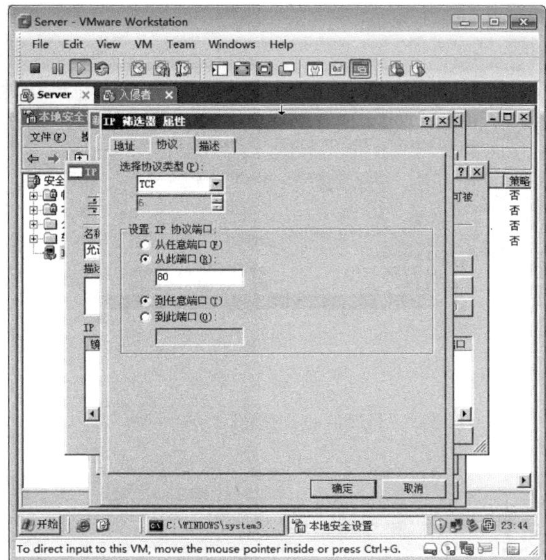

▲图 2-175　指定协议和端口

（20）如图 2-176 所示，单击“确定”按钮。当然，如果还希望别人访问 FTP 站点，你还可以继续单击“添加”按钮，添加相应的筛选器。筛选器列表中可以包括多个筛选器。

（21）如图 2-177 所示，在“新规则 属性”对话框中，选中“允许访问 Web 服务”单选按钮，单击“筛选器操作”标签。

▲图 2-176　完成筛选器列表

▲图 2-177　选择筛选器规则

（22）如图 2-178 所示，在“筛选器操作”选项卡中，选中“许可”单选按钮，单击“应用”按钮。

（23）如图 2-179 所示，单击“确定”按钮。

▲图 2-178 “筛选器操作”选项卡

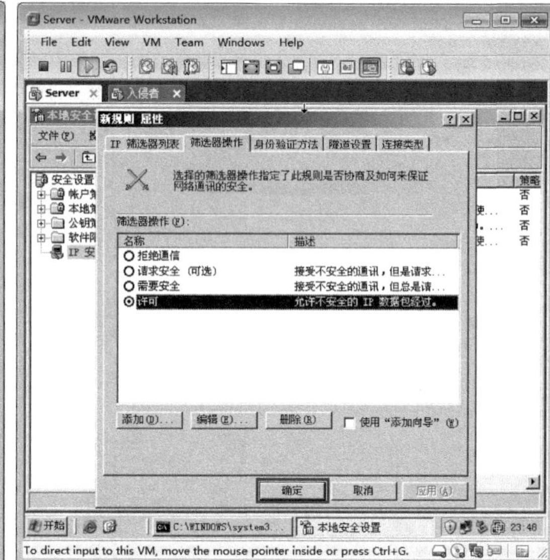

▲图 2-179 单击“确定”按钮

（24）如图 2-180 所示，到目前为止已经创建了两个规则，一个是拒绝所有通信，一个是允许访问 Web 服务器的流量，多个规则以最佳匹配为准。也就意味着不是访问 Web 站点的流量就应用所有 IP 通信的规则。

（25）如图 2-181 所示，右击刚才创建的 WebServerIPSec 策略，在弹出的快捷菜单中选择“指派”命令，该策略生效。

▲图 2-180 创建的两个规则

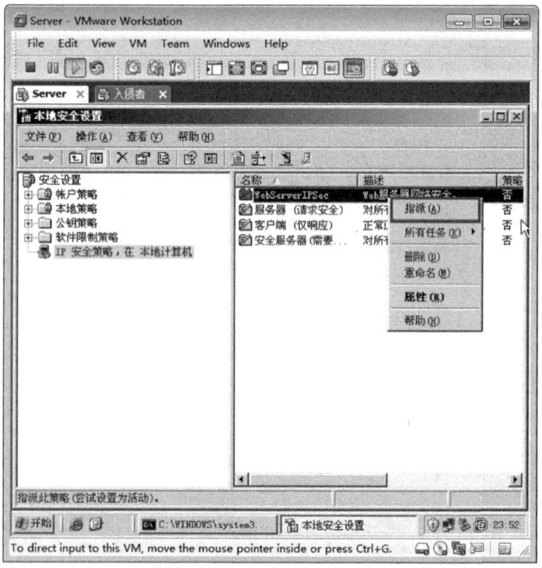

▲图 2-181 指派 IP 策略

（26）如图 2-182 所示，在 Server 上运行 netstat –n 命令，可以看到木马程序不能和入侵者的计算机建立会话，这样木马就成了“卧槽马”，不会为你的 Server 造成多大危害。

（27）如图 2-182 所示，ping 入侵者的 IP 地址，出现 Destination host unreachable。因为 IPSec 没有允许此类通信出入。

（28）如图 2-183 所示，在入侵者计算机上，你也看不到自动上线的主机，就没办法监控和控制中了木马的服务器。

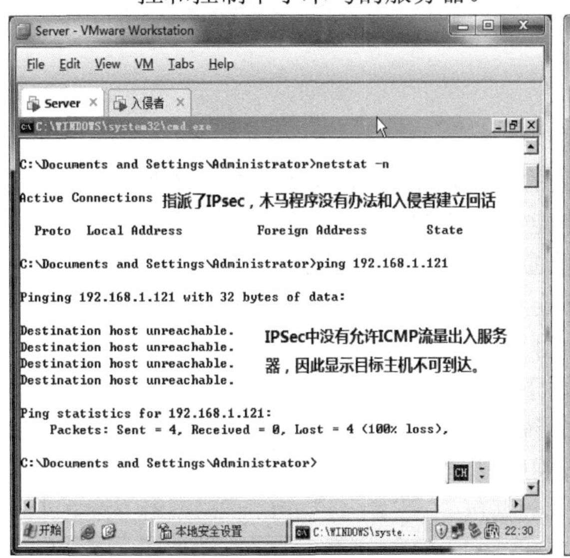

▲图 2-182 查看会话测试网络

▲图 2-183 灰鸽子不能上线了

（29）如图 2-184 所示，可以看到，在入侵者计算机访问 Server 的 Web 站点还是可以的。

▲图 2-184 能够访问 Web 站点

结论	Windows 防火墙能够禁止主动入侵，但是对木马没有防护作用。Windows 的 TCP/IP 筛选和 Windows 防火墙类似，能够禁止主动入侵，但是对木马没有防护作用。要想使用严格控制出入服务器的流量策略，可以使用 IPSec 实现。

2.6 网络层协议

在 TCP/IP 协议栈中网络层有四个协议 IP、IGMP、ICMP 和 ARP 协议。

在下面的小节中，我们将描述在因特网层上的协议：

- 因特网协议（IP）
- 因特网控制报文协议（ICMP）
- 地址解析协议（ARP）
- 逆向地址解析协议（RARP）

- 代理 ARP

下面逐一介绍各个协议的功能。

2.6.1 IP 协议

1. IP 协议

IP 是英文 Internet Protocol（网络之间互联的协议）的缩写，也就是为计算机网络相互连接进行通信而设计的协议。在因特网中，它是能使连接到网上的所有计算机网络实现相互通信的一套规则，规定了计算机在因特网上进行通信时应当遵守的规则。任何厂家生产的计算机系统，只要遵守 IP 协议就可以与因特网互连互通。

因特网协议（IP）其实质就是因特网层，如图 2-185 所示。其他的协议仅仅是建立在其基础之上用于支持 IP 协议的。相互通信的计算机和网络设备必须统一规划网络层地址，即 IP 地址。IP 关注每个数据包的地址，网络层设备通过使用路由表，IP 可以决定一个数据包将发送给哪一个被选择好的后续最佳路径，那些动态路由协议（RIP、EIGRP 和 OSPF 协议都是 IP 协议）。处于 DoD 模型底部的网络接口层协议不会关心 IP 在整个网络上的工作，它们只处理（本地网络的）物理链接。

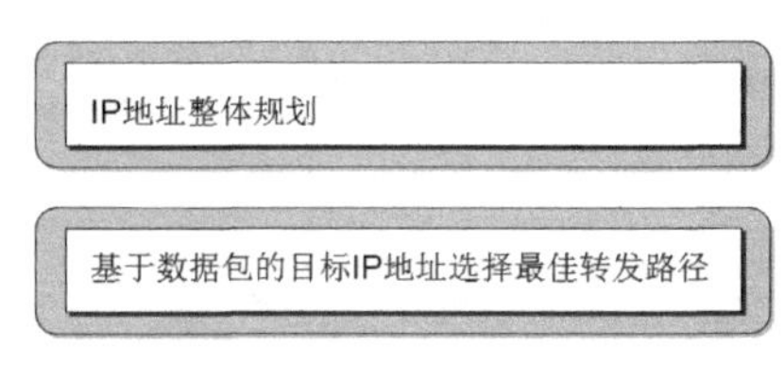

▲图 2-185 IP 协议内涵

如图 2-186 所示，网络为三个网段 10.0.0.0/8、11.0.0.0/8 和 12.0.0.0/8，计算机 A 的 MAC 地址为 M1，IP 地址为 10.0.0.2，网关为 10.0.0.1，路由器 Router1 连接交换机 SW1 的接口的 MAC 地址为 M2，其他路由器设备和计算机设备的 MAC 地址和 IP 地址如图 2-186 所示。

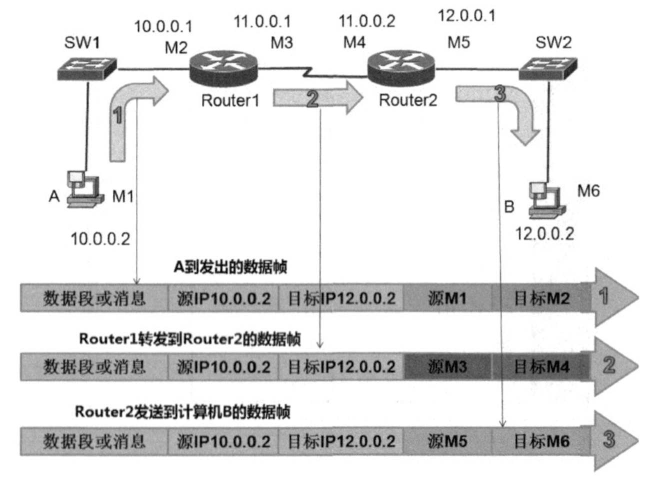

▲图 2-186 数据转发的过程

下面介绍一下计算机 A 和计算机 B 通信的过程。

（1）A 计算机首先判断 B 计算机的 IP 地址和自己的 IP 地址是否在一个网段，即网络部分是否相同。如果发现不在一个网段，数据包应该发送给路由器 Router 1，再由路由器 Router 1 转发。

（2）计算机 A 配置了网关 10.0.0.1，A 计算机发出去的数据帧源 IP 地址为 10.0.0.2，目标 IP 地址为 12.0.0.2；源 MAC 地址为 M1，目标 MAC 地址为 M2。这样，交换机 SW1 将会根据 MAC 地址表将数据帧转发到路由器 Router 1 的接口。

路由器 Router 1 查看数据包的目标 IP 地址，根据路由表，决定数据包下一跳应该发往何处。本示例 Router 1 将数据包转发到 Router 2。Router 1 将数据帧的目标 MAC 地址更改为 M4，源 MAC 地址更改为 M3，这样，Router 2 就能接收该数据帧。

（3）同样，路由器 Router 2 接收到数据帧后，查看数据包的目标 IP 地址，根据路由表转发，数据帧的源 MAC 地址更改为 M5，目标 MAC 地址更改为 M6。这样数据帧就能够被交换机 SW2 转发到计算机 B。

2. 数据包的传输过程

总结图 2-184 中计算机 A 和计算机 B 的通信过程，如图 2-187 所示。计算机 A 在和计算机 B 通信的过程中，A 计算机需要为数据在网络层添加源 IP 地址和目标 IP 地址；然后为数据包在数据链路层添加源 MAC 地址和目标 MAC 地址。在传输过程中需要通过交换机和路由器这样的设备，交换机基于目标 MAC 地址转发数据帧，工作在数据链路层；路由器基于目标 IP 地址转发数据包，工作在网络层。计算机 B 接收到数据帧后，在数据链路层去掉 MAC 地址，在网络层去掉 IP 地址，一直到应用层。

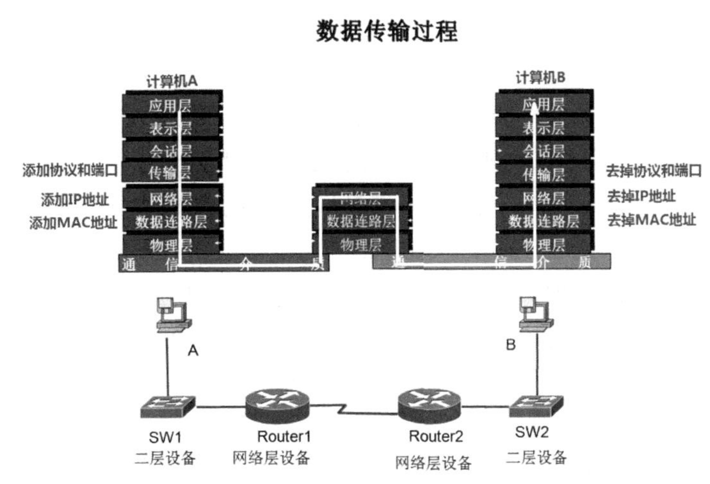

▲图 2-187　数据传输过程对应的 OSI 参考模型中的层

3. IP 数据包的格式

一个 IP 数据包由首部和数据两部分组成。

如图 2-188 所示，首部的前一部分是固定长度，共 20 字节，是所有 IP 数据包必须具有的。

在首部固定部分的后面是一些可选字段，其长度是可变的。

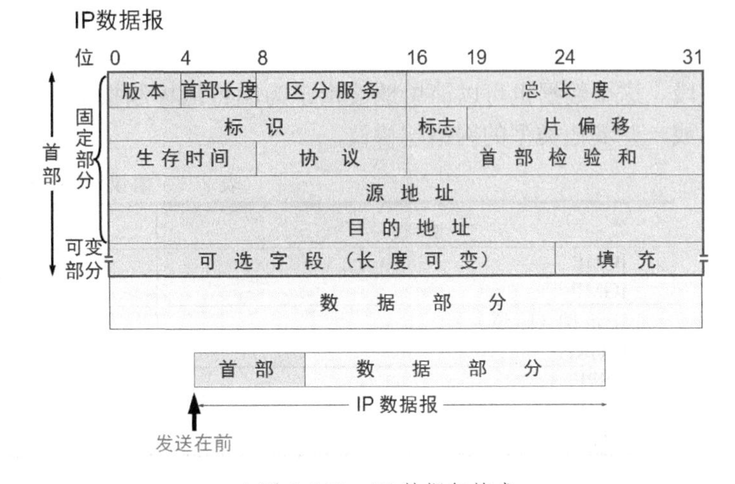

▲图 2-188　IP 数据包格式

构成 IP 包头的字段如下。

- 版本：IP 版本号。
- 首部长度：32 位字的包头长度（HLEN）。
- 区分服务：服务类型描述数据包将如何被处理。前 3 位表示优先级位。

- 总长度：包括包头和数据的数据包长度。
- 标识：唯一的 IP 数据包值。
- 标志：说明是否有数据被分段。
- 片偏移：如果数据包在装入帧时太大，则需要进行分段和重组。分段功能允许在因特网上存在大小不同的最大传输单元（MUT）。
- 生存时间（TTL）：存活期是在数据包产生时建立在其内部的一个设置。如果这个数据包在该 TTL 到期时仍没有到达它要去的目的地，那么它将被丢弃。这个设置将防止 IP 包在寻找目的地的时候在网络中不断循环。
- 协议：上层协议的端口（TCP 是端口 6，UDP 是端口 17（十六进制地址））。同样也支持网络层协议，如 ARP 和 ICMP。在某些分析器中被称为类型字段。
- 包头校验和：只针对包头的循环冗余校验（CRC）。
- 源 IP 地址：发送站的 32 位 IP 地址。
- 目的 IP 地址：数据包目的方站点的 32 位 IP 地址。
- 选项：用于网络检测、调试、安全以及更多的内容。
- 数据：在 IP 选项字段后面的就是上层数据。

类型字段是很重要的，它实际上是一个协议字段，在这里，分析仪将它视为 IP 类型字段。如果在数据包的包头中没有为下一层载有这个协议信息，IP 将不知道在本数据包中被装载的数据是用来做什么的。

如图 2-189 所示，展示了网络层协议和传输层协议的关系，即网络层协议+协议号标识传输层协议，如表 2-1 所示。

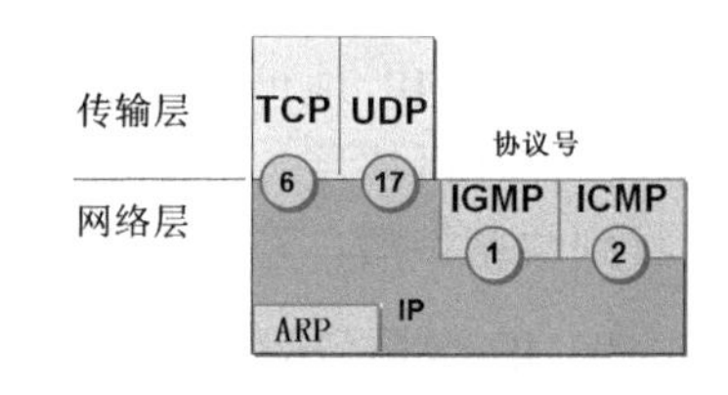

▲图 2-189　网络层和传输层的关系

在这个示例中，协议字段的内容告诉 IP 将此数据发送给 TCP 的端口 6 或 UDP 的端口 17（两个都是十六进制地址）。但是，如果数据是一个前往上层服务或应用程序数据流中的一部分，则这个数据就只是一个 UDP 或 TCP 段。这个数据也可以简单地被指定为因特网控制报文协议（ICMP）、地址解析协议（ARP），或一些其他类型的网络层协议。

表 2-1　协议和协议号

协 议	协 议 号
ICMP	1
IGMP	2
IP in IP（隧道）	4
EIGRP	88
OSPF	89
IPv6	41
L2TP	115

2.6.2 ICMP 协议

ICMP（Internet Control Message Protocol）是 Internet 控制报文协议。它是 TCP/IP 协议族的一个子协议，用于在 IP 主机和路由器之间传递控制消息。控制消息是指网络通不通、主机是否可达、路由是否可用网络本身的消息。当遇到 IP 数据无法访问目标、IP 路由器无法按当前的传输速率转发数据包等情况时，会自动返回相应的 ICMP 消息。

在计算机上检测网络层故障经常用到的 ping 和 pathping 命令就是使用 ICMP 协议。下面介绍 ping 和 pathping 的使用。

1. ping 命令诊断网络故障

ping（Packet Internet Grope），因特网包探索器，用于测试网络连接量的程序。ping 发送一个 ICMP 回声请求消息给目的地并报告是否收到所希望的 ICMP 回声应答。

ping 指的是端对端连通，通常用来作为可用性的检查，但是某些病毒木马会强行大量远程执行 ping 命令抢占你的网络资源，导致系统和网速变慢。 严禁 ping 入侵作为大多数防火墙的一个基本功能给用户提供选择。

如果你打开 IE 浏览器访问网站失败，你可以通过 ping 命令测试到 Internet 的网络连通，可以为你排除网络故障提供线索。下面展示 ping 命令返回的信息以及其原因分析。

1）目标主机不可到达

如图 2-190 所示，不设置计算机的网关。

如图 2-191 所示，ping 其他网段的地址，会出现“Destination host unreachable”提示，也就是计算机不知道到该地址下一跳转发给谁。

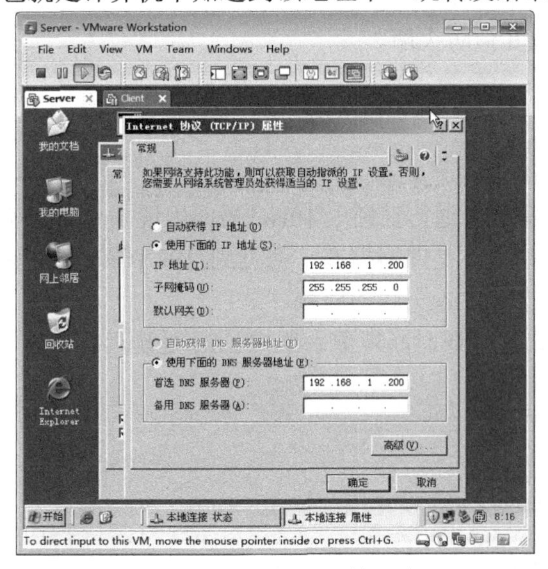

▲图 2-190 去掉网关

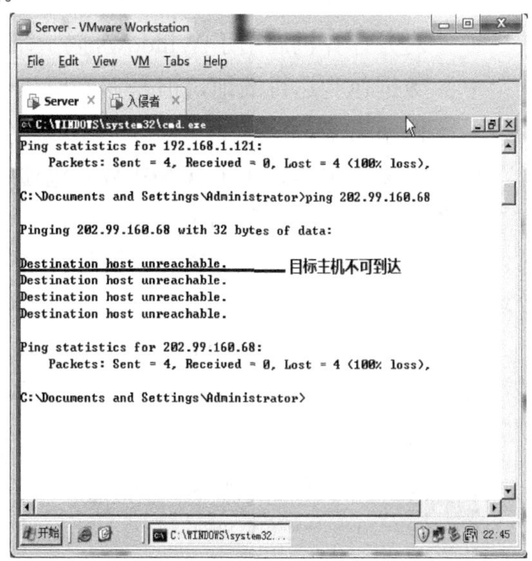

▲图 2-191 目标主机不可到达

如图 2-192 所示，为计算机配置网关。如果路由器没有到目标网段的路由，也就是路由器不知道数据包的目标地址如何转发，

如图 2-193 所示，就会从网关返回 “Destination net unreachable”（目标网络不可到达）的信息。

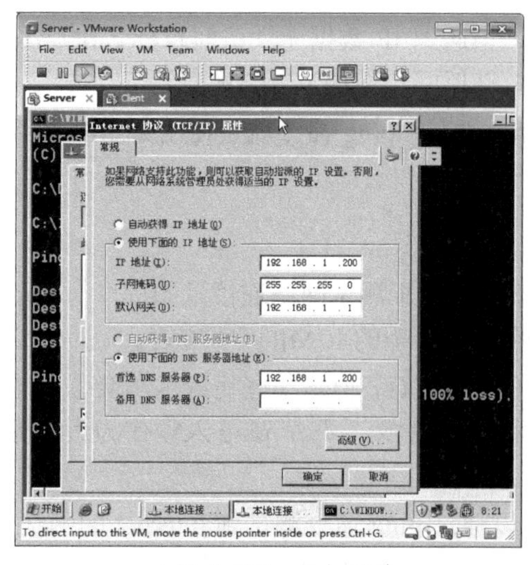

▲图 2-192　添加网关

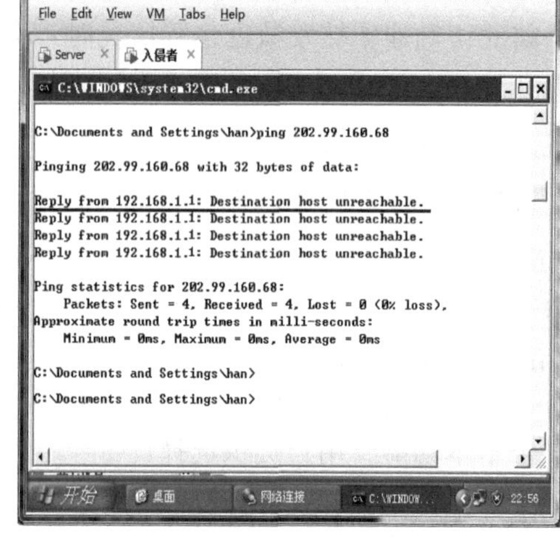

▲图 2-193　路由器返回目标主机不可到达

2）请求超时

如图 2-194 所示，Server 计算机上 ping 10.7.1.50，返回“Request timed out”提示。以下几种情况均会出现这种信息。

- 对方计算机关机或目标计算机 IP 地址不存在。
- 对方计算机启用了 Windows 防火墙或其他防火墙。
- 数据包到达目的地，但是返回时失败。
- 网络堵塞。
- 沿途路由器禁止了 ICMP 数据包通过。

如图 2-194 所示，ping 192.168.1.121 –t ，第一个通，且延迟 1ms，后面出现 3 个请求超时，出现一个通、又出现一个请求超时，这类故障不是网络拥塞，而是到 192.168.1.121 这个地址有多个路径，有些路径不通，是路由器上路由表引起的问题。

如图 2-195 所示，ping 192.168.1.222 –t，出现时通时断现象。其中 time 是延迟，接近 2 秒，延迟很大，网络拥塞时会出现这种情况。

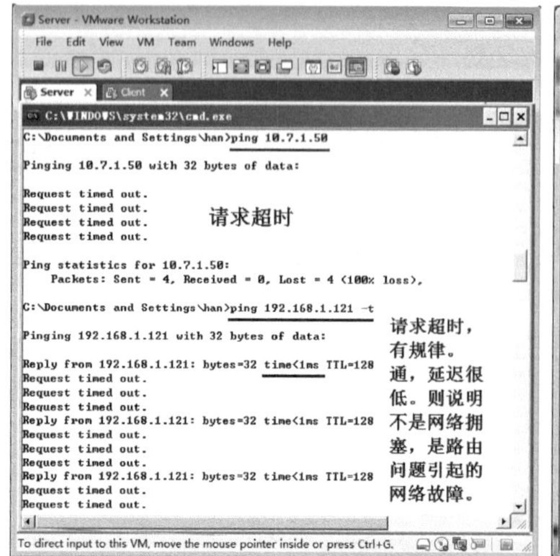

▲图 2-194　请求超时

▲图 2-195　网络拥塞

3）通过延迟评估网络带宽

在 Server 计算机上 ping Client 计算机的 IP 地址，在命令提示符下输入 ping 192.168.1.63 –t ，(其中，-t 参数是一直 ping，否则 ping 4 个数据包就停止了)。按 Ctrl+C 组合键结束 ping。

如图 2-196 所示，10M 以太网和 100M 以太网网速很快，延迟在 1ms 左右。如果大于这个值，则局域网有可能有点堵。

如图 2-197 所示，ping www.inhe.net，可以看到最大延迟、最小延迟以及平均延迟都比局域网大得多。如果你访问国外的一些网站，延迟一般会比国内的网站大。

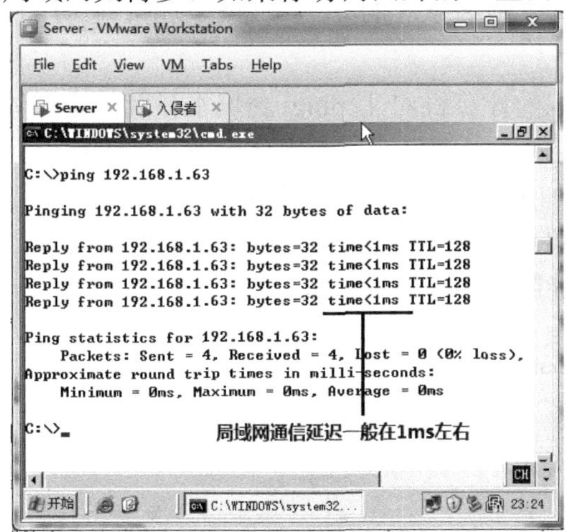

▲图 2-196　ping 192.168.1.63 –t

▲图 2-197　ping www.inhe.net

2. pathping 跟踪数据包的路径

使用 ping 能够判断网络通还是不通，比如请求超时，但不能判断是哪个位置出现的网络故障造成请求超时。使用 pathping 命令就能跟踪数据包的路径，查出故障点，并计算路由器转发丢包率、链路丢包率以及延迟，据此可以判断出网络的拥塞情况。

如图 2-198 所示，在命令行下输入 pathping www.baidu.com，可以看到数据包到达目的地途经的路由器、计算的延迟和丢包率。丢包率有路由器转发丢包率，如图 2-198 中 D 处所示丢包率是路由器接收到数据包后，路径选择转发时的丢包率。转发丢包率高则表明这些路由器已经超载，说明路由器的处理能力不够；丢包率还有链路丢包率，如图 2-198 中 E 处所

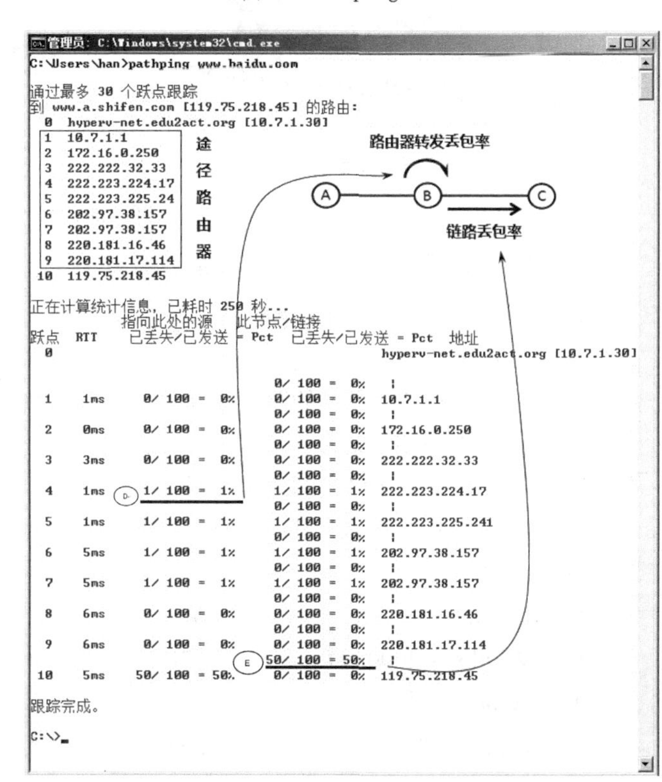

▲图 2-198　pathping 的结果

示，是指路由器 B 到路由器 C 链路上的丢包率，链路上的丢包率反映的是造成路径上转发数据包丢失的链路的拥挤状态。

3．使用 pathping 判断网络故障点

藁城水科院和正定水科院都与石家庄水科院连接，如图 2-199 所示。在藁城水科院部署了一台流媒体服务器，一天，正定水科院的人反映访问藁城的流媒体服务器点播视频非常不连贯。如果你是藁城水科院的网络管理员，如何断定是网络出现了拥塞还是流媒体服务器过载?

出现问题的网络无外乎是藁城水科院局域网、连接石家庄的 A 广域网、连接石家庄和正定的 B 广域网，以及正定水科院局域网。

断定网络是否拥塞的办法就是，在正定水科院的计算机 C 上 ping 藁城水科院的流媒体服务器的 IP 地址，如果响应时间很短，则网络没问题，有可能是流媒体服务器的性能差造成响应客户端请求慢，从而造成视频播放不连贯。如果有请求超时的数据包或响应延迟超长，比如大于 500ms，则有可能是网络拥塞造成的问题。然后使用 pathping 服务器的 IP 地址，根据 pathping 的结果查看哪段网络丢包严重。就能断定哪段网络拥塞。

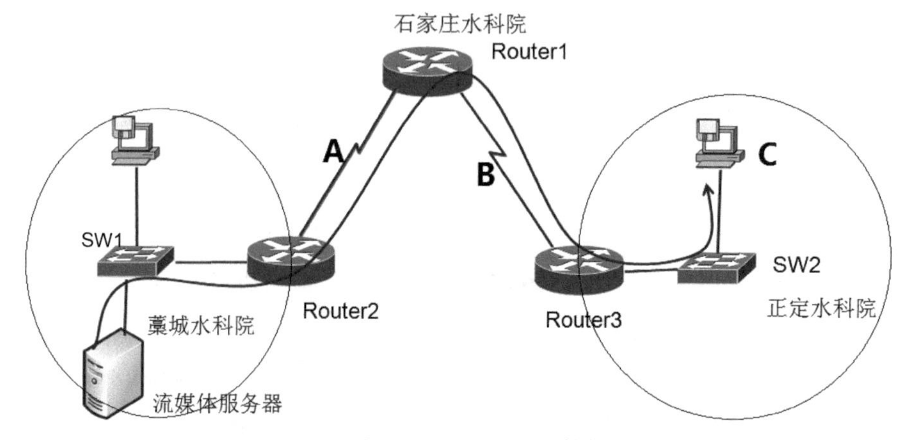

▲图 2-199　pathping 排错

4．根据 TTL 判断对方是什么操作系统

TTL（Time To Live，生存时间），是 IP 协议包中的一个值，指定数据包被路由器丢弃之前允许通过的网段数量，数据包每经过路由器转发一次都至少要把 TTL 减一，TTL 通常表示包在被丢弃前最多能经过的路由器个数。当记数到 0 时，路由器决定丢弃该包，并发送一个 ICMP 报文给最初的发送者。有很多原因使包在一定时间内不能被传递到目的地。例如，不正确的路由表可能导致包的无限循环。

TTL 是由发送主机设置的，TTL 字段值可以帮助我们识别操作系统类型。下面是默认操作系统 TTL。

- Liunx　　64
- Windows 2000/NT　　128
- Windows 系列　　32
- Unix 系列　　255

我们可以更改注册表设置 TTL 的值，可以修改，但不能大于十进制的 255，使用 ping 发现的 TTL 可以粗略判断对方是什么操作系统，中间经过了多少个路由器。

下面使用 ping 返回来的 TTL 值判断百度的操作系统以及途经的路由器。如图 2-200 所示。

```
管理员: C:\Windows\system32\cmd.exe
C:\Users\han>ping www.baidu.com

正在 Ping www.a.shifen.com [119.75.218.77] 具有 32 字节的数据:
来自 119.75.218.77 的回复: 字节=32 时间=133ms TTL=54
来自 119.75.218.77 的回复: 字节=32 时间=132ms TTL=54
来自 119.75.218.77 的回复: 字节=32 时间=132ms TTL=54
来自 119.75.218.77 的回复: 字节=32 时间=131ms TTL=54

119.75.218.77 的 Ping 统计信息:
    数据包: 已发送 = 4, 已接收 = 4, 丢失 = 0 (0% 丢失),
往返行程的估计时间(以毫秒为单位):
    最短 = 131ms, 最长 = 133ms, 平均 = 132ms

C:\Users\han>
        半:
```

▲图 2-200　通过查看 TTL 值判断一些信息

可以看到返回来的数据包 TTL 值为 54，接近 64，可以初步断定其是 Linux 操作系统，中间经过 10 个路由器到达本机因此 TTL 变为 54。

使用 ping 后面添加 i 参数，可以更改计算机发送 ICMP 数据包的 TTL 值，如下所示，数据包-i 后面添加了 1，从网关（也就是第一个路由器）就返回 TTL 在传输中过期。如果是 2，就会从第二个路由器返回 TTL 在传输过程中过期，如果输入 3，我们就可以不用使用 pathping，也能判断数据包经过的路由器。如图 2-201 所示。

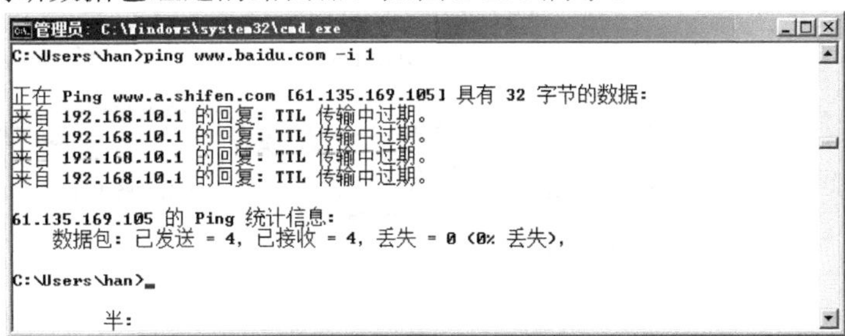

```
管理员: C:\Windows\system32\cmd.exe
C:\Users\han>ping www.baidu.com -i 1

正在 Ping www.a.shifen.com [61.135.169.105] 具有 32 字节的数据:
来自 192.168.10.1 的回复: TTL 传输中过期。
来自 192.168.10.1 的回复: TTL 传输中过期。
来自 192.168.10.1 的回复: TTL 传输中过期。
来自 192.168.10.1 的回复: TTL 传输中过期。

61.135.169.105 的 Ping 统计信息:
    数据包: 已发送 = 4, 已接收 = 4, 丢失 = 0 (0% 丢失),

C:\Users\han>_
        半:
```

▲图 2-201　ping 后面添加 i 参数

2.6.3　IGMP 协议

Internet 组管理协议 IGMP（The Internet Group Management Protocol）是因特网协议家族中的一个组播协议，用于 IP 主机向任意一个直接相邻的路由器报告它们的组成员情况。IGMP 信息封装在 IP 报文中，其 IP 协议号为 2。

IGMP 用来在 IP 主机和与其直接相邻的组播路由器之间建立、维护组播组成员关系。IGMP 不包括组播路由器之间的组成员关系信息的传播与维护，这部分工作由各组播路由协议完成。所有参与组播的主机必须实现 IGMP。

参与 IP 组播的主机可以在任意位置、任意时间、成员总数不受限制地加入或退出组播组。组播路由器不需要也不可能保存所有主机的成员关系，它只是通过 IGMP 协议了解每个接口连接的网段上是否存在某个组播组的接收者，即组成员。而主机方只需要保存自己加入了哪些组播组。

2.6.4 ARP 协议

地址解析协议 ARP（Address Resolution Protocol）可以由已知主机的 IP 地址在网络上查找到它的硬件地址。其工作过程如下。

（1）同网段通信。

如图 2-202 所示，当计算机 A 和计算机 B 通信，计算机 A 需要获得计算机 B 的 MAC 地址，计算机 A 根据自己的 IP 地址以及子网掩码判断出和目标 IP 地址在同一个网段，计算机 A 就直接在网上发送一个 ARP 广播包解析目标 B 计算机 IP 地址对应的 MAC 地址，该数据帧目标 MAC 地址为 FF-FF-FF-FF-FF-FF，该网段的计算机都能收到该广播包，计算机 B 返回计算机自己的 MAC 地址，计算机 A 缓存该结果。后续的通信都用该 MAC 地址封装。

（2）不同网段通信。

如图 2-202 所示，计算机 A 和计算机 C 通信，计算机 A 根据自己的 IP 地址以及子网掩码判断出和目标 IP 地址不在同一个网段，因此计算机 A 发送 ARP 广播包解析网关的 MAC 地址，也就是路由器的接口地址 192.168.1.1 的 MAC 地址。路由器返回自己的 MAC 地址，计算机 A 缓存解析的结果。

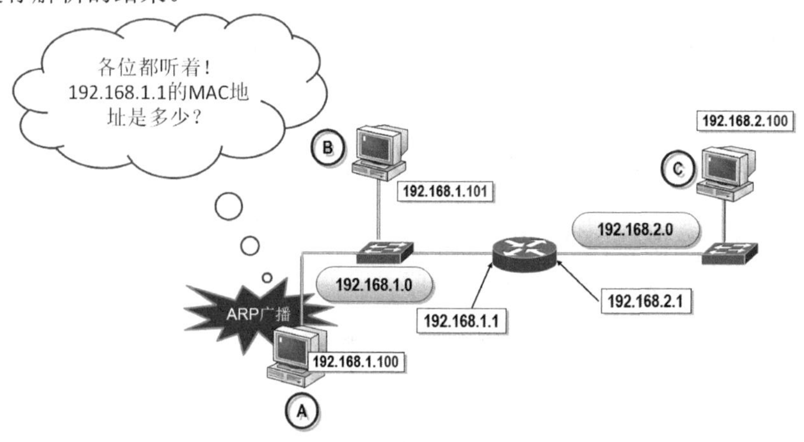

▲图 2-202　ARP 解析过程

从以上描述可以看出，ARP 解析 MAC 地址时，不进行任何验证，缓存的结果还可以被其他计算机重新修改，这就是一个很严重的安全漏洞。下面将会介绍利用 ARP 漏洞的一款局域网流量控制软件“P2P 终结者”。

逆向 ARP 即 RARP，就是已知 MAC 地址得到 IP 地址，如果计算机的 IP 地址配置为自动获得，将会使用 RARP，即请求 IP 地址过程用到的协议为逆向 RAP（RARP）。

1. 局域网流量控制软件

P2P 终结者按正常来说是个很好的网管软件，但是好多人却拿它来恶意地限制他人的流量，使他人不能正常上网。下面我们对 P2P 终结者的功能以及原理还有突破方法进行详细的介绍。

我们先来看看来自网上 P2P 的资料：P2P 终结者是由 Net.Soft 工作室开发的一套专门用来控制企业网络 P2P 下载流量的网络管理软件。该软件针对目前 P2P 软件过多占用带宽的问题，提供了一个非常简单的解决方案。P2P 终结者基于底层协议分析处理实现，具有良好的透明性。它可以适应绝大多数网络环境，包括代理服务器、ADSL 路由器共享上网、LAN

专线等网络接入环境。

P2P 终结者彻底解决了交换机连接网络环境的问题，做到真正只需要在任意一台主机安装即可控制整个网络的 P2P 流量，对于网络中的主机来说具有良好的控制透明性，从而有效地解决了这一目前令许多网络管理员都极为头痛的问题，具有较好的应用价值。

P2P 终结者的功能可以说是非常强大的，作者开发它是为网络管理者所使用，但是由于现在 P2P 终结者的破解版在网上广为流传（P2P 是一款收费软件），如果被网络管理者正当地使用也罢了，但是却有很多人利用它来恶意控制别人的网速，使得我们平时的正常使用都出现问题。尤其 P2P 终结者比另外的一些网管软件多出很多功能，最为突出的是控制目前比较流行的多种 P2P 协议，像 BitTorrent 协议、Baidu 下吧协议、Poco 协议、Kamun 协议等。该软件可以控制基于上述协议的绝大部分客户端软件，如 BitComet（比特彗星）、Bitspirit（比特精灵）、贪婪 BT、卡盟、百度下吧、Poco、PP 点点通等软件；而且还有 HTTP 下载自定义文件后缀控制功能，FTP 下载限制功能，QQ、MSN、POPO、UC 聊天工具控制功能等等。

那么它到底是怎样实现这些功能的呢？要想突破它，就得对它的原理有比较清楚的了解。

P2P 终结者对这些软件下载的限制最基本的原理也和其他的网管软件相同，像网络执法官一样，都用的是 ARP 欺骗原理。

正常情况下，当计算机 A 要发送数据给 B 的时候，就会先去查询本地的 ARP 缓存表，找到计算机 B 的 IP 地址对应的 MAC 地址，然后进行数据传输。如果没有找到，则广播一个 ARP 请求报文（携带计算机 A 的 IP 地址 IA 和物理地址 MA），请求 IP 地址为 IB 的 MAC 地址。网上所有计算机包括计算机 B 都收到 ARP 请求，但只有计算机 B 能识别自己的 IP 地址，于是向计算机 A 发回一个 ARP 响应报文，其中就包含有计算机 B 的 MAC 地址。计算机 A 接收到计算机 B 的应答后，就会更新本地的 ARP 缓存，接着使用这个 MAC 地址发送数据。因此，本地高速缓存的这个 ARP 表是本地网络流通的基础，而且这个缓存是动态的。 ARP 协议并不只在发送了 ARP 请求后才接收 ARP 应答，当计算机接收到 ARP 应答数据包的时候，就会对本地的 ARP 缓存进行更新，将应答中的 IP 和 MAC 地址存储在 ARP 缓存中。

如果计算机 A 解析计算机 B 的 MAC 地址时，网络中的计算机 C 向计算机 A 发送一个应答，冒充计算机 B 伪造 ARP 响应，即 IP 地址为计算机 B 的 IP，而 MAC 地址是计算机 C 的 MAC 地址，则当计算机 A 接收到计算机 C 伪造的 ARP 应答后，就会更新本地的 ARP 缓存。这样在计算机 A 看来，计算机 B 的 IP 地址没有变化，而其 MAC 地址已不是原来的那个了。由于局域网的交换机转发数据不是根据 IP 地址进行，而是按照 MAC 地址进行转发。这样计算机 A 发给计算机 B 的通信，将通过交换机转发到计算机 C，然后再由计算机 C 转发给计算机 B，这样就能够捕获计算机 A 和计算机 B 之间的通信，当然计算机 C 也能够控制通信的带宽。

如果那个伪造出来的 MAC 地址在计算机 A 上被修改成一个不存在的 MAC 地址，则会造成网络不通，导致计算机 A 不能 ping 通计算机 B。这就是一个简单的 ARP 欺骗。

看到这些内容，想必大家也就会明白为什么 P2P 可以对网络中的计算机进行流量控制。其实在这儿，它充当了一个网关的角色。如图 2-203 所示，把一网段内的所有计算机的数据欺骗过来，然后再进行二次转发。所有被控制计算机的数据以后都会先经过这台 P2P 主机，然后再转到网关。

基本原理就是这样，下面针对它的工作原理进行突破。

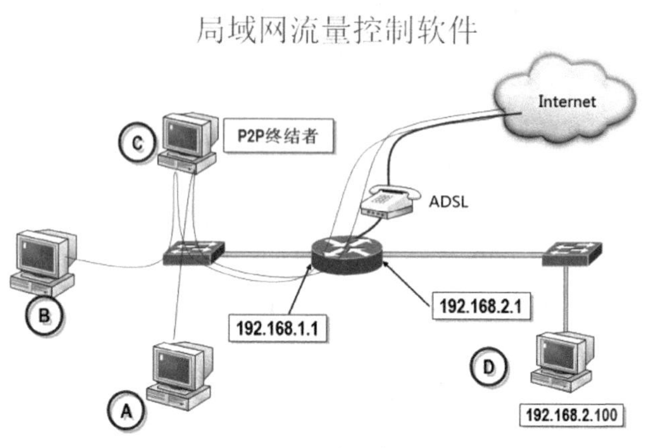

▲图 2-203　ARP 欺骗实现流量控制

使用双向 IP/MAC 绑定，在 PC 上绑定你的出口路由器的 MAC 地址，P2P 终结者软件不能对你进行 ARP 欺骗，自然也没法管你，不过只是 PC 绑定路由的 MAC 还不安全。因为 P2P 终结者软件可以欺骗路由，所以最好的解决办法是使用 PC、路由上双向 IP/MAC 绑定。也就是说，在 PC 上绑定路由的 MAC 地址，在路由上绑定 PC 的 IP 和 MAC 地址。这就要求路由要支持 IP/MAC 绑定。

2. 使用 P2P 终结者控制流量

下面就以同一个网段的两个计算机演示 P2P 终结者流量控制软件是如何控制网络流量的。P2P 终结者可以在 http://down.51cto.com/网站搜索“P2P 终结者”并下载。

现在演示使用“P2P 终结者”控制 Server 上网带宽，展示 MAC 地址欺骗的过程。

（1）在“P2P 终结者”计算机上安装 P2P 终结者软件，单击运行该软件。

（2）如图 2-204 所示，出现“系统设置”对话框，在“网卡设置”选项卡中，选中网卡，单击“确定”按钮。

（3）如图 2-205 所示，单击“扫描网络”按钮。

▲图 2-204　选择网卡　　　　▲图 2-205　扫描网络

（4）如图 2-206 所示，单击“控制规则”按钮，在出现的“控制规则设置”对话框中，选中“全局限速模板”选项，单击“编辑”按钮。

（5）如图 2-207 所示，在“带宽限制”选项卡中，指定下行和上行的最大带宽，单击“确定”按钮。

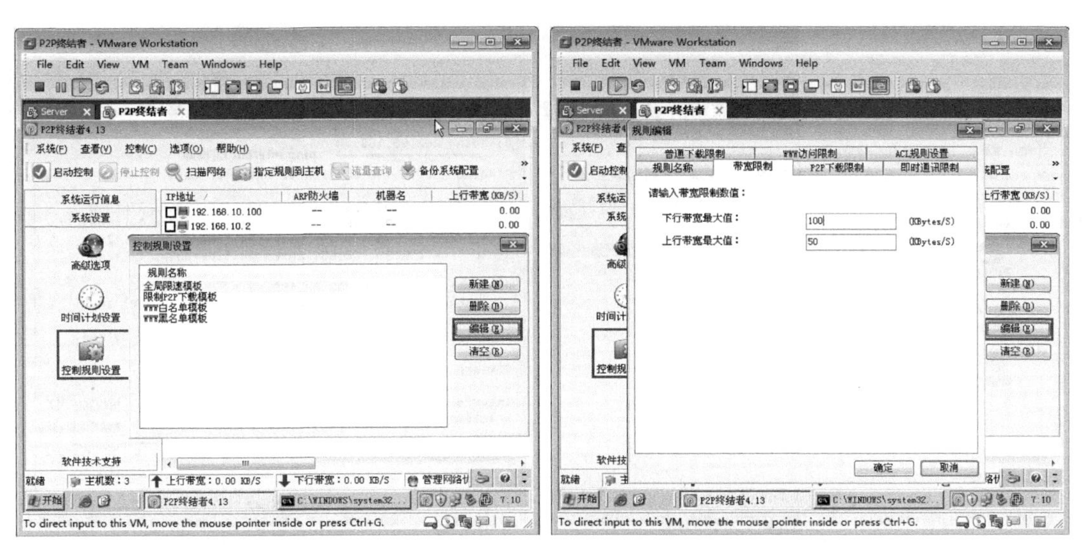

▲图 2-206 编辑控制规则　　　　▲图 2-207 指定上、下行带宽

（6）如图 2-208 所示，选中 Server 的 IP 地址，单击“指定规则到主机”按钮，在出现的“控制规则指派”对话框中，选择“全局限速模板”选项，单击“确定”按钮。

（7）如图 2-209 所示，在 Server 上，ping 202.99.160.68 地址，这是 Internet 的 DNS 服务器的地址，然后运行 arp –a 命令查看网关的 MAC 地址。注意，现在查看的地址是真正的网关的 MAC 地址。

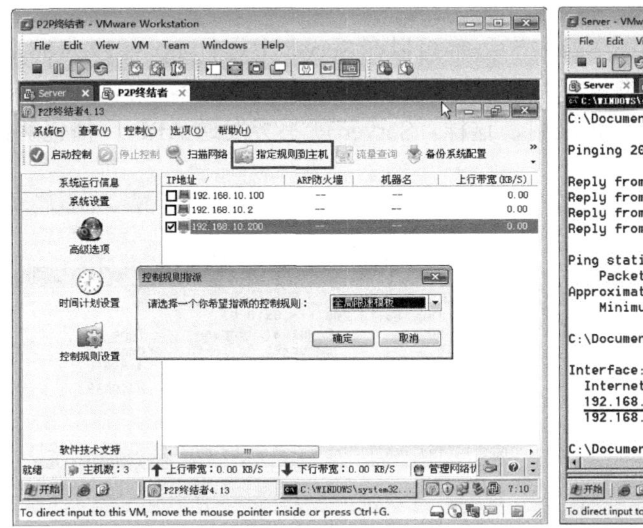

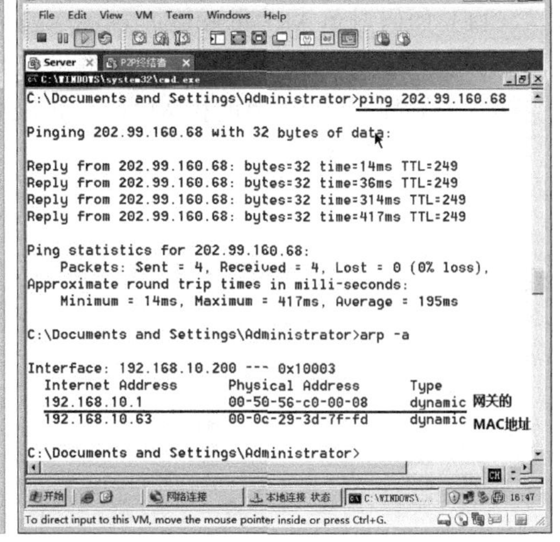

▲图 2-208 应用规则到主机　　　　▲图 2-209 查看网关的 MAC 地址

（8）如图 2-210 所示，在“P2P 终结者”计算机上，单击“启动控制”按钮。

（9）如图 2-211 所示，再在 Server 上 ping 202.99.160.68，然后运行 arp –a 命令查看缓存的 MAC 地址，发现和上面看到的不一样了。

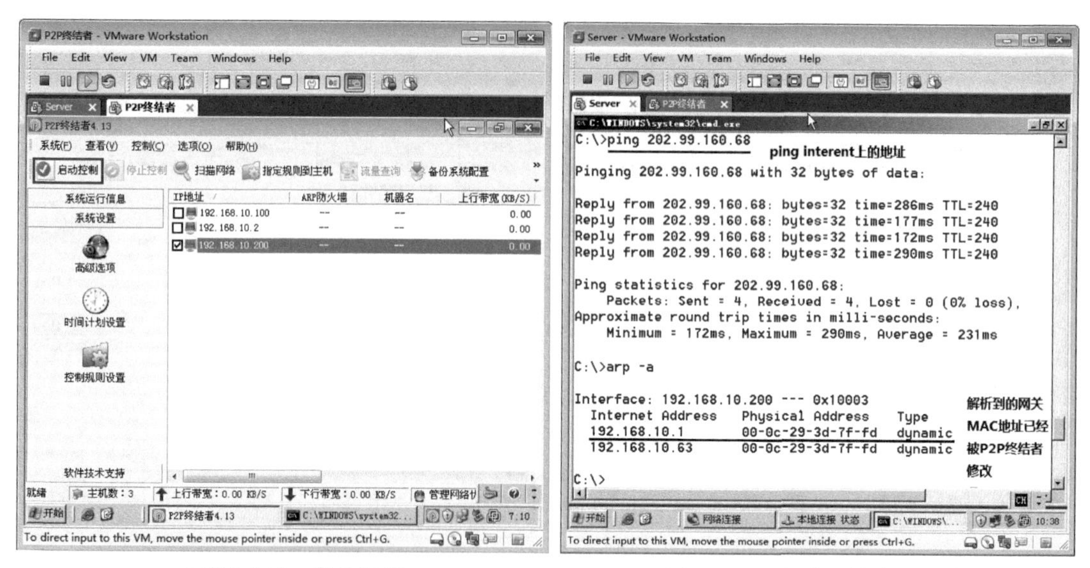

▲图 2-210　启用控制　　▲图 2-211　查看网关的 MAC 地址

（10）如图 2-212 所示，在“P2P 终结者”计算机上，在命令提示符下输入 ipconfig /all 可以看到其 MAC 地址，对比 Server 上缓存的网关的 MAC 地址，发现 Server 上缓存的网关的 MAC 地址是“P2P 终结者”计算机上的 MAC 地址。这样，Server 访问 Internet 流量都会转发到“P2P 终结者”计算机上，然后即可进行带宽控制，这就是 ARP 欺骗。

（11）如何避免 ARP 欺骗呢？如图 2-213 所示，你可以在 Server 上运行 arp –s 192.168.1.1 00-50-56-c0-00-08 添加网关和 MAC 地址绑定。运行 arp –a 命令，可以看到添加的静态的 IP 地址和 MAC 地址映射，这样，Server 就不会发送 ARP 广播包解析网关的 MAC 地址了。

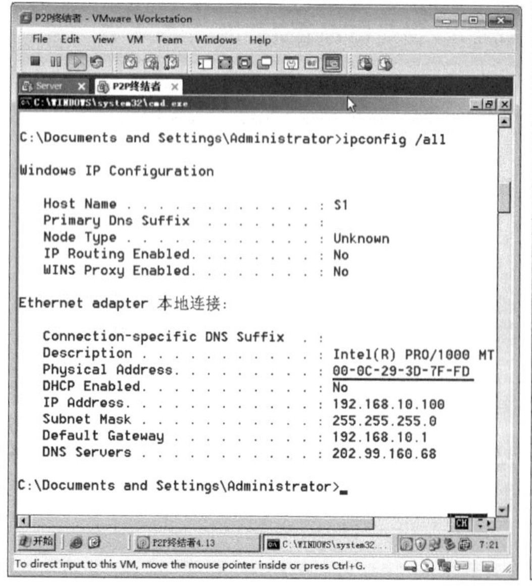

▲图 2-212　查看本机 MAC 地址

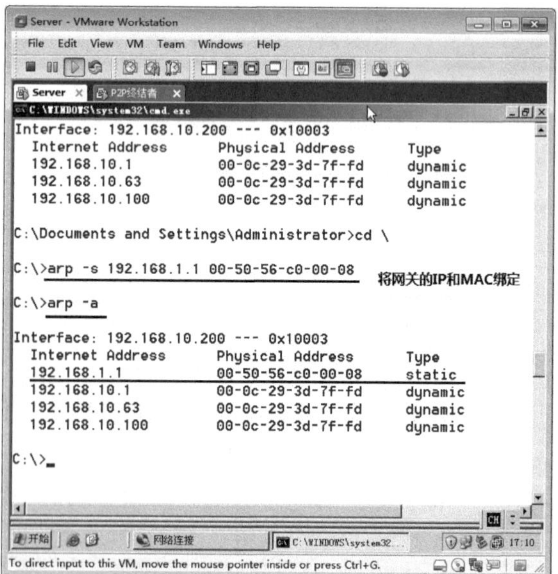

▲图 2-213　绑定网关和 MAC 地址

（12）如图 2-214 所示，人为添加的 IP 地址和 MAC 地址映射，不会过一段时间自动删除，除非重启系统，或修复本地连接。

（13）在路由器上，也要添加 Server 的 IP 地址和 MAC 地址的映射。

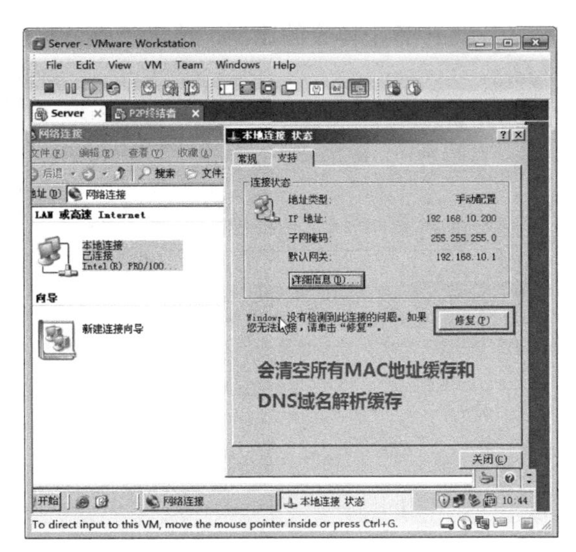

▲图 2-214　修复本地连接

```
Router#conf t
Router (config) #arp 219.239.144.134 abcd.abcd.abcd arpa
```

2.7 使用捕包工具排除网络故障

作为网络管理员，你可能会碰到访问 Internet 网速慢的问题，你要能够判断出是哪里出了问题，是局域网中有计算机发广播包堵塞了局域网，还是网络中有人使用 BT 下载软件或迅雷下载软件将广域网的带宽给占用了？你需要使用捕包工具来捕获网络中的数据包，通过分析网络中的数据包，排除网络故障。

2.7.1 示例：查看谁在发送广播包

我给某单位调试网络，发现计算机 ping 网关时通时断，不能判断是硬件故障还是软件故障，但是看到交换机的所有端口指示灯疯狂闪烁，看样子在疯狂地转发数据，初步判断网络中有广播包。到底哪台计算机在网上发送广播？需要使用抓包工具捕获网络中的数据包，通过查看数据包的源 IP 地址找到发送广播包的计算机。

下面将会演示使用捕包工具捕获数据包，并且查看数据包的层次结构、数据链路层的内容、网络层的内容以及传输层的内容和数据。排序数据包，保存捕获的数据包，打开捕获的数据包，查看网络中的广播帧。

现在演示使用 Ethereal-setup-0.99.0.exe 抓包工具，分析数据包结构，保存数据包，打开保存的数据包。

在“捕包软件”计算机上，安装 Ethereal-setup 并运行该软件。

（1）如图 2-215 所示，单击图标，选择网卡，单击 Capture 按钮，开始捕包。

（2）如图 2-216 所示，在出现的 Ethereal：Capture from…对话框中，可以看到网络捕包中各个协议的比例，单击“Stop”按钮，停止并查看捕获的数据包。

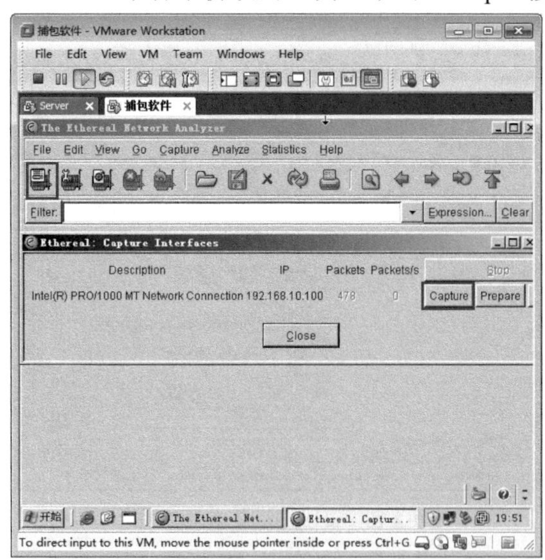

▲图 2-215　选择捕包网卡

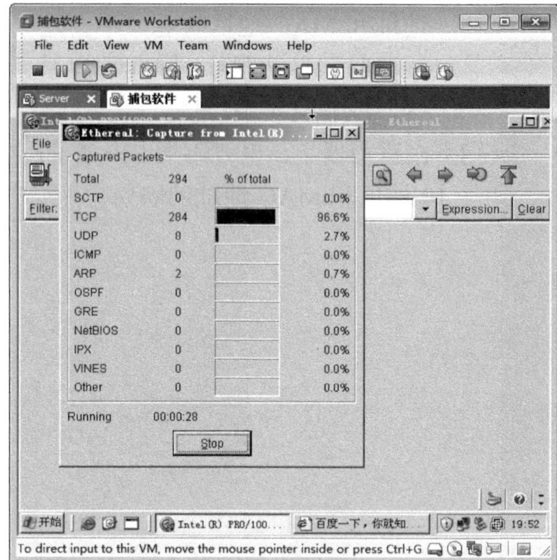

▲图 2-216　开始捕包

（3）如图 2-217 所示，在上栏选中第一个数据包、中栏选中 Frame，在下栏可以看到整个帧。

（4）如图 2-218 所示，在中栏选中 Ethernet，在下栏可以看到数据帧的源 MAC 地址和目标 MAC 地址，即整个数据帧的数据链路层部分。

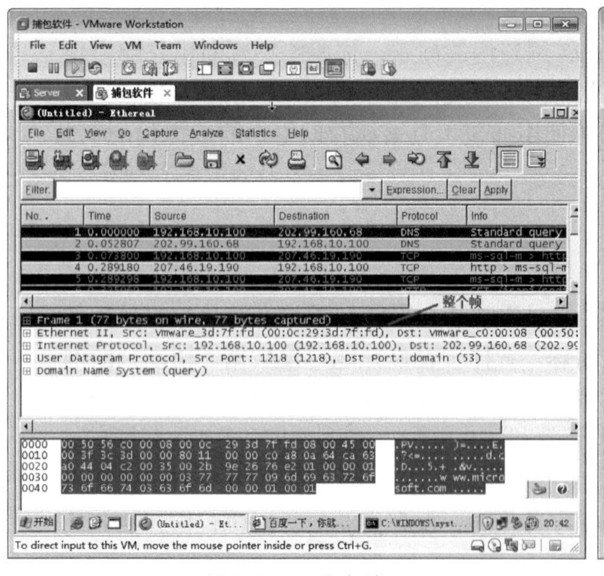

▲图 2-217　整个帧

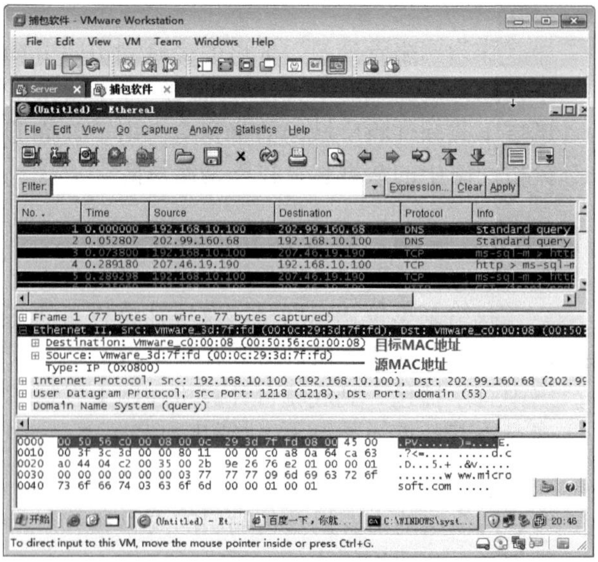

▲图 2-218　帧的数据链路层

（5）如图 2-219 所示，在中栏选中 Internet Protocol，在下栏可以看到整个数据帧的网络层部分，包括数据帧的目标 IP 地址和源 IP 地址。

（6）如图 2-220 所示，在中栏选中 User Datagram Protocol，可以看到数据帧的传输层部分，包括数据包的源端口和目标端口。

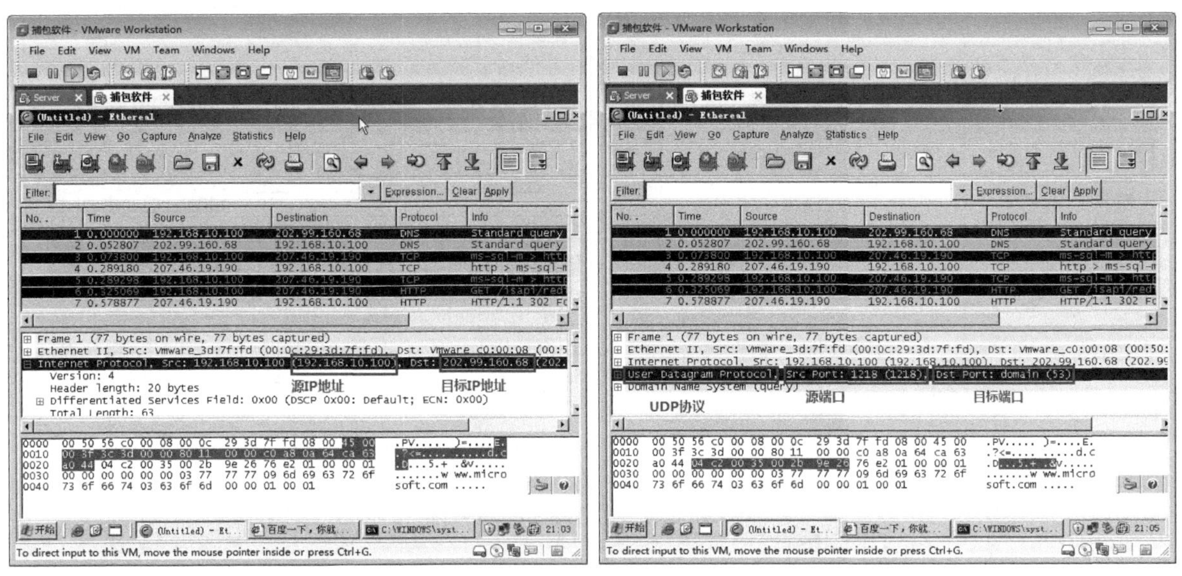

▲图 2-219　查看数据包的源地址和目标地址　　　▲图 2-220　源端口和目标端口

（7）如图 2-221 所示，在中栏选中 Domain Name System，可以看到整个帧的数据部分。

（8）如图 2-222 所示，单击 Protocol 字段，可以将捕获的数据包按协议排序。

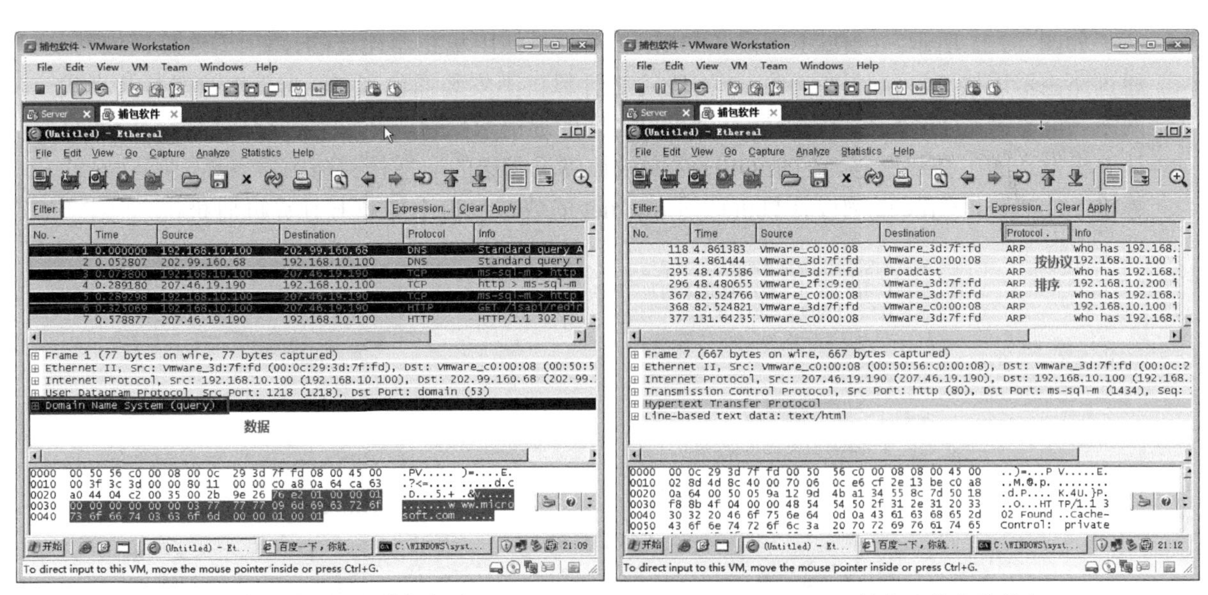

▲图 2-221　查看数据包的数据部分　　　▲图 2-222　按协议排序数据包

（9）如图 2-223 所示，选择 File→Save 菜单命令，可以将捕获的数据包保存，供以后分析使用。

（10）选择 File→Open 菜单命令，可以打开以前捕获的数据包。图 2-224 是打开的以前排错网络故障抓获的数据包。可以看到捕获的数据包后面全是广播包，因此网络发生堵塞。通过查看广播的发送者的 IP 地址，就能找到发送者。

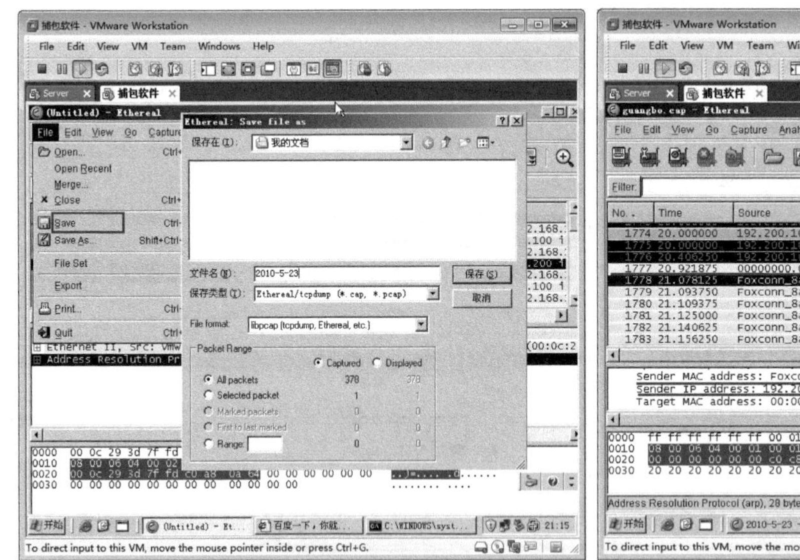

▲图 2-223　保存捕获的数据包

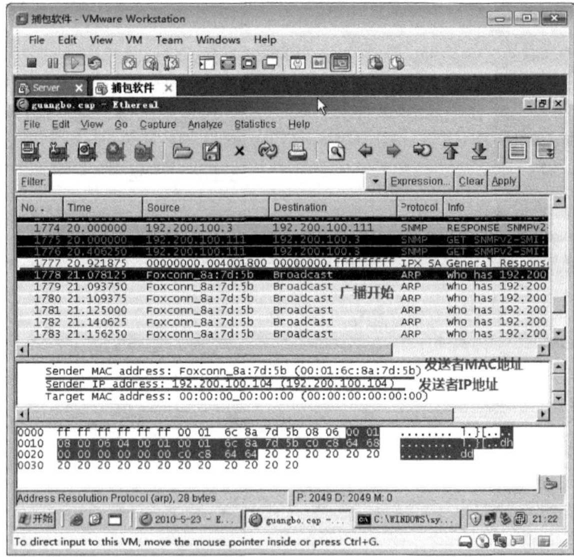

▲图 2-224　查看广播包

2.7.2　捕包软件安装的位置

如图 2-225 所示，Office1 网段和 Office2 网段是使用集线器连接的，路由器连接局域网，通过路由器连接 Internet。在 Office1 网段的 E 计算机上安装捕包工具，由于集线器是共享式网络，能够捕获 Office1 网段中所有计算机之间的通信数据包，还能够捕获该网段中的所有计算机发送的广播数据包。但是 Office2 网段计算机发送的广播包被路由器隔离，所以 E 计算机不能捕获，Office2 网段计算机访问 Internet 的数据包也不能被 E 计算机捕获。

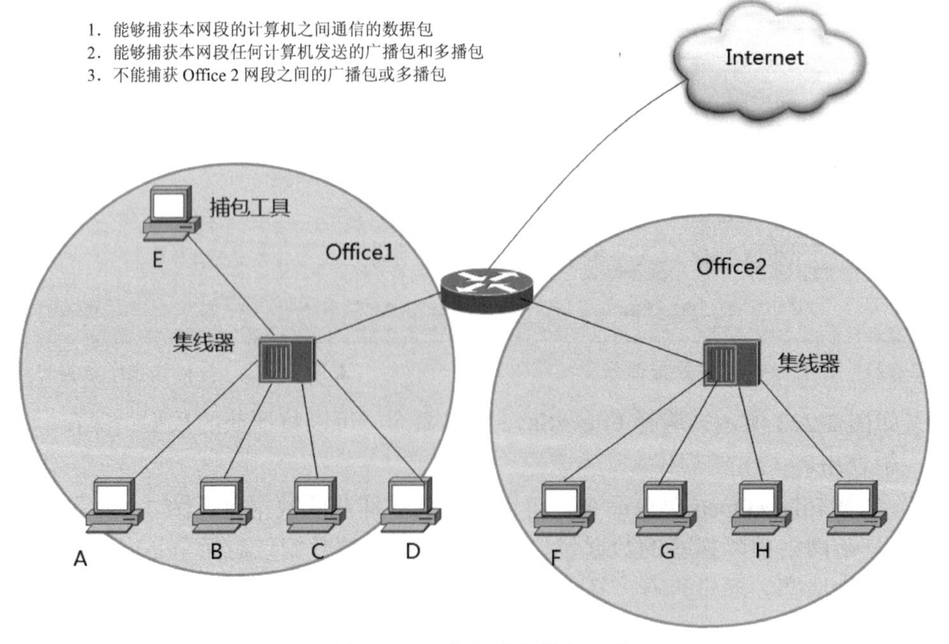

▲图 2-225　集线器与捕包工具

如图 2-226 所示，是使用交换机连接的局域网。安装捕包工具的计算机，能捕获 E 计算机发送的数据包和接收的数据包，也能够捕获本网段计算机发送的广播包和多播包；不能捕获本网段中其他计算机之间的通信数据包，除非配置了镜像端口（监视端口，这在交换机章节中会讲到），也不能捕获 Office2 之间计算机通信和访问 Internet 的通信数据包。

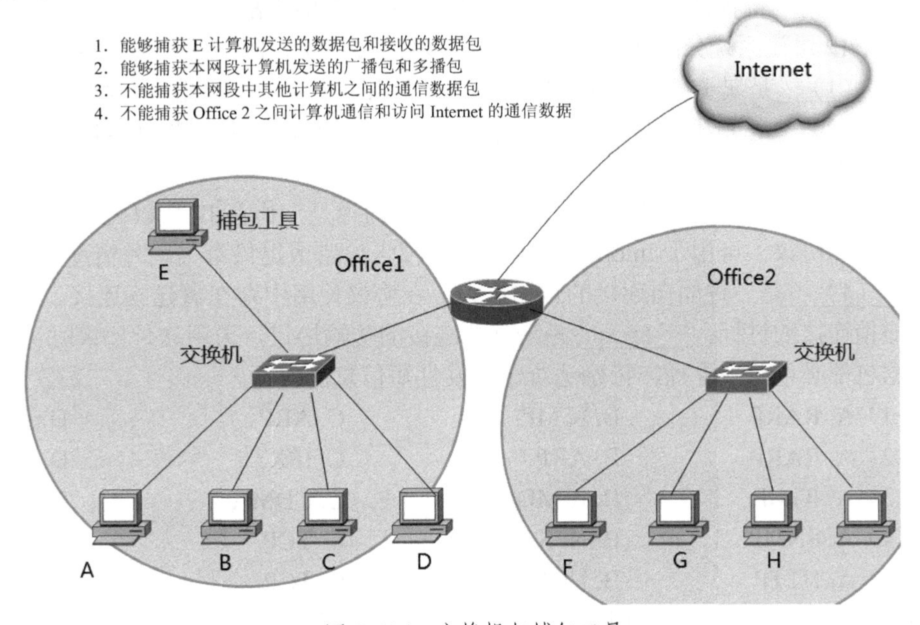

▲图 2-226　交换机与捕包工具

如图 2-227 所示，如果想捕获 Office1 网段和 Office2 网段的计算机访问 Internet 的流量，需将安装了捕包工具的计算机 E 放置到图中所示的位置，就能够捕获 Office1 和 Office2 访问 Internet 的流量，但不能捕获 Office1 和 Office2 的广播包或多播包。

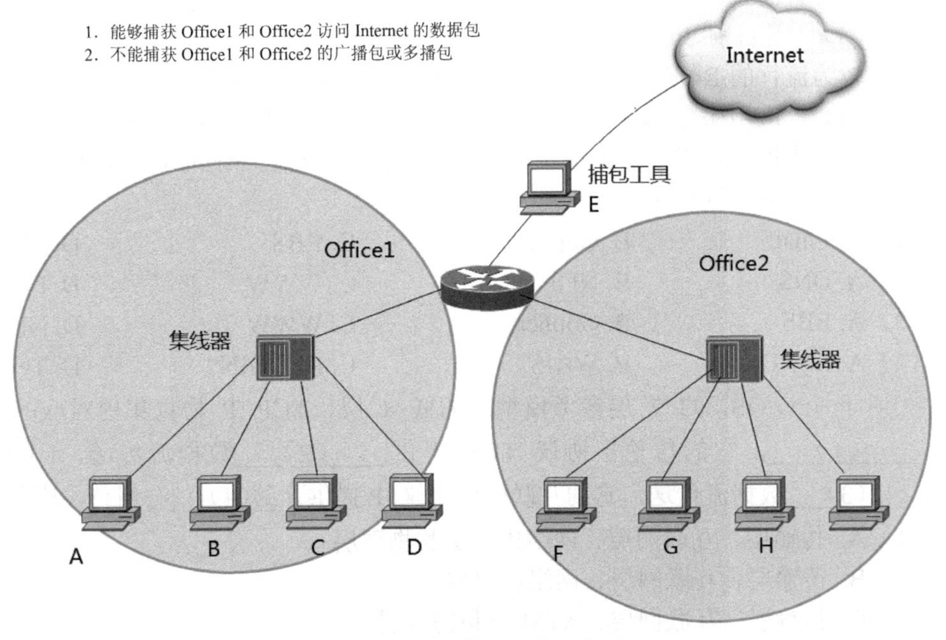

▲图 2-227　捕包工具的位置

2.8 习题

1. TCP/IP 是 Internet 采用的协议标准，它是一个协议系列，由多个不同层次的协议共同组成，用于将各种计算机和设备组成实际的计算机网络。

   TCP/IP 协议系统分成四个层次，分别是网络接口层、网络层、传输层与应用层。

   ___(1)___是属于网络层的低层协议，主要用途为完成网络地址向物理地址的转换。

   ___(2)___起到相反的作用，多用在无盘工作站启动时利用物理地址解析出对应的网络地址。

   ___(3)___是与 IP 协议同层的协议，更确切的说是工作在 IP 协议之上，又不属于传输层的协议，可用于 Internet 上的路由器报告差错或提供有关意外情况的信息。

   ___(4)___是一种面向连接的传输协议，在协议使用中存在着建立连接、传输数据、撤销连接的过程；___(5)___是一种非连接的传输协议，采用这种协议时，每一个数据包都必须单独寻径，特别适合于突发性短信息的传输。

   (1) A. RARP　B. ICMP　C. ARP　D. IGMP
   (2) A. RARP　B. ARP　C. IPX　D. SPX
   (3) A. IGMP　B. ICMD　C. CDMA　D. WAP
   (4) A. SNMP　B. NFS　C. TCP　D. UDP
   (5) A. HTTP　B. FTP　C. TCP　D. UDP

2. Internet 提供了大量的应用服务，分为通信、获取信息与共享计算机资源三类。

   ___(1)___是世界上使用最广泛的一类 Internet 服务，以文本形式或 HTML 格式进行信息传递，而图形等文件可以作为附件进行传递。

   ___(2)___是用来在计算机之间进行文件传输。利用该服务不仅可以从远程计算机获取文件，而且可以将文件从本地计算机传送到远程计算机。

   ___(3)___是目前 Internet 上非常丰富多彩的应用服务，其客户端软件称为浏览器。目前较为流行的 Browser/Server 网络应用模式就以该类服务作为基础。

   ___(4)___应用服务将主机变为远程服务器的一个虚拟终端；在命令行方式下运行时，通过本地计算机传送命令，在远程计算机上运行相应程序，并将相应的运行结果传送到本地计算机显示。

   (1) A. Email　B. Gopher　C. BBS　D. TFTP
   (2) A. DNS　B. NFS　C. WWW　D. FTP
   (3) A. BBS　B. Gopher　C. WWW　D. NEWS
   (4) A. ECHO　B. WAIS　C. RLOGIN　D. Telnet

3. 相对于 ISO/OSI 的 7 层参考模型中的低 4 层，TCP/IP 协议集内对应的层次有___(1)___，它的传输层协议 TCP 提供___(2)___数据流传送，UDP 提供___(3)___数据流传送，它的互联网层协议 IP 提供___(4)___分组传输服务。

   (1) A. 传输层、互联网层、网络接口层和物理层
   　　B. 传输层、互联网层、网络接口层
   　　C. 传输层、互联网层、ATM 层和物理层
   　　D. 传输层、网络层，数据链路层和物理层

（2）A. 面向连接的，不可靠的
B. 无连接的、不可靠的
C. 面向连接的、可靠的
D. 无连接的、可靠的

（3）A. 无连接的
B. 面向连接的
C. 无连接的、不可靠的
D. 面向连接的、不可靠的

（4）A. 面向连接的、保证服务质量的
B. 无连接的、保证服务质量的
C. 面向连接的、不保证服务质量的
D. 无连接的，不保证服务质量的

4. TCP/IP 协议的体系结构分为应用层、传输层、网络互联层和____(1)____。其中传输层协议有 TCP 和____(2)____。

（1）A. 会话层　　B. 网络接口层　　C. 数据链路层　　D. 物理层

（2）A. ICMP　　B. UDP　　C. FTP　　D. EGP

5. TCP/IP 网络的体系结构分为应用层、传输层、网络互联层和网络接口层。属于传输层协议的是________。

A. TCP 和 ICMP　　B. IP 和 FTP　　C. TCP 和 UDP　　D. ICMP 和 UDP

6. 在 WWW 服务器与客户机之间发送和接收 HTML 文档时，使用的协议是________。

A. FTP　　B. GOPHER　　C. HTTP　　D. NNTP

7. 下面关于 ICMP 协议的描述中，正确的是________。

A. ICMP 协议根据 MAC 地址查找对应的 IP 地址
B. ICMP 协议把公网的 IP 地址转换为私网的 IP 地址
C. ICMP 协议用于控制数据包传送中的差错情况
D. ICMP 协议集中管理网络中的 IP 地址分配

8. 下面关于 ARP 协议的描述中，正确的是________。

A. ARP 报文封装在 IP 数据包中传送
B. ARP 协议实现域名到 IP 地址的转换
C. ARP 协议根据 IP 地址获取对应的 MAC 地址
D. ARP 协议是一种路由协议

9. 在使用路由器的 TCP/IP 网络中，两主机通过一路由器互连，提供主机 A 和主机 B 应用层之间通信的层是____(1)____，提供计算机之间通信的层是____(2)____，具有 IP 层和网络接口层的设备____(3)____；在主机 A 与路由器 R 和路由器 R 与主机 B 使用不同物理网络的情况下，主机 A 和路由器 R 之间传送的数据帧与路由器 R 和主机 B 之间传送的数据帧____(4)____，主机 A 与路由器 R 之间传送的 IP 数据包和路由器 R 与主机 B 之间传送的 IP 数据包____(5)____。

（1）A. 应用层

B. 传输层

C. IP 层

D. 网络接口层

（2）A. 应用层

B. 传输层

C. IP 层

D. 网络接口层

（3）A. 包括主机 A、B 和路由器 R

B. 仅有主机 A、B

C. 仅有路由器 R

D. 也应具有应用层和传输层

（4）A. 是不同的

B. 是相同的

C. 有相同的 MAC 地址

D. 有相同的介质访问控制方法

（5）A. 是不同的

B. 是相同的

C. 有不同的 IP 地址

D. 有不同的路由选择协议

10. 在 TCP/IP 网络中，为各种公共服务保留的端口号范围是______。

A. 1～255

B. 1～1023

C. 1～1024

D. 1～65535

11. 下面关于 ICMP 协议的描述中，正确的是______。

A. ICMP 协议根据 MAC 地址查找对应的 IP 地址

B. ICMP 协议把公网的 IP 地址转换为私网的 IP 地址

C. ICMP 协议根据网络通信的情况把控制报文传送给发送方主机

D. ICMP 协议集中管理网络中的 IP 地址分配

12. 下面信息中________包含在 TCP 头中而不包含在 UDP 头中。

A. 目标端口号

B. 顺序号

C. 发送端口号

D. 校验和

13. 某校园网用户无法访问外部站点 210.102.58.74，管理人员在 Windows 操作系统下可以使用__________判断故障发生在校园网内还是校园网外。

A. ping 210.102.58.74

B. pathping 210.102.58.74

C. netstat 210.102.58.74

D. arp 210.102.58.74

14. ARP 协议的作用是___(1)___，ARP 报文封装在___(2)___中传送。

（1）A. 由 IP 地址查找对应的 MAC 地址

B. 由 MAC 地址查找对应的 IP 地址

C. 由 IP 地址查找对应的端口号

D. 由 MAC 地址查找对应的端口号

（2）A. 以太帧

B. IP 数据包

C. UDP 报文

D. TCP 报文

15. 关于 Windows 防火墙的作用，描述正确的有__________。

A. Windows 防火墙能够阻止进入计算机的流量

B. Windows 防火墙能够控制出计算机的流量

C. Windows 防火墙能够阻止木马产生的网络流量

D. Windows 防火墙能够打开某些端口

16. 关于 Windows 上设置 IPSec，其功能描述正确的有__________。

A. IPSec 只能限制出去的流量

B. IPSec 只能限制进入计算机的流量

C. IPSec 只能严格限制出入计算机的流量

D. IPSec 能够基于端口和 IP 地址进行控制

习题答案

1.（1）C （2）A （3）A （4）C （5）D
2.（1）A （2）D （3）C （4）D
3.（1）B （2）C （3）C （4）D
4.（1）B （2）B
5. C
6. C
7. C
8. C
9.（1）B （2）C （3）A （4）A （5）B
10. B
11. C
12. B
13. B
14.（1）A （2）A
15. A、D
16. C、D

第3章　IP 地址

在任何有关 TCP/IP 的讨论中，一个最为重要的主题就是 IP 寻址。IP 地址是 IP 网络上每台计算机的数字标识符，它指明了在此网络上某个设备的位置。

IP 地址是一个软件地址，不是硬件地址，后者是被硬编码烧录到网卡中的，并且主要用于在本地网络中定位主机。IP 寻址允许在某网络上的主机与另一个不同网络上的主机进行通信，并在此过程中无须考虑这两台主机所在具体局域网的类型差异。

在我们开始学习有关 IP 寻址的繁杂内容之前，你需要了解一些基础知识。首先，将会解释一些 IP 寻址的基础知识和术语。然后，你将学习到有关 IP 寻址方案的分层结构和私有 IP 地址等内容。

本章主要内容：

- IP 地址层次结构
- IP 地址分类
- 保留的 IP 地址
- 私有地址
- 等长子网划分
- 变长子网划分

3.1 理解 IP 地址

所谓 IP 地址就是给每个连接在 Internet 上的主机分配的一个 32bit 地址。IP 地址用来定位网络中的计算机和网络设备。

3.1.1 IP 地址组成

在讲解 IP 地址之前，先介绍一下大家熟知的电话号码，通过电话号码来理解 IP 地址。

大家都知道，电话号码由区号和本地号码组成。如图 3-1 所示，石家庄区号是 0311、北京市区号 010、保定地区区号是 0312。同一地区的电话号码有相同的区号打本地电话不用拨区号，打长途需要拨区号。

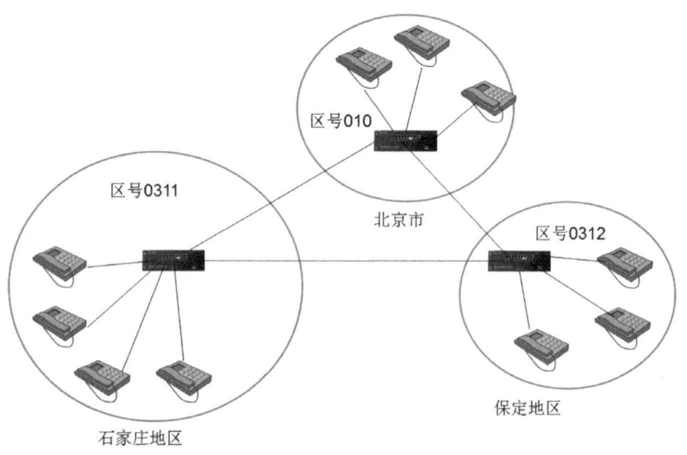

▲图 3-1 电话号码

和电话号码的区号一样，计算机的 IP 地址也有两部分组成，一部分为网络标识，一部分为主机标识，如图 3-2 所示，同一网段的计算机网络部分相同，路由器连接不同网段，负责不同网段之间的数据转发，交换机连接的是同一网段的计算机。

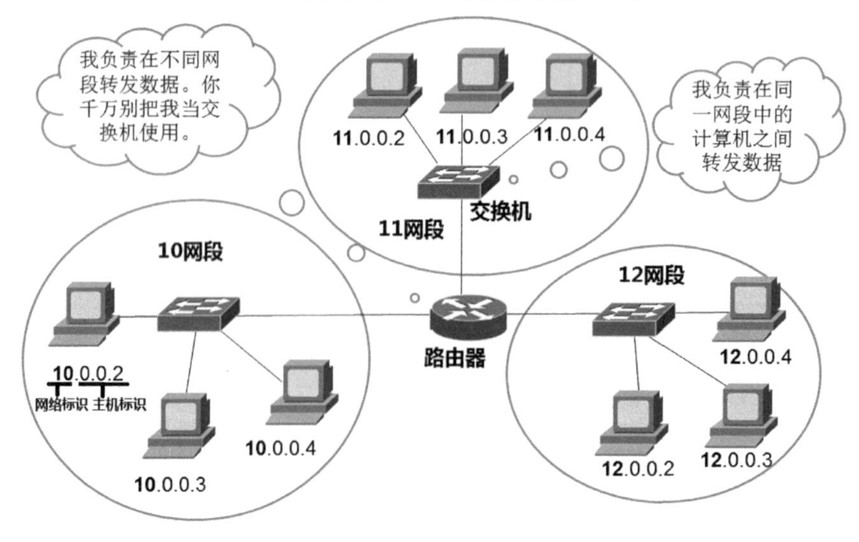

▲图 3-2 网络 IP 地址

3.1.2 学习 IP 地址预备知识

二进制是计算技术中广泛采用的一种数制。二进制数据是用 0 和 1 两个数码来表示。它的基数为 2，进位规则是“逢二进一”，借位规则是“借一当二”。当前计算机系统使用的基本上都是二进制。

下面列出二进制和十进制的对应关系，要求最好记住这些对应关系，二进制每进一位，对应的十进制乘以 2。

二进制	十进制
1	1
10	2
100	4
1000	8
10000	16
100000	32
1000000	64
10000000	128

下面的对应关系最好也记住，这对以后的学习会很有帮助。

二进制	十进制
10000000	128
11000000	192
11100000	224
11110000	240
11111000	248
11111100	252
11111110	254
11111111	255

图 3-3 是二进制和十进制的对应关系图，大家最好记住这些对应关系。

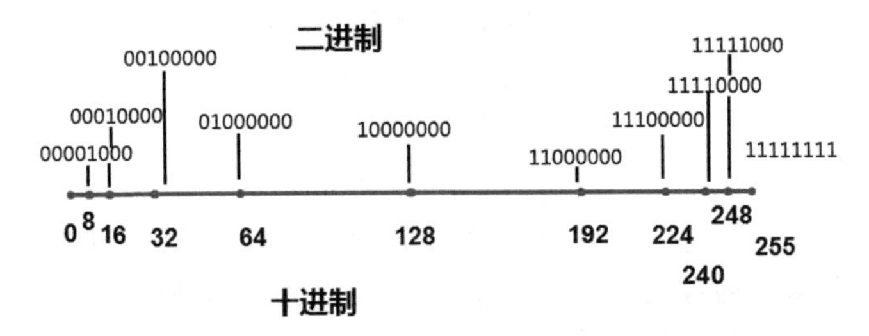

▲图 3-3 二进制与十进制的对应关系

3.1.3 IP 地址写法

按照 TCP/IP 协议规定，IP 地址用二进制来表示，每个 IP 地址长 32 比特，比特换算成字节，就是 4 个字节。例如一个采用二进制形式的 IP 地址是“10101100000100000001111000111000”，这么长的地址，人们处理起来太麻烦。为了方便人们的使用，这些位通常被分割为 4 个部分，每一部分 8 位，中间使用符号“.”分开，分成 4 部分的二进制地址，10101100.00010000.00011110.00111000，IP 地址经常被写成十进制的形式，于是，上面的 IP 地址可以表示为“172.16.30.56”。IP 地址的这种表示法叫做“点分十进制表示法”，这显然比 1 和 0 容易记忆得多。

点分十进制这种 IP 地址写法，方便了我们书写和记忆，通常我们为计算机配置 IP 地址就是这种写法。如图 3-4 所示。

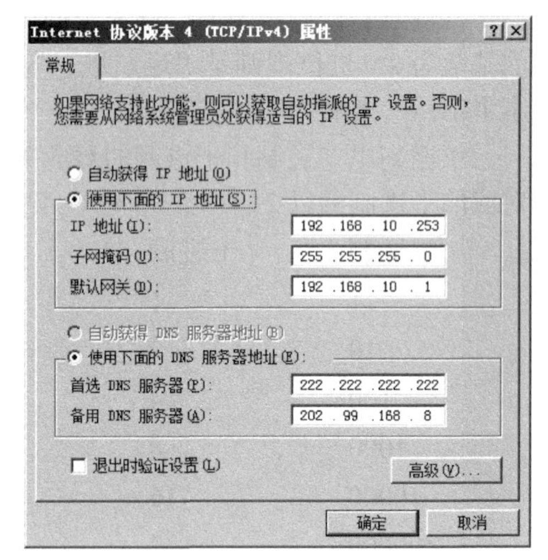

▲图 3-4　点分十进制记

8 位二进制的 11111111 转换成十进制就是 255。因此点分十进制的每一部分最大不能超过 255。

3.1.4 IP 地址的分类

最初设计互联网络时，Internet 委员会定义了 5 种 IP 地址类型以适合不同容量的网络，即 A 类~E 类。其中 A、B、C 三类由 InternetNIC 在全球范围内统一分配，D、E 类为特殊地址。

- 网络地址的最高位是 0 的地址为 A 类地址。
- 网络地址的最高位是 10 的地址为 B 类地址。
- 网络地址的最高位是 110 的地址为 C 类地址。
- 网络地址的最高位是 1110 的地址为 D 类地址。
- 网络地址的最高位是 11110 的地址为 E 类地址。

如图 3-5 所示：

- A 类地址点分十进制第一部分取值范围 1～126，127 为测试地址。
- B 类地址点分十进制第一部分取值范围 128～191。
- C 类地址点分十进制第一部分取值范围 192～223。
- D 类地址点分十进制第一部分取值范围 224～239，用于多播（也称为组播）的地址，希望读者能够记住多播地址的范围，因为有些病毒除了在网络中发送广播外，还有可能发送多播数据包，使用捕包工具排除网络故障，必须能够判断捕获的网络中的数据包是多播还是广播。
- E 类地址点分十进制第一部分取值范围 240～254，用于科学实验，在本书中并不讨论这些类型的地址（并且你也不必了解这些内容）。

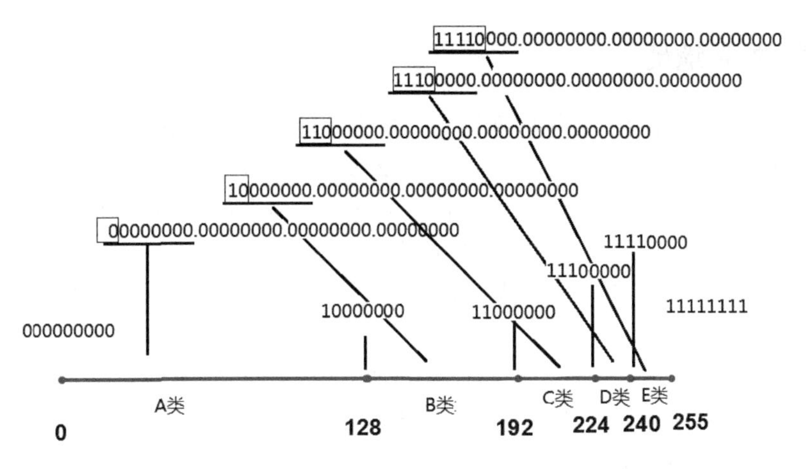

▲图 3-5　IP 地址分类

现在给你个 IP 地址，根据上面地址分类标准，你就应该很快判断出该地址是哪一类地址。比如 122.23.34.9，122 取值在 1～126 之间，该地址属于 A 类地址。145.32.34.43，145 在 128～191 之间，该地址属于 B 类地址。212.23.121.12，212 取值在 192～223 之间，因此属于 C 类地址。

3.1.5　网络 ID 和主机 ID

上面讲了 IP 地址分类，下面讲解各类地址默认网络部分。如图 3-6 所示：

- A 类地址默认 IP 地址的前 8 位二进制是网络 ID，后 24 位为主机 ID。
- B 类地址默认 IP 地址的前 16 位二进制是网络 ID，后 16 位为主机 ID。
- C 类地址默认 IP 地址的前 24 位二进制是网络 ID，后 8 位为主机 ID。
- D 类地址是多播地址，没有网络 ID 和主机 ID 的划分。

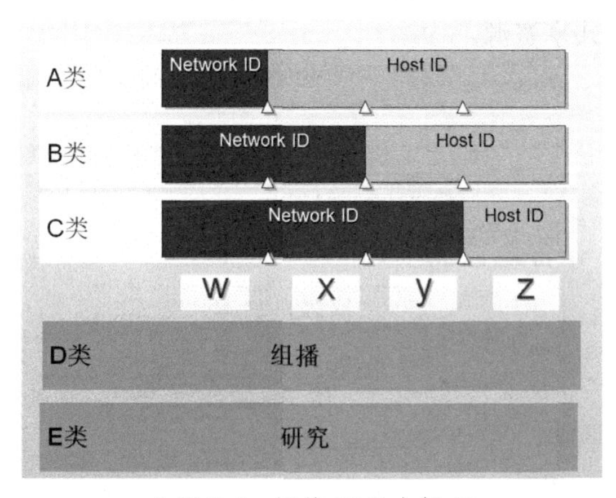

▲图 3-6　网络 ID 和主机 ID

以上可以看出 A 类地址主机部分为 24 位二进制，比如 10.0.0.0 这个 A 类网络，该网段中有效的主机 ID 范围 10.0.0.1～10.255.255.254。主机部分全是 0 的和全是 1 的地址不能指定给计算机使用。主机部分全 0 代表该网段，主机部分全 1 代表本网段所有主机，即广播地址。

一个 A 类地址的有效主机 ID 可以这样算出：256×256×256 -2=16777214。每部分取值范围 0～255，一共 256 种可能，排列组合结果就是 256×256×256，再减去主机位全 0 和全 1 的两个地址。

一个 B 类网络，有效的主机 ID 数量：256×256-2=65534。

一个 C 类网络，有效的主机 ID 数量：256−2=254。

3.1.6 保留的 IP 地址

有些 IP 地址被保留用于某些特殊目的，网络管理员不能将这些地址分配给结点。下面列出了这些被排除在外的地址，并说明了为什么要保留它们。

- 整个 IP 地址设置为 1 的地址：它不被路由，但会被送到相同物理网段上的所有主机，IP 地址的网络字段和主机字段全为 1 就是地址 255.255.255.255。
- 结点地址全为 0 的地址：特指某个网段，比如 192.168.10.0，指的是 192.168.10.0 网络地址。
- 结点地址全为 1 的地址：网络广播会被路由，并会发送到专门网络上的每台主机，IP 地址的网络字段定义这个网络，主机字段通常全为 1，如 192.168.10.255。
- 127.0.0.1：被保留用于环回测试。指向本地结点，相当于人称代词中的“我”，任何计算机都可以用该地址访问自己的共享资源或网站，并且允许该结点发送测试数据包给自己而不产生网络流量。如果 ping 该地址能够通，说明你的计算机的 TCP/IP 协议栈工作正常，即便你的计算机没有网卡，ping 127.0.0.1 还是能够通的。

如图 3-7 所示，禁用 Server 计算机的网卡，ping 127.0.0.1 也能通，足以说明不产生网络流量。ping 127 网段的任何地址，都会从 127.0.0.1 地址返回数据包。

如图 3-8 所示，启用网卡，重启 Server 计算机，选择“开始”→“运行”命令，在打开的“运行”对话框中输入\\127.0.0.1，单击“确定”按钮，能够通过 127.0.0.1 访问到本机的共享资源。

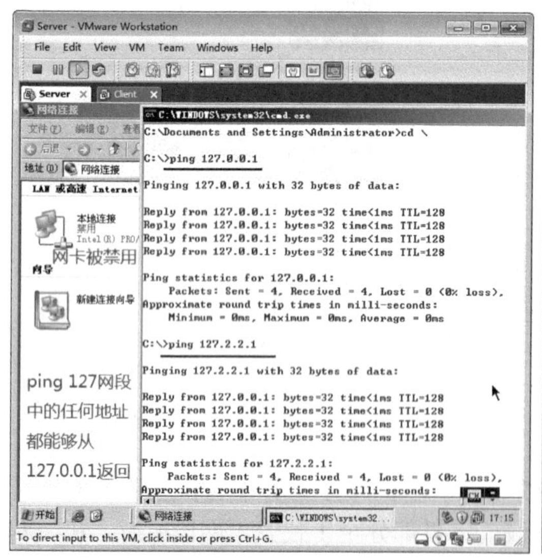

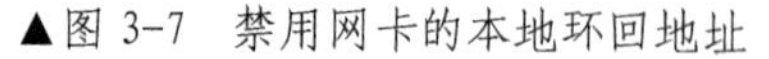
▲图 3-7 禁用网卡的本地环回地址

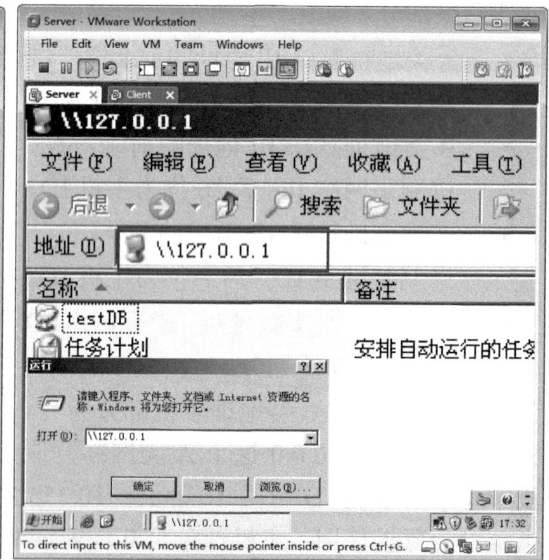

▲图 3-8 启用网卡的本地环回地址

你的计算机启用了远程桌面，可以使用远程桌面客户端连接 127.0.0.1 地址，连接本地计算机的远程桌面服务，如图 3-9 所示。总之，你想访问本地资源，却又懒得查看本地计算机的 IP 地址和计算机名称，你都可以使用 127.0.0.1 访问本地资源。比如本地有个网站，你可以打开 IE 浏览器，通过 http://127.0.0.1 访问本地计算机的网站，如图 3-10 所示。即便你

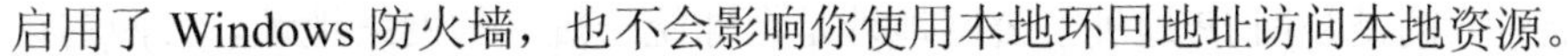

启用了 Windows 防火墙，也不会影响你使用本地环回地址访问本地资源。

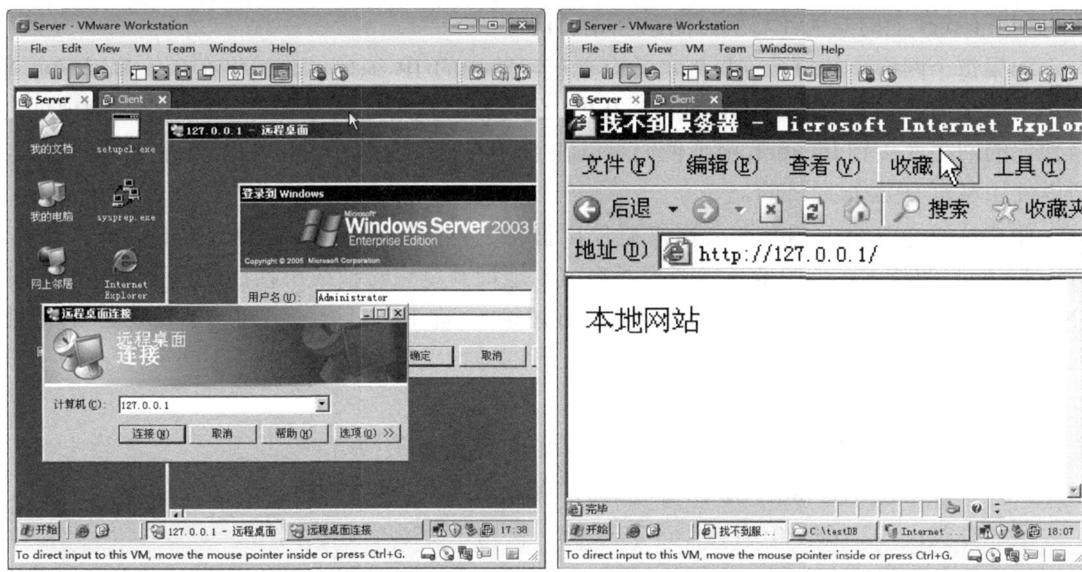

▲图 3-9　连接本地计算机的远程桌面服务　　▲图 3-10　访问本地环回地址

- 169.254.0.0 169.254.×.×：实际上是自动私有 IP 地址。在 Windows 2000 以前的系统中，如果计算机无法获取 IP 地址，则自动配置成“IP 地址：0.0.0.0”、“子网掩码：0.0.0.0”的形式，导致其不能与其他计算机进行通信。而对于 Windows 2000 以后的操作系统，则在无法获取 IP 地址时自动配置成“IP 地址：169.254.×.×”、“子网掩码：255.255.0.0”的形式，这样可以使所有获取不到 IP 地址的计算机之间能够进行通信，如图 3-11 和图 3-12 所示。

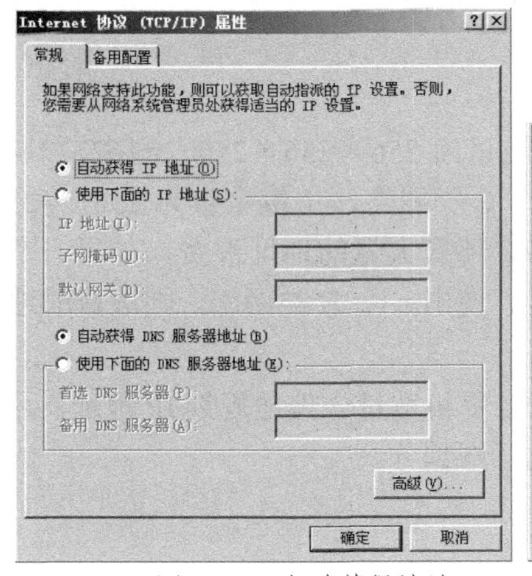

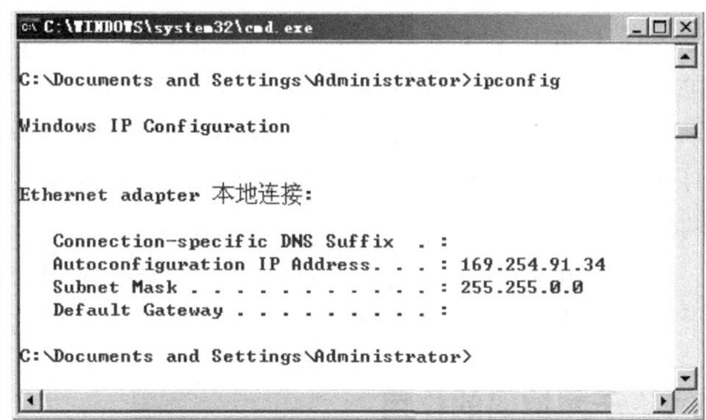

▲图 3-11　自动获得地址　　▲图 3-12　Windows 自动配置的 IP 地址

3.1.7　私有 IP 地址

创建 IP 寻址方案的人也创建了我们所说的私有 IP 地址。这些地址可以被用于私有网络，在 Internet 上的路由器上没有到私有网络的路由表。这个设计主要是为了满足广泛需要的安全目的，同时也很有效地节省了宝贵的 IP 地址空间。

与私有 IP 地址对应的是公网 IP 地址，公网地址是全球统一规划的网络地址，公网的计算机和 Internet 上的其他计算机可随意互相访问。

如果每个网络上的每台主机都必须有真正可路由的 IP 地址，我们将在几年前用尽可用的 IP 地址。但通过使用私有 IP 地址，ISP、公司和家庭用户只需要一个或几个公网地址来将他们的网络连接到 Internet。由于他们可以在自己的网络内部使用私有 IP 地址并运行良好，所以使用私有 IP 是很经济的。

要完成这个任务，ISP 和公司需要使用被称为网络地址转换 NAT（Network Address Translation）的技术，即主要负责获取私有 IP 地址并将它转换成可在因特网上使用的地址（NAT 将在以后章节“网络地址转换”中进行讨论）。许多人可以使用同一个真实的 IP 地址向 Internet 发送数据。这样做可以节省成千上万的地址空间——这对我们真的很有益！

以下列出保留的私有 IP 地址。

- A 类：10.0.0.0～10.255.255.255，保留了一个 A 类网络。
- B 类：172.16.0.0～172.31.255.255，保留了 16 个 B 类网络。
- C 类：192.168.0.0～192.168.255.255，保留了 256 个 C 类网络。

如果你负责为一个公司规划网络，到底使用哪一类私有地址呢？如果公司目前有 7 个部门，每个部门不超过 200 个计算机，你可以考虑使用保留的 C 类私有地址；如果你负责为石家庄教委规划网络，因为石家庄市教委和石家庄市的所有几百所中小学的网络连接，网络规模较大，所以应该选择保留的 A 类私有网络地址，最好用 10.0.0.0 网络地址并带有/24 的子网掩码，可以有 65536 个网络可供你使用，并且每个网络允许带有 254 台主机，这样的网络会拥有非常大的发展空间。

3.2 等长子网划分

按照上面 IP 地址的分类，一个 A 类网段，主机数量为 256×256×256-2=16777214；一个 B 类网络，主机数量为 256×256-2=65534；一个 C 类网络，主机数量为 256-2=254。如果一个网段中有 30 台计算机，使用一个 C 类网络，还有大量的地址浪费，如果一个网段有 300 台计算机使用一个 C 类网络，地址空间不足，使用一个 B 类网络，则浪费的地址空间更大。

现在的 IP 地址资源紧张，如何才能根据网段中的计算机数量合理地规划 IP 地址，才不至于造成 IP 地址的大量浪费呢？这就是下面要讲述的子网划分。

3.2.1 子网掩码的作用

子网掩码（Subnet Mask）又叫网络掩码、地址掩码，它是一种用来指明一个 IP 地址的哪些位标识的是主机所在的子网以及哪些位标识的是主机的位掩码。子网掩码不能单独存在，它必须结合 IP 地址一起使用。子网掩码只有一个作用，就是将某个 IP 地址划分成网络地址和主机地址两部分。

如图 3-13 所示，如果一台计算机的 IP 地址配置为 172.16.122.204，子网掩码为 255.255.0.0，将其 IP 地址和子网掩码都写成二进制，进行与运算，即 1 和 1 与运算得 1，0

和 1 或 1 和 0 做与运算都得 0。这样经过 IP 地址和子网掩码做完与运算后，主机位不管是什么值都归零，网络位的值保持不变，得到该计算机所处的网段为 172.16.0.0。

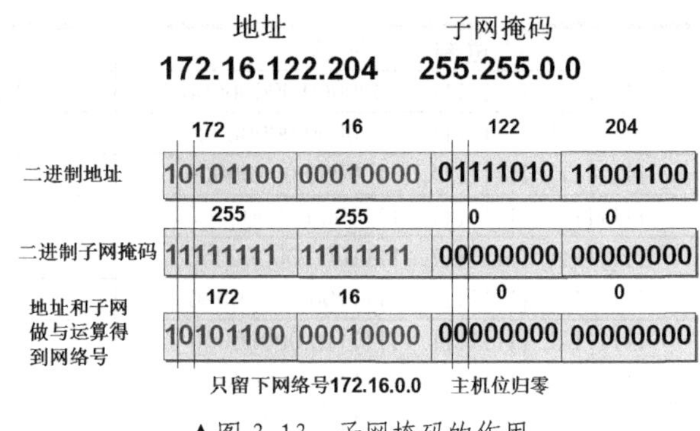

▲图 3-13　子网掩码的作用

子网掩码很重要，配置错误会造成计算机通信故障。计算机和其他计算机通信时，首先断定目标地址和自己是否在一个网段，先用自己的子网掩码和自己的 IP 地址进行与运算得到自己所属的网段，再用自己的子网掩码和目标地址进行与运算计算目标地址所属的网段。如果不在同一个网段，则使用网关的 MAC 地址封装数据帧，这会将数据帧转发给路由器即网关；如果相同，则直接使用目标 IP 地址的 MAC 地址封装数据帧，直接把数据帧发给目标 IP 地址。

- A 类网络默认子网掩码：255.0.0.0；
- B 类网络默认子网掩码：255.255.0.0；
- C 类网络默认子网掩码：255.255.255.0。

3.2.2　CIDR

CIDR（Classless Inter-Domain Routing，无类域间路由）是一个在 Internet 上创建附加地址的方法，这些地址提供给 Internet 服务提供商（ISP），再由 ISP 分配给客户。CIDR 将路由集中起来，使一个 IP 地址段代表主要骨干提供商服务的几千个 IP 地址段，从而减轻 Internet 路由器的路由表。所有发送到这些地址的信息包都被送到网通或电信等 ISP。1990 年，Internet 上约有 2000 个路由，5 年后，Internet 上有 3 万多个路由。如果没有 CIDR，路由器就不能支持 Internet 网段的增多。CIDR 采用 13～27 位可变网络 ID，而不是 A、B、C 类网络 ID 所用的固定的 8、16 和 24 位。在 IP 地址后面添加一个/，后面是二进制子网掩码的位数。比如 192.168.10.32/24，意味着该地址子网掩码长度为 24，即 11111111.11111111.11111111.00000000，等价于子网掩码 255.255.255.0。

子网掩码的二进制写法以及相对应的 CIDR 的斜线表示如表 3-1 所示。

表 3-1　子网掩码的二进制写法以及相对应的 CIDR 斜线表示

二进制子网掩码	子网掩码	CIDR 值
1111111. 10000000. 00000000.00000000	255.0.0.0	/8
1111111. 10000000. 00000000.00000000	255.128.0.0	/9
1111111. 11000000. 00000000.00000000	255.192.0.0	/10
1111111. 11100000. 00000000.00000000	255.224.0.0	/11
1111111. 11110000. 00000000.00000000	255.240.0.0	/12
1111111. 11111000. 00000000.00000000	255.248.0.0	/13
1111111. 11111100. 00000000.00000000	255.252.0.0	/14
1111111. 11111110. 00000000.00000000	255.254.0.0	/15
1111111. 11111111. 00000000.00000000	255.255.0.0	/16

续表

二进制子网掩码	子网掩码	CIDR 值
11111111. 11111111. 10000000.00000000	255.255.128.0	/17
11111111. 11111111. 11000000.00000000	255.255.192.0	/18
11111111. 11111111. 11100000.00000000	255.255.224.0	/19
11111111. 11111111. 11110000.00000000	255.255.240.0	/20
11111111. 11111111. 11111000.00000000	255.255.248.0	/21
11111111. 11111111. 11111100.00000000	255.255.252.0	/22
11111111. 11111111. 11111110.00000000	255.255.254.0	/23
11111111. 11111111. 11111111.00000000	255.255.255.0	/24
11111111. 11111111. 11111111.10000000	255.255.255.128	/25
11111111. 11111111. 11111111.11000000	255.255.255.192	/26
11111111. 11111111. 11111111.11100000	255.255.255.224	/27
11111111. 11111111. 11111111.11110000	255.255.255.240	/28
11111111. 11111111. 11111111.11111000	255.255.255.248	/29
11111111. 11111111. 11111111.11111100	255.255.255.252	/30

3.2.3 等长子网划分

子网划分的任务包括两部分：

- 确定子网掩码的长度。
- 子网中第一个可用的 IP 地址和最后一个可用的 IP 地址。

1．等分成两个子网

下面以一个 C 类地址划分为两个网段为例，演示子网划分的过程。

如图 3-14 所示，某公司有两个部门，每个部门 100 台计算机，通过交换机连接，组成局域网，通过路由器连接 Internet。这两个部门的 200 台计算机使用 192.168.0.0 C 类网络，该网段的子网掩码为 255.255.255.0，连接局域网的路由器接口配置使用该网段的第一个可用的 IP 地址 192.168.0.1。

> **提示** 虽然路由器可以使用该网段的任何可用的 IP 地址，但为了避免该网段计算机地址和路由器地址冲突，一般将路由器设置为该网段的第一个可用的 IP 地址或最后一个可用的 IP 地址。

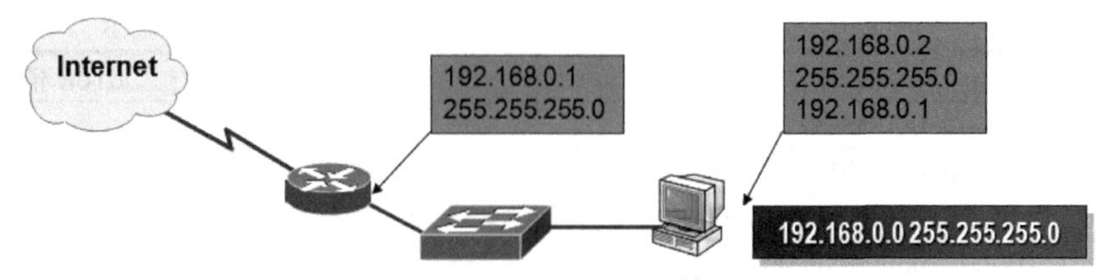

▲图 3-14 一个网段的情况

为了安全考虑，你打算将这两个部门的计算机分为两个网段，中间使用路由器隔开。计算机数量没有增加，还是 200 台，因此使用一个 C 类地址，IP 地址是足够用的。现在将 192.168.0.0 255.255.255.0 这个 C 类地址划分成两个网段。

如图 3-14 所示，将 IP 地址最后一个字节写成二进制形式，子网掩码使用两种方式表示：二进制和十进制。子网掩码的位数往右移一位，这样 IP 地最后一个字节的第 8 位，就变成网络位，该位为 0 是 A 子网，该位为 1 是 B 子网。

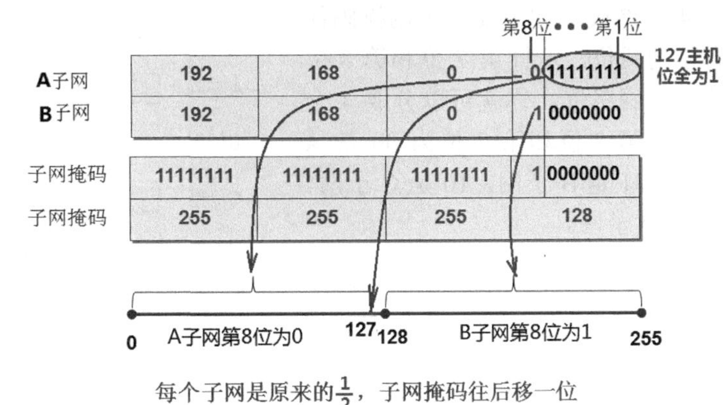

▲图 3-15　等分为两个子网

如图 3-15 所示，IP 地址的最后一个字节，其值在 0～127 之间的，第 8 位均为 0；其值在 128～255 之间的，第 8 位均为 1。分成 A、B 两个子网，以 128 为界。

每个子网是原来的 $\frac{1}{2}$，子网掩码往右移 1 位。

A 和 B 两个子网的子网掩码都为 255.255.255.128。

A 子网可用的地址范围为 192.168.0.1～192.168.0.126，IP 地址 192.168.0.0 由于主机位全为 0，不能分配给计算机使用，192.168.0.127 由于其主机位全为 1，不能分配计算机。

B 子网可用的地址范围 192.168.0.129～192.168.0.254，IP 地址 192.168.0.128 由于主机位全为 0，不能分配给计算机使用，IP 地址 192.168.0.255 由于其主机位全为 1，不能分配给计算机。

划分两个子网后网络规划如图 3-16 所示。

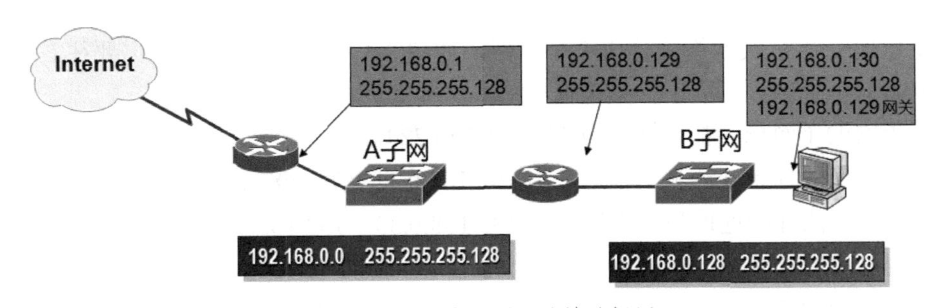

▲图 3-16　划分子网后的地址规划

2. 等分成 4 个子网

假如公司有 4 个部门，每个部门有 50 台计算机，现在使用 192.168.0.0/24 这个 C 类网段，从安全考虑你打算每个部门的计算机放置到独立的网段，这就要求你将 192.168.0.0/24 这个 C 类网络划分为 4 个网段，如何划分子网呢？

如图 3-17 所示，将 192.168.0.0/24 网段的 IP 地址的最后一个字节写成二进制，要想分成 4 个网段，你需要将子网掩码往右移动两位，这样第 7 位和第 8 位就变为网络位。你就可以分成 4 个子网，第 8 位和第 7 位为 00 是 A 子网，01 是 B 子网，10 是 C 子网，11 是 D 子网。

每个子网是原来的$\frac{1}{2}\times\frac{1}{2}$，即两个$\frac{1}{2}$，子网掩码往右移两位。

A、B、C、D 子网的子网掩码都为 255.255.255.192。

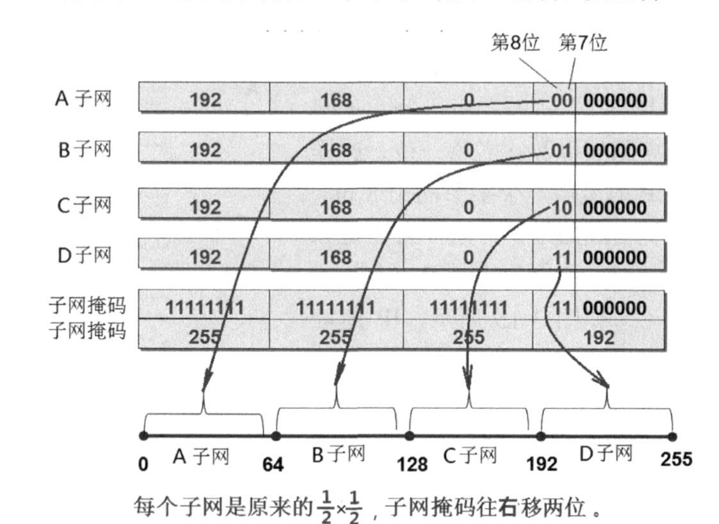

▲图 3-17 等分为 4 个子网

A 子网的可用的开始地址和结束地址为 192.168.0.1～192.168.0.62；
B 子网的可用的开始地址和结束地址为 192.168.0.65～192.168.0.126；
C 子网的可用的开始地址和结束地址为 192.168.0.129～192.168.0.190；
D 子网的可用的开始地址和结束地址为 192.168.0.193～192.168.0.254。

注意 每个子网的最后一个地址都是本子网的广播地址，不能分配给计算机使用，如图 3-16 所示的 A 子网的 63、B 子网的 127、C 子网的 191 和 D 子网的 255。

3. 等分为 8 个子网

如果想把一个 C 类网络等分成 8 个子网，如图 3-17 所示，子网掩码需要往右移 3 位。才能划分出 8 个子网，第 8 位、第 7 位和第 6 位都变成网络位。

每个子网的子网掩码都一样，为 255.255.255.224。
A 子网可用的开始地址和结束地址为 192.168.0.1～192.168.0.30；
B 子网可用的开始地址和结束地址为 192.168.0.33～192.168.0.62；
C 子网可用的开始地址和结束地址为 192.168.0.65～192.168.0.94；
D 子网可用的开始地址和结束地址为 192.168.0.97～192.168.0.126；
E 子网可用的开始地址和结束地址为 192.168.0.129～192.168.0.158；
F 子网可用的开始地址和结束地址为 192.168.0.161～192.168.0.190；
G 子网可用的开始地址和结束地址为 192.168.0.193～192.168.0.222；
H 子网可用的开始地址和结束地址为 192.168.0.225～192.168.0.254。

注意 每个子网能用的主机 IP 地址，都要去掉主机位全 0 和主机位全 1 的地址。如图 3-18 所示，32、64、96、128、160、192、224、255 都是相应子网的广播地址。

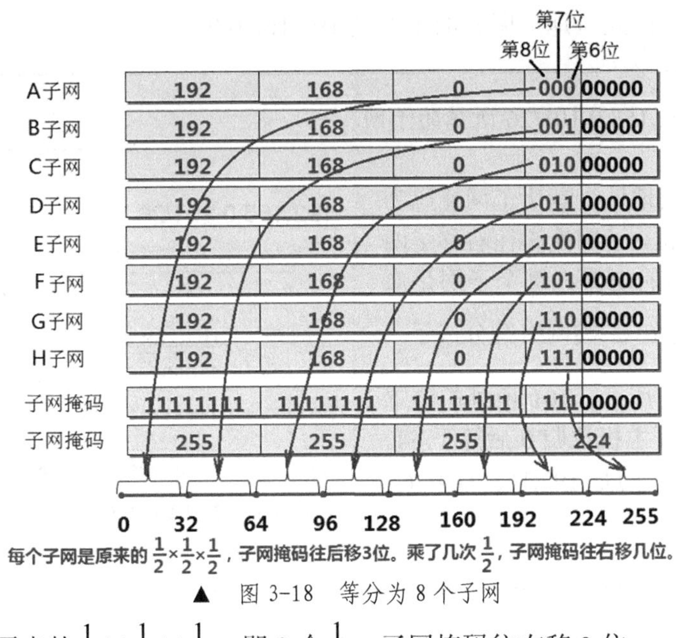

▲ 图 3-18 等分为 8 个子网

每个子网是原来的$\frac{1}{2}\times\frac{1}{2}\times\frac{1}{2}$，即 3 个$\frac{1}{2}$，子网掩码往右移 3 位。

结论 确定子网掩码：子网掩码往右移 1 位，就将原来的网段分成两个子网；子网掩码往右移两位，将原来的网段分成 4 个子网；子网掩码往右移 3 位，就等分成 8 个子网。以此类推，子网掩码往右移 4 位，等分成 16 个子网。

确定每个子网可用的地址：主机位全 0 和全 1 的不能用。

3.2.4 判断 IP 地址所属的网段

以上学习了将一个 C 类网络等分成 2、4、8 个子网的方法，并找到了规律。下面将会练习根据子网掩码断定 IP 地址所属的子网。

示例 判断 192.168.0.101/27 所属的子网。

方法就是将 IP 地址和子网掩码做与运算，得到的就是所属的子网，即主机位归 0 就是所属的子网。

该地址为 C 类地址，默认子网掩码为 24 位，现在是 27 位。子网掩码往右移了 3 位，根据以上总结的规律，每个子网是原来的$\frac{1}{2}\times\frac{1}{2}\times\frac{1}{2}$，即将这个 C 类网络等分成 8 个子网。如图 3-19 所示，101 所处的位置位于 96～128 之间，主机

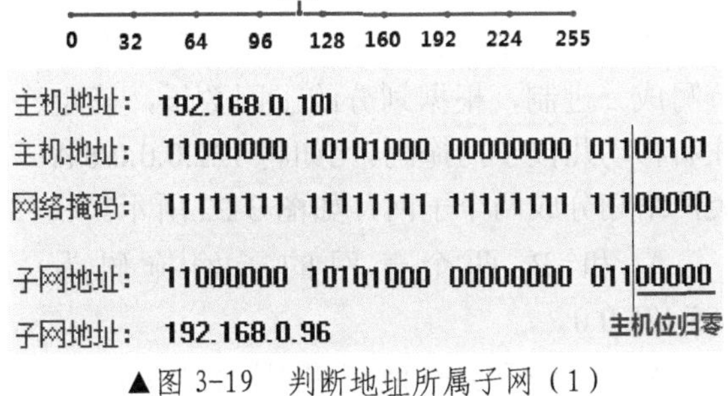

▲图 3-19 判断地址所属子网（1）

位归 0 后等于 96。因此该地址所属的子网是 192.168.0.96。

示例 判断 192.168.0.101/26 所属的子网

该地址为 C 类地址，默认子网掩码为 24 位，现在是 26 位。子网掩码往右移了两位，根据以上总结的规律，每个子网是原来的$\frac{1}{2}\times\frac{1}{2}$，将这个 C 类网络等分成了 4 个子网。如图 3-20 所示，101 所处的位置位于 64～128 之间，主机位归 0 后等于 64。因此该地址所属的子网是 192.168.0.64/26。

192.168.0.101/26

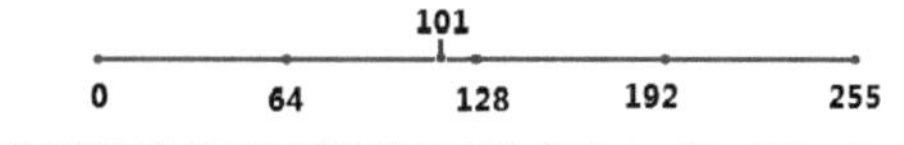

主机地址：192.168.0.101
主机地址：11000000 10101000 00000000 01100101
网络掩码：11111111 11111111 11111111 11000000
子网地址：11000000 10101000 00000000 01000000
子网地址：192.168.0.64 主机位归零

▲图 3-20　判断地址所属子网（2）

总结 如图 3-21 所示，如果一个 C 类网络被等分成 4 个子网。

IP 地址范围 192.168.0.0～192.168.0.63 都属于 192.168.0.0/26 子网。
IP 地址范围 192.168.0.64～192.168.0.127 都属于 192.168.0.64/26 子网。
IP 地址范围 192.168.0.128～192.168.0.191 都属于 192.168.0.128/26 子网。
IP 地址范围 192.168.0.192～192.168.0.255 都属于 192.168.0.192/26 子网。

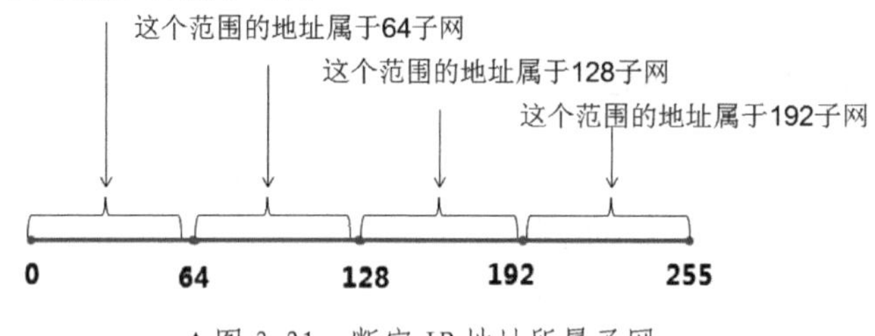

▲图 3-21　断定 IP 地址所属子网

3.2.5　A 类网络子网划分

学会了 C 类网络等长子网划分，A 类网络的子网划分也就会了，你只需将 A 类 IP 地址的第 2 个字节、第 3 个字节和第 4 个字节写成二进制，根据划分的子网数量，确定往右移动几位子网掩码。比如将 122.0.0.0/8 A 类网络划分成两个子网，如图 3-22 所示。

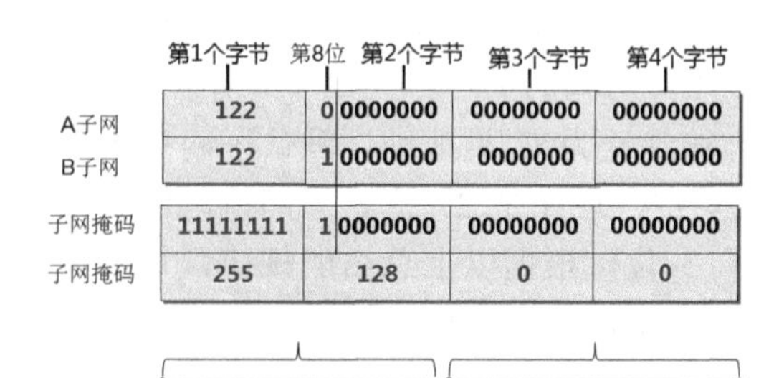

▲图 3-22　A 类网络划分为两个子网

A 和 B 两个子网的子网掩码为 255.128.0.0。

A 子网可用的地址范围 122.0.0.1～

122.127.255.254。

B 子网可用的地址范围 122.128.0.1～122.255.255.254。

举一反三，B 类地址的子网划分，你只需将 IP 地址的第 3 个字节和第 4 个字节写成二进制，根据划分的子网数量，先确定往右移动几位子网掩码，然后确定每个子网可用的地址范围。

3.3 变长子网划分

以上讲述的都是等长子网划分，即将一个网络等分为两个子网、4 个子网或 8 个子网。如果每个子网中的计算机数量不一样多，就需要变长子网划分。下面就讲述变长子网划分。

3.3.1 示例：变长子网划分

如果你的公司有 3 个部门，如图 3-23 所示，市场部有 100 台计算机，财务部有 50 台计算机，研发部有 20 台计算机。现在你的网络使用一个 C 类网络 192.168.0.0/24。为了安全考虑，你打算一个部门的计算机分配一个网段。每个网段的计算机数量不一样多，这就要求你将现有的C类网络划分成3个不等长的子网，同时，路由器 RouterA 和 RouterB 之间的连接是一个网段 D，路由器 RouterB 和 RouterC 之间的连接是一个网段 E。D 和 E 网段就两个结点，因此需要两个 IP 地址。在子网划分时需要考虑这两个子网。

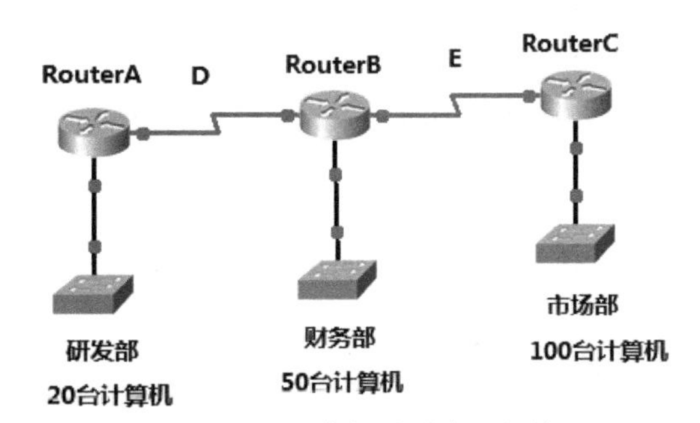

▲图 3-23　变长子网应用场景

确定每个子网的子网掩码、开始地址和结束地址。

划分子网的过程如下。

如图 3-24 所示，画一条直线，代表 C 类网络的最后一位 IP 地址范围，起点为 0，终点为 255。将该直线二等分，分为 0～127 和 128～255 两部分，再将 0～127 进行二等分，分为 0～63 和 64～127 两部分，再将 0～63 进行二等分，分为 0～31 和 32～63 两部分。

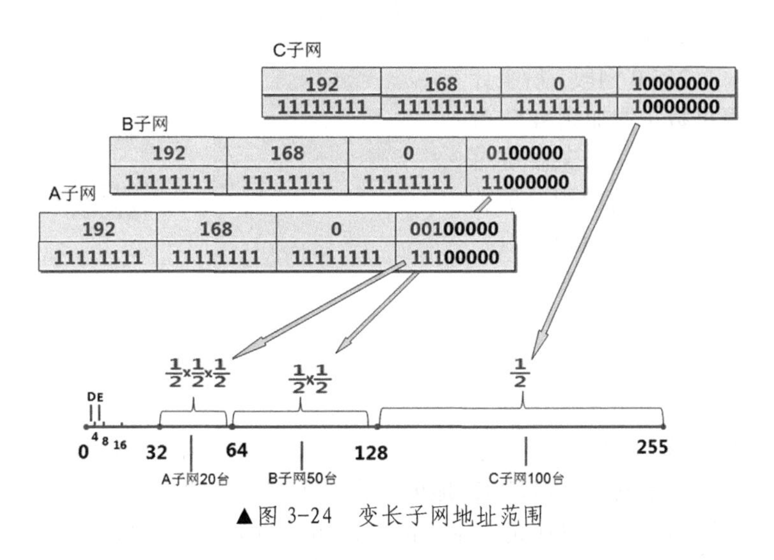

▲图 3-24　变长子网地址范围

将市场部的 100 台计算

机的 IP 地址指定到 128～255 这个地址范围。该范围是 0～255 的$\frac{1}{2}$，按照以上等长子网划分过程得到的规律，是 1 个$\frac{1}{2}$，子网掩码往右移 1 位。即该子网的子网掩码为 255.255.255.128，可用的地址范围为 192.168.0.129～192.168.0.254。

财务部的 50 台计算机，使用 64～127 这个范围，该范围是 0～255 的$\frac{1}{4}$，按照以上等长子网划分得到的规律，是两个$\frac{1}{2}$，子网掩码往右移两位。即该子网的子网掩码为 255.255.255.192，可用的地址范围为 192.168.0.65～192.168.0.126。

研发部的 20 台计算机，使用 32～63 这个地址范围，该范围是 0～255 的$\frac{1}{8}$，按照以上等长子网划分得到的规律，是 3 个$\frac{1}{2}$，子网掩码往右移 3 位。即该子网的子网掩码为 255.255.255.224，可用的地址范围为 192.168.0.33～192.168.0.62。

D 子网和 E 子网，就需要两个 IP 地址，D 子网使用 0～3 这个子网，E 子网使用 4～7 子网。该范围是 0～255 的$\frac{1}{64}$，按照以上等长子网划分得到的规律，是 6 个$\frac{1}{2}$，子网掩码往右移 6 位。即 D 和 E 子网的子网掩码为 255.255.255.252，D 子网的可用地址为 192.168.0.1～192.168.0.2，E 子网的可用地址为 192.168.0.5～192.168.0.6。

3.3.2 超网

如图 3-24 所示，某企业有一个网段，该网段有 200 台计算机，使用 192.168.0.0255.255.

255.0 网段。后来计算机数量增加到 400 台计算机，由于某种屏幕广播软件的应用，屏幕广播软件不能跨网段，这些计算机必须在同一个网段。

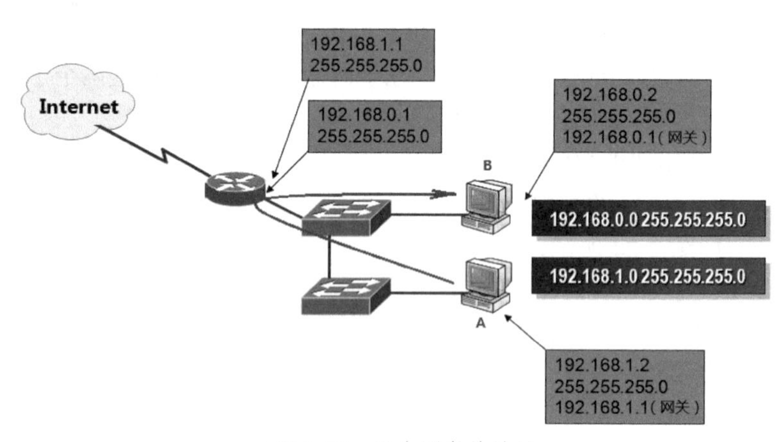

▲图 3-25　两个网段的地址

在该网络中添加交换机，可以扩展该网段的规模，IP 地址不够用，再添加一个 C 类地址 192.168.1.0～255.255.255.0。这些计算机物理上在一个网段，但是 IP 地址没在一个网段，即逻辑上不在一个网段。如果想让这些计算机能够通信，可以在路由器的接口添加这两个 C 类网络的地址作为这两个子网的网关。

在这种情况下，A 计算机到 B 计算机进行通信，必须通过路由器转发，如图 3-25 所示，这样两个子网才能够通信。本来这些计算机物理上在一个网段，还需要路由器转发，效率不高。

有没有更好的办法，让两个子网认为计算机在一个网段？

如图 3-26 所示，将 192.168.0.0 和 192.168.1.0 两个 C 类网络合并。将 IP 地址第 3 个字节和第 4 个字节写成二进制，可以看到将子网掩码往左移动 1 位，网络部分就一样了，这两个网段就在一个网段了。

合并两个网段

192.168.0.0 255.255.255.0

192.168.1.0 255.255.255.0

192	168	00000000	00000000
192	168	00000001	00000000
11111111	11111111	11111110	00000000
255	255	254	0

▲图 3-26　合并两个网段

合并后的网段子网掩码为 255.255.254.0，可用地址为 192.168.0.1～192.168.1.254，IP 地址的配置如图 3-27 所示。

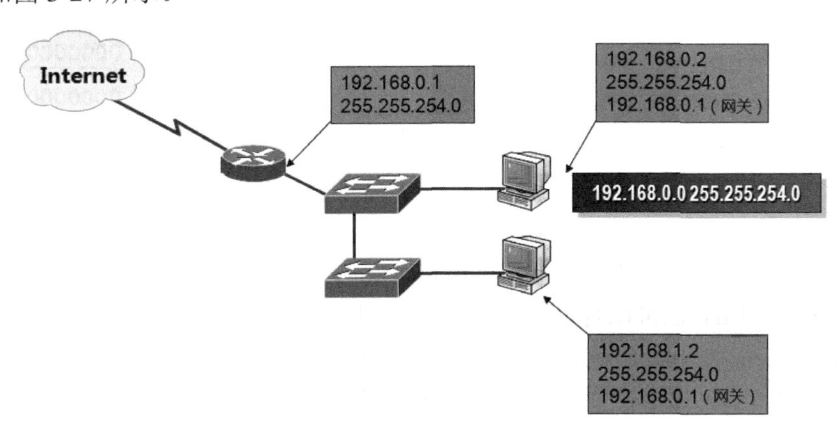

▲图 3-27　合并后的地址配置

3.3.3　合并网络的规律

以上讲了合并两个 C 类网络 192.168.0.0 255.255.255.0 和 192.168.1.0 255.255.255.0 子网掩码往左移 1 位，可以合并为 192.168.0.0 255.255.254.0。下面深入讲解合并子网的过程。

如图 3-28 所示，192.168.2.0 255.255.255.0 和 192.168.3.0 255.255.255.0 子网掩码往左移 1 位，也可以合并为一个网段 192.168.2.0 255.255.254.0。

192.168.2.0 255.255.255.0

192.168.3.0 255.255.255.0

192	168	00000010	00000000
192	168	00000011	00000000
11111111	11111111	11111110	00000000
255	255	254	0

▲图 3-28　合并两个 C 类网络

合并两个网段，需要向左移动 1 位子网掩码，但是并不是随便两个连着的子网都能移动 1 位子网掩码被合并。比如，不能通过向左移动 1 位子网掩码将 192.168.1.0 255.255.255.0 和 192.168.2.0 255.255.255.0 网段合并。如图 3-29 所示，子网掩码往左移 1 位，网络部分还是不一样。

192.168.1.0 255.255.255.0
192.168.2.0 255.255.255.0

192	168	00000001	00000000
192	168	00000010	00000000
11111111	11111111	11111110	00000000
255	255	254	0

▲图 3-29 子网掩码不能向左移动 1 位而合并

合并四个网段 192.168.0.0 255.255.255.0、192.168.1.0 255.255.255.0、192.168.2.0 255.255.255.0、192.168.3.0 255.255.255.0，以下简称这 4 个网段为 0 网段、1 网段、2 网段、3 网段。如图 3-30 所示，需要子网掩码向左移动两位。

合并四个网段
192.168.0.0 255.255.255.0
192.168.1.0 255.255.255.0
192.168.2.0 255.255.255.0
192.168.3.0 255.255.255.0

192	168	00000000	00000000
192	168	00000001	00000000
192	168	00000010	00000000
192	168	00000011	00000000
11111111	11111111	11111100	00000000
255	255	252	0

▲图 3-30 合并 4 个网段

得出结论，向左移动 1 位子网掩码可以合并 0、1 网络，也可以合并 2、3 网络，也可以合并 4、5 网络，也可以合并 6、7 网络。通过向左移动两位子网掩码可以将连续的 0、1、2、3 网络合并成一个网络，也可将连续的 4、5、6、7 网络合并成一个网络。通过向左移动 3 位子网掩码，可以将 0、1、2、3、4、5、6、7 网络合并成一个网络，如图 3-31 所示。

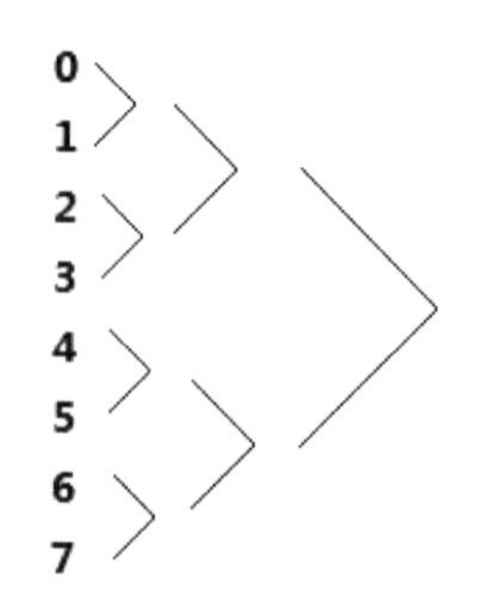

▲图 3-31 合并网络的规律

思考

192.168.178.0 255.255.255.0 和 192.168.179.0 255.255.255.0 两个网络是否能够通过向左移动 1 位子网掩码合并成一个网段？您也许不能一下子就知道是否可以合并，现在介绍一种方法，178 除以 4 余数是 2，179 除以 4 余数是 3，根据上面的介绍，2 和 3 网络是可以通过子网掩码向左移 1 位，合并成一个网络。因此这两个子网是可以合并为 192.168.178.0 255.255.254.0。
192.168.181.0 255.255.255.0 和 192.168.182.0 255.255.255.0 两个网络是否可以通过向左移动 1 位子网掩码进行合并？将 181 除以 4 余数是 1，182 除以 4 余数是 2，根据上面的介绍，1、2 网段不能通过向左移动 1 位子网掩码合并成一个网段。

思考

192.168.156.0 192.168.157.0 192.168.158.0 192.168.159.0 这四个 C 类网络是否可以通过将子网掩码向左移动两位进行合并？现在就不能除以 4 了，将 156 除以 8 余数为 4，157 除以 8 余数为 5，158 除以 8 余数为 6，159 除以 8 余数为 7，根据上面的介绍，4、5、6、7 是可以通过子网掩码向左移动两位合并的。

3.4 习 题

1. 根据图 3-32 网络拓扑和网络中的主机数量，将相应的 IP 地址拖曳到相应的位置。

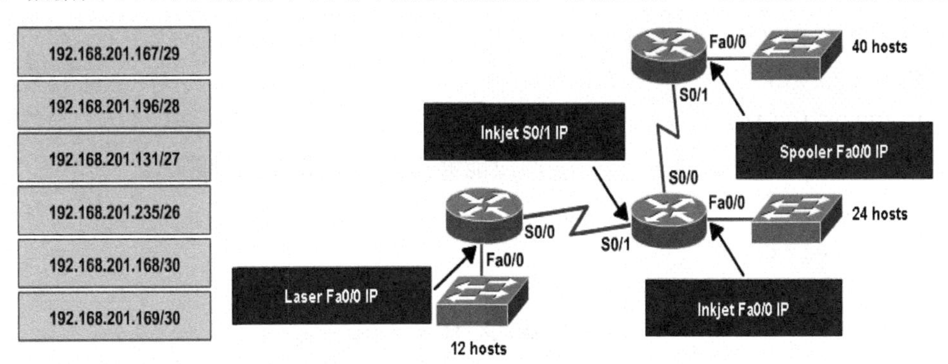

图 3-32 网络拓扑

2. 以下_______地址属于 115.64.4.0/22 网段。（选择 3 个答案）

   A. 115.64.8.32
   B. 115.64.7.64
   C. 115.64.6.255
   D. 115.64.3.255
   E. 115.64.5.128
   F. 115.64.12.128

3. _______子网被包含在 172.31.80.0/20 网络。（选择两个答案）

   A. 172.31.17.4/30
   B. 172.31.51.16/30
   C. 172.31.64.0/18
   D. 172.31.80.0/22
   E. 172.31.92.0/22
   F. 172.31.192.0/18

4. 某公司设计网络，需要 300 个子网，每个子网的数量最多为 50 个主机，将一个 B 类网络进行子网划分，下面_______子网掩码可以用。

   A. 255.255.255.0
   B. 255.255.255.128
   C. 255.255.252.0
   D. 255.255.255.224
   E. 255.255.255.192
   F. 255.255.248.0

5. 网段 172.25.0.0 被分成 8 个等长子网，下面_______地址属于第三个子网。（选择 3

个答案）

A. 172.25.78.243

B. 172.25.98.16

C. 172.25.72.0

D. 172.25.94.255

E. 172.25.96.17

F. 172.25.100.16

6. 根据图 3-33 所示，以下________网段能够指派给网络 A 和链路 A。

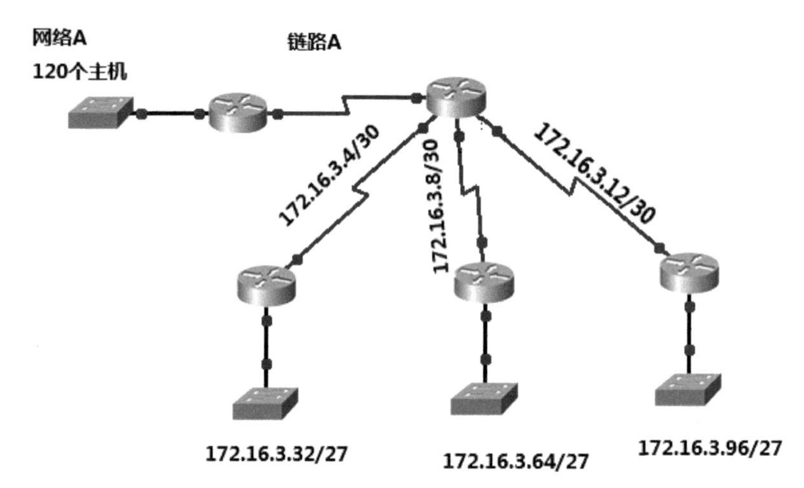

图 3-33　网络拓扑

A. 网络 A——172.16.3.48/26

B. 网络 A——172.16.3.128/25

C. 网络 A——172.16.3.192/26

D. 链路 A——172.16.3.0/30

E. 链路 A——172.16.3.40/30

F. 链路 A——172.16.3.112/30

7. IP 地址中的网络号部分用来识别________。

A. 路由器

B. 主机

C. 网卡

D. 网段

8. 以下网络地址中属于私网地址的是__________。

A. 192.178.32.0

B. 128.168.32.0

C. 172.15.32.0

D. 192.168.32.0

9. 网络 122.21.136.0/22 中最多可用的主机地址是__________。

A. 1024

B. 1023

C. 1022

D. 1000

10. 主机地址 192.15.2.160 所在的网络是________。

A. 192.15.2.64/26

B. 192.15.2.128/26

C. 192.15.2.96/26

D. 192.15.2.192/26

11. 某公司的网络地址为 192.168.1.0，要划分成 5 个子网，每个子网最多 20 台主机，则适用的子网掩码是_________。

A. 255.255.255.192

B. 255.255.255.240

C. 255.255.255.224

D. 255.255.255.248

12. 某端口的 IP 地址为 202.16.7.131/26，则该 IP 地址所在网络的广播地址是_______。

A. 202.16.7.255

B. 202.16.7.129

C. 202.16.7.191

D. 202.16.7.252

13. 在 IPv4 中，组播地址是________地址。

A. A 类

B. B 类

C. C 类

D. D 类

习题答案

1.

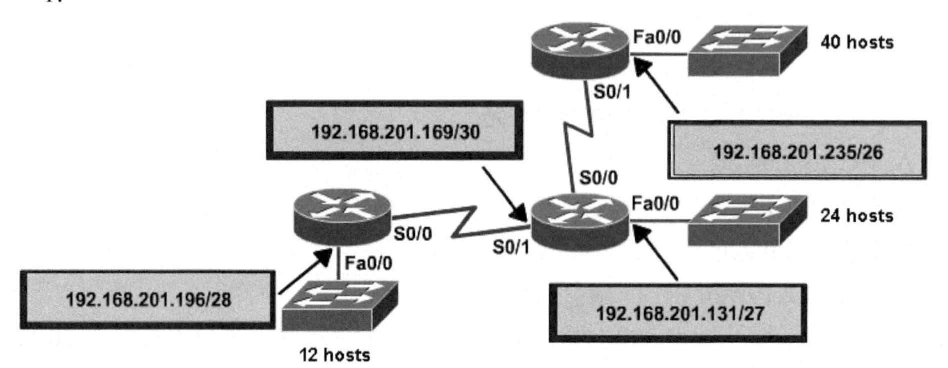

2. B C E

3. D E

4. B E

5. A C D

6. B D

7. D

8. D

9. C

10. B

11. C

12. C

13. D

第 4 章 Cisco IOS

Cisco 的网际操作系统 IOS（Internet Operation System Software）是一个为网际互联优化的复杂的操作系统。IOS 是一个与硬件分离的软件体系结构，随着网络技术的不断发展，可动态地升级以适应不断变化的技术（硬件和软件）。IOS 可以被视作一个网际互联中枢：一个高度智能的管理员，负责管理和控制复杂的分布式网络资源，它允许你配置这些设备使其正常工作。

在本章中，将会讲述如何使用 Packet Tracer 软件，并搭建本书的实验环境，然后在这个网络环境中进行路由器的常规配置来熟悉 Cisco 命令行界面。当完全熟悉了这个界面后，你将能够配置主机名、口令和其他更多的内容，并且通过使用 Cisco IOS 来进行排错。

本章将带你快速地领略路由器的配置以及命令的使用等主要而基本的内容。

本章主要内容：

- 理解并配置 Cisco 互联网络操作系统（IOS）
- 连接到路由器
- 启动路由器
- 登录到路由器
- 理解路由器的提示符
- 理解 CLI 提示符
- 使用编辑和帮助功能
- 获得基本的路由信息
- 设置主机名
- 设置口令
- 完成接口配置
- 查看、保存并删除路由器的配置
- 验证路由选择配置
- 使用帮助功能

4.1 Cisco 路由器的硬件和 IOS

Cisco 的 IOS 是一个可以提供路由、交换、网络互联以及远程通信功能的专有内核。第一版 IOS 是 由 William Yeager 在 1986 编写的，它推动了网络应用的发展。Cisco 的 IOS 运行在绝大多数的 Cisco 路由器上，以及数量在不断增加的 Cisco Catalyst 交换机上，如 Catalyst 的 2950/2960 和 3550/3560 系列的交换机。

Cisco 路由器的 IOS 软件将负责完成一些重要的工作，包括：

- 加载网络协议和功能。
- 在设备间连接高速流量。
- 在控制访问中添加安全性，防止未授权的网络使用。
- 为简化网络的增长和冗余备份提供可缩放性。
- 为连接到网络中的资源提供网络的可靠性。

可以通过路由器的控制台接口、Modem 的辅助端口，甚至 Telnet 来访问 Cisco IOS。通常，将访问 IOS 命令行的操作称为 EXEC（执行）会话。

4.1.1 Cisco 路由器的硬件分类

1. 从结构上分类

Cisco 路由器从结构上分为“模块化路由器”和“非模块化路由器”。模块化结构可以灵活地进行路由器配置，以适应企业不断增加的业务需求，非模块化的就只能提供固定的端口。通常中高端路由器为模块化结构，低端路由器为非模块化结构。

如图 4-1 所示，模块化路由器主要是指该路由器的接口类型及部分扩展功能是可以根据用户的实际需求来配置的路由器。这些路由器在出厂时一般只提供最基本的路由功能，用户可以根据所要连接的网络类型来选择相应的模块，不同的模块可以提供不同的连接和管理功能。例如，绝大多数模块化路由器可以允许用户选择网络接口类型，有些模块化路由器可以提供 VPN 等功能模块，有些模块化路由器还提供防火墙的功能，等等。目前的多数路由器都是模块化路由器。

如图 4-2 所示，非模块化的就只能提供固定的端口。

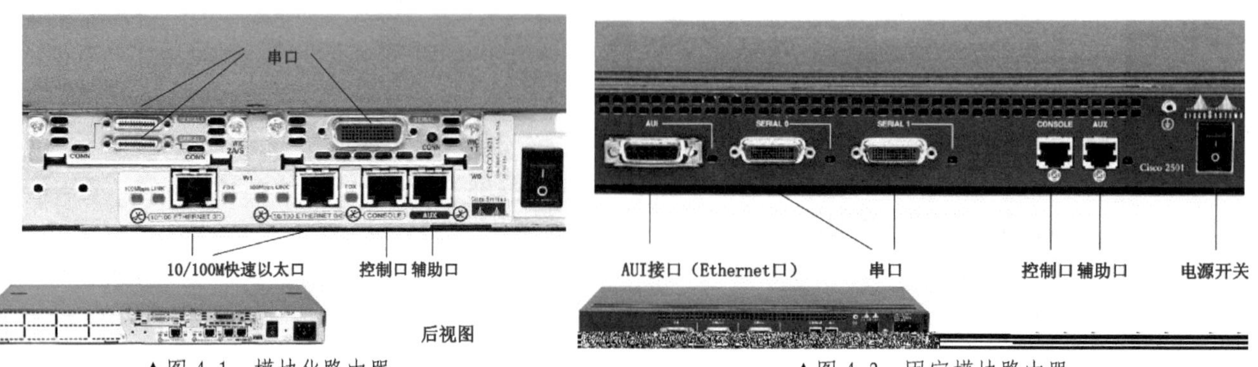

▲图 4-1 模块化路由器　　▲图 4-2 固定模块路由器

2. 按档次分类

按性能档次，路由器分为高、中、低档路由器。

通常将路由器吞吐量大于 40Gb/s 的路由器称为高档路由器；背板吞吐量在 25～40Gb/s 之间的路由器称为中档路由器；而将低于 25Gb/s 的看做低档路由器。当然这只是一种宏观上的划分标准，各厂家的划分标准并不完全一致。实际上路由器档次的划分不仅是以吞吐量为依据的，还有一个综合指标。以市场占有率最大的 Cisco 公司为例，12000 系列为高端路由器，7500 以下系列路由器为中低端路由器。

3. 从功能上分类

从功能上划分，可将路由器分为骨干级路由器，企业级路由器和接入级路由器。

骨干级路由器是实现企业级网络互联的关键设备，它的数据吞吐量较大，非常重要。对骨干级路由器的基本性能要求是高速度和高可靠性。为了获得高可靠性，网络系统普遍采用诸如热备份、双电源、双数据通路等传统冗余技术，从而使得骨干路由器的可靠性一般不成问题。

企业级路由器连接许多终端系统，连接对象较多，但系统相对简单，且数据流量较小。对这类路由器的要求是以尽量便宜的方法实现尽可能多的端点互连，同时还要求能够支持不同的服务质量。

接入级路由器主要应用于连接家庭或 ISP 内的小型企业客户群体。

4. 按网络所处位置分类

按所处网络位置划分通常把模块化路由器划分为边界路由器和中间结点路由器。

很明显，边界路由器是处于网络边缘，用于不同网络路由器的连接；而中间结点路由器则处于网络的中间，通常用于连接不同网络，起到一个数据转发的桥梁作用。由于各自所处的网络位置有所不同，其主要性能也就有相应的侧重，如中间结点路由器因为要面对各种各样的网络。如何识别这些网络中的各结点呢？靠的就是这些中间结点路由器的 MAC 地址的记忆功能。

基于上述原因，选择中间结点模块化路由器时就需要在 MAC 地址记忆功能方面更加注重，也就是要求选择缓存更大、MAC 地址记忆能力较强的模块化路由器。但是边界路由器由于可能要同时接收来自许多不同网络路由器发来的数据，所以要求其背板带宽要足够宽，当然这也要由它所处的网络环境而定。

5. 从性能上分类

从性能上划分，可将路由器分为线速路由器和非线速路由器。

所谓线速路由器，就是完全可以按传输介质带宽进行通畅传输，基本上没有间断和延时。通常线速路由器是高端路由器，具有非常高的端口带宽和数据转发能力，能以媒体速率转发数据包；中低端路由器是非线速路由器。但是一些新的宽带接入路由器也有线速转发能力。

4.1.2 Cisco 路由器的主要组件

在 Cisco 路由器内部有如下一些组件，如图 4-3 所示。

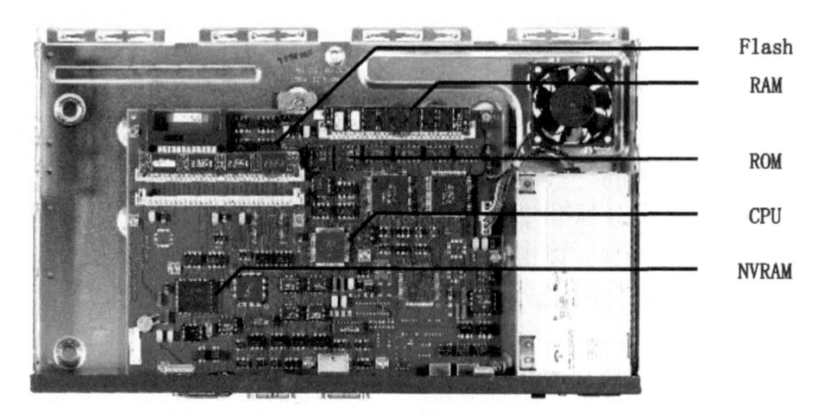

▲图 4-3 路由器的主要组件

- Flash：路由器用于保存 Cisco 的 IOS。当路由器重新加载时并不擦除闪存中的内容。它是一种由 Inteld 开发的 EEPROM（电可擦除只读存储器）。只要有足够的空间，闪存中就可以容纳多个操作系统镜像。
- RAM（随机存取存储器）：用于保存数据包缓冲、ARP 高速缓存、路由表，以及路由器运行所需的软件和数据结构。Running-config 文件存储在 RAM 中，并且有些路由器也可以从 RAM 运行 IOS。RAM 中的所有内容，包括运行配置文件都在断电后被清除。
- ROM：ROM 用来存储 Bootstrap、开机自检程序（POST）、ROM 监控程序、微型 IOS。
- CPU：不同于 PC 上常用的 Intel 和 AMD 两大厂家的产品。
- NVRAM：非易失性存储器，用于保存路由器和交换机配置。还可以存储启动配置（startup-config）文件。当路由器或交换机重新加载时并不擦除 NVRAM 中的内容。NVRAM 中未存储 IOS，Configuration Register（配置寄存器）存储在 NVRAM 中。
- Interface：外部可见的各类接口，如串口（Serial）、以太网接口（Ethernet）、快速以太网接口（FastEthernet）等，用于连接局域网和广域网。

下面介绍存储在 ROM 中的 Bootstrap、POST、ROM 监控程序、微型 IOS 以及 Configuration Register（配置寄存器）的作用。

- Bootstrap：用于在初始化阶段启动路由器，然后装入 IOS。
- POST：是存储在 ROM 中的微代码，用于检测路由器硬件的基本功能并确定哪些接口当前可用。
- ROM 监控程序：是存储在 ROM 中的微代码，用于手动测试和故障诊断。
- 微型 IOS：是一个在 ROM 中可以启动接口并将 Cisco IOS 加载到闪存中的小型 IOS。它也可以执行一些其他的维护操作，比如你误删除了 Flash 中完整的 IOS，利用这个微型的 IOS 可以将完整的 IOS 再次拷贝到 Flash，即安装操作系统。
- Configuration Register：配置寄存器，用于控制路由器如何启动。配置寄存器的值可以在 show version 命令输出结果的最后一行中找到，通常为 0x2102，这个值意味着路由器从闪存加载 IOS，并告诉路由器从 NVRAM 调用配置。

4.1.3 路由器 IOS 命名

Cisco 路由器 IOS 命名规范：AAAAA-BBBB-CC-DDDD.EE。下面介绍各代表的含义。

- AAAAA：这组字符是说明文件所适用的硬件平台，比如（这里我们就不一一列举了，只列出几个有代表性的）：c2600 代表 2600 系列路由器，c2800 代表 2800 系列路由器。
- BBBB：这组字符是说明这个 IOS 中所包含的特性，这里介绍几个常用的、经常会看到的特性。a 代表 Advanced Peer-to-Peer Networking（APPN）特性；boot 代表引导映像；j 代表企业；i 代表 IP；i3 代表 简化的 IP；没有 BGP、EBP、NHRP； i5d 代表带有 VoFR 的 IP；k8 代表 IPSec 56；k9 代表 IPSec 3DES；o 代表 IOS 防火墙；o3 代表带入侵检测系统 IDS、SSH 的防火墙；s 代表有 NAT、IBM、VPDN、VoIP 模块；v5 代表 VoIP；x3 代表语音。
- CC：这组字符是 IOS 文件格式。第一个“C”指出映像在哪个路由器内存类型中执行。f 代表 Flash、内存，m 代表 RAM，r 代表 ROM。第二个“C”说明如何进行压缩。z 代表 zip 压缩；x 代表 mzip 压缩；w 代表 stac 压缩。
- 如果你正想把 Flash 卡（闪存卡）从一台路由器上拆除，那么可以看看这个字符是什么。如果是 f，则软件是直接从闪存执行的，这时候就要求安装有闪存，以便 IOS 软件能够运行；如果是 m，那么路由器已经从 Flash（闪存）中读取了 IOS 软件，压缩之后正在从 RAM 运行它。在路由器正常引导起来以后，就可以安全地拆除 Flash 了。
- DDDD：这组字符指出 IOS 软件的版本，表示 IOS 软件的版本号。
- EE：这个是 IOS 文件的后缀（.bin 或者.tar）。

> **例如**
>
> “rsp-jo3sv-mz.122-1.bin”，rsp 是硬件平台（Cisco 7500 系列）。jo3sv 是指企业级（j）、带 IDS 的防火墙（o3）、带有 NAT/VoIP 的 IP 增强（s）以及通用接口处理器 VIP（v）。mz 表明是运行在路由器的 RAM 内存中，并且用 zip 压缩。122-1 表明是 Cisco IOS 软件版本 12(2)1，即主版本 12(2)的第一个维护版本。.bin 是这个 IOS 软件的后缀。

4.2 连接到路由器进行配置

可以通过连接到 Cisco 路由器来进行路由器的设置、配置验证及统计数据审核。要做到这一点可以有不同的方式，如图 4-4 所示。

- 超级终端。
- Web 页面。
- Telnet。
- 拨号。

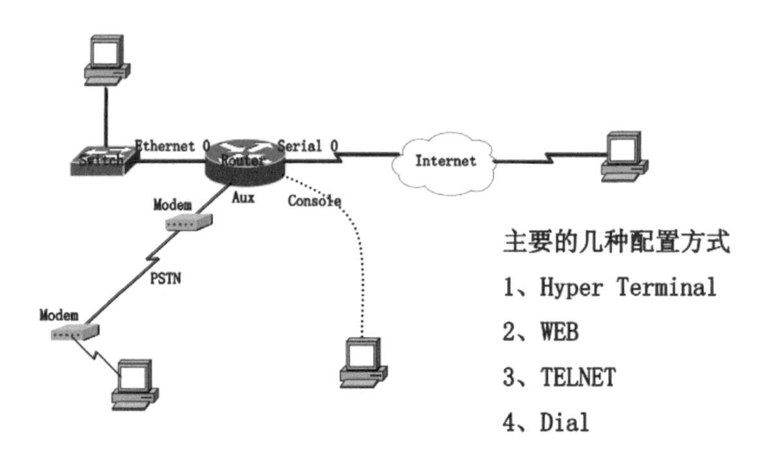

▲图 4-4 配置路由器的方式

如图 4-5 所示，通过路由器的 Console 口连接路由器进行配置，这需要在计算机上使用超级终端软件进行配置。对于刚刚购买的新的路由器，通常使用超级终端连接路由器的控制台端口进行配置。控制台端口一般是一个 RJ-45 的连接器（8 针的模块），位于路由器的背面。在默认时，连接到这个端口可能有口令要求，也可能没有口令要求；而新型的 ISR 路由器在默认时使用 Cisco 作为用户名和口令。

控制台连接

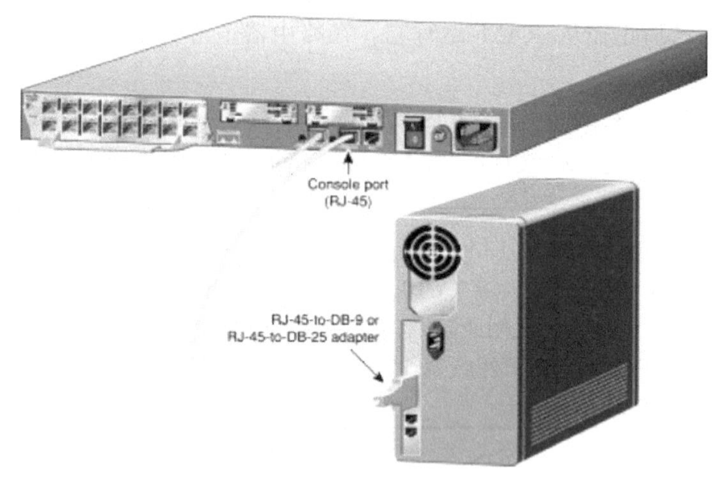

▲图 4-5 通过 Console 接口配置路由器

你还可以通过辅助端口连接到 Cisco 路由器上，由于辅助端口与控制台端口基本上是一样的，因此，你可以像使用控制台端口一样使用它。但是，在使用辅助端口前，你需要配置相关的 Modem 命令，这样，Modem 才可以同此路由器相互通信。这是一个非常好的功能，假如有一台路由器出了问题，而你又想去配置它，这个功能允许你通过连接到它的辅助端口，远程拨号到这个 out-of-band（即“脱离网络”）的路由器上。

连接到 Cisco 路由器的方式是 in-band（in-band 是指可以通过网络来配置路由器，即通过应用程序 Telnet，它是与 out-of-band 相对应的）。Telnet 是一个仿真终端程序，它运行起来就像一个哑终端。这样，你可以使用 Telnet 连接到路由器上的任何一个活动接口上，如以太网或串行端口。必须在网络已经配置通之后，才能 Telnet 路由器。

路由器还可以启用 HTTP 服务，允许用户通过 Web 页面访问 Cisco 路由器。

4.2.1 使用超级终端配置路由器

使用 Console 口连接到计算机的 COM 口。要想配置路由器，必须打开 Windows XP 或 Windows Server 2003 的超级终端软件。

Windows Server 2003 默认没有安装超级终端，需要安装。选择“开始”→“设置”→“控制面板”→“添加或删除程序”命令，如图 4-6 所示，在出现的“添加或删除程序”窗口中单击“添加/删除 Windows 组件”按钮，在出现的“Windows 组件向导”对话框中，选中“附件和工具”复选框，单击“详细信息”按钮。在出现的“附件和工具”对话框中，选中“通讯”复选框，单击“详细信息”按钮。在出现的“通讯”对话框中，选中“超级终端”复选框，单击“确定”按钮，完成超级终端的安装。在安装过程中需要插入 Windows Server 2003 的安装盘。

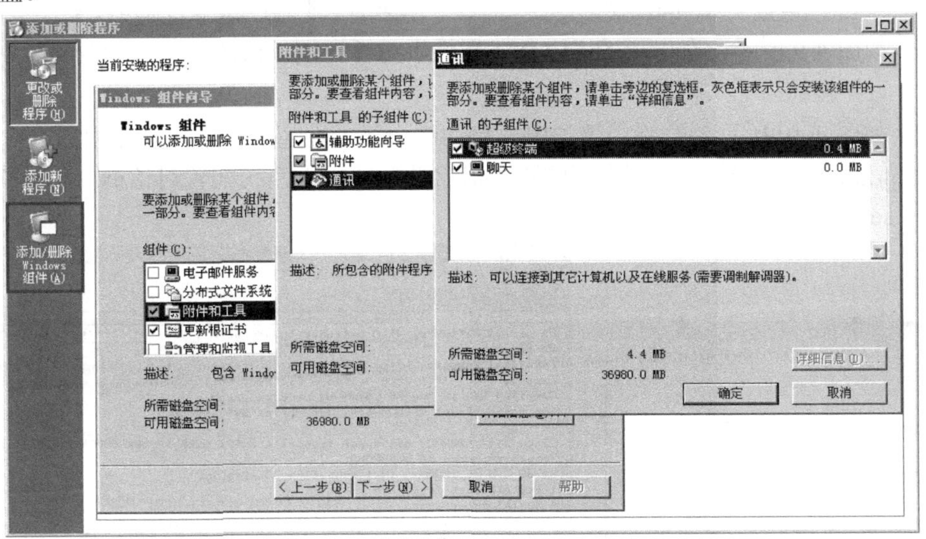

▲图 4-6 安装超级终端

如果操作系统是 Windows 7 或 Vista，系统没有自带的超级终端软件，需要从 Internet 上下载超级终端软件，比如 CRT 软件。

下面介绍使用 Windows 内置的超级终端软件配置路由器。

（1）选择“开始”→“程序”→“附件”→“通讯”→“超级终端”命令。

（2）在出现的“位置信息”对话框中，输入你的区号“0311”。

（3）在出现的“电话和调制解调器选项”对话框中，单击“确定”按钮。

（4）如图 4-7 所示，在出现的“连接描述”对话框中，输入名称“connect to Router”，并且选中一个图标。

（5）如图 4-8 所示，在出现的“连接到”对话框中，选中连接时使用的接口。

▲图 4-7　配置超级终端

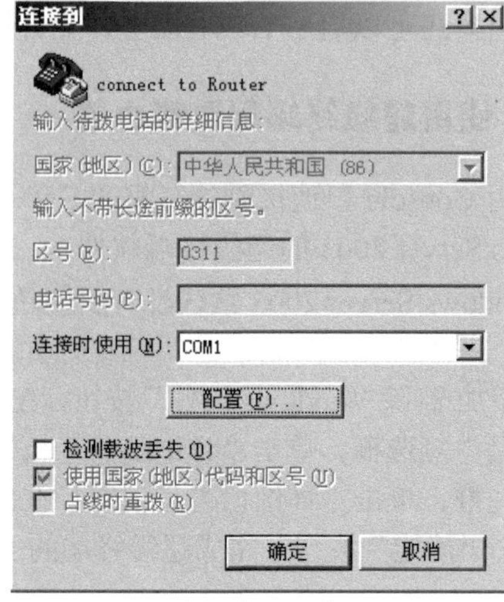

▲图 4-8　选择连接时使用的接口

（6）如图 4-9 所示，在出现的“COM1 属性”对话框中，按照图示进行配置，单击“确定”按钮。

（7）如图 4-10 所示，给路由器加电，启动路由器。在超级终端出现路由器 IOS 的相关信息和路由器接口。刚出厂的路由器启动后会进入系统配置对话框，这种模式就是 setup 模式。

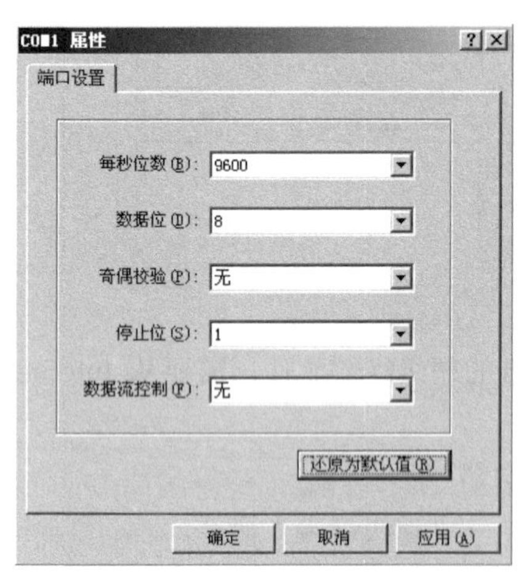

▲图 4-9　端口设置

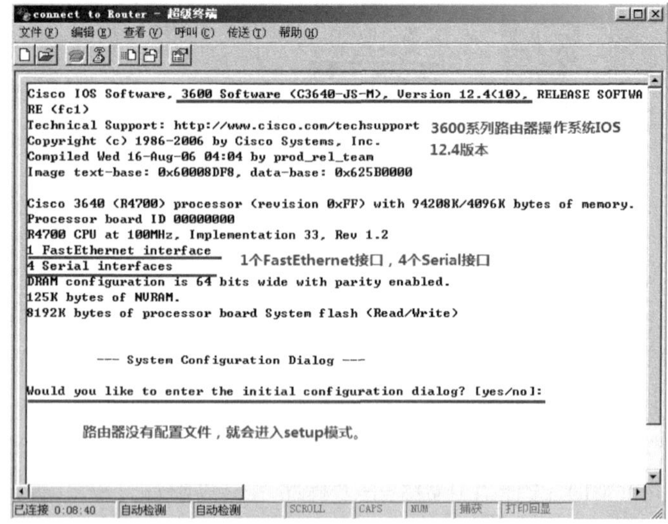

▲图 4-10　进入 setup 模式

4.2.2　使用超级终端 Telnet 路由器

当你的计算机和路由器能够通信后，可以使用超级终端 Telnet 到路由器进行远程配置。但前提是路由器配置了 Telnet 端口。

（1）选择“开始”→“程序”→“附件”→“通讯”→“超级终端”命令。

（2）如图 4-11 所示，在出现的“连接描述”对话框中，输入名称，选择图标，单击“确定”按钮。

（3）如图 4-12 所示，在出现的“连接到”对话框中，在连接时使用，下拉列表框中选择 TCP/IP（Winsock），单击“确定”按钮。

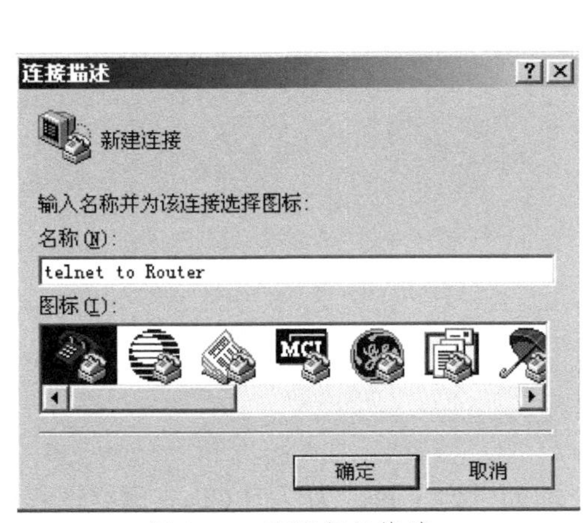

▲图 4-11　配置超级终端

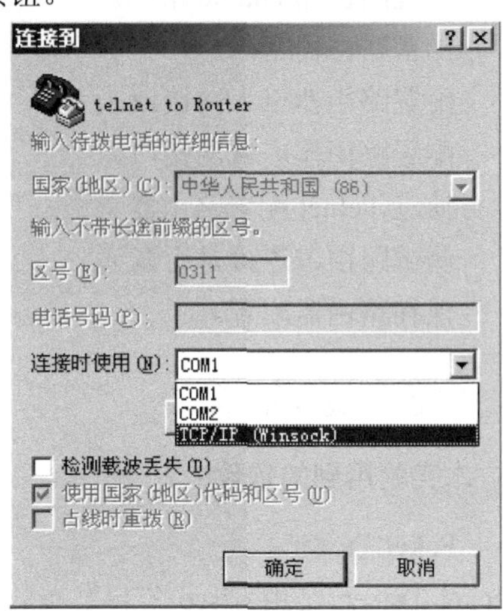

▲图 4-12　选择 TCP/IP 连接

（4）如图 4-13 所示，在出现的“连接到”对话框中，在“主机地址”，文本框中输入路由器的 IP 地址，单击“确定”按钮。

（5）如图 4-14 所示，可以看到超级终端窗口，输入 Telnet 密码就可以配置路由器了。

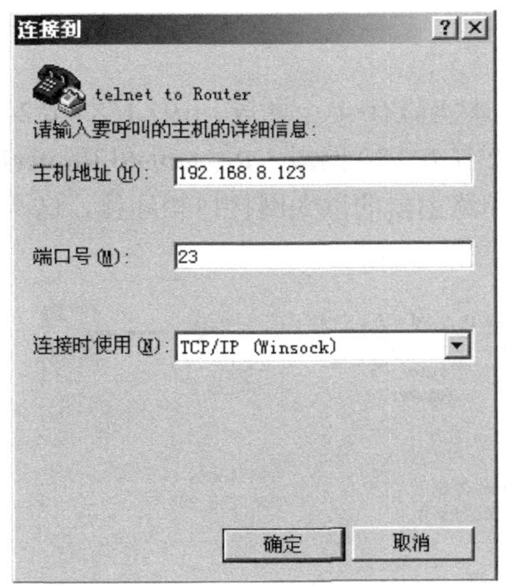

▲图 4-13　输入路由器的接口地址

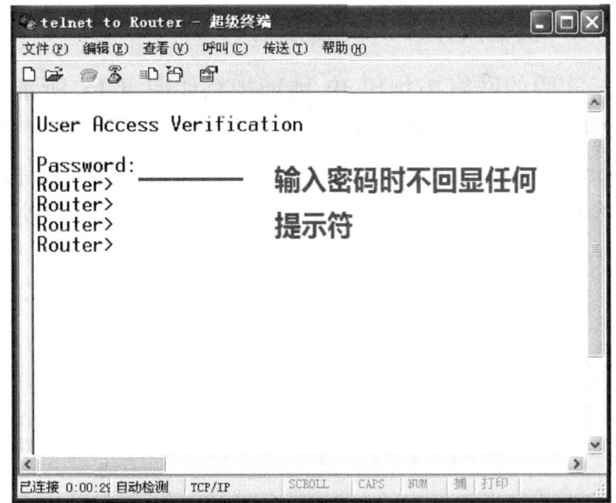

▲图 4-14　输入 Telnet 密码

4.3 路由器的常规配置

现在开始介绍路由器的常规配置。本书所有的实验都是使用 Packet Tracer 软件搭建实验环境的，并且实现路由器和交换机的基本配置。

- 使用 Packet Tracer 搭建实验环境。
- 查看路由器的基本信息。
- 配置路由器名称。

- 配置路由器 Telnet 端口。
- 配置路由器 enable 密码。
- 加密路由器密码。
- 配置路由器以太网接口。
- 配置路由器广域网接口。
- 通过 Telnet 配置路由器。
- 测试路由器连接是否畅通。
- 保存路由器配置。

4.3.1 实验环境和要求

1. 本实验用到的软件

- Paket Tracer。

Packet Tracer 是由 Cisco 公司发布的一个辅助学习工具，为学习 Cisco 网络课程的初学者去设计、配置、排除网络故障提供了网络模拟环境。用户可以在软件的图形用户界面上直接使用拖曳方法建立网络拓扑，并可提供数据包在网络中详细处理的过程，观察网络实时运行情况，同时可以学习 IOS 的配置、锻炼故障排查能力。目前最新的版本是 Packet Tracer 5.3，支持 VPN、AAA 认证等高级配置。

2. 实验拓扑和 IP 地址规划

实验的网络拓扑和 IP 地址规划如图 4-15 所示。本实验有 4 个网段，192.168.0.0/24、192.168.1.0/24、192.168.2.0/24 和 192.168.3.0/24 和 172.16.0.0/30 网段。Router0 和 Router1、Router1 和 Route2 使用广域网接口连接。两个交换机和路由器的以太网接口相连接，这两个交换机代表两个以太网，PC0 和 PC1 代表这两个以太网的计算机。

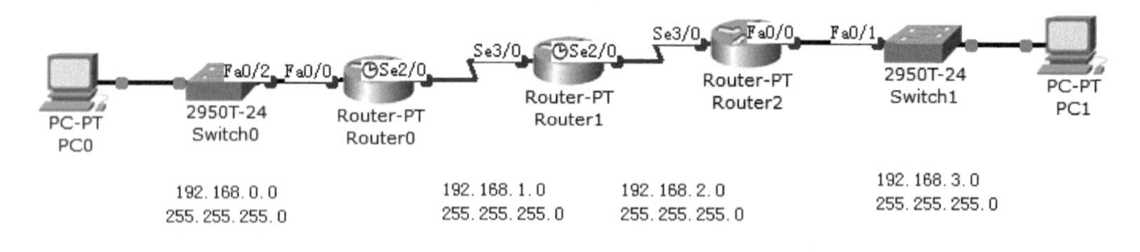

▲图 4-15 实验网络拓扑

3. 实验要求

- 计算机使用本网段的第二个可用的地址，路由器以太网接口使用本网段第一个可用的地址。
- 按地址规划配置 Router0 和 Router1 的以太网和广域网口的 IP 地址和子网掩码。广域网接口 DCE 使用本网段第一个地址，DTE 使用第二个地址。
- 配置路由器的名称分别为 Router0 和 Router1。
- 配置 Router0 允许 Telnet，Telnet 密码为 91xueit。
- 配置 Router0 的 enable 密码为 todd。

- 配置 Router0 的 enable Security 密码为 Cisco。
- 保存配置到 NVRAM。
- 查看保存的配置。
- 在 PC0 上使用 Telnet 远程配置 Router0。
- 加密口令。

4.3.2 使用 Packet Tracer 搭建实验环境

安装 Packet Tracer 软件，并运行该软件。

（1）不同系列的路由器有不同局域网和广域网接口，拖曳如图 4-16 所示三个路由器到工作区。如果你拖曳右边的路由器，没有任何局域网和广域网接口，你需要关闭路由器，添加局域网和广域网接口。

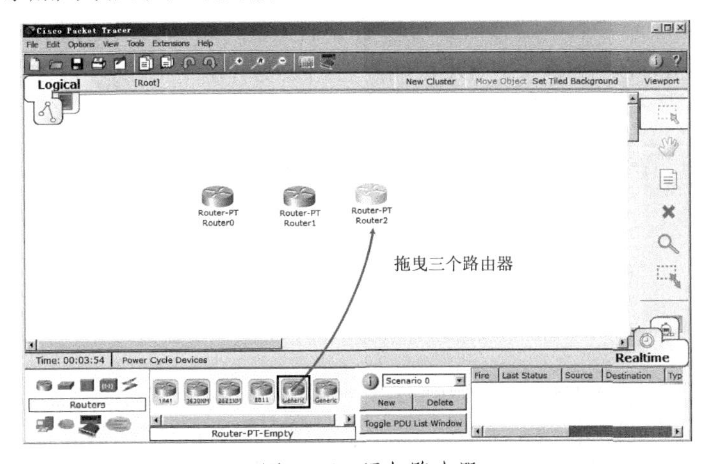

▲图 4-16　添加路由器

（2）点击如图 4-17 所示，交换机图标，在拖曳两交换机，代表两个以太网。不同系列的交换机有不同数量的以太网端口。

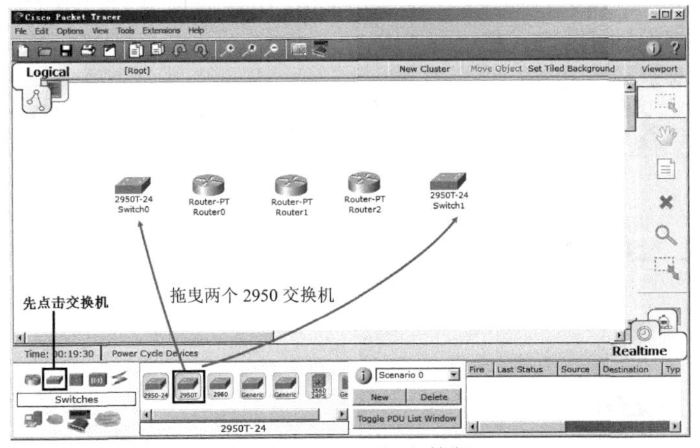

▲图 4-17　添加交换机

（3）如图 4-18 所示，点击计算机图标，再拖曳两个计算机到工作区所示位置。

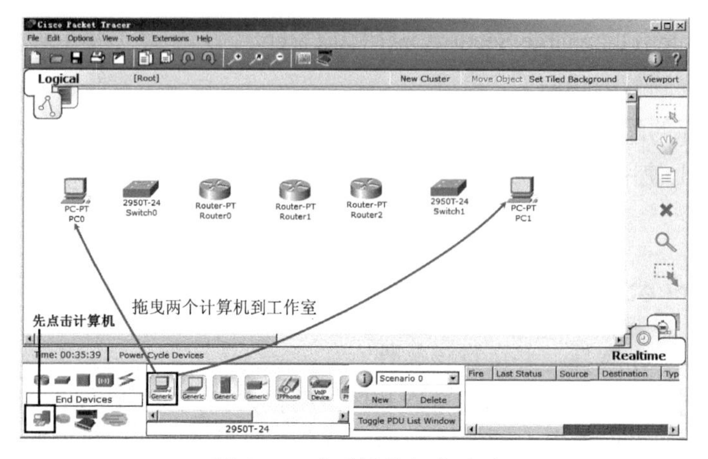

▲图 4-18　实验网络拓扑（1）

（4）如图 4-19 所示，点击链接线，可以看到有 Console 线、直通线、光纤，串行线 DCE 和串行线 DTE，你需要在 DCE 端配置时钟频率，广域网才能通。

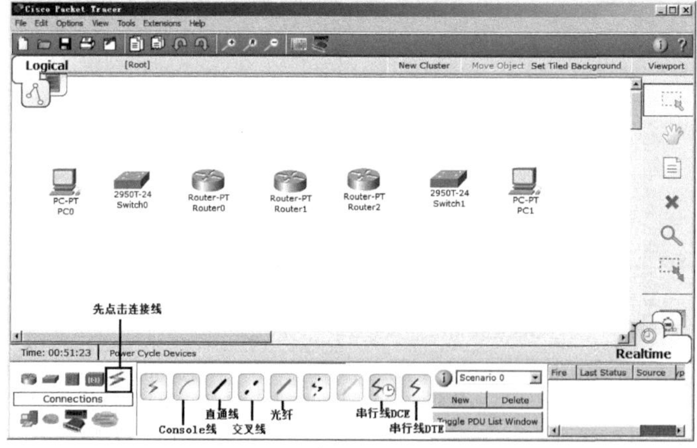

▲图 4-19　实验网络拓扑（2）

（5）如图 4-20 所示点中直通线，再点击 PC0，出现对话框，点击 FastEthernet，这表示和 PC0 的以太网接口连接。

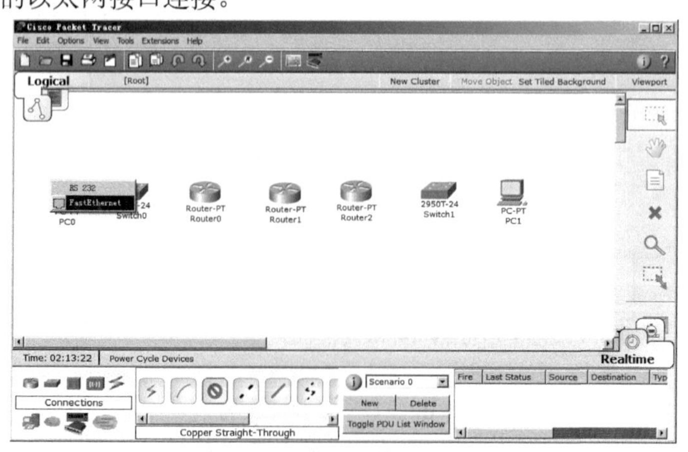

▲图 4-20　实验网络拓扑（3）

（6）如图 4-21 所示，再点击交换机，出现交换机可用的所有以太网接口，点中其中一个接口，连接上。

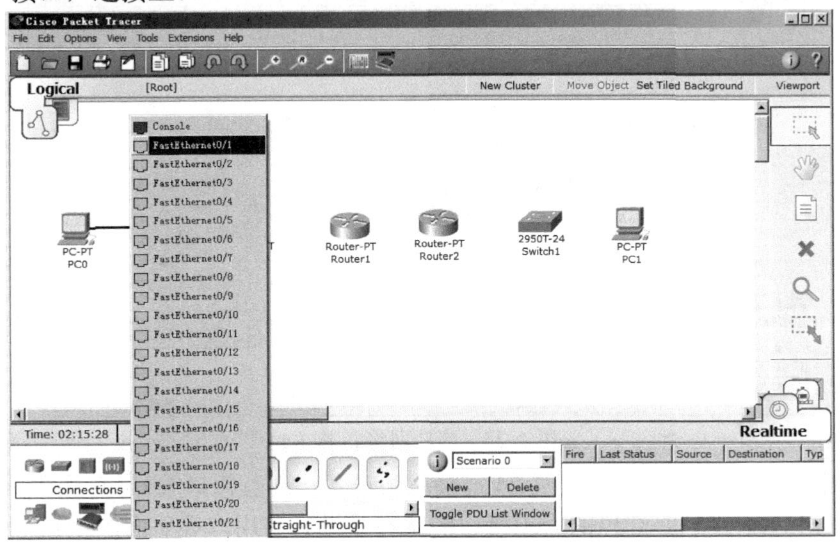

▲图 4-21　实验网络拓扑（4）

（7）如图 4-22 所示，再点击一次直通线，点击交换机的一个以太网接口，再点击路由器，和路由器的以太网接口连接。这里需要你记住和路由器的哪个编号的以太网接口相连。

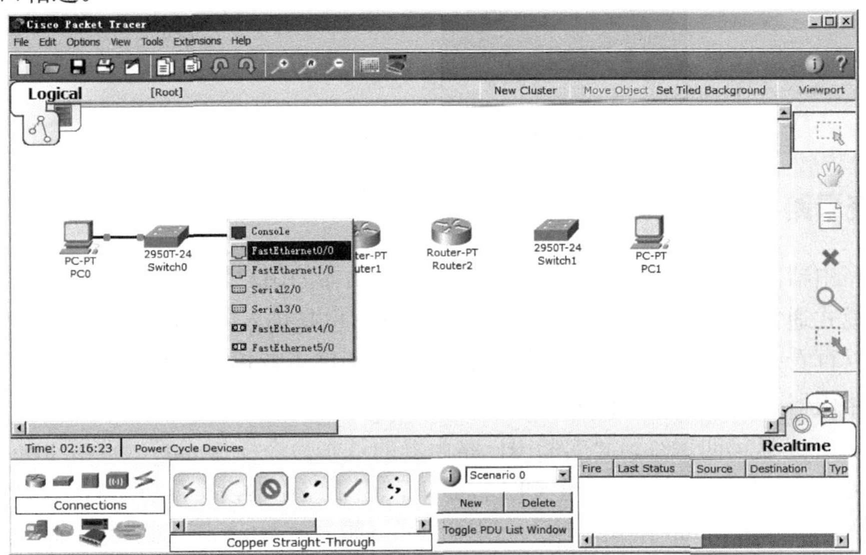

▲图 4-22　实验网络拓扑（5）

（8）如图 4-23 所示，点击广域网接口连线图标，该图标有时钟，这就意味着这端是 DCE，连接的另一端是 DTE，点击 Router0 选择 Serial2/0 连接，点击 Router1 选择 Serial3/0。

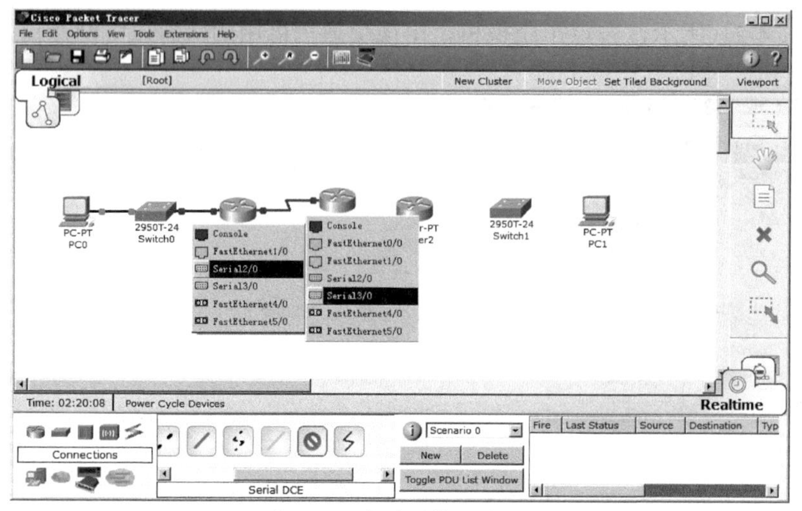

▲图 4-23　实验网络拓扑（6）

（9）按照上面的步骤，照着图 4-24 连接网络设备，注意接口编号和广域网接口的 DCE 和 DTE，接口是红色的表示接口的状态是没有启用，等后面的步骤将路由器的接口启用后就变为绿色。

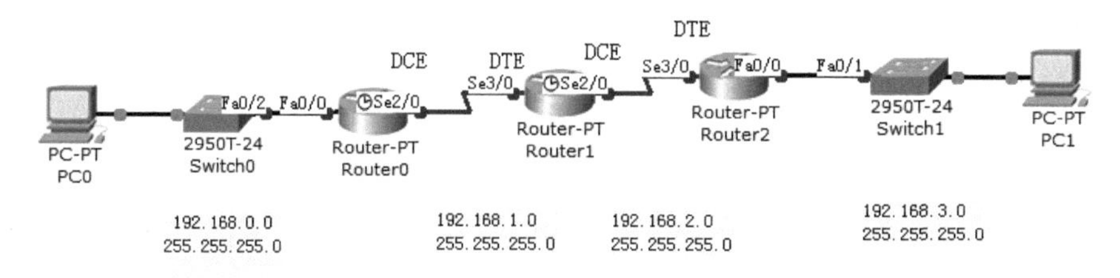

▲图 4-24　实验网络拓扑（7）

4.3.3　查看路由器信息

查看路由器的操作系统的版本和接口，了解路由器的用户模式和特权模式。

用户模式通常是被用来查看统计信息的，并且它也是进入到特权模式的垫脚石。在特权模式下可以查看并修改 Cisco 路由器的配置。下面介绍进入特权模式和退出特权模式的命令。

运行路由器 Router0 和 Router1，进行基本信息的查询。

（1）打开光盘第四章练习“实验 01 路由器的基本命令操作.pkt”，点击 Router0，出现 Router0 的配置对话框，在 CLI 标签下，由于路由器没有配置文件，因此启动后进入路由器的 setup 模式，输入 n 退出 setup 模式。setup 模式相当于向导，一步一步地让你配置路由器的各个参数。

（2）如图 4-25 所示，按回车键后，启动路由器，进入用户模式。提示符是“>”。

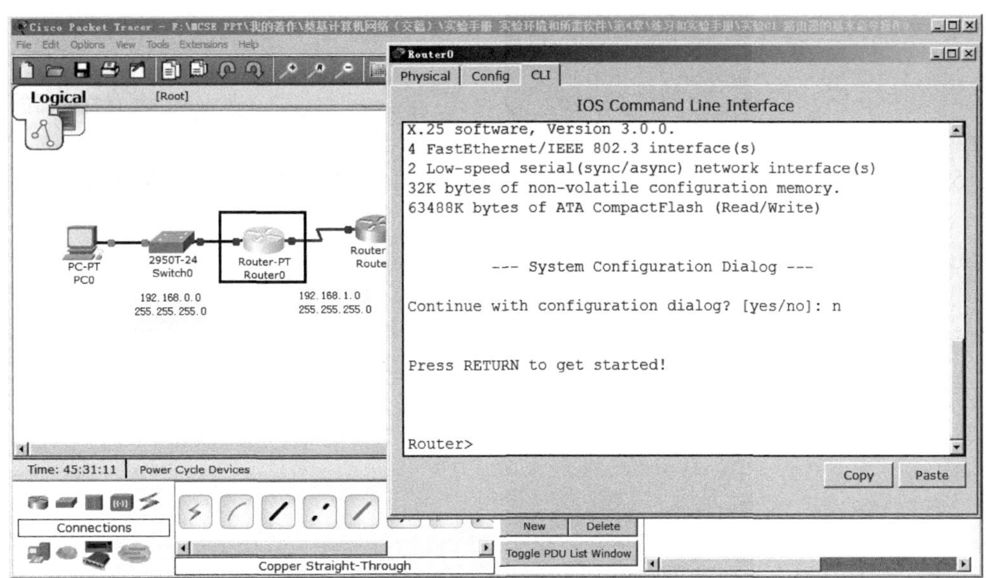

▲图 4-25　实验网络拓扑

（3）输入 enable，进入特权模式。提示：在特权模式下输入 disable 则退出特权模式，进入用户模式。

（4）在特权模式下，输入 show version，可以看到操作系统版本、路由器接口，配置寄存器的值。

```
Router>enable                                   -----进入特权模式
Router#show version                             -----查看版本信息
Cisco Internetwork Operating System Software
IOS (tm) PT1000 Software (PT1000-I-M), Version 12.2(28), RELEASE SOFTWARE (fc5)
Technical Support: http://www.cisco.com/techsupport
Copyright (c) 1986-2005 by cisco Systems, Inc.
Compiled Wed 27-Apr-04 19:01 by miwang
Image text-base: 0x8000808C, data-base: 0x80A1FECC

ROM: System Bootstrap, Version 12.1(3r)T2, RELEASE SOFTWARE (fc1)
Copyright (c) 2000 by cisco Systems, Inc.
ROM: PT1000 Software (PT1000-I-M), Version 12.2(28), RELEASE SOFTWARE (fc5)

System returned to ROM by reload
System image file is "flash:pt1000-i-mz.122-28.bin"   ----flash中操作系统文件

PT 1001 (PTSC2005) processor (revision 0x200) with 60416K/5120K bytes of memory
.
Processor board ID PT0123 (0123)
PT2005 processor: part number 0, mask 01
Bridging software.
X.25 software, Version 3.0.0.
4 FastEthernet/IEEE 802.3 interface(s)                  ----4个快速以太网接口
2 Low-speed serial(sync/async) network interface(s)     ----2个低速串行接口
32K bytes of non-volatile configuration memory.
```

```
63488K bytes of ATA CompactFlash (Read/Write)

Configuration register is 0x2102                          -----配置寄存器的值
Router#
```

（5）在特权模式下输入 show interfaces，显示所有路由器的接口。可以看到接口的状态和 MAC 地址。

```
Router#show interfaces

FastEthernet0/0 is administratively down, line protocol is down (disabled)
                                   ----没有启用该接口就是administratively down
  Hardware is Lance, address is 000a.4170.2c9c (bia 000a.4170.2c9c)
                                   ----接口 MAC 地址
  MTU 1500 bytes, BW 100000 Kbit, DLY 100 usec,
     reliability 255/255, txload 1/255, rxload 1/255
  Encapsulation ARPA, loopback not set
  ARP type: ARPA, ARP Timeout 04:00:00,
  Last input 00:00:08, output 00:00:05, output hang never
  Last clearing of "show interface" counters never
  Input queue: 0/75/0 (size/max/drops); Total output drops: 0
--more--
Router#show interfaces fastEthernet 0/0   ----该命令显示 fastEthernet 0/0 状态
Router#show interfaces serial 2/0         ----该命令显示 serial 2/0 状态
```

注意：Ethernet 0/0 标明该接口是以太网接口，10M 带宽，FastEthernet 0/0 标明该接口是快速以太网接口，100M 带宽。GigabitEthernet 0/0 标明该接口是 G Bit 以太网，1000M 带宽。Serial 1/0 标明是串口，广域网接口。

4.3.4 配置路由器的全局参数

要从 CLI 上进行配置，可能需要通过输入 configure terminal（或其快捷方式 config t）来修改路由器的某些全局配置，这时你将进入全局配置模式，并将被修改为当前运行配置文件中的内容。所谓全局命令（在全局配置模式下运行的命令）是指一旦被设置就会影响整个路由器的命令。

以下步骤将会配置路由器的名称，enable 密码和加密的 enable 密码。

```
Router#config t                               ----进入全局配置模式
Router (config) #
Router (config) #hostname Router0             ----更改路由器名称
Router0 (config) #enable password todd        ----设置 enable 密码
Router0 (config) #enable secret Cisco         ----设置了加密的 enable 密码，
                                              -----上面设置的 enable 密码失效
--按 Ctrl+Z 组合键从配置模式退出到特权模式
Router0#disable                         -----退出特权模式
Router0>enable                          -----注意必须输入 enable  secret 密码 Cisco
Router0 (config) #no enable secret -----删除加密的 enable 密码，现在进入特权模式
                                        -----输入 todd 即可
```

4.3.5 配置路由器的接口

配置路由器的接口需要进入接口配置模式，为以太网接口和广域网接口添加 IP 地址和子网掩码，启用或禁用路由器接口，广域网接口在 DCE 那端必须配置时钟频率。

DCE（数据通信设备或者数据电路终端设备）：该设备和其他通信网络的连接构成了网络终端的用户网络接口。它提供了到网络的一条物理连接、转发业务量，并且提供了一个用于同步 DCE 设备和 DTE 设备之间数据传输的时钟信号。调制解调器和接口卡都是 DCE 设备的例子。

DTE（数据终端设备）：指的是位于用户网络接口用户端的设备，它能够作为信源、信宿或同时为二者。数据终端设备通过数据通信设备（例如，调制解调器）连接到一个数据网络上，并且通常使用数据通信设备产生的时钟信号。数据终端设备包括计算机、协议翻译器以及多路分解器等设备。

在教学环境中，路由器使用串口线连接，如图 4-26 所示，在线端口标明了该端是 DCE 或 DTE。路由器串口连接了 DCE 端，该串口就需要指定时钟频率。

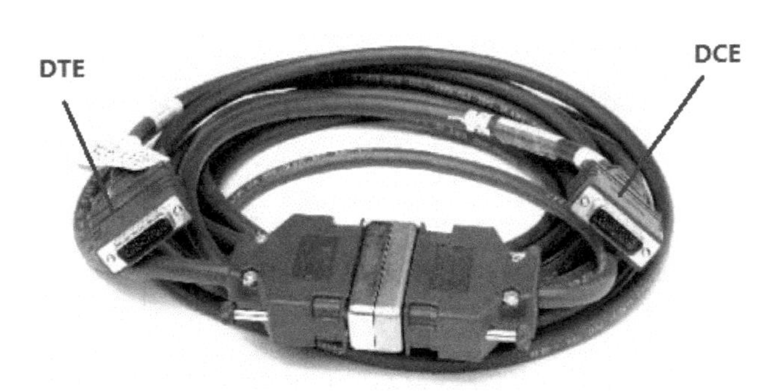

▲图 4-26　广域网线缆 DCE 和 DTE

1. 配置以太网接口

配置以太网接口 IP 地址子网掩码，启用该接口。

```
router0#config t                                   -----进入全局配置模式
Enter configuration commands, one per line.  End with CNTL/Z.
router0(config)#interface fastEthernet 0/0         ----进入接口配置模式
router0(config-if)#ip address 192.168.0.1 255.255.255.0
                                                   ----添加 IP 地址子网掩码
router0(config-if)#no shutdown                     ----启用接口
%LINK-5-CHANGED: Interface FastEthernet0/0, changed state to up
%LINEPROTO-5-UPDOWN: Line protocol on Interface FastEthernet0/0, changed
state to up
router0(config-if)#
router0(config-if)#^Z                              ----按 ctrl+Z 组合键进入特权模式
router0#
```

如果给路由器的接口配置两个以上的 IP 地址，需要 second 参数：

```
router0 (config-if) #ip address 192.168.5.1 255.255.255.0 second
```

以下命令删除路由器接口的所有 IP 地址：

```
router0 (config-if) #no ip address
```

以下命令删除接口的某个特定地址：

```
router0 (config-if) #no ip address 192.168.5.1 255.255.255.0
router0 (config-if) #no shutdown: 启用端口，shutdown 是禁用端口。
```

2．配置广域网接口

（1）配置广域网接口，需要在 DCE 接口配置时钟频率，添加 IP 地址子网掩码，启用该接口。

```
router0#config t
Enter configuration commands, one per line.  End with CNTL/Z.
router0(config)#interface serial 2/0              -----进入接口配置模式
router0(config-if)#clock rate ?                   -----查看可用的时钟频率
Speed (bits per second
  1200
  2400
  4800
  9600
  19200
  38400
  56000
 --more--

router0(config-if)#clock rate 64000                ----配置时钟频率为 64000
router0(config-if)#ip address 192.168.1.1 255.255.255.0
                                                   ----添加 IP 地址和子网掩码
router0(config-if)#no shutdown                     ----启用该接口

%LINK-5-CHANGED: Interface Serial2/0, changed state to down
                                  ----显示状态依旧是 down，需要另一端 up，两端才能 up
router0(config-if)#
```

（2）查看接口是否是 DCE，可以运行以下命令进行确认：

```
router0#show controllers serial 2/0
Interface Serial2/0
Hardware is PowerQUICC MPC860
DCE V.35, clock rate 64000                             ----可以看到是 DCE
idb at 0x81081AC4, driver data structure at 0x81084AC0
SCC Registers:
General [GSMR]=0x2:0x00000000, Protocol-specific [PSMR]=0x8
Events [SCCE]=0x0000, Mask [SCCM]=0x0000, Status [SCCS]=0x00
Transmit on Demand [TODR]=0x0, Data Sync [DSR]=0x7E7E
--more--
```

（3）在 Router1 上配置广域网接口：

```
Router>en
Router#config t
Enter configuration commands, one per line.  End with CNTL/Z.
Router(config)#hostname Router1
Router1(config)#interface serial 3/0
Router1(config-if)#ip address 192.168.1.2 255.255.255.0  ----添加 IP 地址
Router1(config-if)#no shutdown                           ----启用接口
%LINK-5-CHANGED: Interface Serial3/0,changed state to up ----接口状态变为 up
```

```
Router1(config-if)#
```

（4）在 Router0 上查看 Serial 2/0 的状态。第一个 up 表示物理连接正常，第二个 up 表示数据链路层配置正确，如下所示。

```
router0#show interfaces serial 2/0
Serial2/0 is up, line protocol is up (connected)
  Hardware is HD64570
  Internet address is 192.168.1.1/24
  MTU 1500 bytes, BW 128 Kbit, DLY 20000 usec,
     reliability 255/255, txload 1/255, rxload 1/255
  Encapsulation HDLC, loopback not set, keepalive set (10 sec)
   --More--
```

（5）在 Router0 上 ping Router1 的广域网接口，测试是否能够通信。提示：出现“!”表示通，如果出现“...”表示不通，如果出现“!.!.!.”表示有丢包现象。

```
router0#ping 192.168.1.2

Type escape sequence to abort.
Sending 5, 100-byte ICMP Echos to 192.168.1.2, timeout is 2 seconds:
!!!!!
Success rate is 100 percent (5/5), round-trip min/avg/max = 4/16/62 ms
```

（6）Router0#show ip interface brief：显示精简的路由器接口的 IP 信息和状态。

> **提示** RA#show ip interface FastEthernet 0/0 --可以看到完整的接口 IP 信息，如果路由器接口配置两个地址也能看到。

```
router0#show ip interface brief
Interface              IP-Address      OK? Method Status                Protocol

FastEthernet0/0         unassigned      YES unset  administratively down down

FastEthernet1/0         192.168.0.1     YES manual up                    down

Serial2/0              192.168.1.1     YES manual up                    up

Serial3/0              unassigned      YES unset  administratively down down

FastEthernet4/0         unassigned      YES unset  administratively down down

FastEthernet5/0         unassigned      YES unset  administratively down down
router0#
```

（7）配置 PC0 的 IP 地址、子网掩码和网关，并测试到网关是否通。

如图 4-27 所示，点击 PC0，在出现的对话框的 Desktop 标签下，点击 IP Configuration 图标。

如图 4-28 所示，在出现的 IP Configuration 对话框，输入 IP 地址、子网掩码和网关。

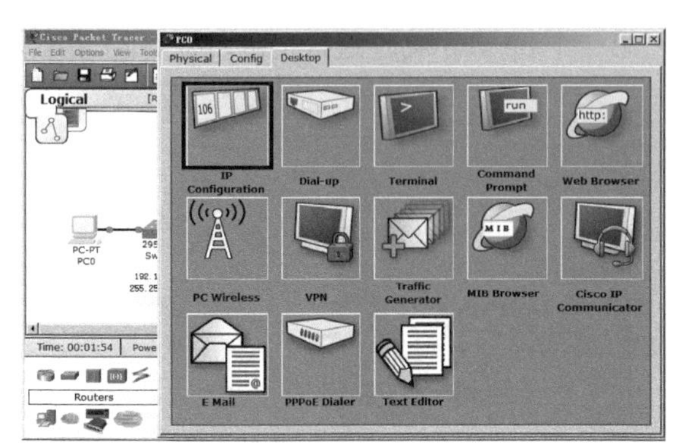

▲图 4-27　实验网络拓扑（1）

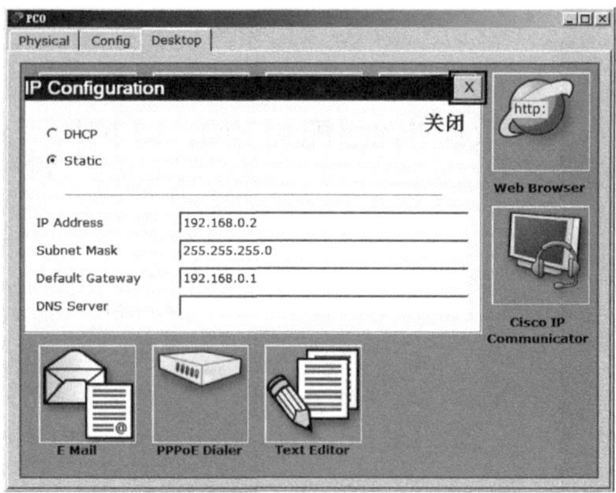

▲图 4-28　实验网络拓扑（2）

点击✖按钮关闭对话框，如图 4-29 所示，再点击 Command Prompt，打开命令提示符。如图 4-30 所示，在命令提示符下，输入 ping 192.168.0.1 测试是否能够 ping 通网关。

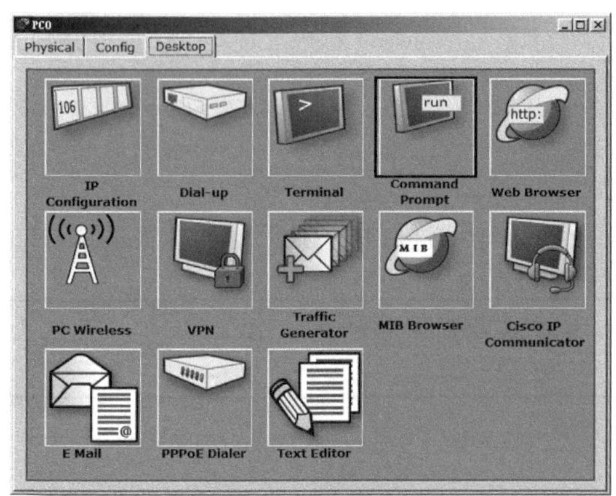

▲图 4-29　实验网络拓扑（3）

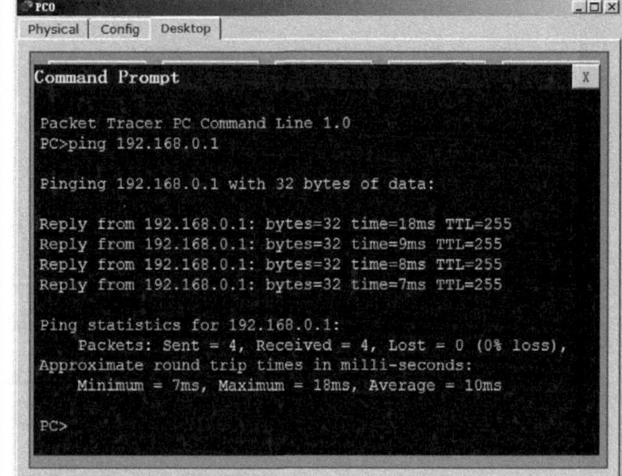

▲图 4-30　实验网络拓扑（4）

4.3.6　配置路由器允许通过 Telnet 配置

使用 Telnet 可以在网络连通后远程配置路由器。这样，当企业网络管理员对路由器进行配置时，就不用跑到机房进行配置了。但是如果网络断了，管理员就不能通过 Telnet 配置路由器了。

VTY （Virtual Type Terminal）是 Cisco 设备管理的一种方式，VTY 线路启用后，并不能直接使用，必须对其进行下面简单的配置才允许用户进行登录。

```
router0#config t
Enter configuration commands, one per line.  End with CNTL/Z.
router0(config)#line vty 0 ?
  <1-15>  Last Line number
  <cr>
router0(config)#line vty 0 15
router0(config-line)#password 91xueit
router0(config-line)#login
router0(config-line)#exit
```

router0#config t：进入全局配置模式

router0(config)#line vty 0 ?：可以查看该路由器的可用 VTY 接口的数量，因为路由器的操作系统版本不同 VTY 的接口数量也不同。

router0(config)#line vty 0 15：设置路由器可以同时允许 16 个 Telnet 会话。

router0(config-line)#password 91xueit：设置 Telnet 密码为 91xueit。

router0(config-line)#login：该命令要求 Telnet 路由器必须登录，即必须输入密码。

如果配置了 router0(config-line)#login，而没有配置 Telnet 密码，则不允许 Telnet 配置路由器。

如果路由器所处的网络或有其他的安全措施，Telnet 路由器可以不要求密码。输入命令 router0(config-line)#no login，Telnet 路由器就不需要密码了，即使配置了 Telnet 密码。

通过 Telnet 连接到路由器，如果没有配置 enable 密码，则不允许进入特权模式。Console 口是可以的。

如果路由器的安全要求高，你也可以配置 Console 接口的连接密码。以下命令配置 Console 接口的密码。

```
router0(config)#line console ?                  ----可以看到 console 编号就一个 0
  <0-0>  First Line number
router0(config)#line console 0
router0(config-line)#password todd
router0(config-line)#
```

在 PC0 上在命令提示符下输入 Telnet 路由器。输入 telnet 密码，进入用户模式，再输入 enable，输入特权密码，进入特权模式。现在你可以像在 console 连接到路由器一样远程配置路由器了。如图 4-31 所示。

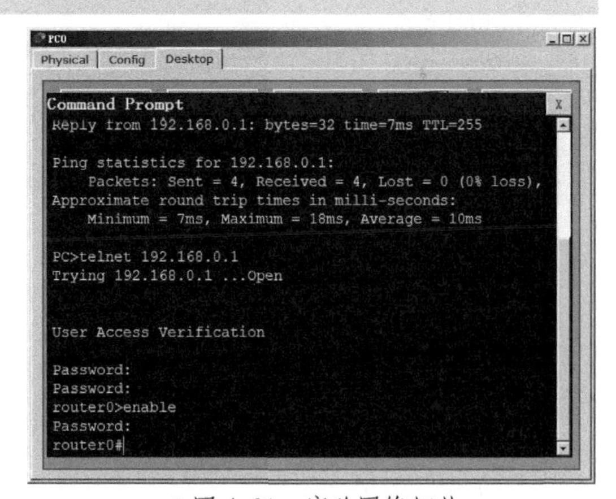

▲图 4-31　实验网络拓扑

4.3.7　查看、保存和删除路由器配置

当你使用 Console 口或 Telnet 配置路由器设置，会立即生效，这些设置需要保存到 NVRAM 中，这样路由器重启后将加载这些配置。如果不保存配置，则重启路由器后配置丢失。在路由器上的 running-config 是你本次对路由器所做的配置，而 starup-config 是路由器启动的时候自动运行的配置。

查看路由器的当前配置，在特权模式下，输入 show running-config。

```
router0#show running-config
Building configuration...

Current configuration : 747 bytes
version 12.2
```

```
no service timestamps log datetime msec
no service timestamps debug datetime msec
no service password-encryption
hostname router0
enable password todd
interface FastEthernet0/0
 ip address 192.168.0.1 255.255.255.0
 duplex auto
 speed auto
interface FastEthernet1/0
 no ip address
 duplex auto
 speed auto
 shutdown
interface Serial2/0
 ip address 192.168.1.1 255.255.255.0
 clock rate 64000
interface Serial3/0
 no ip address
 shutdown
interface FastEthernet4/0
 no ip address
 shutdown
interface FastEthernet5/0
 no ip address
 shutdown
ip classless
line con 0
 password todd
line vty 0 4
 password 91xueit
 login
line vty 5 15
 password 91xueit
 login
end
router0#
```

保存配置、恢复配置，查看保存的配置，查看运行的配置

```
router0#show running-config。
router0#copy running-config startup-config      --保存路由器的配置
router0#copy startup-config running-config      --将保存的配置覆盖当前的配置，
                              --如果在配置失败的情况下，通过该命令可以恢复到路由器启动时的配置
router0#show startup-config                     --可以查看保存的配置
router0#erase Startup-config                    --删除路由器配置
router0#show startup-config                     --查看保存的配置，不存在
router0#reload                                  --重启路由器，将进入 setup 模式
```

4.3.8 加密口令

在给路由器配置了 Telnet 密码、enable password 或 Console 密码后，运行 show running-config 命令，能够看到这些密码。如果配置路由器时，有其他人看到，就不安全。为了保证安全，可以运行以下命令，加密这些密码，以便在运行 show running-config 命令时，加密显示这些密码。

在全局模式下输入 service password-encryption 命令，再次输入 show running-config 命令，可以看到 enable 密码加密显示。如果想查看这些密码，在全局模式下输入 no service password-encryption。

enable secret 密码始终是加密的。即使运行了 no service password-encryption 命令，也看不到明文。

```
router0#config t
Enter configuration commands, one per line.  End with CNTL/Z.
router0(config)#service password-encryption
router0(config)#^Z
router0#
%SYS-5-CONFIG_I: Configured from console by console

router0#show running-config
Building configuration...

Current configuration : 782 bytes
!
version 12.2
no service timestamps log datetime msec
no service timestamps debug datetime msec
service password-encryption
!
hostname router0
!
enable password 7 0835434A0D                          ----加密的enable密码
!
interface FastEthernet0/0
 ip address 192.168.0.1 255.255.255.0
 duplex auto
 speed auto
!
interface FastEthernet1/0
 no ip address
 duplex auto
 speed auto
 shutdown
!
interface Serial2/0
 ip address 192.168.1.1 255.255.255.0
```

```
 clock rate 64000
!
interface Serial3/0
 no ip address
 shutdown
!
interface FastEthernet4/0
 no ip address
 shutdown
!
interface FastEthernet5/0
 no ip address
 shutdown
!
ip classless
!
line con 0
 password 7 0835434A0D
line vty 0 4
 password 7 08781D561C1C0C03                    ----加密的 telnet 密码
 login
line vty 5 15
 password 7 08781D561C1C0C03
 login
!
end
router0#
```

4.4 Cisco 命令行帮助功能

现在为大家介绍路由器命令提示符的高级使用技巧，可以使用 Cisco 路由器的高级编辑功能来帮助你配置路由器。

4.4.1 使用帮助功能和命令简写

1. 使用帮助功能

在任何提示符下输入一个问号“ ? ”，都会得到在当前提示符下所有可用的命令列表。如图 4-32 所示，如果显示不完全，可以按空格键得到下一页的显示内容，按回车键得到下一行显示，按 Q 键或其他任意键退出此帮助并返回提示符。

如果某个命令您只记得前面几个字符，可以输入这几个字符和“ ? ”查找这些字符开头的命令。

▲图 4-32　帮助

2. 命令简写

命令可以简写，如果输入的命令前几个字符能够唯一标明一个命令，后面的可以不写，或按 Tab 键补全后面的命令，如图 4-33 所示。

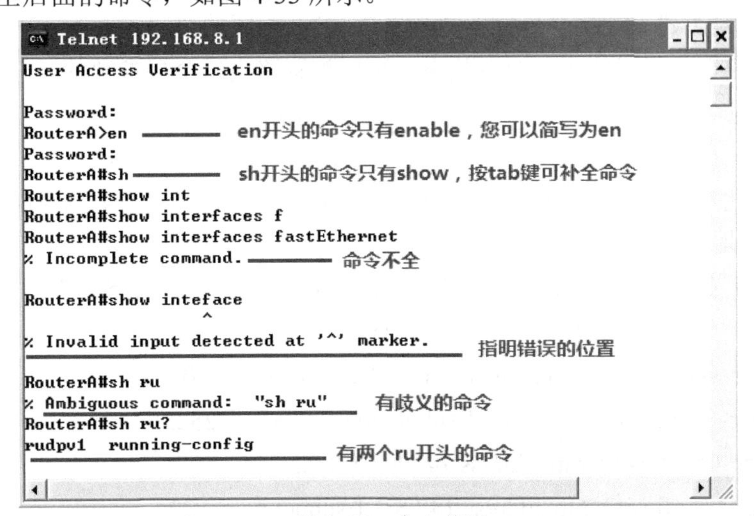

▲图 4-33　命令简写

如果命令后面的参数没有指定，则提示“InCOMplete Command”，即命令不全。

如果命令有错误，在出错的位置使用“^”指示。

如果输入的命令简写有歧义，即有多个命令是以所输的字符串开头的，可以使用问号来找出需要的命令。

3．其他一些功能

按 Ctrl+P 组合键或↑键可以显示上次输入过的命令。

按 Ctrl+N 组合键或↓键可以显示前面输入过的下一条命令。

按 show history 可以显示最近输入过的 10 条命令。

4.5 习 题

1. 下面关于路由器的描述中，正确的是_______。
   A. 路由器中串口与以太网接口必须是成对的
   B. 路由器中串口与以太网接口的 IP 地址必须在同一网段
   C. 路由器的串口之间通常是点对点连接
   D. 路由器的以太网接口之间必须是点对点连接
2. 如果要彻底退出路由器或者交换机的配置模式，输入的命令是______。
   A. exit　　B. no config-mode
   C. Ctrl+C　　D. Ctrl+Z
3. 把路由器配置脚本从 RAM 写入 NVRAM 的命令是______。
   A. save ram nvram　　B. save ram
   C. copy running-config startup-config　　D. copy all
4. 路由器命令 router>sh int 的作用是_______。
   A. 检查端口配置参数和统计数据　　B. 进入特权模式
   C. 检查是否建立连接　　D. 检查配置的协议
5. 下面列出了路由器的各种命令状态，可以配置路由器全局参数的是______。
   A. router>　　B. router#
   C. router（config）#　　D. router（config-if）#
6. 如果是北京佳城公司的网络管理员，你正在配置 Cisco 路由器。你打算配置路由器的接口 IP 地址，应该使用哪个命令？________
   A. router（config-if）#ip address 142.8.2.1 subnet mask 255.255.252.0
   B. router（config-if）#142.8.2.1 0.0.3.255
   C. router（config-if）#ip address 142.8.2.1 255.255.252.0
   D. router（config-if）#142.8.2.1 subnet mask 255.255.252.0
   E. router（config-if）#ip address 142.8.2.1 0.0.3.255
   F. router（config-if）#ip address 142.8.2.1 subnet mask /22
7. 下面哪条命令能够显示路由器接口 IP 地址?_________

A. show running-config　　B. show startup-config

C. show interfaces　　D. show protocols

8. 哪一条命令能够显示广域网接口 serial 0 连接的 DCE 还是 DTE 线缆？________

A. show int s0　　B. show int serial 0

C. show controllers s 0　　D. show serial 0 controllers

9. 你设置了 Console 密码，但是当你运行 show running-config 命令时，密码没有正常显示，如下所示：

```
Line console 0
Exec-timeout 1 44
Password 794534RES23SD
Login
```

什么原因使你不能看到 Console 密码呢？__________

A. encrypt password　　B. dervice password-encryption

C. dervice-password-encryption　　D. exec-timeout 1 44

10. 下面哪条命令使你能够配置所有的非企业版 IOS 路由器的 VTY 接口？______

A. router#line vty 0 4　　B. router（config）#line vty 0 4

C. router（config-if）#line console 0　　D. router（config）#line vty all

11. 下面哪条命令删除路由器的 NVRAM 中的内容？______

A. delete NVRAM　　B. delete startup-config

C. erase NVRAM　　D. erase start

12. 当你运行 show interface serial 0 命令，你看到以下输出：

Serial 0 is administratorly down，line protocol is down

是什么原因引起的？_______

A. 管理员 shutdown 该接口　　B. 管理员正在从该接口 ping

C. 线缆没有接好　　D. IP 地址没有配置

13. 如果你删除了 NVRAM 且重启了路由器，将进入什么模式？______

A. 特权模式　　B. 全局配置模式

C. setup 模式　　D. NVRAM 加载模式

14. 如果输入 show interface serial 1，看到了以下输出：

Serial1 is down，line protocol is down

看起来像是 OSI 参考模型的哪一层出了问题？_______

A. 物理层　　B. 数据链路层

C. 网络层　　D. 路由器出了问题

习题答案

1. C
2. D
3. C
4. A
5. C
6. C
7. C
8. C
9. B
10. B，非企业版的路由器默认就支持 0～4 共 5 个 VTY 接口
11. D
12. A
13. C
14. A，如果看到串行口和协议都关闭了，那么你遇到了一个物理层上的问题。如果看到“Serial1 is up，line protocol is down”提示，则表明没有从远端收到保持激活数据，属于数据链路层问题

第5章 静态路由

在本章中，您将学习数据包路由的详细过程，以及网络能畅通的必要条件。通过本章的学习，您将能够排除数据包路由产生的网络故障，并且能够使用路由汇总和默认路由简化路由表的配置，您还能够在 Windows 配置路由和默认路由。

本章主要内容：

- IP 路由
- 网络畅通的必要条件
- 静态路由
- 路由汇总
- 默认路由
- Windows 上的路由表和默认路由

5.1 IP 路由

路由就是路由器从一个网段到另外一个网段转发数据包的过程，即数据包通过路由器转发，就是数据路由。

网络畅通的条件是，要求数据包必须能够到达目标地址，同时数据包必须能够返回发送地址。这就要求沿途经过的路由器必须知道到目标网络如何转发数据包，即到达目的网络下一跳转发给哪个路由器，也就是必须有到达目标网络的路由，沿途的路由器还必须有数据包返回所需的路由。

如图 5-1 所示，计算机 PC0 ping PC1，网络要想通，要求沿途的路由器 Router0、Router1、Router2 和 Router3 都必须有到 192.168.1.0/24 网段的路由，这样数据包才能到达 PC1。PC1 要回应数据包给 PC0，沿途所有的路由器必须有到 192.168.0.0/24 网络的路由，这样数据包才能回来。

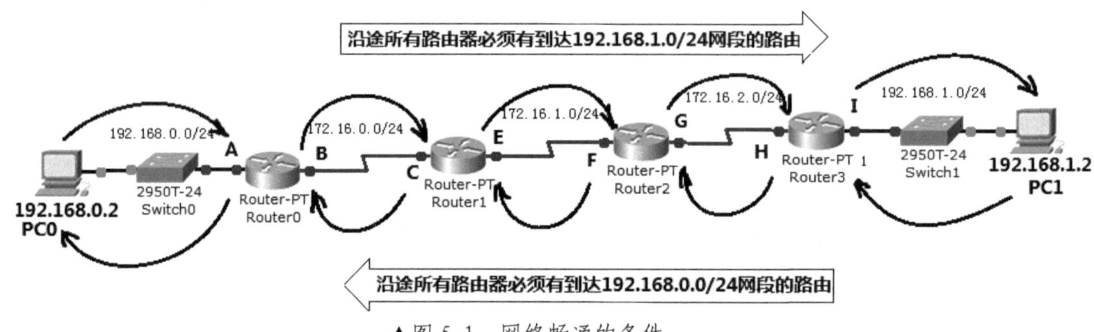

▲图 5-1 网络畅通的条件

如果沿途的路由器，任何一个缺少到达目标网络 192.168.1.0/24 的路由，该路由器将返回计算机 PC0 数据包，提示目标主机不可到达。

如果沿途的路由器，任何一个缺少到达网络 192.168.0.0/24 的路由，这就意味着数据包不能返回 PC0，将在 PC0 上显示请求超时。

基于以上原理，网络排错就变得简单了。如果网络不通，您就要检查计算机是否配置了正确的 IP 地址子网掩码以及网关，逐一检查沿途路由器上的路由表，是否有到达目标网络的路由；然后逐一检查沿途路由器上的路由表，是否有数据包返回所需的路由。

路由器如何知道网络中的各个网段以及下一跳转发到哪个地址？路由器通过查看路由表来确定数据包下一跳如何转发。

路由器有两种方式构建路由表：一种方式是管理员在每个路由器上配置到各个网络的路由，这就是静态路由，适合规模较小的网络或网络不怎么变化的情况；另一种方式就是配置路由器使用路由协议（RIP、EIGRP 或 OSPF）自动构建路由表，这就是动态路由，动态路由适合规模较大的网络，能够针对网络的变化自动选择最佳路径。

以下重点讲解静态路由。

5.1.1 配置静态路由

以下的实验和讲解使用 Cisco 的 Packet Tracer 软件实现。

打开随书光盘中第 5 章练习“01 静态路由.pkt”，如图 5-2 所示。可以看到，该网络中有 5 个网段，网络中的计算机和路由器都配置好了 IP 地址。现在需要你在路由器上添加路由表，实现这 5 个网段的互联互通。

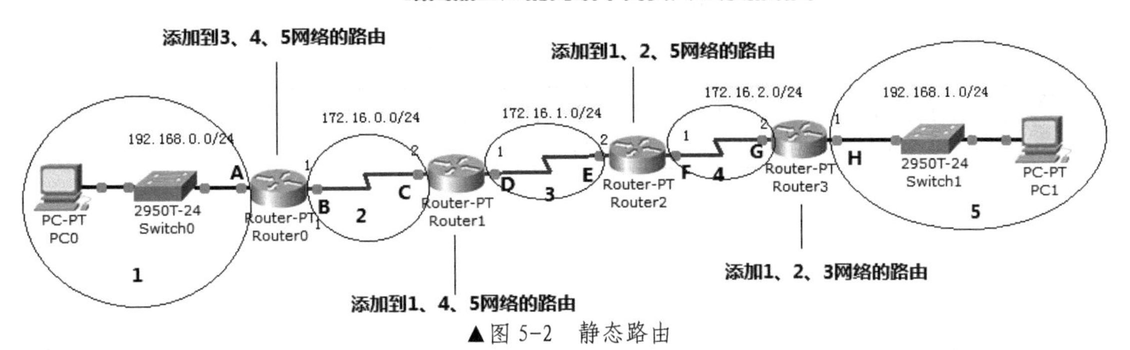

▲图 5-2　静态路由

要想实现整个网络的互联互通，网络中的每个路由器必须有到每个网络的路由。对于路由器直接连接的网络，不必再添加到这些网络的路由表。您只需在路由器上添加那些没有直连的网络的路由。

如图 5-2 所示，路由器 Router0 连着 1 和 2 网段，只需在 Router0 上添加到 3、4、5 网段的路由；路由器 Router1 连接着 2 和 3 网段，只需在 Router1 上添加 1、4、5 网段的路由；路由器 Router2 连接着 3、4 网段，只需在 Router2 上添加 1、2、5 网段的路由；路由器 Router3 连接着网络 4、5 网段，只需 Router3 上添加 1、2、3 网段的路由。

在这 4 个路由器添加路由表的过程如下。

（1）Router0 上的配置：告诉 Router0 到 3、4、5 网段下一跳是 C 地址。

```
Router0>en  --进入特权模式
Router0#show ip route  --查看路由表
Codes: C - connected, S - static, I - IGRP, R - RIP, M - mobile, B - BGP
       D - EIGRP, EX - EIGRP external, O - OSPF, IA - OSPF inter area
       N1 - OSPF NSSA external type 1, N2 - OSPF NSSA external type 2
       E1 - OSPF external type 1, E2 - OSPF external type 2, E - EGP
       i - IS-IS, L1 - IS-IS level-1, L2 - IS-IS level-2, ia - IS-IS inter area
       * - candidate default, U - per-user static route, o - ODR
       P - periodic downloaded static route
Gateway of last resort is not set
     172.16.0.0/24 is subnetted, 1 subnets
C    172.16.0.0 is directly connected, Serial2/0
C    192.168.0.0/24 is directly connected, FastEthernet0/0
```

到直连的网络的路由，前面的 C 代表是直连的网络。

```
Router0#config t  --进入全局配置模式
Router0(config)#ip route 172.16.1.0 255.255.255.0 172.16.0.2
```

```
                --添加到 172.16.1.0/24 网段的路由，172.16.0.2 是下一跳的地址
Router0 (config) #ip route 172.16.2.0 255.255.255.0 172.16.0.2
                --添加到 172.16.2.0/24 网段的路由，172.16.0.2 是下一跳的地址
Router0 (config) #ip route 192.168.1.0 255.255.255.0 172.16.0.2
                --添加到 192.168.1.0/24 网段的路由，172.16.0.2 是下一跳的地址
```

注意 到 172.16.1.0/24、172.16.2.0/24 和 192.168.1.0/24 网络的路由，下一跳都是 172.16.0.2，路由器只关心到目标网络下一跳给哪个地址。

```
Router0 (config) #^Z  --按 Ctrl+Z 组合键退回到特权模式
Router0#show ip route  --查看路由表
Gateway of last resort is not set
172.16.0.0/24 is subnetted, 3 subnets  --提示 172.16.0.0/24 被划分成 3 个子网
C    172.16.0.0 is directly connected, Serial2/0
S    172.16.1.0 [1/0] via 172.16.0.2  --添加的静态路由，前面的 S 代表是静态路由
S    172.16.2.0 [1/0] via 172.16.0.2
C    192.168.0.0/24 is directly connected, FastEthernet0/0
S    192.168.1.0/24 [1/0] via 172.16.0.2
```

可以看到路由表有到 5 个网络的路由，也就是该路由器知道了到网络中各个网络如何转发数据包。

```
Router0#copy running-config startup-config  --保存配置
```

（2）Router1 上的配置：告诉 Router1 到达 1 网段下一跳是 B 地址，到达 4、5 网段下一跳是 E 地址。

```
Router1>en
Router1#config t
Router1 ( config ) #ip route 192.168.0.0 255.255.255.0 172.16.0.1
Router1 ( config ) #ip route 172.16.2.0 255.255.255.0 172.16.1.2
Router1 ( config ) #ip route 192.168.1.0 255.255.255.0 172.16.1.2
Router1 ( config ) #^Z
Router1#show ip route
Router1#copy running-config startup-config
```

路由表中显示 5 条路由，完成配置。

（3）Router2 上的配置：告诉 Router2 到达 1、2 网段下一跳是 D 地址，到达 5 网段下一跳是 G 地址。

```
Router2>en
Router2#config t
Router2 ( config ) #ip route 192.168.0.0 255.255.255.0 172.16.1.1
Router2 ( config ) #ip route 172.16.0.0 255.255.255.0 172.16.1.1
```

```
Router2(config)#ip route 192.168.1.0 255.255.255.0 172.16.2.2
Router2(config)#^Z
Router2#show ip route
Router2#copy running-config startup-config
```

（4）在 Router3 上的配置：告诉路由 Router3 到达 1、2、3 网段下一跳是 F 地址。

```
Router3>en
Router3#config t
Router3(config)#ip route 192.168.0.0 255.255.255.0 172.16.2.1
Router3(config)#ip route 172.16.0.0 255.255.255.0 172.16.2.1
Router3(config)#ip route 172.16.1.0 255.255.255.0 172.16.2.1
Router3(config)#^Z
Router3#copy running-config startup-config
Router3#ping 192.168.0.2                          --在路由器上测试到 PC0 是否通
Type escape sequence to abort.
Sending 5, 100-byte ICMP Echos to 192.168.0.2, timeout is 2 seconds:
.!!!!                    --第一个是"."表示数据包延迟大，后面的 4 个"！"代表网络通
Success rate is 80 percent (4/5), round-trip min/avg/max = 15/19/25 ms
Router3#traceroute 192.168.0.2                --使用 traceroute 跟踪数据包的路径
Type escape sequence to abort.
Tracing the route to 192.168.0.2
  1   172.16.2.1      4 msec    3 msec    6 msec
  2   172.16.1.1      2 msec    4 msec    3 msec
  3   172.16.0.1      6 msec    9 msec    5 msec
  4   192.168.0.2    19 msec   16 msec   33 msec
```

（5）在 PC0 上 ping PC1，测试网络是否畅通，使用 tracert 跟踪数据包路径。

```
PC>ping 192.168.1.2                                     --测试到 PC1 网络是否通
Pinging 192.168.1.2 with 32 bytes of data:
Reply from 192.168.1.2: bytes=32 time=22ms TTL=124   --从目标地址返回数据包
Reply from 192.168.1.2: bytes=32 time=27ms TTL=124
Reply from 192.168.1.2: bytes=32 time=22ms TTL=124
Reply from 192.168.1.2: bytes=32 time=20ms TTL=124
Ping statistics for 192.168.1.2:
Packets: Sent = 4, Received = 4, Lost = 0 (0% loss), --发送了 4 个，接收了 4 个
Approximate round trip times in milli-seconds:
Minimum = 20ms, Maximum = 27ms, Average = 22ms--最大延迟、最小延迟和平均延迟
PC>tracert 192.168.1.2                  --跟踪数据包路径，返回沿途经过的路由器的地址
Tracing route to 192.168.1.2 over a maximum of 30 hops:
```

```
   1   5 ms   7 ms   6 ms    192.168.0.1 --192.168.0.1是Router0的A接口地址
   2   14 ms  7 ms   19 ms    172.16.0.2 --172.16.0.2是Router1的C接口地址
   3   14 ms  33 ms  12 ms    172.16.1.2 --172.16.1.2是Router2的E接口地址
   4   23 ms  21 ms  37 ms    172.16.2.2 --172.16.2.2是Router3的G接口地址
   5   33 ms    18 ms    29 ms     192.168.1.2
Trace complete.
PC>ping 172.16.2.2 --测试到路由器Router3接口是否通
```

总结 通过在路由器上添加路由表，每个路由器上都有到5个网段的路由。因此PC0和PC1计算机可以和网络中的任何路由器的任何一个接口通信。

5.1.2 删除静态路由

如果A网段计算机和B网段计算机通信，数据包在传输过程中途经的路由器从路由表中没有找到到达B网段的路由，该路由器将会返回计算机“目标主机不可到达”的提示信息。

如果数据包到达了目的网段B，B网段数据包返回A网段时，沿途的路由器没到达A网段的路由表，A网段计算机将会显示请求超时。

下面将演示“目标主机不可到达”和“请求超时”的两种情况如何产生。

示例 删除静态路由，如图5-3所示。

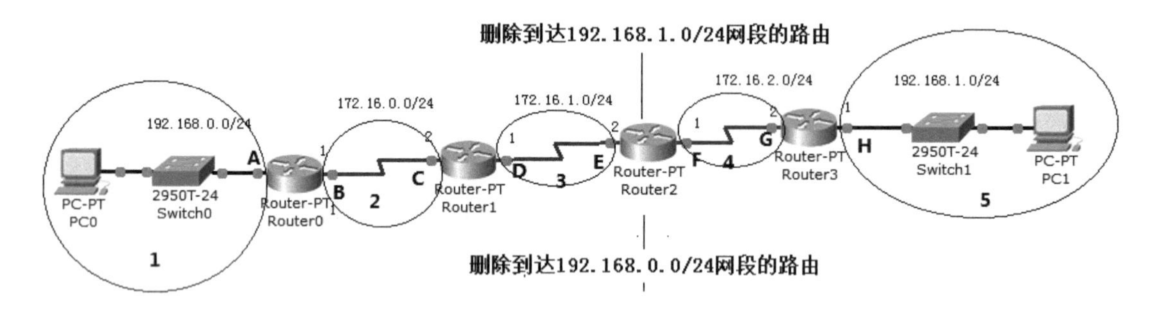

▲图5-3 删除静态路由

打开随书光盘中第5章练习“02 删除静态路由.pkt”。网络中的路由表已经配置好，PC0能ping通PC1。

删除Router2到达192.168.1.0/24网段的路由，然后使用PC0测试到PC1是否能够ping通；在Router2上删除到达192.168.0.0/24网段的路由，然后使用PC0测试到PC1是否能够ping通。

1. 目标主机不可到达

（1）在Router2上删除到达192.168.1.0/24网段的路由。

```
Router2(config)#no ip route 192.168.1.0 255.255.255.0
                                    --删除路由表不需要指明下一跳
```

（2）在 PC0 上 ping PC1。

```
PC>ping 192.168.1.2
Pinging 68.1.2 with 32 bytes of data:
Reply from 172.16.1.2 --Destination host unreachable.
Reply from 172.16.1.2 --Destination host unreachable.
Reply from 172.16.1.2 --Destination host unreachable.
Reply from 172.16.1.2 --Destination host unreachable.
Ping statistics for 192.168.1.2:
    Packets --Sent = 4, Received = 0, Lost = 4 (100% loss)
```

从 Router2 的接口返回，目标主机不可到达。

2. 请求超时

（1）在 Router2 上添加到达 192.168.1.0/24 网段的路由。

```
Router2(config)#ip route 192.168.1.0 255.255.255.0 172.16.2.2
                                                    --添加路由表
Router2(192.1config)#no ip route 192.168.0.0 255.255.255.0
                                                    --删除到达 192.168.0.0/24 网段的路由
```

（2）在 PC0 上 ping PC1

```
PC>ping 192.168.1.2
Pinging 192.168.1.2 with 32 bytes of data:
Request timed out.
Request timed out.
Request timed out.
Request timed out.
Ping statistics for 192.168.1.2:
    Packets: Sent = 4, Received = 0, Lost = 4 (100% loss)
```

请求超时，这是因为数据包没有返回来。

> **注意**　并不是所有的“请求超时”都是路由器的路由表造成的，其他的原因也可以导致请求超时，比如对方的计算机启用防火墙，或对方的计算机关机，这些都是“请求超时”。

5.2 路由汇总

通过合理地规划 IP 地址即通过将连续的 IP 地址指派给物理位置较为集中的网络，在路由器上配置路由表，可以将连续的多个网络汇总成一条，这样可简化路由器的表。

5.2.1 通过路由汇总简化路由表

如图 5-4 所示，172.16.0.0/24、172.16.1.0/24、172.16.2.0/24…172.16.255.0/24 网段都在图中竖线的右侧，在 RouterR 路由器添加路由，如果针对这么多的子网添加路由表，需要添加 256 条。有没有更简单的方法呢？

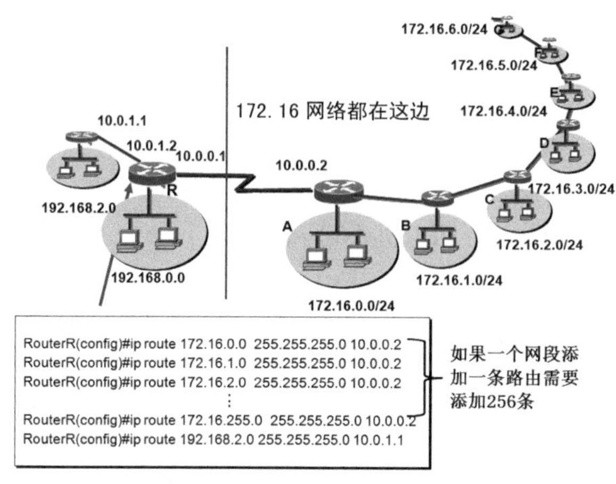

▲图 5-4 地址规划

172.16.0.0/24、172.16.1.0/24、172.16.2.0/24…172.16.254.0/24、172.16.255.0/24 子网都在竖线的右侧，总之 172.16 打头的地址都在竖线的右侧。因此在 RouterR 添加一条路由表 ip route 172.16.0.0 255.255.0.0 10.0.0.2，注意，子网掩码为 255.255.0.0。如图 5-5 所示，参照这条路由，RouterR 收到目标地址是 172.16 打头的数据包，全部转发给 10.0.0.2。这样能够大大降低路由表中的路由条目数量，提高选择路径的速度。

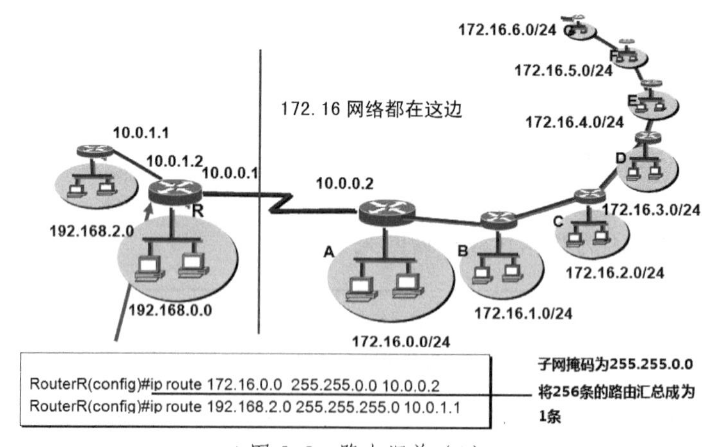

▲图 5-5 路由汇总（1）

进一步，如果在竖线的右侧，有 172.0.0.0/16、172.1.0.0/26、172.2.0.0/16…172.255.0.0/16 网络，总之，凡是 172 打头的网络都在竖线的右侧。你只需在路由器 RouterR 添加一条路由 ip route 172.0.0.0 255.0.0.0 10.0.0.2，如图 5-6 所示。

> **注意** 子网掩码为 255.0.0.0。这意味着只要该路由器收到目标地址是 172 打头的 IP 地址，就转发到 10.0.0.2。

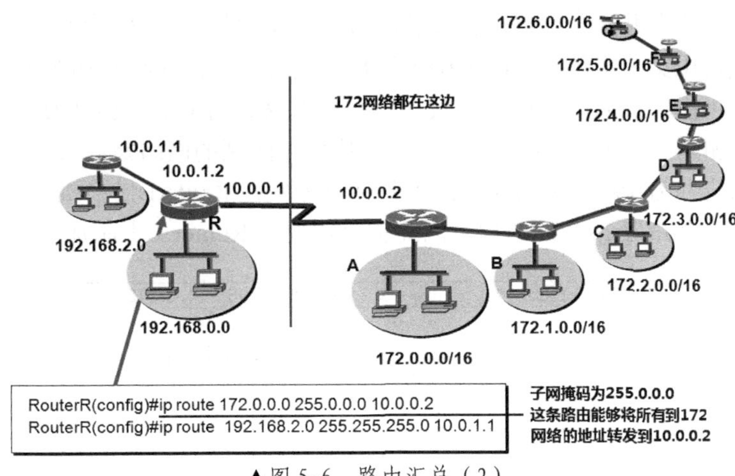

▲图 5-6 路由汇总（2）

5.2.2 路由汇总例外

如图 5-7 所示，如果 IP 地址规划时没有考虑周全，172.16 网络大多数子网在竖线右侧，但是 172.16.10.0/24 网段在竖线的左侧。这种情况，在 RouterR 路由器上，如何汇总呢？

这种情况，仍然可以针对竖线右侧大多数 172.16 开始的子网进行汇总，不过还需要针对 172.16.10.0/24 网络再单独添加一条路由，指明到该网段下一跳如何转发。

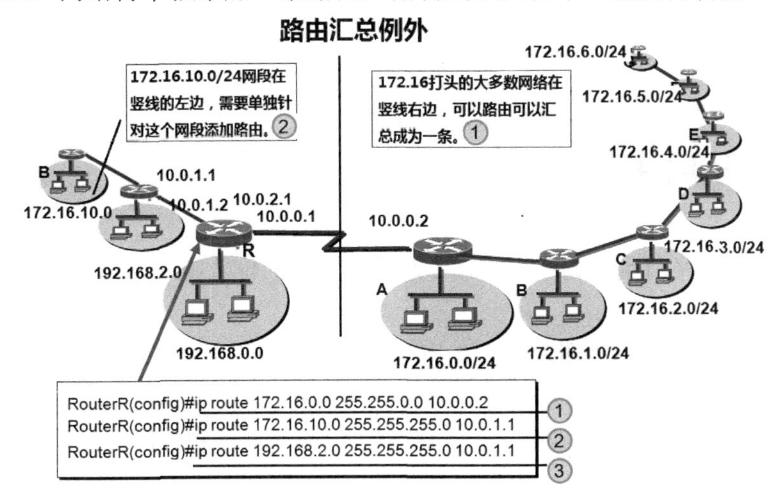

▲图 5-7 路由汇总例外

路由器 RouterR 收到到达 172.16 网络的数据包，首先查看路由表，检查是否到达 172.16.10.0/24 网段，如果是，则根据路由表中第 2 条路由的转发，如果不是，则根据路由表中第 1 条路由转发。

5.2.3 无类域间路由（CIDR）

以上讲述的路由汇总，为了初学者容易理解，通过将子网掩码向左移 8 位，合并了 256 网段。CIDR 采用 13～27 位可变网络 ID，而不是 A、B、C 类网络 ID 所用的固定的 8、16 和 24 位。这样我们可以将子网掩码向左移动 1 位，合并两个网段；向左移动两位合并 4 个网段；向左移动 3 位合并 8 个网段；向左移动 n 位，就可以合并 2^n 个网段。

打开随书光盘中第 5 章练习“05 CIDR 简化路由.pkt”，网络拓扑如图 5-8 所示，网络中的路由器和计算机已经按照图示配置完成。你需要在 RouterA 上添加到 B 区域网络的路由，在 RouterB 上添加到 A 区域网络的路由。注意观察 A 区域的网络是连续的 4 个 C 类网络，这 4 个网络可以合并为 192.168.16.0/22，因此你只需要在 RouterB 上添加一条路由表即可。B 区域的子网可以合并为 10.7.78.0/23，因此你只需要在 RouterA 上添加一条路由表即可。

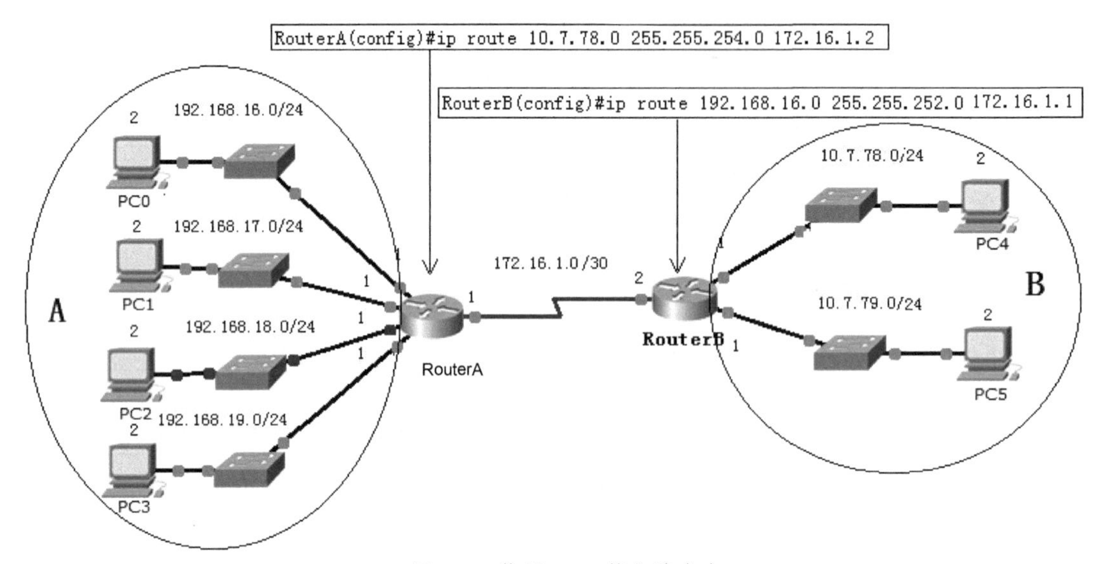

▲图 5-8　使用 CIDR 简化路由表

5.3 默认路由

可以看到，在给路由器添加路由时，子网掩码中 1 的位数越少，该条路由涵盖的网络越多。那么，极限是什么呢？

就是网络地址和子网掩码都为 0，如下所示配置。

```
Router (config) #ip route 0.0.0.0 0.0.0.0 10.0.0.2
```

这就意味着到任何网络下一跳转发给 10.0.0.2。网络地址和子网掩码均为 0 的路由就是默认路由。

5.3.1 使用默认路由作为指向 Internet 的路由

某公司有 A、B、C 和 D 4 个路由器，6 个网段，网络拓扑和地址规划如图 5-9 所示。现在要求在这 4 个路由器上添加路由，使内网之间能够相互通信，同时这 6 个网段都需要访问 Internet。

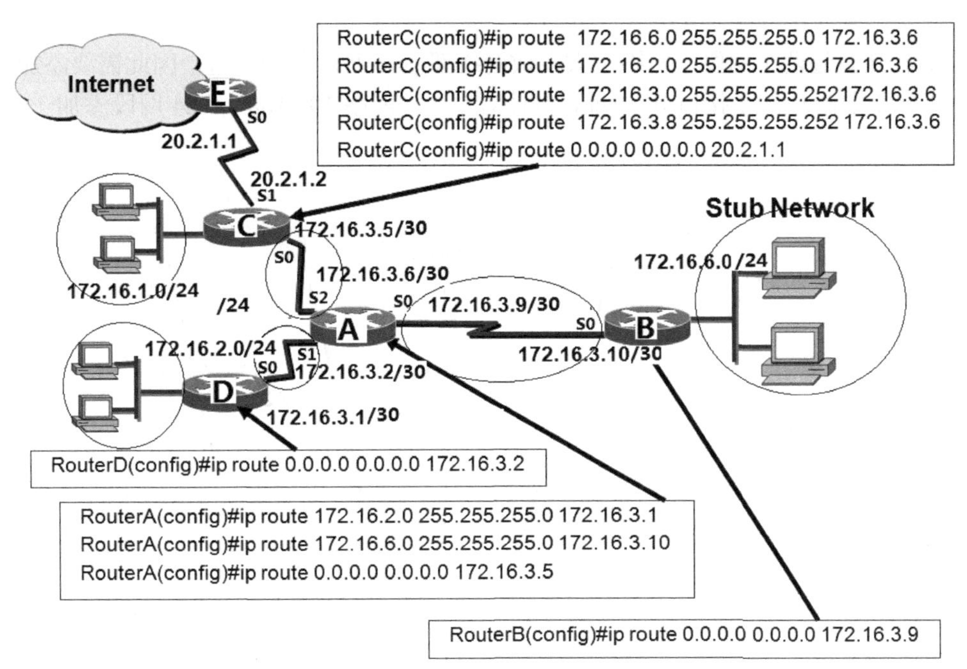

▲图 5-9　使用默认路由简化路由表

路由器 B，直连两个网段，除了到这两个网络的数据包，到其他网络都需要转发到路由器 A 的 S0 接口，因此只需要添加一条默认路由即可，如图 5-9 所示。

对于路由器 D 来说，直连两个网段，除了到这两个网段的数据包，到其他的网络都需要转发给路由器 A 的 S1 接口，因此只需要添加一条默认路由即可，如图 5-9 所示。

对于路由器 A 来说，直连 3 个网段，添加到 172.16.6.0/24 网络的路由和到 172.16.2.0/24 网络的路由，除了这两个网络，到其他网络都需要转发到路由器 C 的 S0 接口，因此需要添加一条默认路由指向该接口。

对于路由器 C 来说，直连 3 个网段，除了到内网的数据包就是到 Internet 的数据包，因此需要添加到内网的其他网段的路由，再添加一条默认路由指向路由器 E 的 S0 接口。

通过以上的配置可以看到，默认路由是优先级最低的一条路由。比如路由器 C，收到一个数据包首先检查是否是到内网的数据包，如果不是就使用默认路由将数据包转发到 Internet。

> **注意** 幸亏使用了默认路由，否则，你需要将 Internet 上所有的网段都一条一条添加到内网的路由器，不但你会疯掉，就是路由器也会崩溃！

5.3.2　让默认路由代替大多数网段的路由

如图 5-10 所示，网络有 7 个网段，6 个路由器。图中路由器接口的编号是该接口的 IP 地址。如何使用默认路由简化路由表？

路由器 A 直连着两个网段，到其他网段都需要转发给路由器 B，因此只需添加一条默认路由指向路由器 B 的 2 接口 IP 地址即可。

路由器 B 直连两个网段，网络中大多数网络都在 B 路由器的右边，因此需要添加一条默认路由指向路由器 C 的 2 接口 IP 地址，再针对左边的网络 192.168.0.0/24 网段添加一条路由。

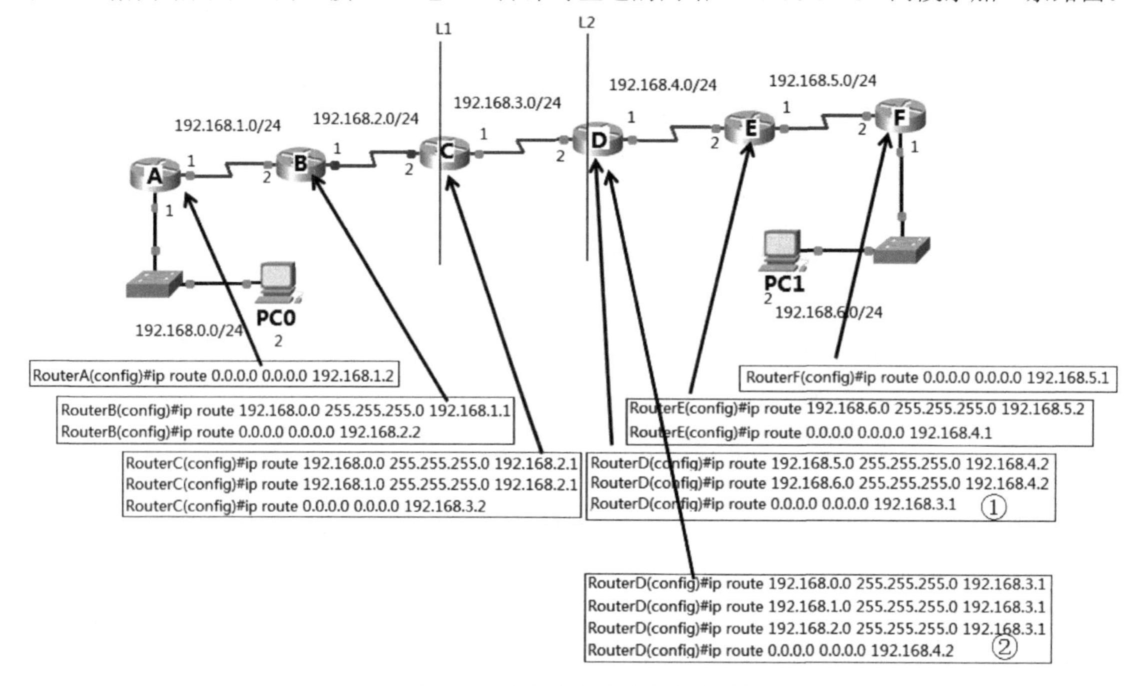

▲图 5-10 默认路由代替大多数网络

路由器 C 直连两个网段，对于路由器 C 来讲，右边的网段多于左边的网段，因此添加一条默认路由指向路由器 D 的 2 接口 IP 地址，然后针对左边的两个网段 192.168.0.0/24 和 192.168.1.0/24 添加路由。

路由器 D 直连两个网段，对于路由器 D 来讲，左边的网段多于右边的网段，因此添加一条默认路由指向路由器 C 的 1 接口 IP 地址，然后针对右边的两个网段 192.168.5.0/24 和 192.168.6.0/24 添加路由。这样路由器的路由表有 3 条路由，如图 5-10 中标识①的配置。如果添加的默认路由指向路由器 E 的接口 2IP 地址，那么就需要针对路由器 D 左边的网络 192.168.0.0/24、192.168.1.0/24 和 192.168.2.0/24 网段添加路由，这样路由表中有 4 条路由，如图 5-10 中标识②的配置。如果您不嫌麻烦，这样配置网络也是可以通的。

路由器 E 和 F 的路由配置就不赘述了。

总结	配置路由时，看看路由器哪边的网段多，就是用一条默认路由指向下一跳，然后再针对其他网段添加路由。

题外话	大家思考一下，在以上网络中，如果 PC0 ping 202.99.160.68，会出现什么情况呢？路由器 A 收到该数据包，使用默认路由将该数据包转发给路由器 B，路由器 B 使用默认路由将该数据包转发给路由器 C，路由器 C 使用默认路由将该数据包转发给路由器 D，路由器 D 收到后通过默认路由将数据包又转发给路由器 C，然后路由器 C 又转发给路由器 D，直至该数据包的 TTL 耗尽，最后返回 PC0"reply from 192.168.3.1: TTL expired in transit"，因为经过路由器转发一次数据包的 TTL 将会减 1。

5.3.3 使用默认路由和路由汇总简化路由表

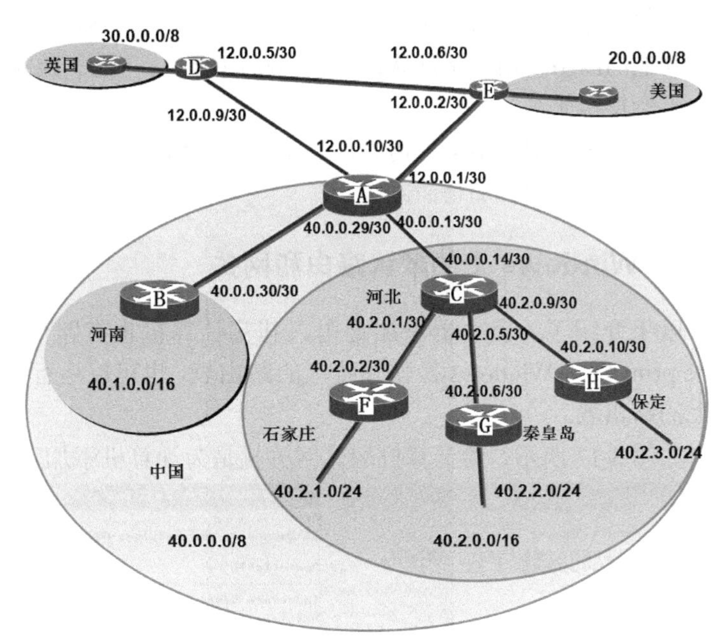

▲图 5-11 默认路由和路由汇总

现在我们将网络扩大到 Internet。如图 5-11 所示是 Internet 上三个国家的网络规划。国家级网络规划：英国使用 30.0.0.0/8 网段，美国使用 20.0.0.0/8 网段，中国使用 40.0.0.0/8 网段。

中国省级 IP 地址进行规划：河北省使用 40.2.0.0/16 网段，河南省使用 40.1.0.0/16 网段，其他省份使用 40.3.0.0/16 、40.4.0.0/16 … 40.255.0.0/16 网段。

河北省市级 IP 地址规划：石家庄地区使用 40.2.1.0/24 网段，秦皇岛地区使用 40.2.2.0/24 网段，保定地区使用 40.2.3.0/24 网段，如图 5-12 所示。

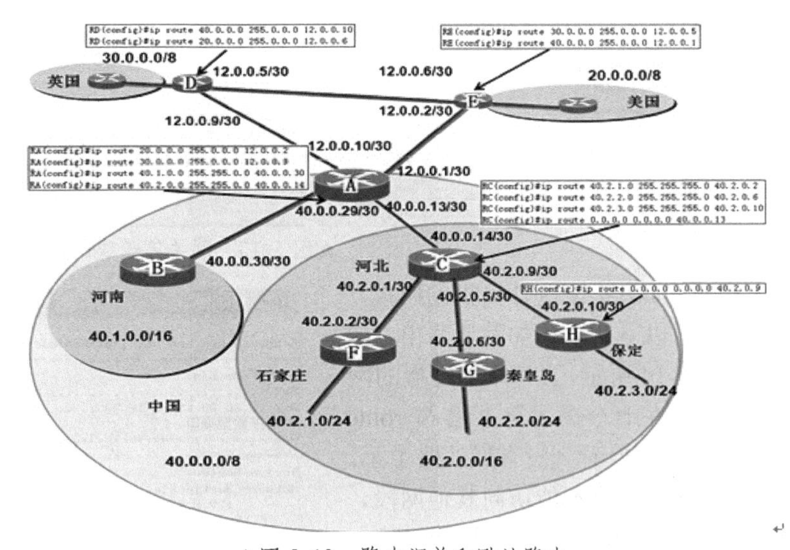

▲图 5-12 路由汇总和默认路由

路由器 A、D 和 E 是中国、英国和美国的国际出口路由器。这一级别的路由器，到中国的只需添加一条 40.0.0.0 255.0.0.0 路由，到美国的只需添加一条 20.0.0.0 255.0.0.0 路由，到英国的只需添加一条 30.0.0.0 255.0.0.0 路由。由于很好地规划了 IP 地址，可以将一个国家的网络汇总为一条路由。这一级路由器上的路由表就变得精简。

中国的国际出口路由器 A，除了添加到美国和英国两个国家的路由，还需要添加到河南省、河北省或其他省份的路由。由于各个省份的 IP 地址也进行了很好的规划，一个省的网络可以汇总成一条路由。这一级路由器的路由表也很精简。

河北省的路由器 C，它的路由如何添加呢？对于路由器 C 来说，数据包除了到石家庄、秦皇岛和保定地区的网络外，其他要么是出省的要么是出国的数据包。如何添加路由呢？省级路由器只需关心到石家庄、秦皇岛或保定地区的网络如何转发，添加针对这三个地区的路由，其他的网络使用一条默认路由指向路由器 A。这一级路由器使用默认路由，也能够使路由表变得精简。

对于路由器 H 来说，只需添加默认路由指向省级路由器 C。网络末端的路由器使用默认路由即可，路由表更加精简。

5.3.4 Windows 上的默认路由和网关

以上介绍了为路由器添加路由，其实计算机也有路由表，我们可以在计算机上运行 route print 显示 Windows 操作系统上的路由表，也可以运行 netstat –r 显示 Windows 操作系统上的路由表。

如图 5-13 所示，给计算机配置网关就是为计算机添加默认路由。

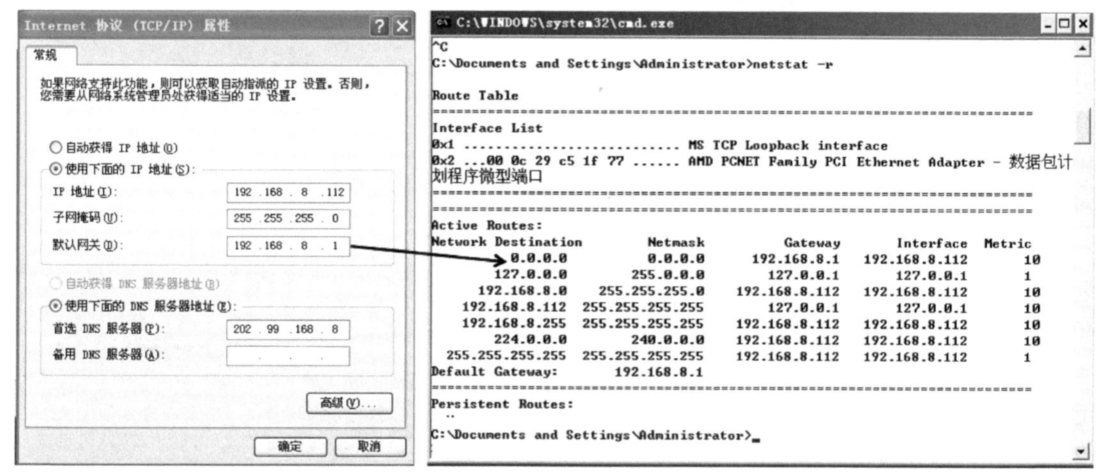

▲图 5-13　网关等于默认路由

如果不配置计算机的网关，使用以下命令添加默认路由。如图 5-14 所示，去掉本地连接的网关，在命令提示符下输入 route print，可以看到没有默认路由了，该计算机将不能访问其他网段，ping 202.99.160.68，提示“目标主机不可到达”。

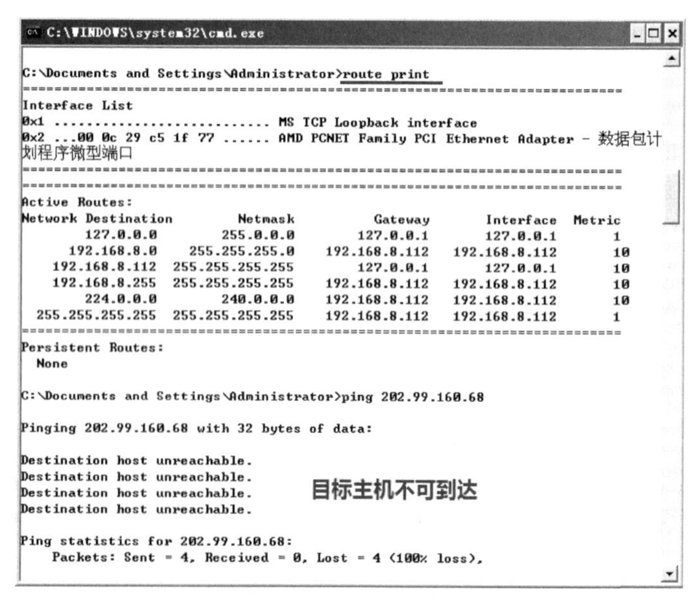

▲图 5-14　查看路由表

如图 5-15 所示，在命令提示符下输入 route /?可以看到该命令的帮助。

输入 route add 0.0.0.0 mask 0.0.0.0 192.168.8.1，添加默认路由。

输入 route print，可以参考路由表，添加的默认路由已经出现。

ping 202.99.160.68，可以 ping 通。

▲图 5-15 添加默认路由

在很多企业或家庭，通常需要多个计算机访问 Internet，选择一台 Server 安装两个网卡，一个连接 Internet，一个连接内网，如图 5-16 所示。这样的网络环境需要如何配置计算机的网关和 IP 地址呢？

如图 5-16 所示，内网的计算机需要配置 IP 地址、子网掩码和网关，网关就是 Server 的内网网卡的 IP 地址。在 Server 上的两个连接，内网的网卡不需要配置网关，但是连接 Internet 的网卡需要配置默认网关。

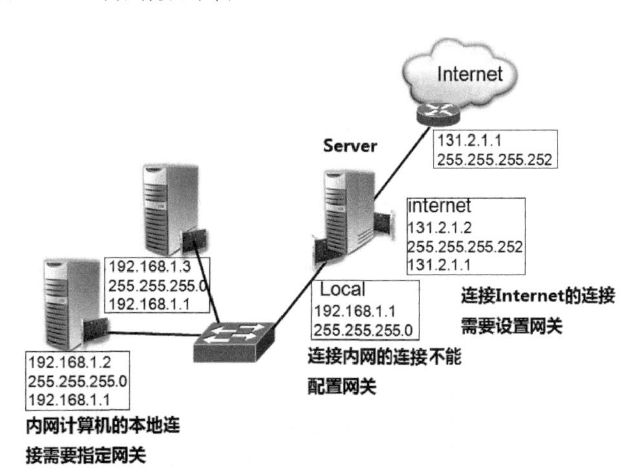

▲图 5-16 网关与本地连接

5.4 总 结

通过以上的学习，我们得到以下结论。

网络畅通的条件是数据包既能转发到目的地，还要能够返回。

网络排错最基本的原理就是逐一检查沿途的路由器是否有到达目标网络的路由，然后再逐一检查沿途的路由器是否有数据包返回所需的路由。

计算机的网关就是计算机的默认路由，网络排错应该检查计算机是否配置了正确的 IP 地址、网关以及子网掩码。

将 IP 地址连续的地址分配给物理位置连续的网络，这样便于路由汇总，减少路由器的路由表。

路由汇总的极限就是默认路由，默认路由优先级最低。

路由器是根据路由表转发数据的，网络管理员可以通过给路由器添加路由表来控制数据包传递的路径。

5.5 实 验

打开随书光盘第 5 章练习文件。

5.5.1 实验 1：静态路由

1. 实验目的

- 在所有的路由器上添加静态路由。
- 能够在小型的网络环境中配置路由表。
- 能够使用 ping 测试静态路由配置。
- 使用 Tracert 跟踪数据包。
- 排除网络故障。
- 在 Router3 上删除到 172.16.0.0/24 网段的路由。

2. 网络拓扑和实验环境

如图 5-17 所示，已经将路由器的所有接口和计算机的 IP 地址按照网络拓扑配置。

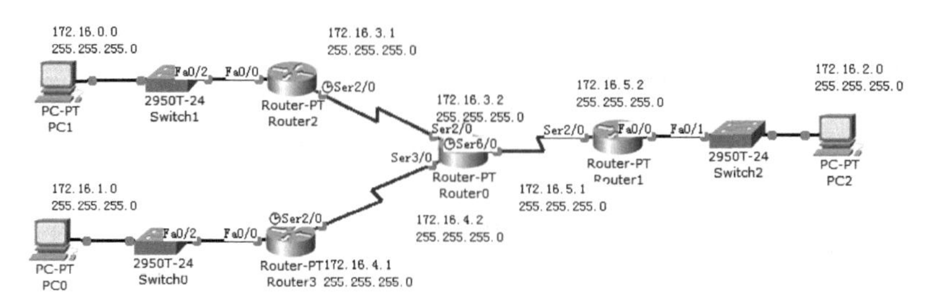

▲图 5-17　网络拓扑

3. 实验要求

- 给网络中的路由器添加路由表
- 不使用路由汇总和默认路由

4. 实验步骤

（1）在 Router2 上查看路由和添加静态路由。

```
Router#show ip route --查看现有的路由表，发现只有直连的网段的路由信息
Router#config t
Router (config) #ip route 172.16.1.0 255.255.255.0 172.16.3.2
Router (config) #ip route 172.16.4.0 255.255.255.0 172.16.3.2
Router (config) #ip route 172.16.5.0 255.255.255.0 172.16.3.2
Router (config) #ip route 172.16.2.0 255.255.255.0 172.16.3.2
Router#show ip route
Gateway of last resort is not set
     172.16.0.0/24 is subnetted, 6 subnets
C    172.16.0.0 is directly connected, FastEthernet0/0 --C 直连的网络
S    172.16.1.0 [1/0] via 172.16.3.2                   --S 添加的静态路由
S    172.16.2.0 [1/0] via 172.16.3.2
C    172.16.3.0 is directly connected, Serial2/0
S     172.16.4.0 [1/0] via 172.16.3.2
S     172.16.5.0 [1/0] via 172.16.3.2
Router#copy running-config startup-config              --保存配置
```

（2）在 Router3 上添加静态路由。

```
Router#config t
Router (config) #ip route 172.16.0.0 255.255.255.0 172.16.4.2
Router (config) #ip route 172.16.3.0 255.255.255.0 172.16.4.2
Router (config) #ip route 172.16.2.0 255.255.255.0 172.16.4.2
Router (config) #ip route 172.16.5.0 255.255.255.0 172.16.4.2
Router (config) #exit
Router#show ip rout                                       --显示路由表
Router#copy running-config startup-config                 --保存配置
```

（3）在 Router0 上添加静态路由。

```
Router#config t
Router (config) #ip route 172.16.0.0 255.255.255.0 172.16.3.1
Router (config) #ip route 172.16.1.0 255.255.255.0 172.16.4.1
Router (config) #ip route 172.16.2.0 255.255.255.0 172.16.5.2
Router#copy running-config startup-config
```

（4）在 Router1 上添加静态路由。

```
Router#configure t
Router (config) #ip route 172.16.0.0 255.255.255.0 172.16.5.1
Router (config) #ip route 172.16.1.0 255.255.255.0 172.16.5.1
Router (config) #ip route 172.16.3.0 255.255.255.0 172.16.5.1
Router (config) #ip route 172.16.4.0 255.255.255.0 172.16.5.1
Router#copy running-config startup-config
```

（5）在 PC1 上测试到 PC0 的连接，测试静态路由。

```
PC>ping 172.16.1.2 --静态路由配置正确
Pinging 172.16.1.2 with 32 bytes of data:
Reply from 172.16.1.2: bytes=32 time=27ms TTL=253
Reply from 172.16.1.2: bytes=32 time=14ms TTL=253
Reply from 172.16.1.2: bytes=32 time=20ms TTL=253
Reply from 172.16.1.2: bytes=32 time=16ms TTL=253
PC>tracert 172.16.1.2: 使用 Tracert 跟踪数据包
Tracing route to 172.16.1.2 over a maximum of 30 hops:
  1   9 ms      6 ms     8 ms      172.16.0.1 --Router2
  2   13 ms     10 ms    10 ms     172.16.3.2 --Router0
  3   17 ms     16 ms    16 ms     172.16.4.1 --Router3
  4   23 ms     24 ms    25 ms     172.16.1.2 --PC1
```

（6）在 PC1 上测试到 PC2 的连接。

```
PC>ping 172.16.2.2                        --静态路由配置正确
Pinging 172.16.2.2 with 32 bytes of data:
Reply from 172.16.2.2: bytes=32 time=15ms TTL=253
Reply from 172.16.2.2: bytes=32 time=13ms TTL=253
Reply from 172.16.2.2: bytes=32 time=16ms TTL=253
Reply from 172.16.2.2: bytes=32 time=19ms TTL=253
```

（7）在 Router3 上删除到 172.16.0.0/24 网段的路由。

```
Router (config) #no ip route 172.16.0.0 255.255.255.0
Router#show ip route
Gateway of last resort is not set
     172.16.0.0/24 is subnetted, 5 subnets
C    172.16.1.0 is directly connected, FastEthernet0/0
S    172.16.2.0 [1/0] via 172.16.4.2
S    172.16.3.0 [1/0] via 172.16.4.2
C    172.16.4.0 is directly connected, Serial2/0
S    172.16.5.0 [1/0] via 172.16.4.2
```

```
                                        --没有到172.16.0.0/24网段的路由信息
```

（8）在 PC1 上测试到 PC0 的连接，发现数据包不能返回。

```
PC>ping 172.16.1.2
Pinging 172.16.1.2 with 32 bytes of data:
Request timed out.
Request timed out.
Request timed out.
Request timed out.
PC>tracert 172.16.1.2 --使用Tracert跟踪数据包路径，172.16.3.2以后的请求超时
Tracing route to 172.16.1.2 over a maximum of 30 hops:
  1   9 ms      7 ms      8 ms       172.16.0.1
  2   12 ms     14 ms     14 ms      172.16.3.2
  3   *         *         *          Request timed out.
  4   *         *         *          Request timed out.
  5   *         *         *          Request timed out.
```

（9）在 PC0 上测试到 PC1 的连接。

```
PC>ping 172.16.0.2
Pinging 172.16.0.2 with 32 bytes of data:
Reply from 172.16.1.1: Destination host unreachable.--提示目标主机不可到达
Reply from 172.16.1.1: Destination host unreachable.
Reply from 172.16.1.1: Destination host unreachable.
Reply from 172.16.1.1: Destination host unreachable.
```

5.5.2 实验 2：使用默认路由

1. 实验目的

使用默认路由简化路由表。

2. 网络拓扑和实验环境

如图 5-18 所示，已经将路由器的所有接口和计算机的 IP 地址按照网络拓扑进行配置。

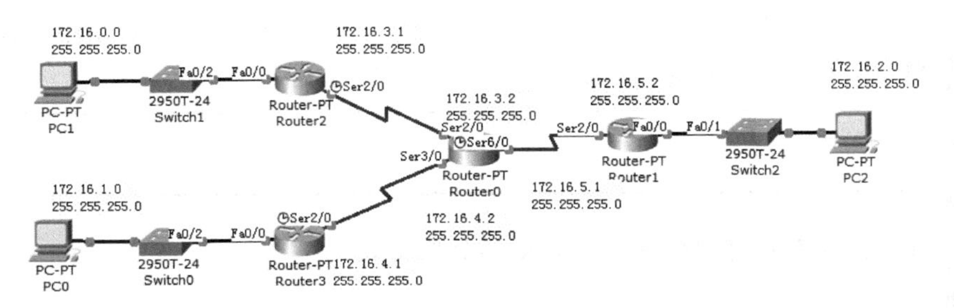

▲图 5-18　网络拓扑

3. 实验步骤

(1) 在 Router2 上运行：

```
Router>en                                          --进入特权模式
Router#config t                                    --进入全局配置模式
Router (config) #hostname Router2                  --更改路由器名
Router2 (config) #ip route 0.0.0.0 0.0.0.0 172.16.3.2  --添加默认路由
```

(2) 在 Router3 上运行：

```
Router3 (config) #ip route 0.0.0.0 0.0.0.0 172.16.4.2  --添加默认路由
```

(3) 在 Router1 上运行：

```
Router1 (config) #ip route 0.0.0.0 0.0.0.0 172.16.5.1  --添加默认路由
```

(4) 在 Router0 上运行：

```
Router0 (config) #ip route 172.16.0.0 255.255.255.0 172.16.3.1
                                                       --添加路由
Router0 (config) #ip route 172.16.1.0 255.255.255.0 172.16.4.1
                                                       --添加路由
Router0 (config) #ip route 172.16.2.0 255.255.255.0 172.16.5.2
                                                       --添加路由
```

(5) 在 PC1 上 ping PC0 和 PC2：

```
PC>ping 172.16.1.2
Pinging 172.16.1.2 with 32 bytes of data:
Request timed out
Reply from 172.16.1.2: bytes=32 time=20ms TTL=125
Reply from 172.16.1.2: bytes=32 time=20ms TTL=125
Reply from 172.16.1.2: bytes=32 time=15ms TTL=125
Ping statistics for 172.16.1.2:
   Packets: Sent = 4, Received = 3, Lost = 1 (25% loss),
Approximate round trip times in milli-seconds:
   Minimum = 15ms, Maximum = 20ms, Average = 18ms
```

观察	第一个数据包请求超时。想一下为什么？第一个数据包需要 ARP 解析网关的 MAC 地址，后面的数据包则不需要 ARP 解析了。

PC>ping 172.16.2.2

总结	使用默认路由可以精简末端路由器的路由表。

5.5.3 实验 3：使用默认路由和路由汇总

1．实验目的

使用默认路由和路由汇总简化路由表。

2．网络拓扑和实验环境

如图 5-19 所示，已经将路由器的所有接口和计算机的 IP 地址按照网络拓扑配置。

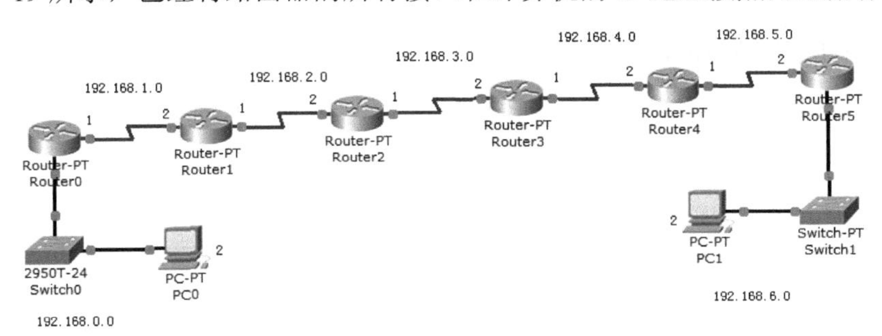

▲图 5-19　网络拓扑

3．实验步骤

（1）在 Router0 上，添加默认路由。

```
Router>en
Router#config t
Router (config) #ip route 0.0.0.0 0.0.0.0 192.168.1.2
```

（2）在 Routcr1 上，添加默认路由和路由。

```
Router (config) #ip route 0.0.0.0 0.0.0.0 192.168.2.2
Router (config) #ip route 192.168.0.0 255.255.255.0 192.168.1.1
```

（3）在 Router2 上，添加默认路由和路由。

```
Router (config) #ip route 192.168.0.0 255.255.254.0 192.168.2.1
                                              --将 0 和 1 子网合并
Router (config) #ip route 0.0.0.0 0.0.0.0 192.168.3.2
```

（4）在 Router3 上，添加默认路由和路由。

```
Router (config) #ip route 192.168.5.0 255.255.255.0 192.168.4.2
                                              --5 和 6 子网不能合并
Router (config) #ip route 192.168.6.0 255.255.255.0 192.168.4.2
Router (config) #ip route 0.0.0.0 0.0.0.0 192.168.3.1
```

（5）在 Router4 上，添加默认路由和路由。

```
Router (config) #ip route 192.168.6.0 255.255.255.0 192.168.5.2
Router (config) #ip route 0.0.0.0 0.0.0.0 192.168.4.1
```

（6）在 Router5 上，添加默认路由和路由。

```
Router (config) #ip route 0.0.0.0 0.0.0.0 192.168.5.1
```

（7）在 PC0 上 ping PC1。

```
PC>ping 192.168.6.2
```

5.5.4 实验 4：网络排错

1. 实验目的

能够根据网络畅通的原理排除网络故障。

2. 网络拓扑和实验环境

如图 5-20 所示，网络拓扑和 IP 地址已经按照图示的地址配置好。现在的情况是 PC0 不能 ping 通 PC1。

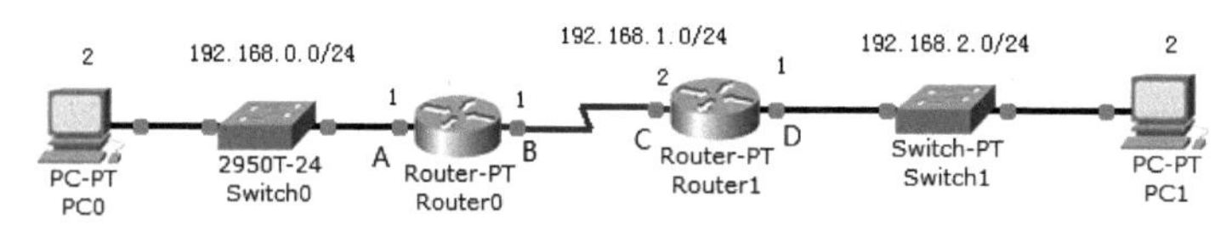

▲图 5-20 网络拓扑

3. 实验要求

你需要检查网络中的路由器和计算机的配置，找到原因，使 PC0 和 PC1 通信。

4. 实验步骤

以下实验将会按照顺序逐一检查网络设备的配置，确保数据包能够往返于 PC0 和 PC1。

（1）检查 PC0 的 IP 配置。

```
PC>ipconfig
IP Address...................... --192.168.0.2
Subnet Mask..................... --255.255.255.0
Default Gateway................. --192.168.0.1
```

配置正确。

（2）检查 Router0 的路由表。

```
Router#show ip route
C    192.168.0.0/24 is directly connected, FastEthernet0/0
C    192.168.1.0/24 is directly connected, Serial2/0
S    192.168.2.0/24 [1/0] via 192.168.1.2
```

有到达 192.168.2.0/24 网段的路由。

（3）检查 Router1 的路由表。

```
Router#show ip route
Gateway of last resort is not set
S    192.168.0.0/24 [1/0] via 192.168.1.1
C    192.168.1.0/24 is directly connected, Serial3/0
C    192.168.2.0/24 is directly connected, FastEthernet0/0
```

有到达 192.168.0.0/24 网段的路由。

（4）检查 PC1 的 IP 配置。

```
PC>ipconfig
IP Address..................... --192.168.2.2
Subnet Mask.................... --255.255.255.0
Default Gateway................ --0.0.0.0
```

原来 PC1 没有配置网关。

结论	网络排错不只是检查路由器的路由表，计算机的 IP 配置也很重要。

5.7 习 题

1. 设有下面 4 条路由：170.18.129.0/24、170.18.130.0/24、170.18.132.0/24 和 170.18.133.0/24，如果进行路由汇聚，能覆盖这 4 条路由的地址是________。

   A. 170.18.128.0/21　　B. 170.18.128.0/22

   C. 170.18.130.0/22　　D. 170.18.132.0/23

2. 设有两条路由 21.1.193.0/24 和 21.1.194.0/24，如果进行路由汇聚，覆盖这两条路由的地址是________。

   A. 21.1.200.0/22　　B. 21.1.192.0/23

   C. 21.1.192.0/21　　D. 21.1.224.0/20

3. 路由器收到一个 IP 数据包，其目标地址为 202.31.17.4，与该地址匹配的子网是_____。

   A. 202.31.0.0/21　　B. 202.31.16.0/20

   C. 202.31.8.0/22　　D. 202.31.20.0/22

4. 设有两个子网 210.103.133.0/24 和 210.103.130.0/24，如果进行路由汇聚，得到的网络地址是________。

   A. 210.103.128.0/21　　B. 210.103.128.0/22

   C. 210.103.130.0/22　　D. 210.103.132.0/20

5. 在路由表中设置一条默认路由，目标地址应为__（1）__，子网掩码应为__（2）__。

   （1）A. 127.0.0.0　　B. 127.0.0.1　　C. 1.0.0.0　　D. 0.0.0.0

   （2）A. 0.0.0.0　　B. 255.0.0.0　　C. 0.0.0.255　　D. 255.255.255.255

6. 网络 122.21.136.0/24 和 122.21.143.0/24 经过路由汇聚，得到的网络地址是________。

   A. 122.21.136.0/22　　B. 122.21.136.0/21

   C. 122.21.143.0/22　　D. 122.21.128.0/24

7. 路由器收到一个数据包，其目标地址为 195.26.17.4，该地址属于_______子网。

   A. 195.26.0.0/21　　B. 195.26.16.0/20

   C. 195.26.8.0/22　　D. 195.26.20.0/22

习题答案

1. A
2. C
3. B
4. C
5. （1）D （2）A
6. B
7. B

第6章 动态路由

在本章中，将会讲述配置路由器使用动态路由协议自动构建路由表。讲述 RIP（路由信息协议）、EIGRP（增强内部网关路由协议）以及 OSPF（开放式最短路径优先）的工作特点和配置方法。

配置 RIP 和 EIGRP 支持变长子网和不连续子网，配置 EIGRP 进行手动汇总，配置 OSPF 协议多区域。

本章主要内容：

- 什么是动态路由协议
- RIP 协议的特点和配置
- RIP 协议的两个版本
- EIGRP 协议的特点和配置
- EIGRP 自动汇总和手动汇总
- OSPF 协议的特点和配置
- OSPF 多区域和汇总

6.1 动态路由

如图 6-1 所示，管理员为网络中的路由器添加静态路由，使得 10.120.2.0/24 网段与 172.16.1.0/24 网段沿路径①通信。如果路由器 C 与路由器 D 之间的连接断开，这两个网络将不能通信。因为静态路由不会随着连接状态的变化自动选择其他路径。

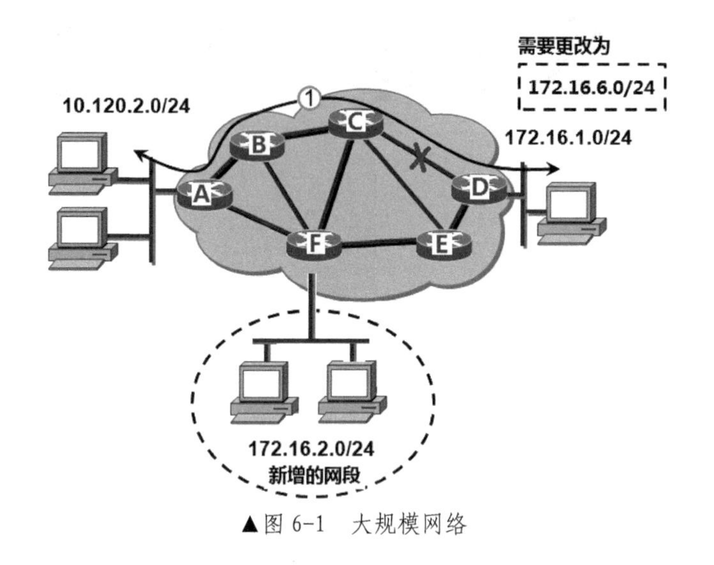

▲图 6-1　大规模网络

现在需要在网络中添加一个网段 172.16.2.0/24，如果使用静态路由，管理员需要配置网络中的所有路由器，添加到新增加的网段的路由。网络中路由器数量大，网络管理员的工作量将很大。

如果需要将 172.16.1.0/24 网段更改为 172.16.6.0/24 网段，管理员需要配置网络中的相关路由器，删除到 172.16.1.0/24 网段的路由，添加到 172.16.6.0/24 网段的路由，工作量也很大。

总之，静态路由不会随着网络链路状态的变化自动选择最佳路径，网络中增加或修改了网段，都需要人工调整网络中路由器的路由表。有没有办法让路由器自动检测到网络中有哪些网段，自己选择到各个网段的最佳路径？有，那就是下面要讲的动态路由。

动态路由就是配置网络中的路由器运行动态路由协议，路由表项是通过相互连接的路由器之间交换彼此信息，然后按照一定的算法优化出来的，而这些路由信息是在一定时间间隙里不断更新的，以适应不断变化的网络，以随时获得最优的寻径效果。

动态路由协议有以下功能：

- 能够知道有哪些邻居路由器。
- 学习到网络中有哪些网段。
- 能够学习到到某个网段的所有路径。
- 能够从众多的路径中选择最佳的路径。
- 能够维护和更新路由信息。

下面将会讲解动态路由协议 RIP、EIGRP 和 OSPF 协议的特点和配置过程。

6.2 RIP 协议

路由信息协议 RIP（Routing Information Protocol）是一个真正的距离矢量路由选择协议。它每隔 30 秒钟就送出自己完整的路由表到所有激活的接口。RIP 只使用跳数来决定到达远程网络的最佳方式，并且在默认时它所允许的最大跳数为 15 跳，也就是说 16 跳的距离将被认为是不可达的。

在小型网络中，RIP 会运转良好，但是对于使用慢速 WAN 连接的大型网络或者安装有大量路由器的网络来说，它的效率就很低了。即便是网络没有变化，也是每隔 30 秒发送路由表到所有激活的接口，占用网络带宽。

当路由器 A 意外故障 down 机，需要由它的邻居路由器 B 将路由器 A 所连接的网段不可到达的信息通告出去。路由器 B 如何断定某个路由失效？如果路由器 B 180 秒没有得到关于某个指定路由的任何更新，就认为这个路由失效。所以这个周期性更新是必须的。

RIP 版本 1 使用有类路由选择，即在该网络中的所有设备必须使用相同的子网掩码，这是因为 RIP 版本 1 不发送带有子网掩码信息的更新数据。RIP 版本 2 提供了被称为前缀路由选择的信息，并利用路由更新来传送子网掩码信息，这就是所谓的无类路由选择。

RIP 是典型的距离矢量路由选择协议，距离矢量路由选择算法发送完整的路由表到相邻的路由器，然后，相邻的路由器会将接收到的路由表项与自己原有的路由表进行组合，以完善路由器的路由表。

RIP 只使用跳数来决定到达某个互联网络的最佳路径。如果 RIP 发现对于同一个远程网络存在有不止一条链路，并且它们又都具有相同的跳数，则路由器将自动执行循环负载均衡。RIP 可以对多达 6 个相同开销的链路实现负载均衡（默认为 4 个）。

下面将讲解 RIP 协议的配置。

6.2.1 RIP 的配置过程

下面将会以实例演示 RIP 配置的过程，会讲解过程中使用的一些参数。

打开随书光盘中第 6 章练习“01 动态路由 RIP.pkt”，网络拓扑和 IP 地址规划如图 6-2 所示，网络中的路由器和 IP 地址已经配置好。

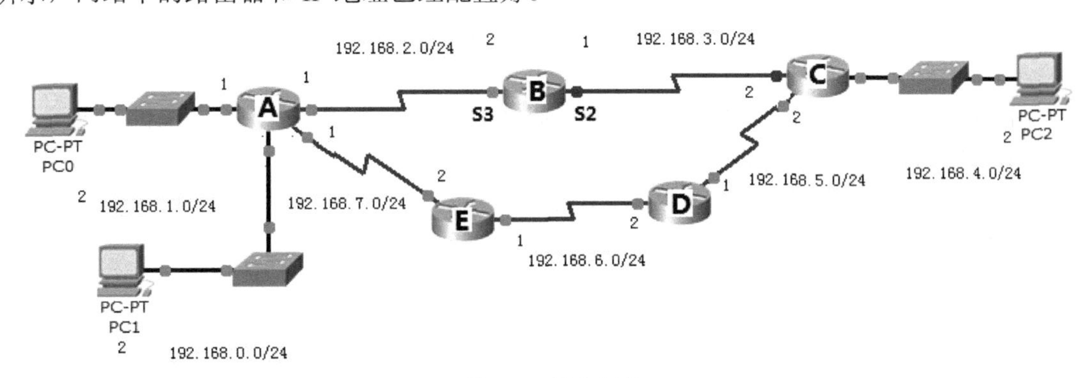

▲图 6-2　网络拓扑

以下步骤将会演示在 A、B、C、D 和 E 路由器上启用 RIP 协议，查看路由器上的路由表，验证配置 RIP 时，network 命令的作用，跟踪数据包从 PC0 到 PC2 的路径，验证当最佳路径不可用后，RIP 能够自动更新路由表。

操作步骤如下。

（1）在路由器 A 上，启用和配置 RIP 协议。

```
RA>en
RA#config t
RA (config) #router rip --在路由器上启用RIP协议
RA (config-router) #network 192.168.0.0
RA (config-router) #network 192.168.1.0
RA (config-router) #network 192.168.2.0
RA (config-router) #network 192.168.7.0
```

就这几条命令就可以了，比静态路由简单多了。

在 RA（config-router）#提示符下输入的 network 命令用于告诉此路由选择协议哪个有类网络可以进行通告。由于路由器 A 连着 4 个 C 类网络，要 network 这 4 个网络。注意，我没有输入子网，而只有有类网络地址（即所有的子网位和主机位都是 0）。这样这 4 个接口连接的网段都能够通告给其他路由器，同时这些接口也能够接收其他路由器发送过来的 RIP 信息。

思考一下：如图 6-3 所示，如果路由器 A 连着以下网络，network 应该怎样写呢？

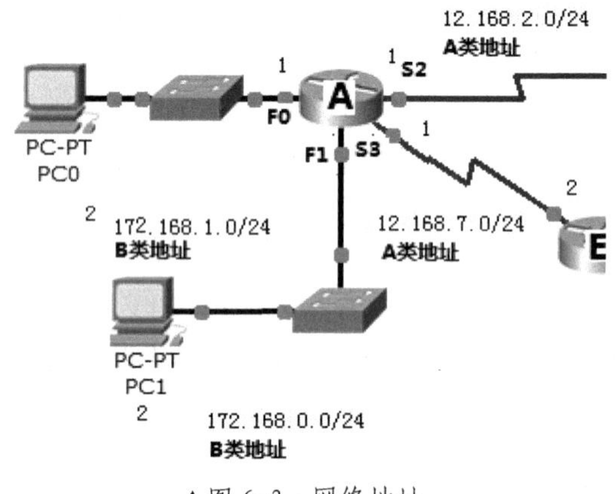

▲图 6-3　网络地址

路由器 A 的 F0 和 F1 接口连接的网段属于同一个 B 类地址 172.168.0.0，路由器 A 的 S2 和 S3 接口连接的网段是同一个 A 类地址 12.0.0.0，因此需要输入以下命令让这 4 个接口参与到 RIP 的工作中。

```
RA (config) #router rip
RA (config-router) #network 172.168.0.0
RA (config-router) #network 12.0.0.0
```

下面的配置是错误的，A 类地址子网掩码默认是 255.0.0.0，子网位和主机位应归 0，network 后就不能写成 12.168.0.0。

```
RA (config-router) #network 12.168.0.0
```

（2）在路由器 B 上，启用和配置 RIP 协议。

```
RB>en
RB#config t
RB (config) #route rip
RB (config-router) #network 192.168.2.0
RB (config-router) #network 192.168.3.0
RB#show ip protocols              --显示配置的动态路由协议
Routing Protocol is "rip"
Sending updatcs every 30 seconds, next due in 4 seconds
Invalid after 180 seconds, hold down 180, flushed after 240
```

```
Outgoing update filter list for all interfaces is not set
Incoming update filter list for all interfaces is not set
Redistributing: rip
Default version control: send version 1, receive any version
  Interface              Send  Recv  Triggered RIP  Key-chain
  Serial3/0              1     2 1
  Serial2/0              1     2 1
Automatic network summarization is in effect
Maximum path: 4
Routing for Networks:
 192.168.2.0                            --RIP 协议配置的 network 两个网络
 192.168.3.0
Passive Interface (s) :
Routing Information Sources:
 Gateway          Distance      Last Update
 192.168.2.1          120       00:00:10
Distance: (default is 120)         --RIP 协议默认管理距离
```

（3）在路由器 C 上，启用和配置 RIP 协议。

```
RC (config) #router rip
RC (config-router) #net 192.168.3.0 --network 可以简写为 net
RC (config-router) #net 192.168.4.0
RC (config-router) #net 192.168.5.0
```

（4）在路由器 D 上，启用和配置 RIP 协议。

```
RD (config) #router rip
RD (config-router) #net 192.168.5.0
RD (config-router) #net 192.168.6.0
```

（5）在路由器 E 上，启用和配置 RIP 协议。

```
RE (config) #router rip
RE (config-router) #net 192.168.6.0
RE (config-router) #net 192.168.7.0
```

（6）现在网络中的路由器都已经配置了 RIP 协议，在路由器 C 上，查看路由表。

```
RC#show ip route
Gateway of last resort is not set
R    192.168.0.0/24 [120/2] via 192.168.3.1, 00:00:13, Serial2/0 --①
R    192.168.1.0/24 [120/2] via 192.168.3.1, 00:00:13, Serial2/0 --②
R    192.168.2.0/24 [120/1] via 192.168.3.1, 00:00:13, Serial2/0 --③
C    192.168.3.0/24 is directly connected, Serial2/0             --④
```

```
C    192.168.4.0/24 is directly connected, FastEthernet0/0           --⑤
C    192.168.5.0/24 is directly connected, Serial3/0                 --⑥
R    192.168.6.0/24 [120/1] via 192.168.5.1, 00:00:03, Serial3/0 --⑦
R    192.168.7.0/24 [120/2] via 192.168.3.1, 00:00:13, Serial2/0 --⑧
                    [120/2] via 192.168.5.1, 00:00:03, Serial3/0     --⑨
```

R 代表通过 RIP 协议学习到的路由。

C 代表直连的网络。

注意看第①条和第②条路由，[120/2]，120 表示管理距离，2 代表度量值，表示到达 192.168.0.0/24 和 192.168.1.0/24 网段需要经过两个路由器，via 后面的地址是下一跳转发给哪个地址。

注意	看第⑧条和⑨条路由，这两条路由代表到达 192.168.7.0/24 网段有两条等价路径。

（7）在路由器 A 上，不让 192.168.0.0/24 网段参与 RIP 协议。

```
RA (config) #route rip
RA (config-router) #no network 192.168.0.0 --取消这个 C 类网络参与 RIP 协议
```

（8）在路由器 C 上，查看路由表，看看是否还有到 192.168.0.0 网段的路由。

RC#clear ip route *：该命令将会清空路由器学习到的所有路由，稍等一会儿就会重新学习到正确路由。

```
RC#show ip route
Gateway of last resort is not set
R    192.168.1.0/24 [120/2] via 192.168.3.1, 00:00:00, Serial2/0
R    192.168.2.0/24 [120/1] via 192.168.3.1, 00:00:00, Serial2/0
C    192.168.3.0/24 is directly connected, Serial2/0
C    192.168.4.0/24 is directly connected, FastEthernet0/0
C    192.168.5.0/24 is directly connected, Serial3/0
R    192.168.6.0/24 [120/1] via 192.168.5.1, 00:00:13, Serial3/0
R    192.168.7.0/24 [120/2] via 192.168.5.1, 00:00:13, Serial3/0
                    [120/2] via 192.168.3.1, 00:00:00, Serial2/0
```

可以看到已经没有到 192.168.0.0/24 网段的路由了。

（9）在 PC0 上，跟踪数据包到 PC2 的路径。

```
PC>tracert 192.168.4.2
Tracing route to 192.168.4.2 over a maximum of 30 hops:
  1   22 ms     10 ms     5 ms      192.168.1.1      --路由器 A
  2   7 ms      7 ms      12 ms     192.168.2.2      --路由器 B
  3   12 ms     9 ms      11 ms     192.168.3.2      --路由器 C
```

```
  4   18 ms      15 ms      20 ms      192.168.4.2      --PC4
Trace complete.
```

可以看到这两个网段通信途径路由器 A、B 和 C。如图 6-4 所示，这是经过路由最少也就是跳数最少的路径，RIP 协议认为这是最佳路径，哪怕是 A 到 B 和 B 到 C 之间连接带宽是 56Kb/s，A 到 E、E 到 D、D 到 C 之间的连接带宽是 1000Mb/s，RIP 协议也认为 A-B-C 是最好的路径。因为 RIP 协议的度量值就是跳数，没有考虑带宽和延迟。

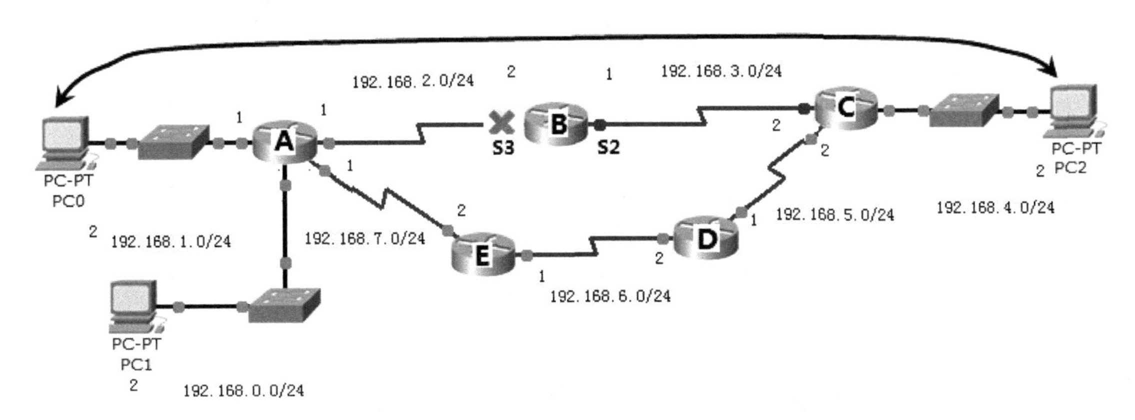

▲图 6-4　RIP 选择的最佳路径

（10）如图 6-4 所示，将路由器 B 的 S3 接口关闭，模拟该链路故障。看看 RIP 协议是否自动调整路由表，以保证网络畅通。

```
RB (config) #interface Serial 3/0
RB (config-if) #sh  --关闭端口
```

（11）在 PC0 上跟踪到达 PC2 的数据包路径。

```
PC>tracert 192.168.4.2
Tracing route to 192.168.4.2 over a maximum of 30 hops:
  1   18 ms     5 ms      6 ms       192.168.1.1    --路由器 A
  2   14 ms     14 ms     16 ms      192.168.7.2    --路由器 E
  3   32 ms     15 ms     25 ms      192.168.6.2    --路由器 D
  4   39 ms     19 ms     25 ms      192.168.5.2    --路由器 C
  5   25 ms     24 ms     57 ms      192.168.4.2    --PC2
```

可以看到，如果最佳路径不可用了，RIP 协议会自动选择次一点的路径。一旦最佳路径恢复，则会自动选择最佳路径。

6.2.2　RIPv1 和 RIPv2

RIPv1 被提出较早，其中有许多缺陷。RIPv2 定义了一套有效的改进方案，新的 RIPv2 路由信息通告中包括子网掩码信息，所以支持变长子网，关闭自动汇总就支持不连续子网，组播方式发送路由更新报文，组播地址为 224.0.0.9，减少网络与系统资源的消耗，并提供了验证机制，增强了安全性。

下面为大家介绍什么是等长子网、变长子网和不连续子网。明白了这些，也就明白了什么时候用 RIPv1，什么情况下必须用 RIPv2。

1．等长子网

等长子网就是将一个网络等分成几个网段，每个网段的子网掩码都一样。如图 6-5 所示，你有一个 C 类网络 192.168.0.0/24 地址可用，你的网络有 5 个网段，每个网段中计算机的数量最多 30 个。如果不考虑地址浪费，你可以将该 C 类网络等分为 8 个子网，可以拿出其中的任意五个子网分配给你的网络。

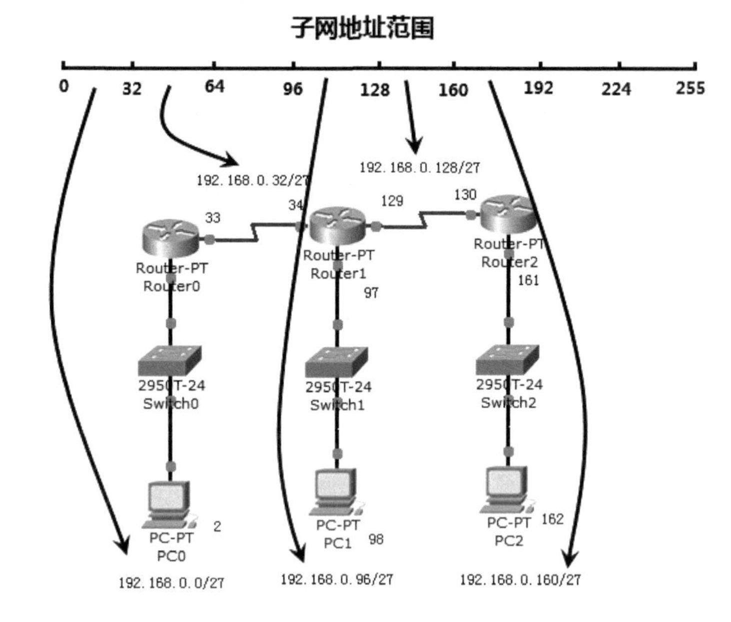

▲图 6-5　等长子网

网络中的各个子网的子网掩码都一样，为 255.255.255.224，这就是等长子网的划分。

RIPv1 支持等长子网划分。虽然 RIPv1 在交换路由信息时不包括子网掩码信息，但是网络中的路由器就以自己的子网掩码断定远程网段的子网掩码，所以它只支持等长子网。

2．变长子网

如图 6-6 所示，网络中还是 5 个网络，其中一个网段需要部署 100 台计算机，一个网段需要部署 50 台计算机，一个网段需要部署 30 台计算机，路由器之间连接只需要两个 IP 地址。将一个 C 类网络 192.168.0.0/24 进行子网划分。子网地址范围和子网掩码如图中所示，每个网段的子网掩码不一样。

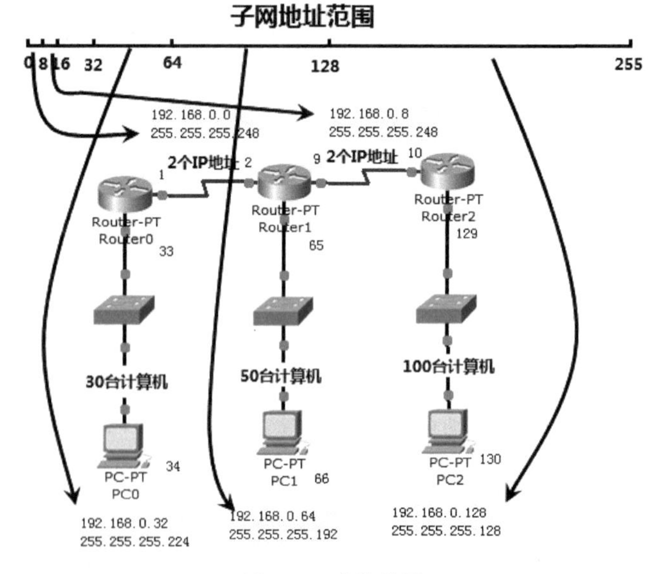

▲图 6-6　变长子网

这就是变长子网，RIPv1 不支持变长子网。你需要明确将 RIP 的版本更改为 RIPv2，命令如下：

```
Router(config)#router rip
Router (config-router)#version 2
```

变长子网对应的实验为本章 6.7.1“实验 1：配置 RIPv2 支持变长子网”。

3. 不连续子网

如图 6-7 所示，A 区域是192.168.0.0/24 这个 C 类网络划分的子网。B 区域是 192.168.1.0/24 这个 C 类网络划分的子网。这就意味着192.168.0.0/24 这个 C 类网络划分的子网被另一个 C 类网络隔开，就是不连续子网。

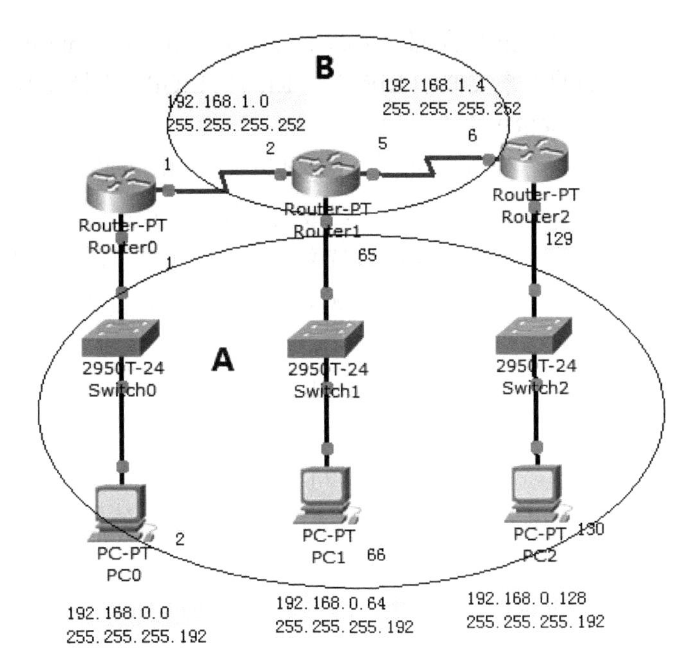

▲图 6-7　不连续子网

RIPv2 会自动在类的边界上汇总，也就是 Router0 向 Router1 通告路由信息时，直接告诉 Router1，我知道192.168.0.0/24 网段如何转发。同时 Router2 向 Router1 通告路由信息时，直接告诉 Router1，我知道192.168.0.0/24 网段如何转发。Router1 就会认为到 192.168.0.0/24 有两条可用的路径。很显然这是错误的。

要想让 RIPv2 支持不连续子网，必须关闭自动汇总。关闭自动汇总的命令如下：

```
Router (config) #router rip
Router (config-router) #version 2
Router (config-router) #no auto-summary
```

不连续子网对应的实验为本章 6.7.2 小节“实验 2：配置 RIPv2 支持不连续子网”。

4. 总结

下表 6-1 比较了 RIPv1 和 RIPv2 对等长连续子网、变长连续子网以及不连续子网的支持情况。

表 6-1　总结

	RIPv1	RIPv2
等长连续子网	支持	支持
变长连续子网	不支持	支持
不连续子网	关闭自动汇总　支持	关闭自动汇总　支持

6.3 EIGRP 协议

增强型内部网关路由选择协议 EIGRP（Enhanced Interior Gateway Routing Protocol）是 Cisco 的一个专用协议，它可以运行在 Cisco 路由器上。如果你的网络中有 Cisco 和华为两个厂商的路由器，你就不能使用 EIGRP 协议。由于 EIGRP 是目前两个最为流行的路由选择协议之一，因此，理解它对你来说是非常重要的。

EIGRP 是内部网关路由选择协议 IGRP（Interior Gateway Routing Protocol）的增强版，它们的关系类似于 RIPv2 和 RIPv1。EIGRP 支持变长子网，关闭路由汇总后支持不连续子网。

EIGRP 的特点如下。

- 使用 Hello 消息发现邻居，然后交换路由信息，使用 Hello 包维持邻居表。
- 有备用路径。当最佳路径不可用时，立即使用备用路径。
- 度量值默认为带宽和延迟，也可以添加负载、可靠性以及最大传输单元（MTU）。
- 默认支持 4 条链路的不等代价的负载均衡，可以更改为最多 6 条。
- 最大跳数为 255（默认是 100 跳）。
- 触发式更新路由表，即网络发生变化时，增量更新。
- 支持路由的自动汇总。
- 支持大的网络，可以使用自制系统号来区别可共享路由信息的路由器集合，路由信息只可以在拥有相同自制系统号的路由器间共享。
- 管理距离是 90。

EIGRP 支持邻居，这些邻居是通过 Hello 过程来发现的，并且邻居状态是要受监视的，像许多距离矢量协议一样，大部分路由器是绝不会了解到第一手路由更新的。

EIGRP 使用了一系列的表来保存这些关于环境的重要信息。

- 邻居关系表：邻居关系表（通常又称为邻居表）记录着有关路由器与已建立起来的邻居关系的信息。
- 拓扑表：拓扑表保存着在互联网络中每个路由器从每个邻居处接收到的路由通告。
- 路由表：路由表保存着当前使用着的用于路由判断的路由。

6.3.1 EIGRP 的配置过程

下面将会以实例演示 EIGRP 配置的过程，会讲解过程中使用的参数。

打开随书光盘中第 6 章练习“02 动态路由 EIGRP.pkt”，网络拓扑和 IP 地址规划如图 6-8 所示，网络中的路由器和 IP 地址已经配置好。Router0 和 Router3 之间使用快速以太网接口连接。

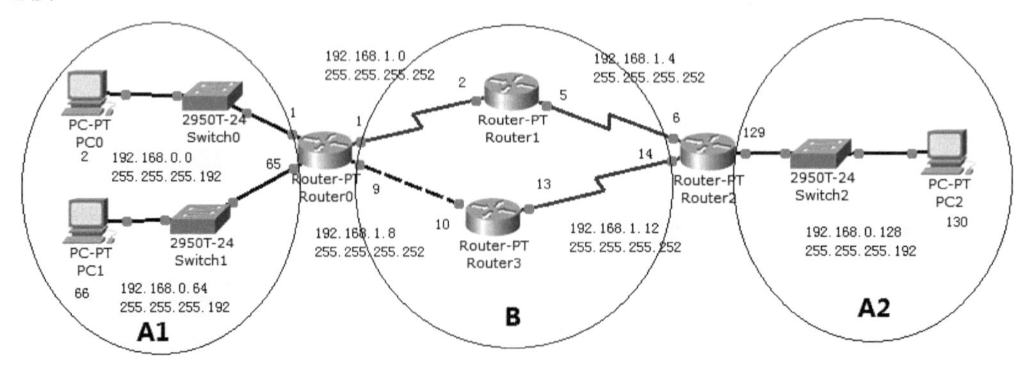

▲图 6-8　网络拓扑

注意观察 IP 地址，其中 A1 和 A2 区域是 192.168.0.0/24 C 类网络划分的子网，中间的 B 区域是 192.168.1.0/24 C 类网络。对于 192.168.0.0/24 划分的子网就是不连续子网。EIGRP

协议会在 IP 地址类边界自动汇总。本实验需要关闭 EIGRP 的自动汇总来支持不连续子网，然后配置 EIGRP 的手动汇总。

下面的步骤将会演示在这个网络中配置路由器使用 EIGRP 协议交换路由信息，查看路由表。

操作步骤如下。

（1）在 Router0 上，启用和配置 EIGRP。

```
Router>en
Router#config t
Router (config) #router eigrp 10    --这里的 10 是自制系统编号
Router (config-router) #network 192.168.0.0
Router (config-router) #network 192.168.1.0
```

这里的 10 是自制系统编号，本实验的所有路由器 EIGRP 自制系统编号都是 10，当然你也可以给其他的自制系统编号。不一样的自制系统不能交换路由信息和 Hello 数据包。后面的 network 的配置和 RIP 一样，是告诉路由器哪些端口连接的网段能够被 EIGRP 协议通告出去。

（2）在 Router1 上，启用和配置 EIGRP。

```
Router (config) #router eigrp 10
Router (config-router) #network 192.168.1.0
%DUAL-5-NBRCHANGE: IP-EIGRP 10: Neighbor 192.168.1.1 (Serial3/0) is up: new
        adjacency
```

发现邻居。

（3）在 Router2 上，启用和配置 EIGRP。

```
Router (config) #router eigrp 10
Router (config-router) #network 192.168.0.0
Router (config-router) #network 192.168.1.0
```

（4）在 Router3 上，启用和配置 EIGRP。

```
Router (config) #router eigrp 10
Router (config-router) #network 192.168.1.0
```

（5）在 Router0 上，查看路由表。

```
Router#show ip route
Gateway of last resort is not set
       192.168.0.0/24 is variably subnetted, 3 subnets, 2 masks
D      192.168.0.0/24 is a summary, 03:35:59, Null0    --在类的边界汇总
C      192.168.0.0/26 is directly connected, FastEthernet0/0
C      192.168.0.64/26 is directly connected, FastEthernet1/0
       192.168.1.0/24 is variably subnetted, 5 subnets, 2 masks
D      192.168.1.0/24 is a summary, 00:40:31, Null0    --在类的边界汇总
```

```
C       192.168.1.0/30 is directly connected, Serial2/0
D       192.168.1.4/30 [90/21024000] via 192.168.1.2, 03:29:35, Serial2/0
C       192.168.1.8/30 is directly connected, FastEthernet6/0
D       192.168.1.12/30 [90/20514560] via 192.168.1.10, 00:40:30,
        FastEthernet6/0
```

在上面显示的路由表中，D 开头的路由标明其是通过 EIGRP 协议构造的路由。可以看到，没有 192.168.0.128/26 这个子网，因为 EIGRP 协议默认在类的边界自动汇总。

（6）在 Router1 上，查看路由表。

```
Router#show ip route
Gateway of last resort is not set
D       192.168.0.0/24 [90/20514560] via 192.168.1.1, 03:29:22, Serial3/0
                   [90/20514560] via 192.168.1.6, 00:49:46, Serial2/0
        192.168.1.0/30 is subnetted, 4 subnets
C       192.168.1.0 is directly connected, Serial3/0
C       192.168.1.4 is directly connected, Serial2/0
D       192.168.1.8 [90/20514560] via 192.168.1.1, 00:40:18, Serial3/0
D       192.168.1.12 [90/21024000] via 192.168.1.6, 00:49:46, Serial2/0
```

可以看到，在 Router1 上构造的路由表，到 192.168.0.0/24 网络有两条路径。很显然这种汇总是错误的。

下面将演示关闭自动汇总。

6.3.2 关闭 EIGRP 的自动汇总

关闭 EIGRP 协议的自动汇总，能够使之支持不连续子网。

在所有路由器上运行以下命令关闭 EIGRP 的自动汇总。

```
Router (config) #router eigrp 10
Router (config-router) #no auto-summary
```

6.3.3 查看 EIGRP 的配置和路由表

在 Router1 上，查看 EIGRP 协议的配置，查看关闭自动汇总后的路由表，如图 6-9 所示。

```
--查看关闭自动汇总后的路由表
Router#show ip route
Gateway of last resort is not set
     192.168.0.0/26 is subnetted, 3 subnets   三个子网的子网掩码为 /26
D       192.168.0.0 [90/20514560] via 192.168.1.1, 00:00:15, Serial3/0
D       192.168.0.64 [90/20514560] via 192.168.1.1, 00:00:15, Serial3/0
D       192.168.0.128 [90/20514560] via 192.168.1.6, 00:00:16, Serial2/0
     192.168.1.0/30 is subnetted, 4 subnets
C       192.168.1.0 is directly connected, Serial3/0
C       192.168.1.4 is directly connected, Serial2/0
D       192.168.1.8 [90/20514560] via 192.168.1.1, 00:00:15, Serial3/0
D       192.168.1.12 [90/21024000] via 192.168.1.6, 00:00:16, Serial2/0
```

▲图 6-9 EIGRP 学习到的路由

现在能够看到路由表中出现了网络中到所有网段的路由。注意，中括号中，90 代表管理距离，后面的值是度量值，该度量值是带宽和延迟两个指标算出来的。

6.3.4 EIGRP 手动汇总

本实验的网络中，A1 区域的两个子网 192.168.0.0/26 和 192.168.0.64/26 可以汇总成一条路由 192.168.0.0/25。可以在 Router0 的 S2/0 和 F6/0 进行汇总，如图 6-10 所示。

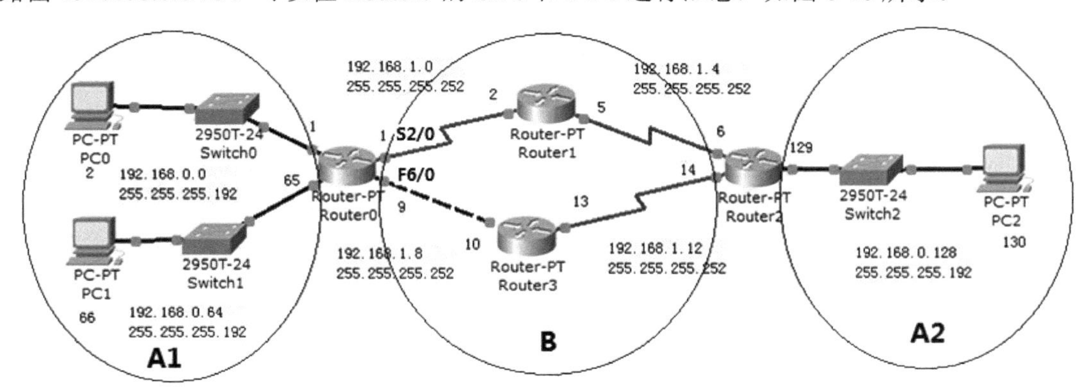

▲图 6-10 网络拓扑

（1）在 Router0 上，手动汇总。

```
Router (config) #interface Serial 2/0
Router (config-if) #ip summary-address eigrp 10 192.168.0.0 255.255.255.128
Router (config-if) #ex
Router (config) #interface fastEthernet 6/0
Router (config-if) #ip summary-address eigrp 10 192.168.0.0 255.255.255.128
```

（2）在 Router1 上，查看汇总的结果，如图 6-11 所示。

```
Router#show ip route
Gateway of last resort is not set        可以看到将A1区域中的两个子网汇总为一条路由
     192.168.0.0/24 is variably subnetted, 2 subnets, 2 masks
D       192.168.0.0/25 [90/20514560] via 192.168.1.1, 00:01:25, Serial3/0
D       192.168.0.128/26 [90/20514560] via 192.168.1.6, 00:12:36, Serial2/0
     192.168.1.0/30 is subnetted, 4 subnets
C       192.168.1.0 is directly connected, Serial3/0
C       192.168.1.4 is directly connected, Serial2/0
D       192.168.1.8 [90/20514560] via 192.168.1.1, 00:01:25, Serial3/0
D       192.168.1.12 [90/21024000] via 192.168.1.6, 00:12:36, Serial2/0
```

▲图 6-11 汇总结果

6.3.5 确认 EIGRP 选择的最佳路径

在 PC0 上跟踪到 PC2 的数据包传递路径。

```
PC>tracert 192.168.0.130
Tracing route to 192.168.0.130 over a maximum of 30 hops:
  1   3 ms      12 ms     8 ms      192.168.0.1          --Router0
  2   20 ms     15 ms     17 ms     192.168.1.10         --Router3
```

```
 3   25 ms     15 ms     17 ms     192.168.1.14       --Router2
 4   28 ms     21 ms     26 ms     192.168.0.130      --PC2
Trace complete.
```

如图 6-12 所示，根据数据包跟踪结果可知，EIGRP 协议在 192.168.0.0/26 网段到 192.168.0.128/26 网段的最佳路径是①，路径②是备用路径。

下面讲解如何查看 EIGRP 的备用路径。

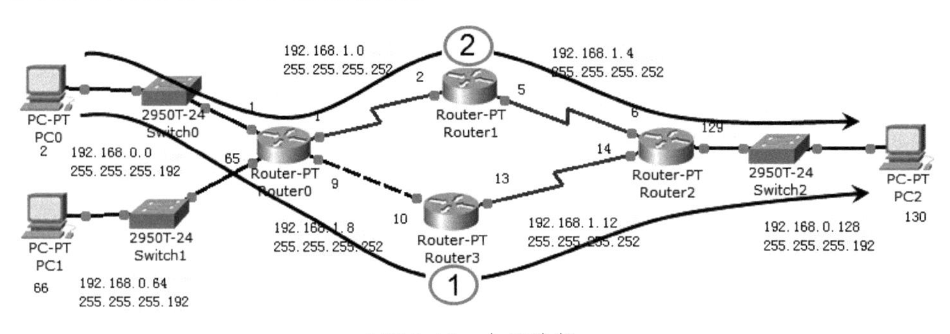

▲图 6-12　备用路径

6.3.6 查看 EIGRP 的备用路径

使用 show ip eigrp topology 命令可以查看备用路径。以下命令在 Router0 上运行。

```
Router#show ip eigrp topology
IP-EIGRP Topology Table for AS 10
Codes: P - Passive, A - Active, U - Update, Q - Query, R - Reply,
      r - Reply status
P 192.168.0.0/26, 1 successors, FD is 28160
        via Connected, FastEthernet0/0
P 192.168.0.64/26, 1 successors, FD is 28160
        via Connected, FastEthernet1/0
P 192.168.1.0/30, 1 successors, FD is 20512000
        via Connected, Serial2/0
P 192.168.1.4/30, 1 successors, FD is 21024000
        via 192.168.1.2 (21024000/20512000), Serial2/0
P 192.168.1.12/30, 1 successors, FD is 20514560
        via 192.168.1.10 (20514560/20512000), FastEthernet6/0
P 192.168.1.8/30, 1 successors, FD is 28160
        via Connected, FastEthernet6/0
P 192.168.0.128/26, 1 successors, FD is 20517120   --到该网段有一个最佳路径
       via 192.168.1.10 (20517120/20514560), FastEthernet6/0
                                                          --该路径是最佳路径
       via 192.168.1.2 (21026560/20514560), Serial2/0--该路径是备用路径
```

> **注意** 每个路由前面都有一个 P，这表明此路由处于被动状态。这是一件好事情，因为激活状态（A）的路由，指示该路由器已经失去了它到这个网络的路径，并且正在搜索替代路径。每个表项也标识了到远程网络加上下一跳邻居可行的距离，这个下一跳邻居是指数据包将通过它被传输到目标网络。这里说的距离是带宽和延迟两个指标算出来的度量值，该值越小，距离越短。

在圆括号中，每个表项还有两个数值，第一个数值指示可行距离，而第二个是到达远程网络的通告距离。如图 6-13 所示，Router1 通告 Router0，它到 192.168.0.128/26 网段的距离是 20514560，这就是通告距离，Router0 计算到达该网络的距离需要在通告距离的基础上加上它到 Router1 的距离，这就是可行距离。虽然 Router1 和 Router3 通告给 Router0 的距离相同，但是由于 Router0 到 Router3 之间是以太网连接，距离短，因此 Router3 成为继任者，而 Router1 成为可行的继任者（备份路由）。但只有一个继任路由（那个具有最低度量的）将会被复制并放入到路由表中。

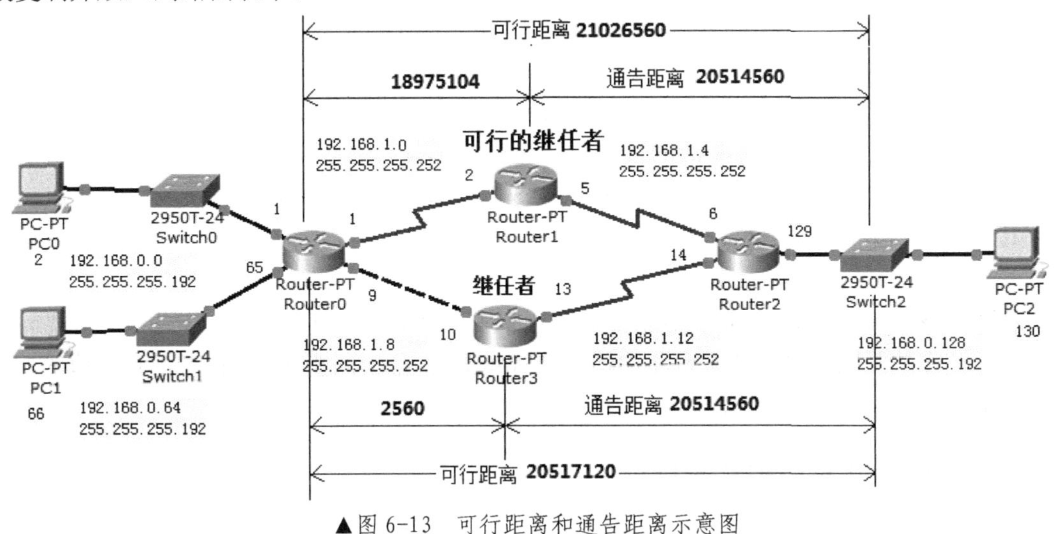

▲图 6-13 可行距离和通告距离示意图

6.3.7 查看 EIGRP 邻居

在任何路由上，运行以下命令可以查看 EIGRP 的邻居。

```
Router#show ip eigrp neighbors
IP-EIGRP neighbors for process 10
H   Address      Interface    Hold Uptime    SRTT   RTO   Q   Seq
                                   (sec)          (ms)        Cnt  Num
0   192.168.1.10     Fa6/0     10   02:02:28   40     1000  0    85
1   192.168.1.2      Se2/0     13   02:02:28   40     1000  0    76
```

以上命令可以显示 EIGRP 的邻居，如果你发现邻居缺少，就应该检查相邻的路由器是否正确配置了 EIGRP、自制系统编号是否相同、是否正确地配置了 network。

6.3.8　显示 EIGRP 协议活动

debug eigrp packets 可以显示出在两台相邻路由器间所发送的 Hello 数据包。

```
Router#debug eigrp packets
EIGRP: Sending HELLO on FastEthernet0/0
  AS 10, Flags 0x0, Seq 76/0 idbQ 0/0 iidbQ un/rely 0/0
EIGRP: Sending HELLO on FastEthernet6/0
  AS 10, Flags 0x0, Seq 76/0 idbQ 0/0 iidbQ un/rely 0/0
EIGRP: Sending HELLO on Serial2/0
  AS 10, Flags 0x0, Seq 76/0 idbQ 0/0 iidbQ un/rely 0/0
EIGRP: Received HELLO on Serial2/0 nbr 192.168.1.2
  AS 10, Flags 0x0, Seq 77/0 idbQ 0/0
EIGRP: Sending HELLO on FastEthernet1/0
  AS 10, Flags 0x0, Seq 76/0 idbQ 0/0 iidbQ un/rely 0/0
Router#undebug all      --关闭诊断输出，也可输入 un all 关闭诊断输出
```

Hello 数据包会送到每个激活的接口上，也就是那些有邻居相连接的接口，并由这些接口送出。你是否注意到在这个更新中提供的 AS 号？要知道，如果某个邻居没有相同的 AS 号，它所发出的 Hello 更新将会被丢弃。

```
Router #debug ip eigrp notification
```

在平时这个命令的输出根本不能告诉你任何有价值的事情！只有当你的网络出现问题时，或者在你的互联网络中从某台路由器上添加或删除了一个网络时，它才是有价值的。该命令在 packet tracer 软件中没有提供。

6.3.9　更改 EIGRP 的默认设置

默认时，EIGRP 支持最多 4 条链路的不等价路径的负载均衡，通过以下命令可以使 EIGRP 支持 6 条等价或不等价负载均衡链路。默认最大跳数 100，可以被设置到 255。Packet Tracer 软件模拟的路由器不支持以下命令。

```
Router (config)#router eigrp 10
Router(config-router)#maximum-path ?
<1-6> Number of paths
Router(config-router)#metric maximum-hops ?
<1-255> Hop Count
```

EIGRP 的课后实验为本章 6.7.3 小节“实验 3：配置 EIGRP 手动汇总”。

6.4　OSPF 协议

开放最短路径优先 OSPF（Open Shortest Path First）是一个开放标准的路由选择协议，

它被各种网络开发商所广泛使用，其中包括 Cisco。如果你的网络拥有多种路由器，而并不全都是 Cisco 的，那么你将不能使用 EIGRP，那你可以用什么呢？基本上剩下的也只有 RIPv1、RIPv2 或 OSPF。如果你的网络是一个大型网络，那么你真正的选择就只能是 OSPF 和被称为路由再发布的服务了，即能在路由选择协议之间提供转换的服务。

OSPF 是通过使用 Dijkstra 算法来工作的。首先，构建一个最短路径树，然后使用最佳路径的计算结果来组建路由表。OSPF 汇聚很快，虽然它可能没有 EIGRP 快，并且它也支持到达相同目标的多个等开销路由，但与 EIGRP 一样，它支持 IP 和 IPv6。

OSPF 协议具有下列特性。

- 由区域和自治系统组成。
- 最小化的路由更新的流量。
- 允许可缩放性。
- 支持变 VLSM 和 CIDR。
- 拥有不受限的跳数。
- 允许多销售商的设备集成（开放的标准）。
- 度量值是带宽。

6.4.1 OSPF 相关术语

在学习 OSPF 之前，先要介绍一下与之相关的术语。

- 链路：链路就是指定给任一给定网络的一个网络或路由器接口。当一个接口被加入到该 OSPF 的处理中时，它就被 OSPF 认为是一个链路。这个链路或接口，将有一个指定给它的状态信息（up 或 down，即激活或失效），以及一个或多个 IP 址。
- 路由器 ID：路由器 ID（RID）是一个用来标识此路由器的 IP 地址。Cisco 通过使用所有被配置的环回接口中最高的 IP 地址，来指定此路由器 ID。如果没有带有地址的环回接口被配置，OSPF 将选择所有激活的物理接口中最高的 IP 地址为其 RID。
- 邻居：邻居可以是两台或更多的路由器，这些路由器都有某个接口连接到一个公共的网络上，如两台连接在一个点到点串行链路上的路由器。
- 邻接：邻接是两台 OSPF 路由器之间的关系，这两台路由器允许直接交换路由更新数据。OSPF 对于共享的路由选择信息是非常讲究的，不像 EIGRP 那样直接地与自己所有的邻居共享路由信息。OSPF 只与建立了邻接关系的邻居直接共享路由信息，并不是所有的邻居都可以成为邻接，这将取决于网络的类型和路由器上的配置。
- Hello 协议：OSPF 的 Hello 协议可以动态地发现邻居，并维护邻居关系。Hello 数据包和链路状态通告（LSA）建立并维护着拓扑数据库。Hello 数据包的地址是 224.0.0.5。
- 邻居关系数据库：邻居关系数据库是一个 OSPF 路由器的列表，这些路由器的 Hello 数据包是可以被相互看见的。每台路由器上的邻居关系数据库管理着各种详细资料，如路由器 ID 和状态。
- 拓扑数据库：拓扑数据库中包含来自所有从某个区域接收到的链路状态通告信息。路由器使用这些来自拓扑数据库中的信息作为 Dijkstra 算法的输入，并为每个网络计算出最短路径。

- 链路状态通告：链路状态通告（LSA）是一个 OSPF 的数据包，它包含在 OSPF 路由器中共享的链路状态和路由信息。有多种不同类型的 LSA 数据包。OSPF 路由器将只与建立了邻接关系的路由器交换 LSA 数据包。
- 指定路由器：无论什么时候，当 OSPF 路由器被连接到相同的多路访问型的网络时，都需要选择一台指定路由器（DR）。Cisco 喜欢将这些网络称为“广播” 网络，这些网络上拥有多个接收者。不要将多路访问与多连接点混淆，有时它们是不易被区分开的。

  典型示例比如以太型 LAN。为了最小化所需构成的邻接数量，被选择（挑选）的 DR 将负责分发、收集路由选择信息到来自此广播网络或链路中的其他路由器上。这就确保了所有路由器上的拓扑表是同步的。这个共享网络中的所有路由器都将与 DR 和备用指定路由器（BDR）建立邻接关系。具有高优先级的路由器将胜出，成为 DR，当具有较高优先级的路由器都退出时，路由器的 ID 将打破平局的条件，即在具有相同优先级的路由器中选择 DR 时，拥有最高路由器 ID 的路由器将被选中。
- 备用指定路由器：备用指定路由器（BDR）是多路访问链路（记住，Cisco 有时喜欢称之为“广播”网络）上跃跃欲试的待命 DR。BDR 将从 OSPF 邻接路由器上接收所有的路由更新，但并不随便转发这些 LSA 更新。
- OSPF 区域：一个 OSPF 区域是一组相邻的网络和路由器。在同一区域内的路由器共享一个公共的区域 ID。由于路由器可以同时是多个区域中的成员，因此区域 ID 被指定给此路由器上特定的接口。这样，路由器上的某些接口可能属于区域 1，而剩下的接口则可能属于区域 0。所有在同一区域中的路由器拥有相同的拓扑表。在配置 OSPF 时需要记住，必须使用区域 0，在连接到网络主干的路由器上时，它通常是要被配置的。区域在建立一个分级的网络组织中扮演着重要的角色，它真正强化了 OSPF 的可缩放性。
- 广播（多路访问）：广播（多路访问）网络就像以太网，它允许多台设备连接（或者是访问）到同一个网络，它是通过投递单一数据包到网络中所有的结点来提供广播能力的。在 OSPF 中，每个广播（多路访问）网络都必须选出一个 DR 和一个 BDR。
- 非广播的多路访问：非广播的多路访问（NBMA）网络是那些像帧中继、X.25 和异步传输模式（ATM）类型的网络。这些网络允许多路访问，但不拥有如以太网那样的广播能力。因此，为实现恰当的功能，NBMA 网络需要特殊的 OSPF 配置，并且必须详细定义邻居关系。
- 点到点：点到点被定义为一种包含两台路由器间直接连接的网络拓扑类型，这一连接为路由器提供了单一的通信路径。点到点连接可能是物理的，比如直接连接两台路由器的串行电缆；它也可以是逻辑的，如通过帧中继网络电路在两台相隔上千英里的路由器间形成的连接。无论怎样，这种类型的配置排除了对 DR 或 BDR 的需求，并且它们邻居关系的发现也是自动完成的。
- 点到多点：点到多点也被定义为是一种网络的拓扑类型，这种拓扑包含有路由器上的某个单一接口与多个目的路由器间的一系列连接。这里，所有路由器的所有接口都共享这个属于同一网络的点到多点的连接。与点到点一样，这里不需要 DR 或 BDR。

在理解 OSPF 的操作过程时，所有这些术语都扮演着一个重要的角色。因此，需要再一次确信你已经非常熟悉它们。

6.4.2 支持多区域

OSPF 是一个快速的、可缩放的和高效能的协议，进而可以被应用在有数以千计的路由设备的大规模网络中。OSPF 设计用于分层的结构中，使用 OSPF 可以将大型互联网络分割成一些小的被称为区域的小互联网络，这是 OSPF 协议设计中的精华。

将 OSPF 协议创建为层次结构的原因如下。

- 减少路由选择的开销。
- 加速汇聚。
- 用单一的网络区域来缩小网络的不稳定性。

如图 6-14 所示，河北省分配的地址段为 40.2.0.0/16，河南省分配的地址段为 40.1.0.0/16，国家主干网分配的地址段为 40.0.0.0/16。国家主干网作为 OSPF 的 area 0，可以将一个省作为一个 OSPF 区域，这些区域和 area 0 相连。

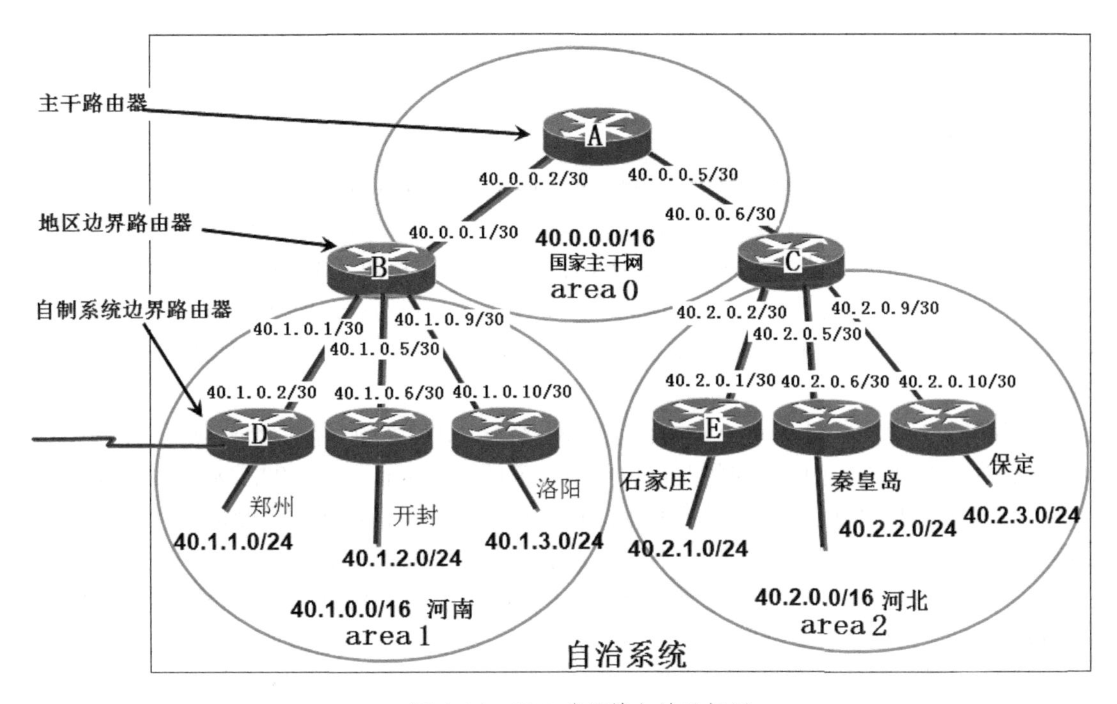

▲图 6-14 OSPF 多区域与地址规划

路由器 B 可以将 area 1 的网络汇总成一条通告给 area 0，路由器 C 可以将 area 2 的网络汇总成一条通告给 area 0。比如保定网络的某个接口 up 或 down 只会引起 area 2 网络中的路由器交换链路状态，重新计算路由表；对 area 0 和 area 1 中的网络没有任何影响。这样就将网络的不稳定造成的影响，控制在一个 area。

图 6-14 给出了典型的 OSPF 简易设计。注意每台路由器是如何连接到主干网上的，此主干网被称为区域 0，或主干区域。OSPF 协议必须要有一个区域 0。而且如果可能，所有的路由器都应该连接到这个区域（那些没有直接连接到区域 0 的区域可以通过使用虚拟链路进行连接，但这一部分内容超出本书的范畴）。而那些在一个 AS 内部连接其他区域到此主干网的路由器，被称为区域边界路由器（ABR）。这些路由器至少有一个接口必须在区域 0 中。

6.4.3 OSPF 的 network 参数

与 RIP 和 EIGRP 一样，在启用了 OSPF 协议后，同样需要使用 network 命令标识 OSPF 将操作的接口。但是与 RIP 和 EIGRP 不同，后面需要指明通配符掩码和 OSPF 区域。

如图 6-15 所示，Router0、Router1 和 Router2 都属于 area 0。

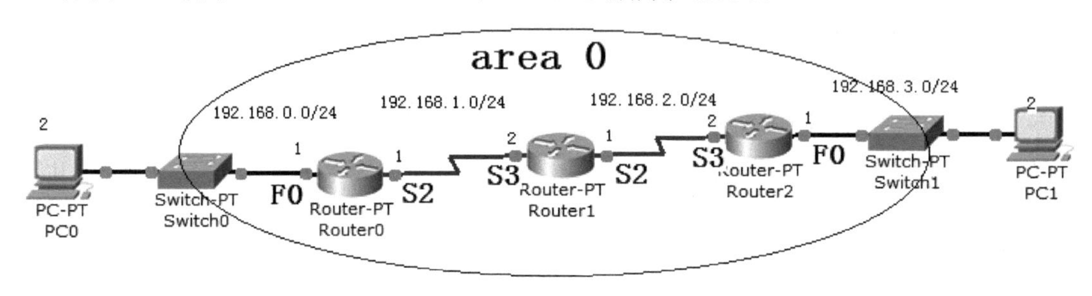

▲图 6-15 网络拓扑

在 Router1 上配置 OSPF 的命令如下。

```
Router1 (config) #router ospf 1   --后面的值是进程 ID，可以是 1～65535 之间任何值
Router1 (config-router) #network 192.168.1.0 0.0.0.255 area 0
Router1 (config-router) #network 192.168.2.0 0.0.0.255 area 0
```

network 命令的参数是网络号（192.168.1.0）和通配符掩码（0.0.0.255），这两个数字的组合用于标识 OSPF 将操作的接口，并且它也将被包含在其 OSPF LSA 的通告中。OSPF 将使用这个命令来找出包括在 192.168.1.0/24 网络中的任何地址，它将会把找到的接口放置到 area 0 中。

在通配符掩码中，值为 0 的八位位组表示网络地址中相应的八位位组必须严格匹配，255 则表示不必关心网络地址中相应的八位位组的匹配情况。如 network 192.168.1.2 0.0.0.0 的组合将指定一个 192.168.1.2，而不包含其他地址。如果你想在指定接口上激活 OSPF，这种方式确实很有用，并且这也是完成这一工作可采用的非常明确且简单的方式。如果你坚持要匹配网络中的某个范围，则网络和通配符掩码 192.168.1.0 0.0.0.255 的组合将指定一个范围 192.168.1.0～192.168.1.255。由此可知，使用通配符掩码 0.0.0.0 将分别标识出每个 OSPF 的接口，它的确是一个比较简单且安全的方式。

在 Router1 上，由于接口 S2 和 S3 都属于 area 0，你也可以将这两个网段合并为一个。

```
Router1 (config) #router ospf 1
Router1 (config-router) #network 192.168.0.0 0.0.255.255 area 0
```

这就意味着，只要路由器的接口 IP 地址是 192.168 开头的，都将运行 OSPF，这些接口都属于 area 0。

如果这两个接口属于不同 area，你必须写两条 network 才能区分哪些接口属于哪个 area。

```
Router1 (config) #router ospf 1
Router1 (config-router) #network 192.168.1.0 0.0.0.255 area 1
Router1 (config-router) #network 192.168.2.0 0.0.0.255 area 0
```

最后的参数是区域号码，它指示网络中接口被标识以及通配符掩码所限定的区域。记住，如果 OSPF 路由器的接口共享有相同区域号的网络，那么这些路由器将完全可以成为邻居。区域号可以是 1～4 294 967 295 范围内的十进制数，也可以被表示为标准的点分符号的数值。例如，区域 0.0.0.0 是一个合法的区域，它也可以同样表示为区域 0。

6.4.4 配置 OSPF 单区域

打开随书光盘中第 6 章练习“03　OSPF 单区域.pkt”，网络拓扑和 IP 地址如图 6-16 所示。

1. 实验目的

能够在单区域环境中配置 OSPF 路由协议。

2. 网络拓扑和实验环境

网络中计算机和路由器的 IP 地址已经按图 6-16 所示配置完成。

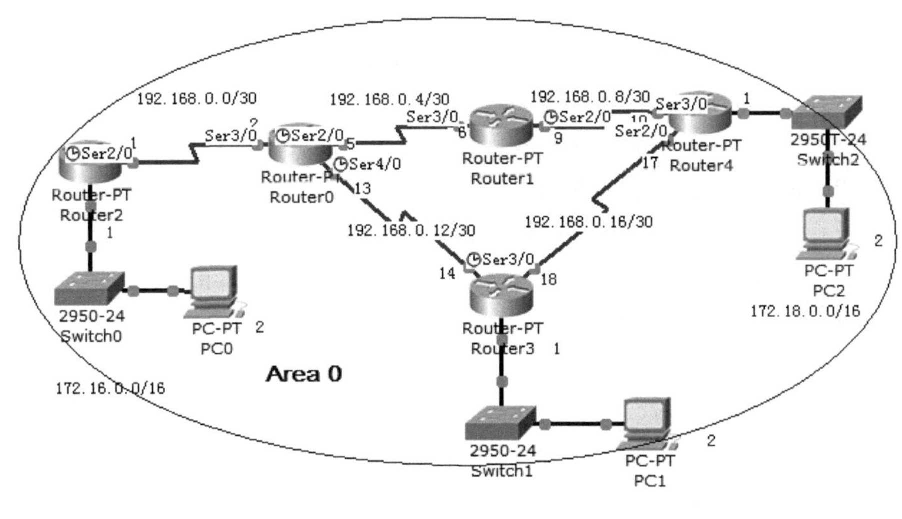

▲图 6-16　网络拓扑

3. 实验要求

- 在 Area 0 中配置 OSPF。
- 查看路由表。
- 检查 OSPF 协议的收敛速度。

4. 操作步骤

（1）在 Router2 上，配置 OSPF 协议。

```
Router>en
Router#config t
Router (config) #router ospf 1
Router (config-router) #network 192.168.0.0 0.0.0.3 area 0
Router (config-router) #network 172.16.0.0 0.0.255.255 area 0
```

（2）在 Router0 上，配置 OSPF 协议。

```
Router (config) #router ospf 100                --进程 ID 可以和其他路由器的不一样
Router (config-router) #network 192.168.0.0 0.0.0.3 area 0
Router (config-router) #network 192.168.0.4 0.0.0.3 area 0
Router (config-router) #network 192.168.0.12 0.0.0.3 area 0
Router (config-router) #ex
```

注意 通配符掩码，其实就是子网掩码的反转，即子网掩码的 1 变成 0，0 变成 1。如果某个网段的子网掩码是 255.255.255.252，二进制位 11111111. 11111111. 11111111. 11111100，那么它的反转源码为 00000000. 00000000. 00000000. 00000011，即 0.0.0.3。

以上的配置可以使用下面的命令代替，反转掩码为 0.0.0.255，意味着只要 IP 地址是 192.168.0 的接口都运行 OSPF 协议，且都工作在 area 0。

```
Router (config) #router ospf 100
Router (config-router) #network 192.168.0.0 0.0.0.255 area 0
```

（3）在 Router1 上，配置 OSPF 协议。

```
Router (config) #router ospf 1
Router (config-router) #network 192.168.0.0 0.0.0.255 area 0
```

（4）在 Router4 上，配置 OSPF 协议。

```
Router (config) #router ospf 1
Router (config-router) #network 192.168.0.0 0.0.0.255 area 0
Router (config-router) #network 172.18.0.0 0.0.255.255 area 0
```

（5）在 Router3 上，配置 OSPF 协议。

```
Router (config) #router ospf 1
Router (config-router) #network 192.168.0.0 0.0.0.255 area 0
Router (config-router) #network 172.17.0.0 0.0.255.255 area 0
```

6.4.5 检查路由表

（1）在 Router3 上，查看路由表。

```
Router#show ip route
Gateway of last resort is not set
O    172.16.0.0/16 [110/1563] via 192.168.0.13, 00:01:15, Serial2/0
```

```
C    172.17.0.0/16 is directly connected, FastEthernet0/0
O    172.18.0.0/16 [110/782] via 192.168.0.17, 00:01:15, Serial3/0
     192.168.0.0/30 is subnetted, 5 subnets
O    192.168.0.0 [110/1562] via 192.168.0.13, 00:01:15, Serial2/0
O    192.168.0.4 [110/1562] via 192.168.0.13, 00:01:15, Serial2/0
O    192.168.0.8 [110/1562] via 192.168.0.17, 00:01:15, Serial3/0
C    192.168.0.12 is directly connected, Serial2/0
C    192.168.0.16 is directly connected, Serial3/0
```

（2）查看 OSPF 邻居。

```
Router#show ip ospf neighbor
Neighbor ID     Pri   State           Dead Time   Address         Interface
192.168.0.13      1   FULL/-          00:00:39    192.168.0.13    Serial2/0
192.168.0.17      1   FULL/-          00:00:35    192.168.0.17    Serial3/0
```

6.4.6 查看 OSPF 链路状态数据库

```
Router#show ip ospf database
            OSPF Router with ID (192.168.0.18) (Process ID 1)
                Router Link States (Area 0)
Link ID         ADV Router      Age         Seq#       Checksum Link count
192.168.0.1     192.168.0.1     673         0x80000005 0x0082b6 3
192.168.0.9     192.168.0.9     317         0x80000004 0x004015 4
192.168.0.17    192.168.0.17    219         0x80000005 0x00dc82 5
192.168.0.13    192.168.0.13    214         0x80000006 0x00fbd0 6
192.168.0.18    192.168.0.18    200         0x80000005 0x0093be 5
```

6.4.7 测试 OSPF 收敛速度

收敛速度，反映网络有变化后，网络中路由器上的路由表重新达到一致状态所需的时间。

（1）在 PC0 上，跟踪数据包路径。

```
PC>tracert 172.17.0.2
Tracing route to 172.17.0.2 over a maximum of 30 hops:
  1   6 ms      8 ms      7 ms      172.16.0.1
  2   12 ms     11 ms     11 ms     192.168.0.2
  3   13 ms     18 ms     15 ms     192.168.0.14
  4   25 ms     28 ms     29 ms     172.17.0.2
```

可以看到数据包是通过 Router2→Router0→Router3，如图 6-17 所示。

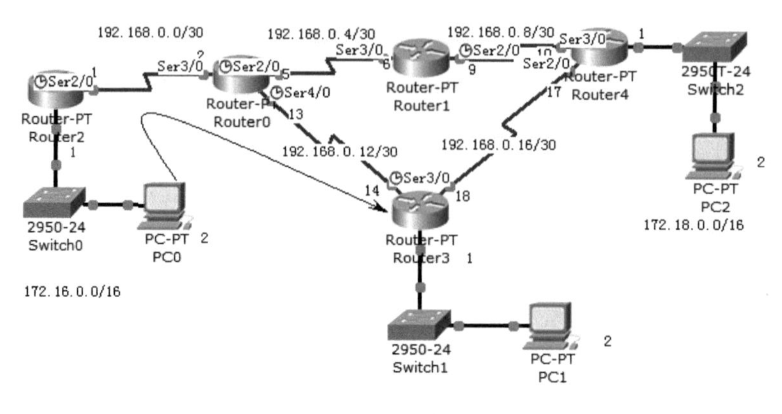

▲图 6-17　OSPF 选择的最佳路径

(2)在 Router3 上，关闭一个串行接口。

```
Router (config) #interface serial 2/0
Router (config-if) #shutdown
```

(3)在 PC0 上，再次跟踪到 PC1 的数据包路径。

```
PC>tracert 172.17.0.2
Tracing route to 172.17.0.2 over a maximum of 30 hops:
  1   9 ms      6 ms      7 ms      172.16.0.1
  2   15 ms     11 ms     13 ms     192.168.0.2
  3   14 ms     14 ms     16 ms     192.168.0.6
  4   19 ms     22 ms     15 ms     192.168.0.10
  5   26 ms     25 ms     29 ms     192.168.0.18
  6   29 ms     30 ms     36 ms     172.17.0.2
Trace complete.
```

你可以看到数据包途径 Router2→Router0→Router1→Router4→Router3，收敛速度很快，如图 6-18 所示。

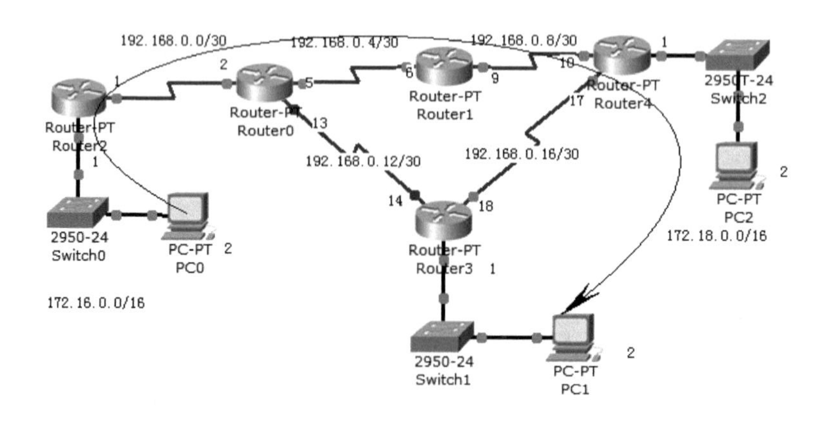

▲图 6-18　OSPF 选择的路径

6.4.8 OSPF 多区域

打开随书光盘中第 6 章练习“04　OSPF 多区域.pkt”，网络拓扑和 IP 地址规划如图 6-19 所示。配置 OSPF 协议支持多区域，国家骨干网是 OSPF 的 area 0 区域，使用 40.0.0.0/16 子网，河南省使用 40.1.0.0/16 子网，配置为 OSPF 的 area 1，河北省使用 40.2.0.0/16 子网，配置为 OSPF 的 area 2。

网络中的路由和计算机按照图示已经配置好了 IP 地址，你需要在这些路由器上配置 OSPF。

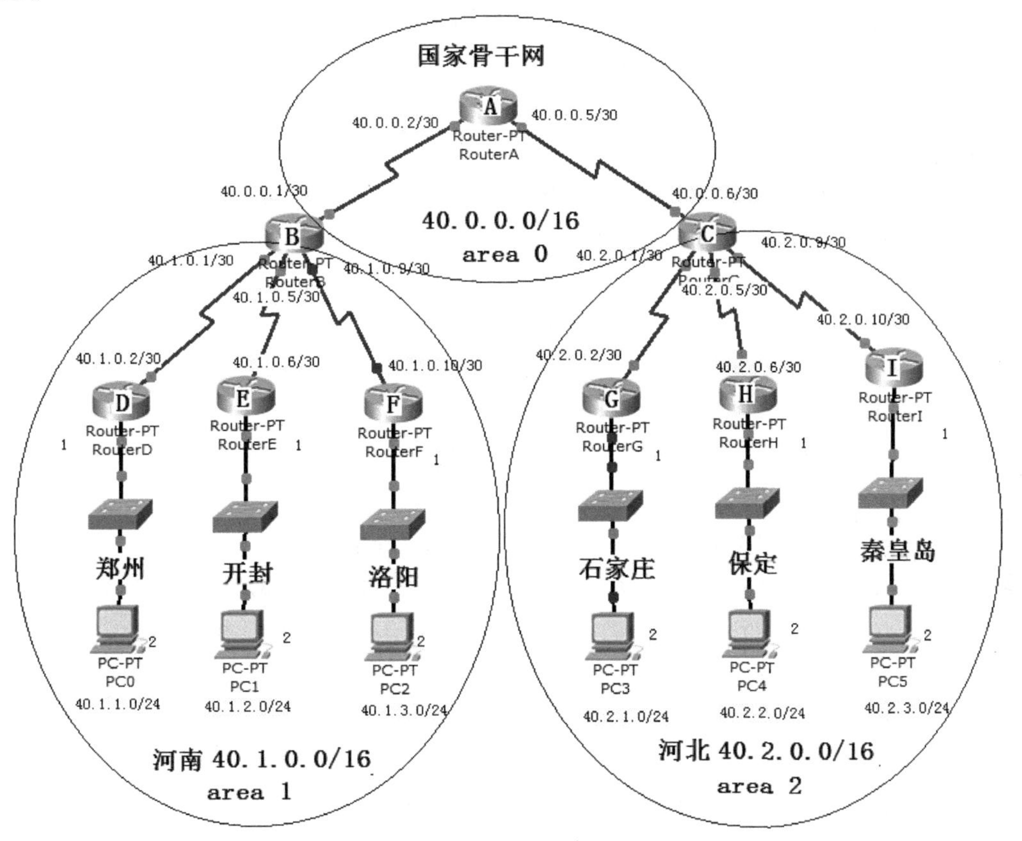

▲图 6-19　OSPF 多区域

配置步骤如下。

（1）在 RouterA 上，启用和配置 OSPF 协议。

```
RouterA>en
RouterA#config t
RouterA (config) #router ospf 1
RouterA (config-router) #network 40.0.0.0 0.0.0.255 area 0
```

（2）在 RouterB 上，启用和配置 OSPF 协议。

```
RouterB (config) #router ospf 1
RouterB (config-router) #network 40.0.0.0 0.0.255.255 area 0
RouterB (config-router) #network 40.1.0.0 0.0.255.255 area 1
```

（3）在 RouterC 上，启用和配置 OSPF 协议。

```
RouterC (config) #router ospf 1
RouterC (config-router) #network 40.0.0.0 0.0.255.255 area 0
RouterC (config-router) #network 40.2.0.0 0.0.255.255 area 2
```

（4）在 RouterD、RouterE 和 RouterF 上，启用和配置 OSPF 协议。

```
RouterD (config) #router ospf 1
RouterD (config-router) #network 40.1.0.0 0.0.255.255 area 1
```

（5）在 RouterG、RouterH 和 RouterI 上，启用和配置 OSPF 协议。

```
RouterG (config) #router ospf 1
RouterG (config-router) #network 40.2.0.0 0.0.255.255 area 2
```

（6）在 RouterA 上查看路由表。

可以看到 area 1 和 area 2 在区域边界路由器上没有汇总，在 area 0 中可以看到 area 1 和 area 2 内部各个网段的路由。在边界路由器手动配置可以将 area 1 网络中的网段汇总为一条路由到 area 0。Packet Tracer 不支持在 OSPF 的区域边界汇总，所以下面的实验将会使用 Dynamips 软件演示 OSPF 将 area 1 的网络汇总成一条通告给 area 0 的路由器。

```
RouterA#show ip route
Gateway of last resort is not set
     40.0.0.0/8 is variably subnetted, 14 subnets, 2 masks
C        40.0.0.0/30 is directly connected, Serial2/0
C        40.0.0.4/30 is directly connected, Serial3/0
O IA    40.1.0.0/30 [110/1562] via 40.0.0.1, 00:36:03, Serial2/0
O IA    40.1.0.4/30 [110/1562] via 40.0.0.1, 00:36:03, Serial2/0
O IA    40.1.0.8/30 [110/1562] via 40.0.0.1, 00:36:03, Serial2/0
O IA    40.1.1.0/24 [110/1563] via 40.0.0.1, 00:17:58, Serial2/0
O IA    40.1.2.0/24 [110/1563] via 40.0.0.1, 00:16:27, Serial2/0
O IA    40.1.3.0/24 [110/1563] via 40.0.0.1, 00:02:06, Serial2/0
O IA    40.2.0.0/30 [110/1562] via 40.0.0.6, 00:08:20, Serial3/0
O IA    40.2.0.4/30 [110/1562] via 40.0.0.6, 00:08:20, Serial3/0
O IA    40.2.0.8/30 [110/1562] via 40.0.0.6, 00:08:20, Serial3/0
O IA    40.2.1.0/24 [110/1563] via 40.0.0.6, 00:08:20, Serial3/0
O IA    40.2.2.0/24 [110/1563] via 40.0.0.6, 00:08:20, Serial3/0
O IA    40.2.3.0/24 [110/1563] via 40.0.0.6, 00:08:20, Serial3/0
```

IA 代表 OSPF 到其他区域网络的路由，中括号中的 110 代表管理距离，后面的值是度量值。

```
RouterA#show ip ospf interface       --显示接口的 OSPF 配置信息和状态
RouterB#show ip ospf database        --显示路由的链路状态数据库
RouterA#debug ip ospf events         --显示 OSPF 事件，比如 Hello 包的收发
```

以上实验 area 1 和 area 2 可以汇总为一条路由通告给 area 0，但是 Packet Tracer 软件模拟的路由器不支持区域汇总。

6.5 RIP、EIGRP 和 OSPF 协议的对比

以上讲述了 RIP、EIGRP 和 OSPF 的配置方法，接下来对这几种协议进行对比。

6.5.1 路由协议的类型

路由协议分以下几种类型。

- 距离矢量协议：典型代表就是 RIP，其特点就是周期性广播或多播，将自己的路由表通告给其他路由器。
- 链路状态协议：典型代表就是 OSPF，其特点就是周期性使用 Hello 包维护邻居信息、触发式更新链路状态、使用链路状态数据库计算路由表。
- 混合型协议：典型代表就是 EIGRP，为什么说它是混合的呢？因为使用 Hello 包维护邻居信息、触发式更新，这些特性像链路状态的部分特性，但是它又直接通告路由表到其他路由器，此特性是距离矢量的特性，因此称 EIGRP 为混合型。

这三种协议的功能对比如表 6-2 所示。

表 6-2　RIP、EIGRP 和 OSPF 协议功能对比

特性	RIPv1	RIPv2	EIGRP	OSPF
协议类型	距离矢量	距离矢量	混合	链路状态
无类支持	否	是	是	是
VLSM 支持	否	是	是	是
自动汇总	是	是	是	否
手动汇总	否	否	是	是
不连续子网支持	否	是	是	是
路由传播	周期性广播	周期性组播	触发式	触发式更新
度量值	跳数	跳数	带宽和延迟	带宽
跳数限制	15	15	最大 255	无
汇聚	慢	慢	最快	快
分层网络	否	否	自制系统	分区域
更新	直接更新路由表	直接更新路由表	触发式更新	事件触发
路由计算	Bellman-Ford	Bellman-Ford	DUAL	Dijkstra

6.5.2 路由协议的优先级

如果网络中的路由器运行了多个路由协议，比如 EIGRP 和 RIP，这两个协议都学到了到某个网段的路由。到底以哪一条为准呢？这就需要用动态路由协议的管理距离（AD）来确定。

管理距离是用来衡量接收来自相邻路由器上路由选择信息的可信度的。一个管理距离是一个从 0～255 的整数值，0 是最可信赖的，而 255 则意味着不会有业务量通过该路由。

如果一台路由器接收到两个对同一远程网络的更新内容，路由器首先要检查的是 AD。如果一个被通告的路由比另一个具有较低的 AD 值，则那个带有较低 AD 值的路由将会被放置在路由表中。

如果两个被通告的到同一网络的路由具有相同的 AD 值，则路由协议的度量值（如跳数或链路的带宽值）将被用作寻找到达远程网络最佳路径的依据。被通告的带有最低度量值的路由将被放置在路由表中。然而，如果两个被通告的路由具有相同的 AD 及相同的度量值，那么路由选择协议将会对这一远程网络使用负载均衡（即它所发送的数据包会平分到每个链路上）。

表 6-3 列出了默认的管理距离。

表 6-3　默认管理距离

路由源	默认 AD
连接接口	0
静态路由	1
EIGRP	90
OSPF	110
RIP	120
External EIGRP	170
未知	255（这个路由绝不会被使用）

6.5.3 验证路由协议的优先级

打开随书光盘中第 6 章练习“05 验证路由协议优先级.pkt”，如图 6-20 所示。网络中的路由器和计算机的 IP 地址已经配置。

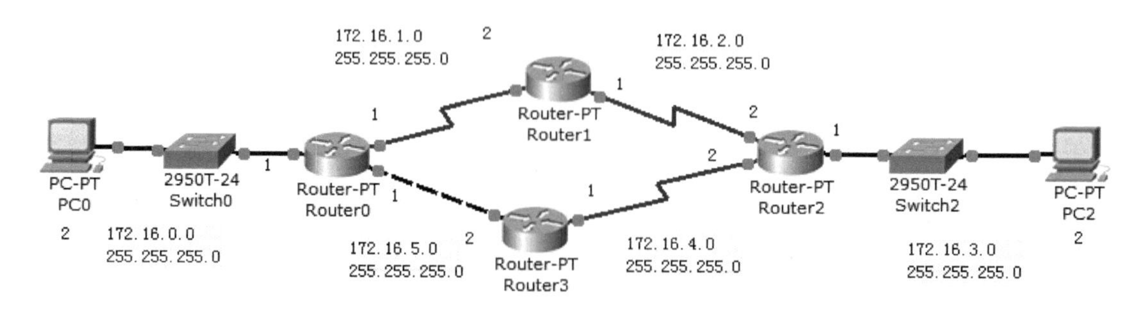

▲图 6-20　网络拓扑

需要先配置路由器使用 RIP 协议，再配置路由器使用 OSPF，然后配置路由器使用 EIGRP 协议，最后添加静态路由。查看路由器的路由表，验证这些动态路由协议的优先级。

操作步骤如下。

（1）配置网络中的路由器使用 RIP 协议，在所有的路由器上运行以下命令。

```
Router (config) #router rip
Router (config-router) #network 172.16.0.0
```

（2）在 Router0 上查看路由表。

```
Router0#show ip route
      172.16.0.0/24 is subnetted, 6 subnets
C       172.16.0.0 is directly connected, FastEthernet0/0
C       172.16.1.0 is directly connected, Serial2/0
R       172.16.2.0 [120/1] via 172.16.1.2, 00:00:22, Serial2/0
R       172.16.3.0 [120/2] via 172.16.5.2, 00:00:04, FastEthernet1/0
                   [120/2] via 172.16.1.2, 00:00:22, Serial2/0
R       172.16.4.0 [120/1] via 172.16.5.2, 00:00:04, FastEthernet1/0
C       172.16.5.0 is directly connected, FastEthernet1/0
```

可以看到到达 172.16.3.0/24 网段有两条等价路径，管理距离为 120，度量值为 2，也就是 2 跳。

（3）配置网络中的路由器使用 OSPF 协议，使这些路由器工作在 OSPF 区域 0，在所有的路由器上运行以下命令。

```
Router (config) #router ospf 1
Router (config-router) #network 172.16.0.0 0.0.255.255 area 0
```

（4）在 Router0 上查看路由表。

```
Router0#show ip route
      172.16.0.0/24 is subnetted, 6 subnets
C       172.16.0.0 is directly connected, FastEthernet0/0
C       172.16.1.0 is directly connected, Serial2/0
O       172.16.2.0 [110/1562] via 172.16.1.2, 00:02:31, Serial2/0
O       172.16.3.0 [110/783] via 172.16.5.2, 00:01:51, FastEthernet1/0
O       172.16.4.0 [110/782] via 172.16.5.2, 00:01:51, FastEthernet1/0
C       172.16.5.0 is directly connected, FastEthernet1/0
```

可以看到通过 RIP 学到的路由已经不出现，只显示通过 OSPF 学到的路由。管理距离为 110，到 172.16.3.0/24 网络的路由，度量值为 783，是一条最佳路径。

（5）配置网络中的路由器使用 EIGRP 协议，自制系统编号为 10，在所有的路由器上运行以下命令。

```
Router  (config) #router eigrp 10
Router  (config-router) #network 172.16.0.0
```

(6)在 Router0 上查看路由。

```
Router0#show ip route
Gateway of last resort is not set
       172.16.0.0/24 is subnetted, 6 subnets
C      172.16.0.0 is directly connected, FastEthernet0/0
C      172.16.1.0 is directly connected, Serial2/0
D      172.16.2.0 [90/21024000] via 172.16.1.2, 00:00:46, Serial2/0
D      172.16.3.0 [90/20517120] via 172.16.5.2, 00:00:14, FastEthernet1/0
D      172.16.4.0 [90/20514560] via 172.16.5.2, 00:00:14, FastEthernet1/0
C      172.16.5.0 is directly connected, FastEthernet1/0
```

可以看到通过 OSPF 和 RIP 协议学到的路由不再显示，只出现通过 EIGRP 学到的路由表，因为 EIGRP 协议的管理距离为 90，比 OSPF 协议和 RIP 协议的管理距离小，达到 172.16.3.0/24 网段的度量值为 20517120。

(7)在 Router2 上禁用 EIGRP。

```
Router2 (config) #no router eigrp 10
```

(8)在 Router0 上添加到 172.16.2.0/24 网段的路由。

```
Router0 (config) #ip route 172.16.2.0 255.255.255.0 172.16.1.2 ?
  <1-255>  Distance metric for this route
  <cr>
Router0 (config) # ip route 172.16.2.0 255.255.255.0 172.16.1.2
--使用默认的 AD
默认管理距离为 1，可改为其他的值
```

(9)在 Router0 上查看路由表。

```
Router0#show ip route
Gateway of last resort is not set
       172.16.0.0/24 is subnetted, 6 subnets
C      172.16.0.0 is directly connected, FastEthernet0/0
C      172.16.1.0 is directly connected, Serial2/0
S      172.16.2.0 [1/0] via 172.16.1.2
O      172.16.3.0 [110/783] via 172.16.5.2, 00:03:23, FastEthernet1/0
D      172.16.4.0 [90/20514560] via 172.16.5.2, 00:03:23, FastEthernet1/0
C      172.16.5.0 is directly connected, FastEthernet1/0
```

到 172.16.2.0/24 网段的路由是静态路由，管理距离为 1，因此通过 RIP、OSPF 和 EIGRP 学到的到该网段的路由都不出现。

由于在 Router2 上禁用了 EIGRP，到 172.16.3.0/24 网段的路由是通过 OSPF 学到的。可见路由器上的路由表可以通过多个 IP 协议和静态路由共同构造。

(10)在 Router0 上查看路由器运行的所有的动态路由协议。

```
Router#show ip protocols
```

通过本实验，可以得到以下结论：

网络中的路由器可以同时运行多种动态路由协议（通常不会配置路由器同时运行多种动态路由协议，因为这样做比较消耗路由器的 CPU 和网络带宽）和静态路由，路由器可以通过多个动态路由协议学到到某个网段的路由，管理距离值较小的协议学到的路由出现在路由表中。

6.6 实验

6.6.1 实验 1：配置 RIPv2 支持变长子网

打开随书光盘中第 6 章“实验 1 配置 RIPv2 支持变长子网.pkt”。网络拓扑如图 6-21 所示，本实验用来验证 RIPv1 不支持变长子网，RIPv2 支持变长子网。

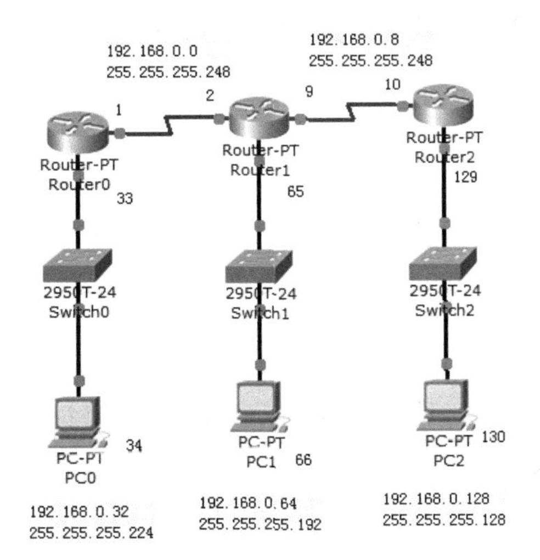

▲图 6-21　变长子网网络拓扑

网络中的路由器和计算机都已经配置好了 IP 地址和子网掩码。你需要配置这些路由器使用 RIP 协议。查看 Router1 的路由表是否正确，然后将网络中的路由器的 RIP 协议更改为 RIPv2，再次查看 Router1 的路由表是否正确。

操作步骤如下。

（1）在所有的路由器上运行以下命令启用 RIPv1。

```
Router (config) #router rip
Router (config-router) #network 192.168.0.0
```

（2）查看 Router1 的路由表。

```
Router#show ip route
Gateway of last resort is not set
        192.168.0.0/24 is variably subnetted, 3 subnets, 2 masks
C       192.168.0.0/29 is directly connected, Serial3/0
C       192.168.0.8/29 is directly connected, Serial2/0
C       192.168.0.64/26 is directly connected, FastEthernet0/0
```

可以看到根本就没有通过 RIP 学到到其他网段的路由表。

（3）在所有的路由器上运行以下命令，将 RIP 更改为 RIPv2。

```
Router (config) #router rip
Router (config-router) #version 2
```

(4)再次查看 Router1 上的路由表。

```
Router#show ip route
Gateway of last resort is not set
      192.168.0.0/24 is variably subnetted, 5 subnets, 4 masks
C       192.168.0.0/29 is directly connected, Serial3/0
C       192.168.0.8/29 is directly connected, Serial2/0
R       192.168.0.32/27 [120/1] via 192.168.0.1, 00:00:01, Serial3/0
C       192.168.0.64/26 is directly connected, FastEthernet0/0
R       192.168.0.128/25 [120/1] via 192.168.0.10, 00:00:03, Serial2/0
```

现在学到了网络中的所有网段,你也可以查看 Router0 和 Router2 的路由表。

6.6.2 实验 2:配置 RIPv2 支持不连续子网

打开随书光盘中第 6 章"实验 2 配置 RIPv2 支持不连续子网.pkt",网络拓扑如图 6-22 所示。A 区域是 192.168.0.0/24 这个 C 类网络划分的子网被 B 区域 192.168.1.0/24 这个 C 类划分的子网络给隔开了,对于 192.168.0.0 这个 C 类网络划分的子网就不连续了。网络中的路由器和计算机已经按照图中所示的 IP 地址进行了设置。

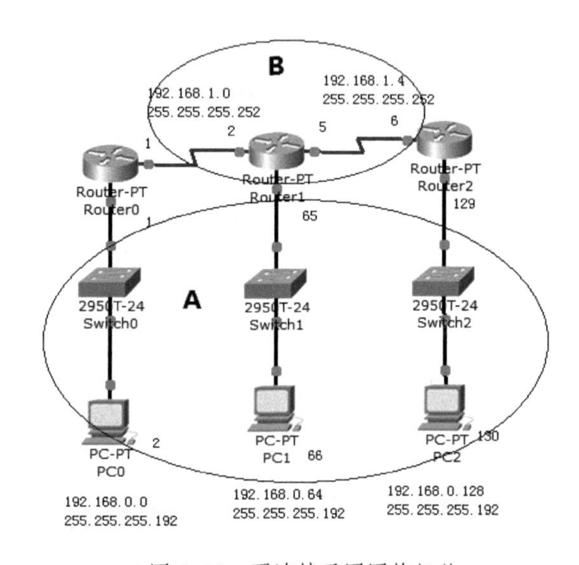

▲图 6-22 不连续子网网络拓扑

这个实验将会验证关闭 RIPv2 的自动汇总,使之支持不连续子网。

操作步骤如下。

(1)在 Router0、Router1 和 Router2 上启用 RIP 协议,更改为 RIPv2,运行以下命令。

```
Router (config) #router rip
Router (config-router) #network 192.168.0.0
Router (config-router) #network 192.168.1.0
Router (config-router) #version 2
```

(2)在 Router1 上,查看路由表。

```
Router#show ip route
Gateway of last resort is not set
      192.168.0.0/24 is variably subnetted, 2 subnets, 2 masks
R       192.168.0.0/24 [120/1] via 192.168.1.1, 00:00:11, Serial3/0
                       [120/1] via 192.168.1.6, 00:00:12, Serial2/0
```

```
C       192.168.0.64/26 is directly connected, FastEthernet0/0
        192.168.1.0/30 is subnetted, 2 subnets
C       192.168.1.0 is directly connected, Serial3/0
C       192.168.1.4 is directly connected, Serial2/0
```

可以看到到 192.168.0.0/24 网段有两个路径，进行了错误的汇总，得到了错误的路由。

（3）在 Router0、Router1 和 Router2 上关闭 RIPv2 自动汇总，运行以下命令。

```
Router (config) #router rip
Router (config-router) #no auto-summary
```

（4）在 Router1 上再次查看路由表。

```
Router#clear ip route *           --该命令用于清除以前通过 RIP 学到的路由
Router#show ip route
Router#show ip route
        192.168.0.0/24 is variably subnetted, 3 subnets, 2 masks
R       192.168.0.0/26 [120/1] via 192.168.1.1, 00:00:07, Serial3/0
C       192.168.0.64/26 is directly connected, FastEthernet0/0
R       192.168.0.128/26 [120/1] via 192.168.1.6, 00:00:00, Serial2/0
        192.168.1.0/30 is subnetted, 2 subnets
C       192.168.1.0 is directly connected, Serial3/0
C       192.168.1.4 is directly connected, Serial2/0
```

关闭自动汇总后，网络中的所有网段都出现了。

6.6.3 实验 3：配置 EIGRP 手动汇总

EIGRP 会自动在类的边界自动汇总，你可以使用 CIDR 汇总连续的网络。

打开随书光盘中第 6 章“实验 3 配置 EIGRP 手动汇总.pkt”，网络拓扑如图 6-23 所示，网络中的路由器已经配置好了 IP 地址。本实验可以验证 EIGRP 的自动汇总和配置 EIGRP 手动汇总。

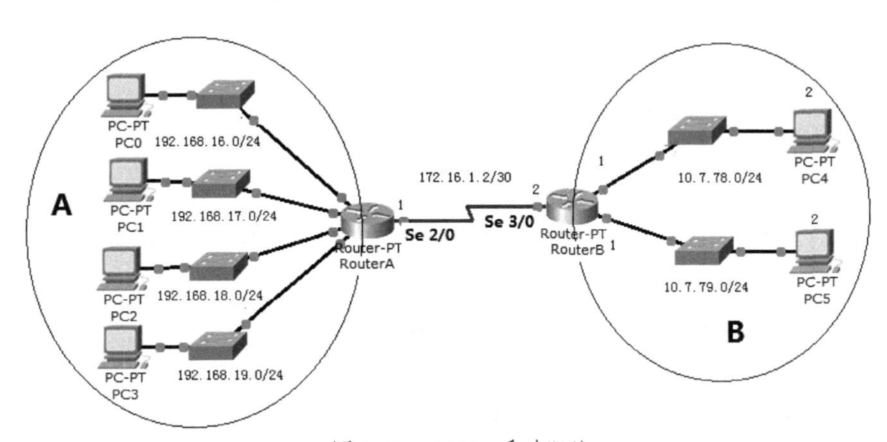

▲图 6-23 EIGRP 手动汇总

可以看到 A 区域的 4 个连续的 C 类网络，可以合并为 192.168.16.0/22。B 区域是 10.0.0.0/8 A 类网络划分的两个子网。

你需要在 RouterA 和 RouterB 上配置 EIGRP。在 RouterA 上手动将 192.168.16.0/24、192.168.17.0/24、192.168.18.0/24 和 192.168.19.0/24 汇总成一条路由通告给 RouterB。

操作步骤如下。

(1)在 RouterA 上启用 EIGRP。

```
RouterA (config) #router eigrp 10
RouterA (config-router) #network 192.168.16.0
RouterA (config-router) #network 192.168.17.0
RouterA (config-router) #network 192.168.18.0
RouterA (config-router) #network 192.168.19.0
RouterA (config-router) #network 172.16.0.0
```

(2)在 RouterB 上启用 EIGRP。

```
RouterB (config) #router eigrp 10
RouterB (config-router) #network 172.16.0.0
RouterB (config-router) #network 10.0.0.0
```

(3)在 RouterB 上查看路由表。

```
RouterB#show ip route
Gateway of last resort is not set
     10.0.0.0/8 is variably subnetted, 3 subnets, 2 masks
D    10.0.0.0/8 is a summary, 00:00:29, Null0
C    10.7.78.0/24 is directly connected, FastEthernet0/0
C    10.7.79.0/24 is directly connected, FastEthernet1/0
     172.16.0.0/16 is variably subnetted, 2 subnets, 2 masks
D    172.16.0.0/16 is a summary, 00:00:29, Null0
C    172.16.1.0/30 is directly connected, Serial3/0
D    192.168.16.0/24 [90/20514560] via 172.16.1.1, 00:00:38, Serial3/0
D    192.168.17.0/24 [90/20514560] via 172.16.1.1, 00:00:38, Serial3/0
D    192.168.18.0/24 [90/20514560] via 172.16.1.1, 00:00:38, Serial3/0
D    192.168.19.0/24 [90/20514560] via 172.16.1.1, 00:00:38, Serial3/0
```

学到了 192.168.16.0/24、192.168.17.0/24、192.168.18.0/24 和 192.168.19.0/24 四个网段的路由，需要手动汇总。

(4)在 RouterA 上进行手动汇总。

```
RouterA (config) #interface serial 2/0
RouterA (config-if) #ip summary-address eigrp 10 192.168.16.0 255.255.252.0
```

(5)在 RouterB 上查看路由表。

```
RouterB#show ip route
Gateway of last resort is not set
     10.0.0.0/8 is variably subnetted, 4 subnets, 3 masks
```

```
D       10.0.0.0/8 is a summary, 00:09:13, Null0
D       10.7.78.0/23 is a summary, 00:00:34, Null0
C       10.7.78.0/24 is directly connected, FastEthernet0/0
C       10.7.79.0/24 is directly connected, FastEthernet1/0
        172.16.0.0/16 is variably subnetted, 2 subnets, 2 masks
D       172.16.0.0/16 is a summary, 00:09:13, Null0
C       172.16.1.0/30 is directly connected, Serial3/0
D       192.168.16.0/22 [90/20514560] via 172.16.1.1, 00:00:34, Serial3/07
                                                      --汇总成一条
```

可以看到到达 A 区域 4 个 C 类网络的路由汇总成一条。

（6）在 RouterA 上查看路由表。

```
RouterA#show ip route
D    10.0.0.0/8 [90/20514560] via 172.16.1.2, 00:14:27, Serial2/0
                                                        --将 B 区域自动汇总
     172.16.0.0/16 is variably subnetted, 2 subnets, 2 masks
D    172.16.0.0/16 is a summary, 00:24:16, Null0
C    172.16.1.0/30 is directly connected, Serial2/0
     192.168.16.0/24 is variably subnetted, 2 subnets, 2 masks
D    192.168.16.0/22 is a summary, 00:16:44, Null0
C    192.168.16.0/24 is directly connected, FastEthernet0/0
C    192.168.17.0/24 is directly connected, FastEthernet1/0
C    192.168.18.0/24 is directly connected, FastEthernet4/0
C    192.168.19.0/24 is directly connected, FastEthernet5/0
```

看第一条路由，EIGRP 默认在类的边界自动汇总，将 B 区域的两个子网自动汇总为一条。

6.6.4 实验 4：OSPF 排错

打开随书光盘中第 6 章“实验 4 OSPF 排错.pkt”，网络拓扑如图 6-24 所示，网络中的计算机和路由器已经配置好了 IP 地址，3 个路由器都配置了 OSPF 协议，工作在 area 0。但是 PC0 不能 ping 通 PC2，你需要快速找到 OSPF 配置的错误并改正。

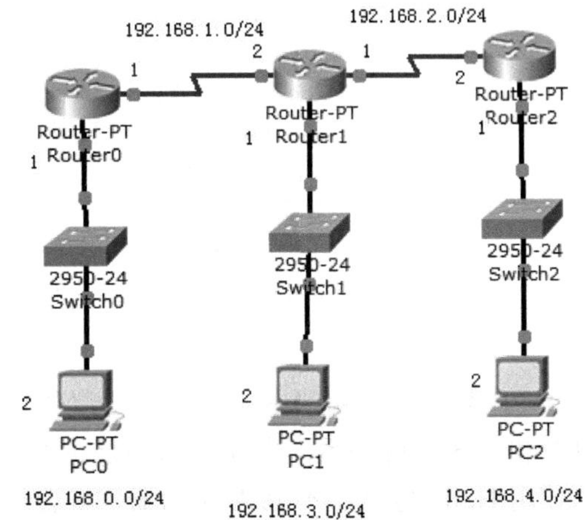

▲图 6-24 网络拓扑

操作步骤如下。

（1）在所有的路由器上运行以下命令，查看 OSPF 的配置。

```
Router#show ip protocols
```

注意观察 network 和 area 的配置是否正确。如果有错误，改正。

（2）改正后在所有的路由器上运行以下命令查看路由表。

```
Router#show ip route
```

6.7 总结

下面比较 RIP 协议、EIGRP 协议和 OSPF 协议。

RIP 协议是距离矢量协议，在 RIP 协议中，通过周期性更新路由表来检测网络变化，在图 6-25 中，可以看到各个路由器是如何学到到 5 网段的路由，度量值（也就是距离）是如何增加的。

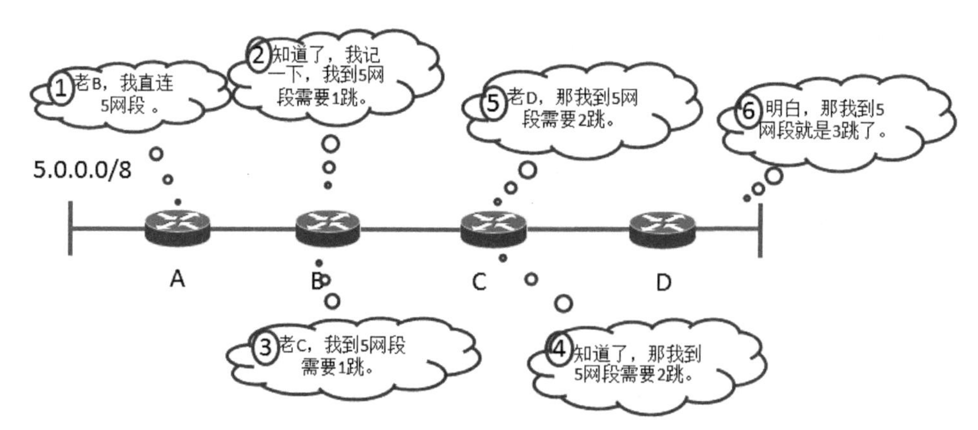

▲图 6-25　RIP 协议特点

OSPF 协议是链路状态协议，该协议的特点：路由器周期性发送 Hello 数据包来发现邻居以及和邻居保持联系，来断定网络是否发生变化。如图 6-26 所示，A 路由器宕机，B 路由器使用 Hello 包联系不上 A 路由器，就会告诉其他路由器网络发生变化，所有路由器重新计算路由表。这种更新是触发式更行。

运行OSPF协议的路由器，使用Hello保持联系

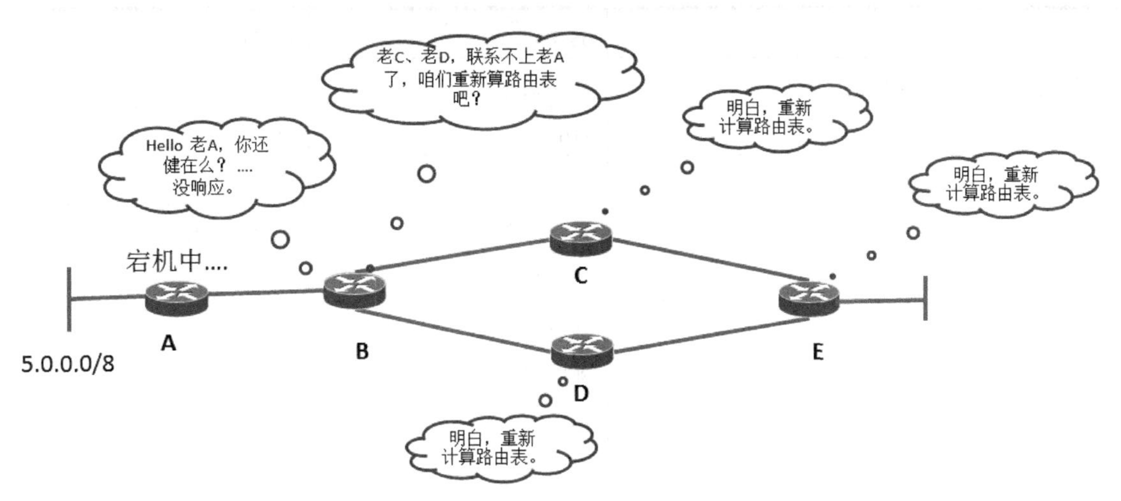

运行OSPF协议的路由器每隔10秒发送Hello包，监控邻居的状态，
这比RIP协议周期性更新路由表节省网络带宽。
在图中A路由器宕机的情况是由B路由器通告出去的。
重新计算路由表的结果，所有路由器删除到5网段的路由。

▲图 6-26　OSPF 协议特点

IEGRP 协议是链路状态和距离矢量的混合协议，因为其具有以下特点：

- 使用 Hello 包和邻居保持联系（这是链路状态协议的特点）
- 如果网络有变化，直接通知相邻路由器更新路由表（这是距离矢量协议的特点）

所以说 EIGRP 是混合协议，其特点如图 6-27 所示。

运行EIGRP协议的路由器，使用Hello和邻居保持联系
如果网络有变化直接通知邻居更改路由表。

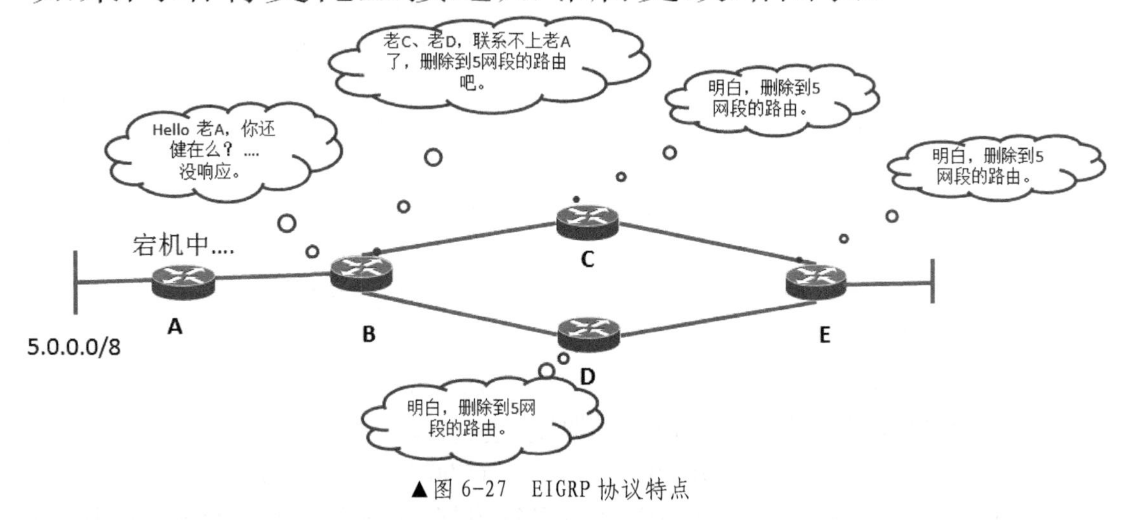

▲图 6-27　EIGRP 协议特点

RIP、OSPF 和 EIGRP 比较汇总如表 6-3 所示。

表 6-3　RIP、OSPF 和 EIGRP 比较汇总表

	RIP	OSPF	EIGRP
协议类型	距离矢量	链路状态	混合
管理距离	120	110	90
度量值	跳数	带宽	默认带宽和延迟
路由汇总	默认自动汇总	只支持人工汇总	默认自动汇总
跳数	最大 15 跳	不受限制	最大 255 跳
是否专有	开放	开放	Cisco 专有
RAM 中的表	路由表	邻居表 拓扑表 路由表	邻居表 拓扑表 路由表
更新	周期性更新路由表	触发式更新	触发式更新

6.8 习 题

1. 路由信息协议 RIP 是内部网关协议 IGP 中使用得最广泛的一种基于___(1)___的协议，其最大的优点是___(2)___。RIP 规定数据每经过一个路由器，跳数增加 1。实际使用中，一个通路上最多可包含的路由器数量是___(3)___，更新路由表的原则是：使到各目的网络的___(4)___。更新路由表的依据是：若相邻路由器说："我到目的网络 Y 的距离为 N"，则收到此信息的路由器 K 就知道："若将下一站路由器选为 X，则我到网络 Y 的距离为___(5)___"。

（1） A. 链路状态路由算法　　B. 距离矢量路由算法
　　 C. 集中式路由算法　　D. 固定路由算法

（2） A. 简单　　B. 可靠性高
　　 C. 速度快　　D. 功能强

（3） A. 1 个　　B. 16 个
　　 C. 15 个　　D. 无数个

（4） A. 距离最短　　B. 时延最小
　　 C. 路由最少　　D. 路径最空闲

（5） A. N　　B. N－1
　　 C. 1　　D. N+1

2. 在 RIP 协议中，默认的路由更新周期是______秒。

A. 30　　B. 60　　C. 90　　D. 100

3. 以下协议中支持可变长子网掩码（VLSM）和路由汇聚功能（Route Summarization）

的是_____。

A．IGRP　　B．OSPF　　C．VTP　　D．RIPv1

4. 对路由选择协议的一个要求是必须能够快速收敛，所谓“路由收敛”是指_____。

A．路由器能把分组发送到预定的目标

B．路由器处理分组的速度足够快

C．网络设备的路由表与网络拓扑机构保持一致

D．能把多个子网汇聚成一个超网

5. 以下关于 OSPF 协议的描述中，最准确的是_____。

A．OSPF 协议根据链路状态法计算最佳路由

B．OSPF 协议是用于自治系统之间的外部网关协议

C．OSPF 协议不能根据网络通信情况动态地改变路由

D．OSPF 协议只能适用于小型网络

6. RIPv1 与 RIPv2 的区别是____。

A．RIPv1 是距离矢量路由协议，而 RIPv2 是链路状态路由协议

B．RlPv1 不支持可变长子网掩码，而 RIPv2 支持可变长子网掩码

C．RIPv1 每隔 30 秒广播一次路由信息，而 RIPv2 每隔 90 秒广播一次路由信息

D．RIPv1 的最大跳数为 15，而 RIPv2 的最大跳数为 30

7. 关于 OSPF 协议，下面的描述中不正确的是____。

A．OSPF 是一种链路状态协议

B．OSPF 使用链路状态公告（LSA）扩散路由信息

C．OSPF 网络中用区域 1 来表示主干网段

D．OSPF 路由器中可以配置多个路由进程

习题答案

1．（1）B （2）A （3）C （4）C （5）D

2．A

3．B

4．C

5．A

6．B

7．C

第7章　交　换

本章介绍交换机、集线器和网桥设备的区别，交换机如何优化网络，设计高可用的交换网络，交换机阻断环路的生成树技术，交换机端口安全。

介绍什么是 VLAN（虚拟局域网），如何创建 VLAN，以及将相应的接口指定到特定的 VLAN，配置干道链路和 VLAN 间路由。使用 VTP（VLAN 间干道协议）协议简化 VLAN 管理。

本章主要内容：

- 使用交换机优化网络
- 设计高可用的交换网络
- 生成树协议
- 配置交换机的端口安全
- 配置监视端口
- 创建和管理 VLAN
- 使用 VTP 协议简化 VLAN 管理
- 设置 VLAN 间路由
- 交换机 etherchannel

7.1 局域网组网设备

本章提及的交换，都是指的二层交换，除非另有所指。下面讲解局域网组网技术的发展过程，将会为大家介绍集线器、网桥和交换机的特点。

7.1.1 集线器

我们在第 1 章讲过，集线器连接的网络是一个大的冲突域。集线器上的两个结点通信，虽然数据帧目标 MAC 地址和源 MAC 很明确，但是集线器还是将该数据帧扩散到所有的端口，这样就影响了集线器上其他的结点进行数据通信，因此说集线器连接的网络是一个冲突域。

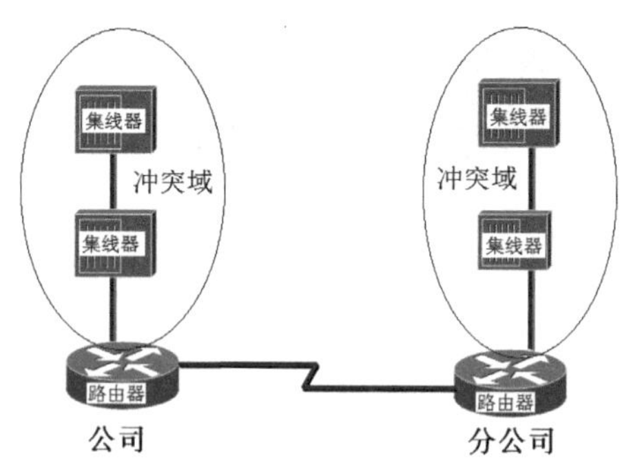

▲图 7-1　集线器连接的网络

如图 7-1 所示，网段中计算机的数量增多，需要两个集线器连接起来以确保有更多的接口连接计算机，这样使得冲突域增大。集线器连接的网络共享带宽，如果 10M 的以太网连接 10 台计算机，每个计算机平均得到 1M 带宽，但是随着计算机数量、冲突的增加，每个计算机得到的带宽会小于平均带宽。

有没有办法将集线器组网产生的大的冲突域减小？有，那就是在网络中使用网桥优化集线器连接的网络。

7.1.2 网桥

在两个集线器之间连接一个网桥，网桥能够基于 MAC 地址表转发数据。如图 7-2 所示，网桥有两个以太网接口 E0 和 E1，并且知道 E0 对应哪些 MAC 地址，E1 对应哪些 MAC 地址。当计算机 A 给计算机 B 发送一个数据帧，集线器将该数据帧扩散到所有的接口，网桥的 E0 接口收到该数据帧，查看目标 MAC 地址 0260.8c01.222，该目标 MAC 对应 E0 接口，于是不转发到 E1 接口，这样就不影响计算机 C 和计算机 D 计算机的通信。

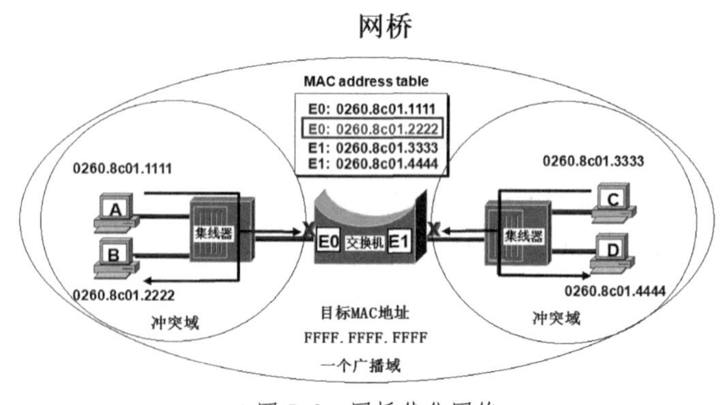

▲图 7-2　网桥优化网络

网桥将一个大的冲突域划分成两个冲突域，冲突域的数量增加了，但是冲突域减小了。网桥的一个接口就是一个冲突域。

如果网络中的计算机发送一个目标 MAC 地址为 FFFF.FFFF.FFFF 的数据帧，这样的数据帧称为广播，比如 ARP 协议就是使用广播解析对方 MAC 地址的，网桥会将这样的帧转发到除了发送端口的所有端口。所有的端口在同一个广播域。

网桥基于数据帧的源地址构建 MAC 地址表。刚接入到网上的网桥 MAC 地址表是空的，这时计算机 A 给计算机 B 发送数据帧，网桥接口 E0 将收到该数据帧，并将该数据帧发送到网桥的所有接口，与此同时，将会在 MAC 地址表中记录 E0:026.8c01.1111。计算机 B 给计算机 A 发送数据帧，网桥不会将该数据帧转发到 E1 端口，因为在 MAC 地址表中已经有关于到计算机 A 的 MAC 地址，同时也会在 MAC 地址表中记录 E0:026.8c01.2222。

7.1.3 交换机

交换机（Switch）是高性能的网桥，交换机可以看做是多端口的网桥。网桥是基于软件，而交换机基于硬件，因为交换机使用 ASIC 芯片来帮助它做出数据帧转发的决定。构建 MAC 地址的过程和网桥一样，交换机可以"学习"MAC 地址，并将其存放在内部地址表中，通过在数据帧的始发者和目标接收者之间建立临时的交换路径，使数据帧直接由源地址到达目的地址。

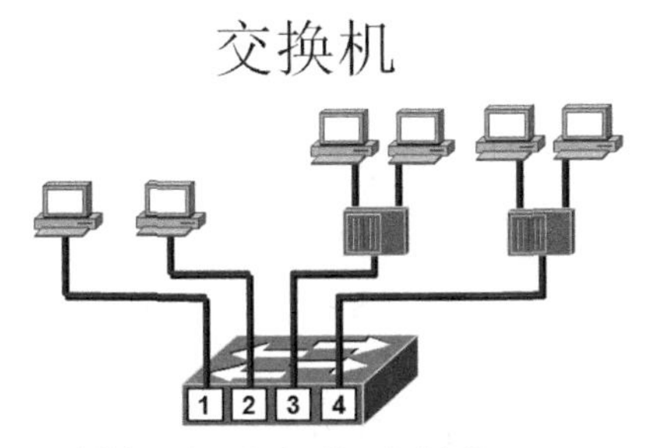

▲图 7-3 交换机的作用

如图 7-3 所示，交换机和集线器相比有以下优点。

- 交换机的每一个端口是一个冲突域。
- 交换机的端口独享带宽。
- 交换机比集线器安全。

将目标 MAC 地址为 FF-FF-FF-FF-FF-FF 的数据帧发送到所有交换机的端口（除了发送端口外），因此交换机连接的网络是一个广播域。

交换机有以下功能。

- 构建 MAC 地址表，即地址学习。
- 转发/过滤功能。

如果为了提供冗余而在交换机之间创建了多个连接，网络中可能出现环路。通过使用生成树协议（Spanning Tree Protocol，STP）可以防止产生网络环路，避免广播风暴。

7.1.4 查看交换机的 MAC 地址表

打开随书光盘中第 7 章练习"01 查看交换机的 MAC 地址表.pkt"，网络拓扑如图 7-4 所示，网络中的交换机直连着 3 个计算机、1 个 DHCP 服务器和一个集线器，集线器又连接着两台计算机。网络中的计算机已经按照图示的地址配置完成。

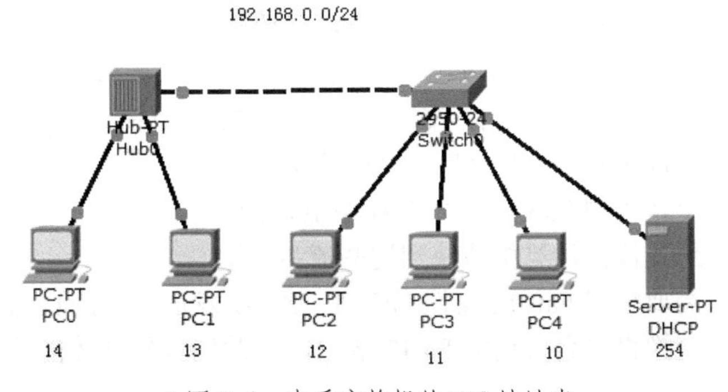

▲图 7-4 查看交换机的 MAC 地址表

你需要在 PC4 上 ping PC1、PC2、PC3、PC0 和 DHCP，然后查看交换机上的 MAC 地址表，通过查看 MAC 地址表确认交换机的哪个接口连接集线器。

操作步骤如下。

（1）在 PC4 上 ping PC1、PC2、PC3、PC0 和 DHCP 的 IP 地址。

（2）在交换机上查看 MAC 地址表。

```
Switch>en        --交换机的配置命令和路由器类似，输入 enable 进入特权模式
Switch#show mac-address-table
          Mac Address Table
-------------------------------------------
Vlan    Mac Address       Type        Ports
----    -----------       --------    -----
  1     0000.0c7c.7e49    DYNAMIC     Fa0/1
  1     0001.63c6.e338    DYNAMIC     Fa0/5
  1     0030.a336.362b    DYNAMIC     Fa0/4
  1     0030.a3e4.e4c6    DYNAMIC     Fa0/4
  1     0090.0cd7.65c8    DYNAMIC     Fa0/2
  1     00d0.ffce.0eb4     DYNAMIC    Fa0/3
```

通过以上 MAC 地址表可以看到，Fa0/4 接口对应着两个 MAC 地址，可以断定该接口连接集线器。

7.1.5 交换机上配置监控端口

交换机是基于 MAC 地址转发数据包的，比起集线器来说更安全。如图 7-5 所示，在交换机组建的网络中的监控计算机上安装数据包捕获软件，用以监控和分析网络中的流量。监控计算机只能监控自己发出的数据帧、发给自己的数据帧，以及广播和多播数据帧，但是 PC0、PC1 和 PC2 访问 Internet 的流量，监控计算机则不能捕获，因为交换机不向连接监控计算机的端口 Fa0/12 转发数据帧。

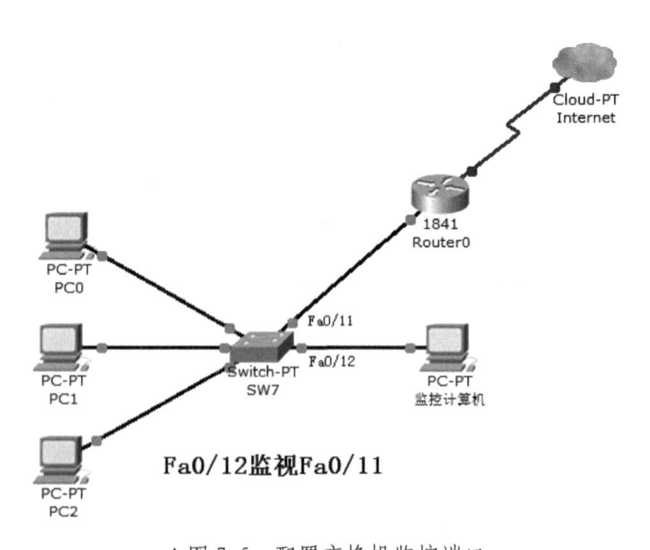

▲图 7-5　配置交换机监控端口

如果你想监控 PC0、PC1 和 PC2 访问 Internet 的流量，这些流量都由交换机的 Fa0/11 转发到路由器，如果想让监控计算机捕获到这些流量，你需要配置 Fa0/12 监控 Fa0/11。这样，发送给 Fa0/11 端口的数据帧和来自 Fa0/11 端口的数据，交换机也会发送给 Fa/12 端口，如此捕包软件才能捕获。

1. 实验环境

packet Tracer 不支持该实验，因此你只能在物理设备上进行配置和测试。

2. 实验目标

配置端口 FastEthernet 12 监视 FastEthernet 11。

3. 操作步骤

（1）指定监控端口。监控端口和被监控端口必须属于同一个 session 编号。

```
SW7 (config) #monitor session 2 destination interface FastEthernet 0/12
```

（2）指定被监控端口。

```
SW7 (config) #monitor session 2 source interface FastEthernet 0/11
```

（3）查看监控和被监控端口，如图 7-6 所示。

```
SW7#show monitor session 2
```

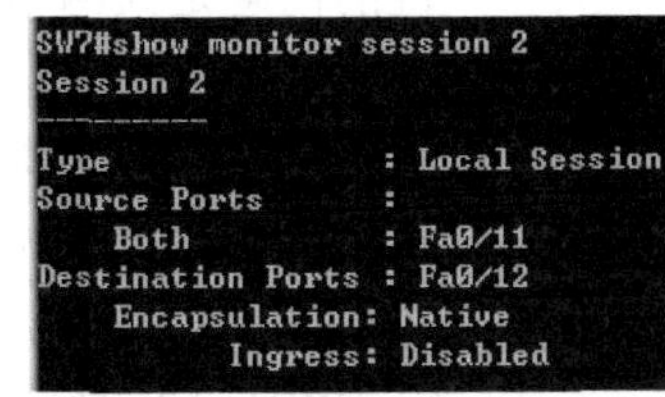

▲图 7-6　查看监控和被监控端口

7.2 生成树协议

如果企业的网络非常重要（比如医院的网络）。为了避免汇聚层和核心层设备故障造成网络故障，可以设计成双核心层和双汇聚层。

如图 7-7 所示，网络交换机 C、D 和 E 是接入层交换机，交换机 A、B 是汇聚层交换机，很显然是双汇聚层。

这样网络中就有很多环路，如果 Server 发送一个广播数据帧，该数据帧将会在任意一个环路中无休止地转发，造成广播风暴，网络堵塞。

如何既能实现网络有冗余拓扑，又能避免环路。这就需要讲到交换机的一个重要的功能，也即下面要介绍的交换机生成树协议。

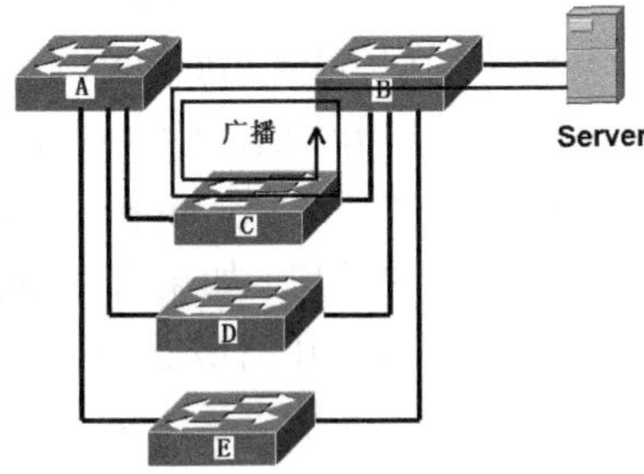

- 冗余拓扑避免单点失败
- 冗余拓扑产生广播风暴
- 冗余拓扑产生MAC地址表混乱

▲图 7-7　冗余拓扑

7.2.1 生成树协议

生成树协议（STP）最早是由数字设备公司（Dig ital Equipment Corporation，DEC）开发的，这个公司后来被收购并改名为 Compaq 公司。IEEE 后来开发了它自己的 STP 版本，称为 802.1D。Cisco 交换机默认运行 STP 的 IEEE 802.1D 版本，它与 DEC 版本不兼容。Cisco 在其新出品的交换机上使用了另一个工业标准，称为 802.1w，这一节介绍 STP，但先要定义一些有关 STP 的重要而基本的概念。

STP 的主要任务是阻止在第 2 层网络（网桥或交换机）上产生网络环路。它警惕地监控着网络中的所有链路，通过关闭任何冗余的接口来确保在网络中不会产生环路。STP 采用生成树算法 STA（Spanning Tree Algorithm），它首先创建一个拓扑数据库，然后搜索并破坏掉冗余的链路。运行了 STA 算法之后，帧就只能被转发到保险的、由 STP 挑选出来的链路上。

7.2.2 生成树术语

在详细讨论 STP 怎样在网络中起作用之前，需要理解一些基本的概念和术语，以及它们是怎样与第 2 层交换式网络联系在一起的（下面提到的桥就理解为交换机）。

- 根桥（Rootbridge）：是桥 ID 最低的网桥，也就是根交换机。对于 STP 来说，关键的问题是为网络中所有的交换机推选一个根桥，并让根桥成为网络中的焦点。在网络中，所有其他的决定（比如哪一个端口要被阻塞，哪一个端口要被置为转发模式）都是根据根桥的判断来做出选择的。
- 桥协议数据单元（Bridge Protocol Data Unit，BPDU）：所有的交换机相互之间都交换信息，并利用这些信息来选出根交换机或进行网络的后续配置。每台交换机都对 BPDU 中的参数进行比较，它们将 BPDU 传送给某个邻居，并在其中放入它们从其他邻居那里收到的 BPDU。
- 桥 ID（BridgeID）：STP 利用桥 ID 来跟踪网络中的所有交换机。桥 ID 是由桥优先级（在所有的 Cisco 交换机上，默认的优先级为 32768）和 MAC 地址的组合来决定的。在网络中，桥 ID 最小的网桥就称为根桥。
- 非根桥（Nonrootbridge）：除了根桥外，其他所有的网桥都是非根桥。它们相互之间都交换 BPDU，并在所有交换机上更新 STP 拓扑数据库，以防止环路，并对链路失效采取补救措施。
- 端口开销（Portcost）：当两台交换机之间有多条链路且都不是根端口时，就根据端口开销来决定最佳路径。链路的开销取决于链路的带宽。
- 根端口（Rootport）：是指直接连到根桥的链路所在的端口，或者到根桥的路径最短的端口。如果有多条链路连接到根桥，就通过检查每条链路的带宽来决定端口的开销，开销最低的端口就成为根端口。如果多条链路的开销相同，就使用桥 ID 小一些的那个桥。如果多条链路来自同一台设备，就使用端口号最低的那条链路。
- 指定端口（Designated Port）：有最低开销的端口就是指定端口，指定端口被标记为转发端口。
- 非指定端口（Nondesignated Port）：是指开销比指定端口高的端口，非指定端口将被置为阻塞状态，它不是转发端口。
- 转发端口（Forwarding Port）：是指能够转发帧的端口。
- 阻塞端口（Blocked Port）：是指不能转发帧的端口，这样做是为了防止产生环路。然而，被阻塞的端口将始终监听帧。

7.2.3 生成树的操作

正如前面提到的，STP 的任务是找到网络中的所有链路，并关闭任何冗余的链路，这样就可以防止网络环路的产生。为了达到这个目的，STP 首先需要选举一个根桥，由根桥来负责决定网络拓扑。一旦所有的交换机都同意将某台交换机选举为根桥，其余的交换机就必须找到其唯一的根端口。在两台交换机之间的每一条链路必须有唯一的指定端口，在那条链路上的端口提供到根桥最大的带宽。

下面将以如图 7-8 所示的网络设备讲解生成树的过程。生成树的操作分为以下三步。

（1）选举根桥。

（2）非根桥交换机确定根端口。

（3）每个链路选定一个指定端口。

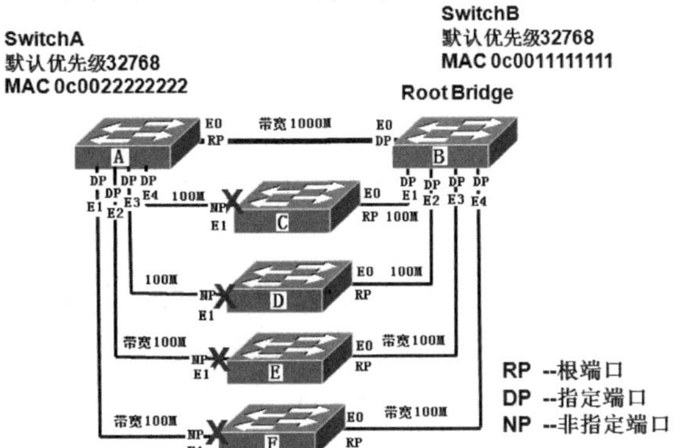

▲图 7-8 生成树操作

1. 选举根桥

在以上网络中有 A、B、C、D、E 和 F 六个路由器，网桥 ID 最小的将被选举为根桥。网桥 ID 为 8 个字节长，其中包括设备的优先级和 MAC 地址，在运行 IEEE STP 版本的所有设备上，默认优先级都为 32768。优先级相同，MAC 地址最小的将被选举为根桥。

默认每隔 2 秒钟发送一次 BPDU，它被发送到网桥/交换机的所有活动端口上，通过 BPDU 选举根桥。在本例中，交换机 A 和交换机 B 优先级相同，交换机 B 的 MAC 地址为 0c0011111111，比交换机 A 的 MAC 地址 0c0022222222 小，交换机 B 就更加有可能成为根桥。你可以更改交换机的优先级，来指定成为根桥的首选和备用交换机。在本示例中很显然让交换机 A 和交换机 B 成为首选和备用根交换机最好，因为这两个交换机为汇聚层交换机。

本示例假设交换机 B 是所有交换机中 MAC 地址最小的，选举为根网桥。

2. 选举根端口

确定了根网桥后，交换机 A、C、D、E 和 F 为非根桥，这些交换机需要查看哪些端口到根交换机距离近，带宽越高距离就越近。对于 C 交换机来说到达根网桥最近的端口是 E0。因此 E0 接口就被选举为根端口。根端口转发数据帧。

3. 选举指定端口

直白一点来说，就是每根网线，都要比较看哪一端距离根桥近。距离根桥近的那一端连接的端口为指定端口。由于 A 和 B 交换机之间的连接带宽为 1000M，因此 A 交换机的 E1、E2、E3 和 E4 端口比交换机 C、D、E 和 F 的 E1 端口距离根桥近，因此 A 交换机的 E1、E2、E3 和 E4 端口成为指定端口。根桥的所有端口都是指定端口。指定端口转发数据帧。

4. 非指定端口

确定了根端口和指定端口，剩下的端口就是非指定端口，非指定端口将被置为阻塞状态，不是转发端口。本示例交换机 C、D、E 和 F 的 E1 接口就是非指定端口。虽然不能转发帧，但仍然可以接收帧，包括 BPDU。

提示	网络中如果有集线器设备，则集线器设备不参与生成树。

7.2.4 生成树的端口状态

对于运行 STP 的网桥或交换机来说，其端口状态会在下列 5 种状态之间转变。

- 阻塞（Blocking）：被阻塞的端口将不能转发帧，它只监听 BPDU。设置阻塞状态的意图是防止使用有环路的路径。当交换机加电时，默认情况下所有的端口都处于阻塞状态。
- 侦听（Listening）：端口都侦听 BPDU，以确信在传送数据帧之前，在网络上没有环路产生。侦听状态的端口，在没有形成 MAC 地址表时，就准备转发数据帧。
- 学习（Learning）：交换机端口侦听 BPDU，并学习交换式网络中的所有路径。处在学习状态的端口形成 MAC 地址表，但不能转发数据帧。转发延迟意味着将端口从侦听状态转换到学习状态所花费的时间，默认设置为 15 秒，可以用命令 showspanning-tree 显示出来。
- 转发（Forwarding）：在桥接的端口上，处在转发状态的端口发送并接收所有的数据帧。 如果在学习状态结束时，端口仍然是指定端口或根端口，它就进入转发状态。
- 禁用（Disabied：从管理上讲，处于禁用状态的端口不能参与帧的转发或形成 STP。处于禁用状态下，端口实质上是不工作的。

说明	只有在学习状态或转发状态下，交换机才能填写 MAC 地址表。

大多数情况下，交换机端口都处在阻塞或转发状态。转发端口是指到根桥的开销最低的端口，但如果网络的拓扑改变（可能是链路失效了，或者有人添加了一台新的交换机），交换机上的端口就会处于侦听或学习状态。

正如前面提到的，阻塞端口是一种防止网络环路的策略。一旦交换机决定了到根桥的最佳路径，那么所有其他的端口将处于阻塞状态。被阻塞的端口仍然能接收 BPDU，它们只是不能发送任何帧。

7.2.5 确认和更改根桥

打开随书光盘中第 7 章练习“02 确认和更改根网桥.pkt”，可以看到网络拓扑如图 7-9 所示，双汇聚层设计，SwitchA 连接 SwitchC、SwitchD 和 SwitchE 的端口，处于阻断状态，可以断定 SwitchA 不是根交换机，因为根交换机的所有端口肯定是转发状态。

你需要确认网络中的根桥。需要指定 SwitchA 作为首选根网桥，SwitchB 作为备用根桥。这就需要更改网桥优先级。

操作步骤如下。

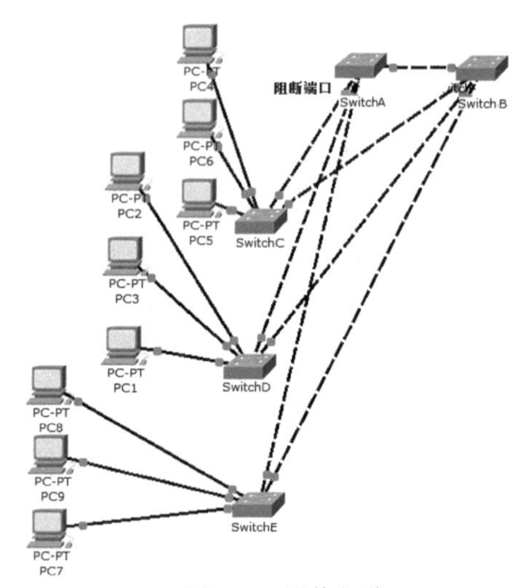

▲图 7-9　网络拓扑

（1）在 SwitchA 上，查看 VLAN 1 的生成树，查看根网桥。

```
Switch>en          --进入特权模式
Switch#show spanning-tree vlan 1 --查看VLAN 1的生成树，默认所有接口都在VLAN1
VLAN0001
  Spanning tree enabled protocol ieee
  Root ID    Priority    32769            --这是根桥的优先级
             Address     0002.4A63.C9B6   --这是根桥的MAC地址
             Cost        4
             Port        6 (GigabitEthernet5/1)  --使用G5/1这个接口和根桥连接
             Hello Time  2 sec  Max Age 20 sec  Forward Delay 15 sec
  Bridge ID  Priority  32769  (priority 32768 sys-id-ext 1)
                                                --这是SwitchA的优先级
             Address     00E0.F780.208C         --这是SwitchA的MAC地址
             Hello Time  2 sec  Max Age 20 sec  Forward Delay 15 sec
             Aging Time  20
Interface        Role Sts Cost      Prio.Nbr Type
----------- -------------- -------- ----- --------------------
Gi5/1            Root FWD 4        128.6    P2P         --FWD代表转发状态
Gi6/1            Altn BLK 4        128.7    P2P         --BLK代表阻断状态
Gi7/1            Altn BLK 4        128.8    P2P
Gi8/1            Altn BLK 4        128.9    P2P
```

可以断定 SwitchA 不是根桥，因为 Root ID 和 Bridge ID 不同，网桥 ID 是由优先级和 MAC 地址构成的。

（2）更改 SwitchA 的生成树优先级，使其成为首选根桥。

```
Switch#config t  --进入全局配置模式
Switch (config) #spanning-tree vlan 1 priority ?    --更改VLAN1的生成树优先级
  <0-61440>  bridge priority in increments of 4096
                                                --可以看到优先级值的范围
Switch (config) #spanning-tree vlan 1 priority 23   --随便输入一个值
% Bridge Priority must be in increments of 4096.
                                          --提示网桥优先级值增量为4096
% Allowed values are:                     --显示所有可用的网桥优先级值
  0     4096  8192  12288 16384 20480 24576 28672
  32768 36864 40960 45056 49152 53248 57344 61440
Switch (config) #spanning-tree vlan 1 priority 4096
                                          --将网桥优先级的值更改为4096
```

（3）注意观察网络中的阻断端口发生变化。

（4）在 SwitchA 上运行以下命令，查看新选举的根网桥。

```
Switch#show spanning-tree vlan 1
VLAN0001
  Spanning tree enabled protocol ieee
  Root ID    Priority    4097                        --根网桥优先级
             Address     00E0.F780.208C                   --根网桥 MAC 地址
             This bridge is the root
             Hello Time  2 sec  Max Age 20 sec  Forward Delay 15 sec
  Bridge ID  Priority    4097  (priority 4096 sys-id-ext 1)  --网桥优先级
             Address     00E0.F780.208C                          --网桥 MAC 地址
             Hello Time  2 sec  Max Age 20 sec  Forward Delay 15 sec
             Aging Time  20
Interface       Role Sts Cost      Prio.Nbr Type
----------  ----------------  --------- --------  ---------------------
Gi5/1          Desg FWD 4        128.6    P2P         --转发状态
Gi6/1          Desg FWD 4        128.7    P2P         --转发状态
Gi7/1          Desg FWD 4        128.8    P2P         --转发状态
Gi8/1          Desg FWD 4        128.9    P2P         --转发状态
```

可以看到更改网桥的优先级后，Root ID 和 Bridge ID 都是 SwitchA 了，这说明 SwitchA 是根桥，并且所有的端口都处于转发状态。

（5）在 SwitchB 上运行以下命令，更改其网桥优先级，将其设置为备用根网桥。

```
Switch (config) #spanning-tree vlan 1 priority 12288
```

7.2.6 关闭 VLAN 1 的生成树

如果你确信网络中的交换机没有环路，并且将来也不会产生环路，可以使用以下命令将 VLAN 1 的生成树关闭。

```
Switch (config) #no spanning-tree vlan 1
```

7.3 交换机端口安全

通常我们不愿意外单位的人随便将自己的笔记本电脑接入公司的网络。比如河北师大软件学院的教室为本学院学生提供了免费网络接入以便学生能随时访问 Internet 查询资料和学院内网提交作业。突然有一天，发现自习时间，教室里有其他学院的学生接入笔记本电脑上网聊天、玩游戏。如何避免其他学院的学生使用软件学院的网络？这就需要设置交换机的端口和计算机进行绑定，实现交换机端口的安全。

7.3.1 端口和 MAC 地址绑定

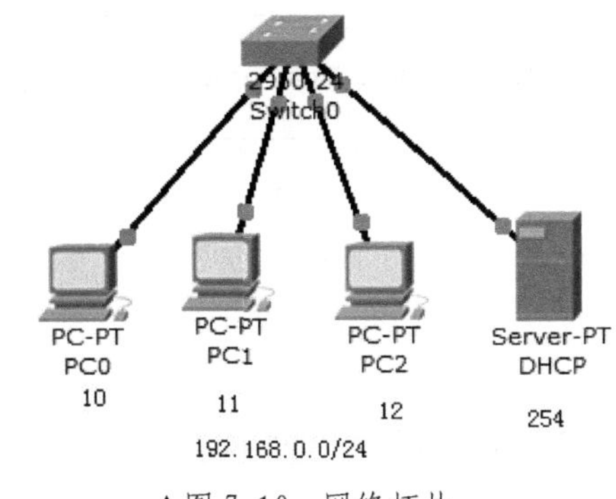

▲图 7-10 网络拓扑

前面讲过计算机的网卡有 MAC，且全球唯一。要设置交换机的端口和计算机进行绑定，你只需要设置交换机的端口和计算机的 MAC 地址进行绑定即可。

打开随书光盘中第 7 章练习“03 交换机端口和计算机绑定.pkt”，网络拓扑如图 7-10 所示，计算机和 DHCP 服务器的 IP 地址已经配置完成。你需要设置交换机的端口和现在的计算机的 MAC 地址进行绑定。

（1）使用 PC0 ping PC1、PC2 和 DHCP，这样交换机就能构造 MAC 地址表。

（2）查看交换机的 MAC 地址表。

```
Switch#show mac-address-table
          Mac Address Table
-------------------------------------------
Vlan    Mac Address       Type        Ports
----    -----------       --------    -----
  1    0000.0c7c.7e49     DYNAMIC     Fa0/4  --DYNAMIC 表示是动态学习到的
  1    0001.63c6.e338     DYNAMIC            Fa0/2
  1    0090.0cd7.65c8      DYNAMIC           Fa0/1
  1    00d0.ffce.0eb4      DYNAMIC           Fa0/3
```

（3）将上面显示的 MAC 地址和交换机端口进行绑定。

```
Switch#config t     --进入全局配置模式
Switch (config) #interface range fastEthernet 0/1～4
                                  --这种方式可以配置接口 1～4
Switch (config-if-range) #switchport mode access
                                  --将交换机端口设置为 access，明确该端口连接的是计算机
Switch (config-if-range) #switchport port-security
                                  --在交换机端口启用安全
Switch (config-if-range) #switchport port-security violation shutdown
                                  --违反安全规则后禁用
Switch (config-if-range) #switchport port-security mac-address sticky
                                 --将上面的动态的 MAC 地址和端口进行绑定
```

以上命令必须依次执行，顺序颠倒会出现错误。

（4）再次查看 MAC 地址表。

```
Switch#show mac-address-table。
          Mac Address Table
```

```
------------------------------------------
Vlan    Mac Address       Type      Ports
----    -----------       --------  -----
   1    0000.0c7c.7e49    STATIC    Fa0/4         --可以看到类型变为 STATIC
   1    0001.63c6.e338    STATIC    Fa0/2         --可以看到类型变为 STATIC
   1    0090.0cd7.65c8    STATIC    Fa0/1         --可以看到类型变为 STATIC
   1    00d0.ffce.0eb4    STATIC     Fa0/3        --可以看到类型变为 STATIC
```

可以看到 FastEthernet 0/1～4 对应的 MAC 地址为 STATIC，不会过期，且不再动态学习。如果 MAC 地址表为空，请重复步骤①，因为 DYNAMIC 的条目过一段时间就删除了。

（5）查看配置。

```
Switch#show running-config
interface FastEthernet0/1
 switchport mode access
 switchport port-security
 switchport port-security mac-address sticky
 switchport port-security mac-address sticky 0090.0CD7.65C8
```

你能看到 Interface FastEthernet 0/1～4 的端口安全设置。

（6）保存配置。

```
Switch#copy running-config startup-config
                                    --将以上配置保存，交换机重启，端口安全设置依旧在。
```

（7）验证违反后端口被自动禁用。

如图 7-11 所示，更改 PC1 网卡的 MAC 地址，将 0001.63C6.E338 更改为 0001.63C6.E339，你会立即发现交换机上连接 PC1 的端口变红，说明该接口已经被禁用。使用 PC0 ping PC1 的 IP 地址，不通。

如果你不嫌麻烦，可以一个一个地对每一个交换机端口进行和 MAC 地址的绑定。

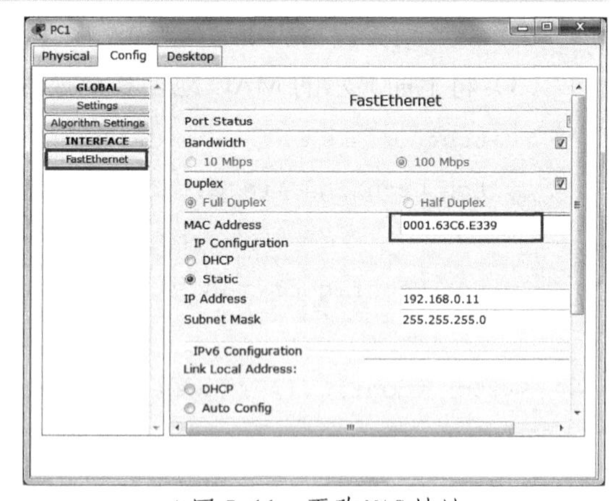

▲图 7-11　更改 MAC 地址

```
Switch (config) #interface fastEthernet 0/2
Switch (config-if) #switchport mode access
Switch (config-if) #switchport port-security
Switch (config-if) #switchport port-security violation shutdown
Switch (config-if) #switchport port-security mac-address 0001.63C6.E338
```

以下命令关闭交换机端口安全设置（在 Packet Tracer 软件模拟的交换机上，需要关闭

Packet Tracer，保存，再次打开，设置生效）。

```
Switch (config-if) #no switchport port-security
```

7.3.2 控制端口连接计算机的数量

在交换机的端口上还可以设置某个端口能够连接的计算机数量。打开随书光盘中第 7 章练习“04 控制端口连接计算机的数量.pkt”，网络拓扑如图 7-12 所示，河北师大软件学院网络教研室通过交换机 Switch1 和学院机房的交换机 Switch0 的 Fa0/4 相连。网络教研室目前只有两台计算机，学院的 IT 管理员不希望网络教研室随便在 Switch1 上连接更多的计算机。可以设置 Switch0 的 Fa0/4 接口的安全来实现。

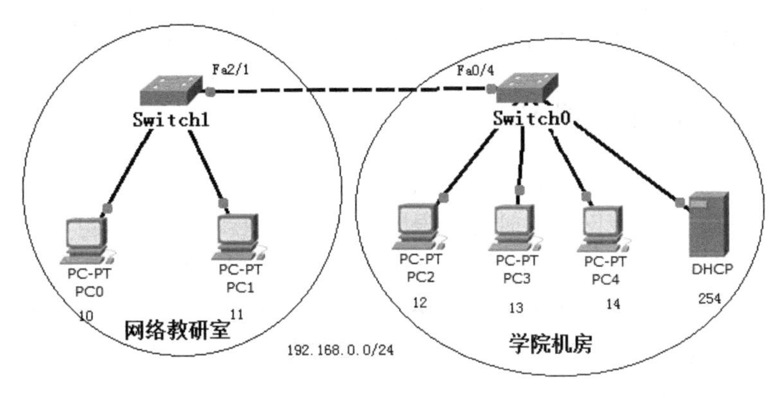

▲图 7-12 网络拓扑

（1）在交换机 Switch0 上的设置：配置端口安全。

```
Switch>en
Switch#config t
Switch (config) #interface fastEthernet 0/4
Switch (config-if) #switchport mode access
Switch (config-if) #switchport port-security
Switch (config-if) #switchport port-security violation shutdown
Switch (config-if) #switchport port-security maximum 2
```

（2）你可以将 PC2 的网线连接到 Switch1，然后使用 PC3 ping PC0、PC1 和 PC2。可以看到 Switch0 的 F0/4 端口关闭。

7.4 VLAN

交换机虽然比网桥和集线器的性能高，并且独享端口带宽，每一个端口是一个冲突域，但是使用交换机组建的网络在同一网段中的计算机数量却不能太多，为什么呢？

前面讲过交换机隔绝冲突域，但是如果网络中的计算机发送广播帧，即目标 MAC 地址为 FFFF.FFFF.FFFF.FFFF 的交换机将这类帧发送到所有端口。同一网段内计算机数量增多，发送广播的帧也就增多，将会消耗更多的带宽。如果某个计算机中了 ARP 病毒仍在网上大量发送广播，将会造成网络堵塞；或者有 MAC 地址欺骗的病毒，将会影响同一网段内所有计算机的网络互联。

出于安全考虑，公司的网络规划有可能将同一个部门的计算机放置到一个网段，或安全性要求一致的计算机放置到一个网段，而不是按照计算机的物理位置划分网段。比如，将能够访问 Internet 的计算机放置到一个网段，然后在防火墙上进行配置，只允许该网段能够访问 Internet。

基于以上原因，我们可以使用交换机按部门灵活地划分网段，而不用考虑物理位置，这就是下面要讲解的 VLAN 技术。

7.4.1 什么是 VLAN

VLAN（Virtual Local Area Network，虚拟局域网）技术的出现，主要是为了解决交换机在进行局域网互连时无法限制广播的问题。这种技术可以把一个 LAN 划分成多个逻辑的 LAN——VLAN，每个 VLAN 是一个广播域，VLAN 内的主机间通信就和在一个 LAN 内一样，而 VLAN 间则不能直接互通，因此，广播报文被限制在一个 VLAN 内。VLAN 是一种将局域网设备从逻辑上划分成一个个网段而不用考虑同一个 LAN 是否在同一个交换机上。

如图 7-13 所示，公司的办公大楼在第一层、第二层和第三层放置了交换机，这三个交换机为接入层交换机，通过汇聚层交换机连接。公司的销售部、研发部和财务部的计算机在每一层都有。从安全和控制网络广播方面考虑，可以为每一个部门创建一个 VLAN。在交换机上不同的 VLAN 使用数字标识，你可以将销售部的计算机指定到 VLAN 1，为研发部创建 VLAN 2，为财务部创建 VLAN 3。

一个 VLAN 就是一个广播域，同一个 VLAN 中的计算机 IP 地址在同一个网段。

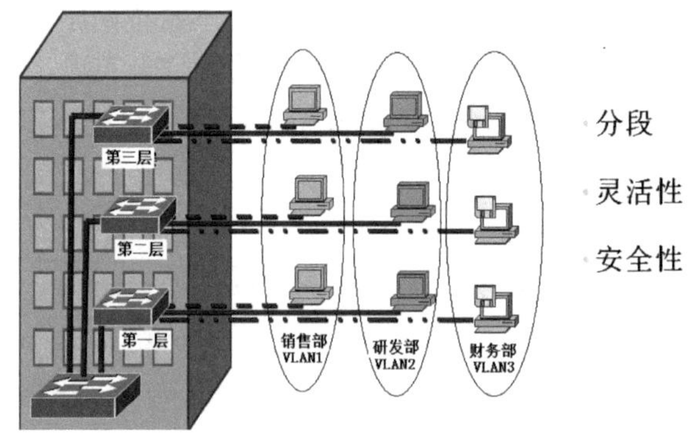

▲图 7-13 VLAN 示意图

1. VLAN 的优点

- 广播风暴防范

限制网络上的广播，将网络划分为多个 VLAN 可减少参与广播风暴的设备数量。LAN 分段可以防止广播风暴波及整个网络。VLAN 可以提供建立防火墙的机制，防止交换网络的过量广播。使用 VLAN，可以将某个交换端口或用户赋于某一个特定的 VLAN 组，该 VLAN 组可以在一个交换网中或跨接多个交换机，在一个 VLAN 中的广播不会送到 VLAN 之外。同样，相邻的端口不会收到其他 VLAN 产生的广播，这样可以减少广播流量，释放带宽给用户应用，减少广播的产生。

- 安全

增强局域网的安全性，含有敏感数据的用户组可与网络的其余部分隔离，从而降低泄露机密信息的可能性。不同 VLAN 内的报文在传输时是相互隔离的，即一个 VLAN 内的用户不能和其他 VLAN 内的用户直接通信。如果不同 VLAN 间要进行通信，则需要通过路由器或三层交换机等三层设备。

2．创建 VLAN 的条件

VLAN 是建立在物理网络基础上的一种逻辑子网，因此建立 VLAN 需要相应的支持 VLAN 技术的网络设备。当网络中的不同 VLAN 间进行相互通信时，需要路由的支持，这时就需要增加路由设备——要实现路由功能，既可采用路由器，也可采用三层交换机来完成。

7.4.2　创建和管理 VLAN

打开随书光盘中第 7 章练习“05 创建和管理 VLAN.pkt”，网络拓扑如图 7-14 所示，网络中的计算机已经配置好了 IP 地址，交换机的所有接口默认都属于 VLAN 1。PC0 和 PC1 分别连接到交换机的 Fa0/1 和 Fa0/2 接口，PC3 和 PC4 分别连接在交换机的 Fa0/13 和 Fa0/14。

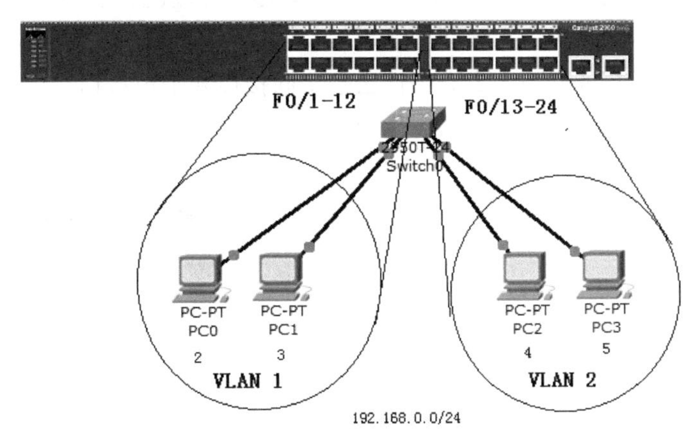

图 7-14　创建和管理 VLAN

本实验将会查看交换机上的 VLAN，端口所属的 VLAN，创建 VLAN 2，将 13-24 端口指定到 VLAN 2，然后测试 PC0 和 PC1 和 PC2 是否能通信。删除 VLAN2，查看属于 VLAN 2 的端口。

操作步骤如下。

（1）查看交换机的 VLAN，如图 7-15 所示。

```
Switch#show vlan

VLAN Name                 F0/1～12       Ports      F0/13～24
---- -------------------------------- --------- -------------------------------
1    default                          active    Fa0/1, Fa0/2, Fa0/3, Fa0/4
                                                Fa0/5, Fa0/6, Fa0/7, Fa0/8
                                                Fa0/9, Fa0/10, Fa0/11, Fa0/12
                                                Fa0/13, Fa0/14, Fa0/15, Fa0/16
                                                Fa0/17, Fa0/18, Fa0/19, Fa0/20
                                                Fa0/21, Fa0/22, Fa0/23, Fa0/24
                                                Gig1/1, Gig1/2
1002 fddi-default                     act/unsup
1003 token-ring-default               act/unsup
1004 fddinet-default                  act/unsup
1005 trnet-default                    act/unsup
```

▲图 7-15　显示 VLAN

在交换机上运行 show vlan，可以看到所有的接口都在 VLAN 1，VLAN 1 是默认 VLAN，不能删除，也不需要创建。

（2）使用 PC0 ping PC1、PC2 和 PC3，将发现都能通，在同一个 VLAN 的计算机 IP 地址在一个网段就能通信。

（3）创建 VLAN 2，将 Fa0/13～24 端口指定到 VLAN 2。

```
Switch>en
```

```
Switch#config t
Switch (config) #vlan 2  --创建 VLAN 2，就这么简单，删除 VLAN 2 只需 no vlan 2
Switch (config-vlan) #exit
Switch (config) #interface range fastEthernet 0/13-24
Switch (config-if-range) #switchport mode access
                                   --access 指定这些接口为访问接口
Switch (config-if-range) #switchport access vlan 2
                                   --将这些接口指定到 VLAN 2
```

后面会为大家介绍什么是访问接口和干道接口。

（4）查看 VLAN，如图 7-16 所示。

```
Switch#show vlan

VLAN Name                             Status    Ports
---- -------------------------------- --------- -------------------------------
1    default                          active    Fa0/1, Fa0/2, Fa0/3, Fa0/4
                                                Fa0/5, Fa0/6, Fa0/7, Fa0/8
                                                Fa0/9, Fa0/10, Fa0/11, Fa0/12
                                                Gig1/1, Gig1/2
2    VLAN0002                         active    Fa0/13, Fa0/14, Fa0/15, Fa0/16
                                                Fa0/17, Fa0/18, Fa0/19, Fa0/20
                                                Fa0/21, Fa0/22, Fa0/23, Fa0/24
1002 fddi-default                     act/unsup
1003 token-ring-default               act/unsup
1004 fddinet-default                  act/unsup
1005 trnet-default                    act/unsup
```

▲图 7-16　查看 VLAN

可以看到创建的 VLAN 2，以及 VLAN 2 的接口。

（5）现在使用 PC0 ping PC1、PC2 和 PC3，发现只能 ping 通 PC1。PC2 能够 ping 通 PC3。即在同一个 VLAN 的计算机才能通。VLAN 实现的是数据链路层安全。

总结

如图 7-17 所示，将一个交换机划分了两个 VLAN，你可以想象成将交换机逻辑上分成了两个交换机。这两个不同的 VLAN 之间通信必须通过路由器转发，同时这两个 VLAN 的 IP 地址必须在不同的网段。

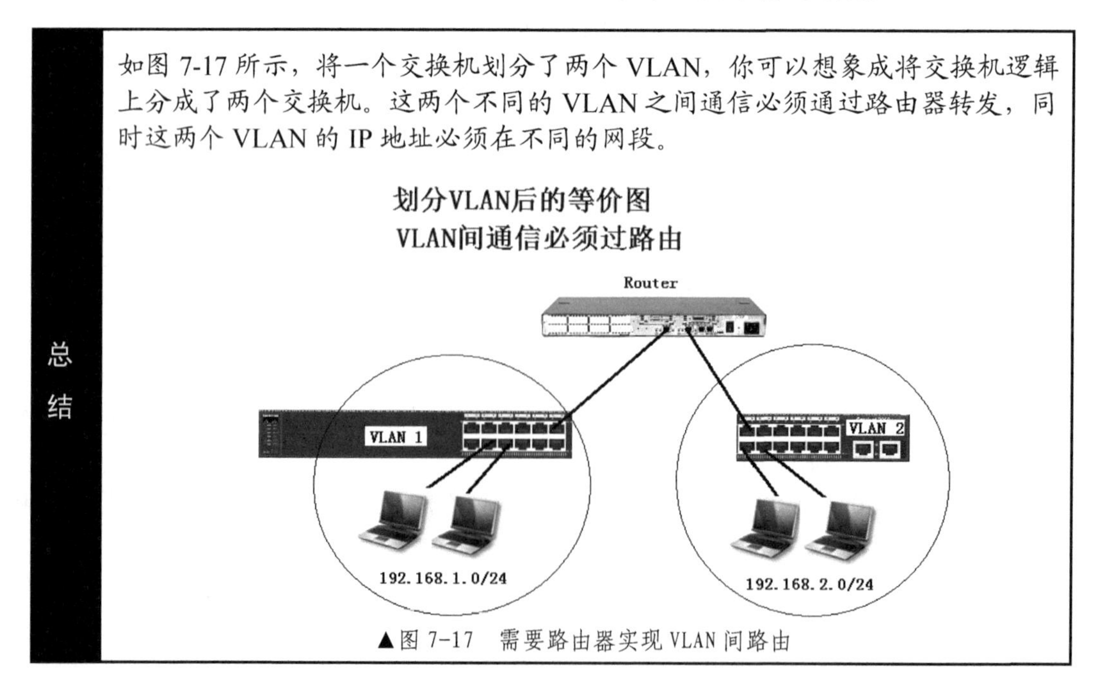

▲图 7-17　需要路由器实现 VLAN 间路由

（6）删除 VLAN 2。

```
Switch (config) #no vlan 2      --删除 VLAN 2
```

（7）查看 VLAN。

```
Switch#show vlan
```

可以看到，删除 VLAN 2 后，VLAN 2 的端口不属于任何 VLAN，这些端口被禁用，你需要明确指定这些端口所属的 VLAN，这些端口才会被启用。

7.4.3 跨交换机的 VLAN

以上讲的是将一个交换机划分为两个 VLAN。如图 7-18 所示，某公司有两个部门，财务部和销售部，分别接在两个交换机 SwitchA 和 SwitchB 上。如果将财务部的计算机规划到 VLAN 1，将销售部的计算机规划到 VLAN2，如何实现呢？

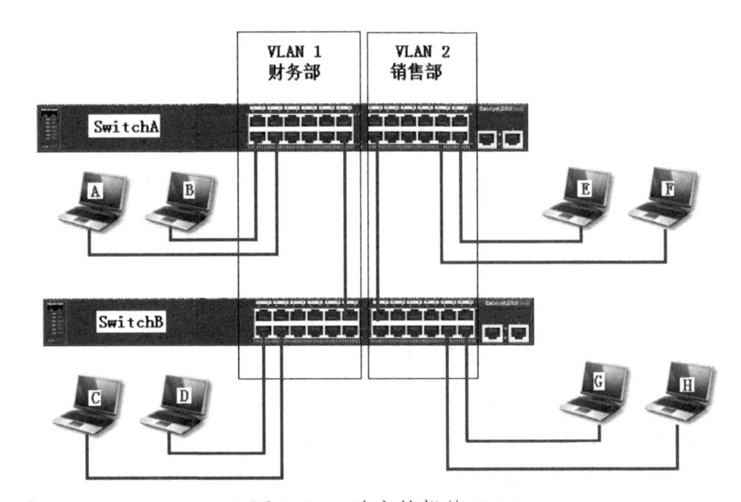

▲图 7-18 跨交换机的 VLAN

在两个交换机上分别创建 VLAN2，将连接销售部计算机的端口指定到 VLAN2。将连接财务部计算机的端口指定到 VLAN1。为了确保两个交换机上的 VLAN1 能够直接通信，可以使用一根网线将两个交换机属于 VLAN1 的端口连接，使用另一根网线将两个交换机属于 VLAN2 的端口连接。这样，VLAN1 的计算机 A、B、C、D 就属于同一个逻辑网段了，销售部的计算机 E、F、G、H 就属于另一个逻辑网段了。

按照上面的方法，如果有 10 个 VLAN 跨这两个交换机，每一个 VLAN 使用一根网线连接两个交换机，就太浪费交换机端口和网线了。有没有更好的方法呢？有！那就是使用干道链路。下面将介绍什么是干道链路。

交换机的端口有以下两种类型。

- 访问端口：访问端口只能属于某一个 VLAN，它只能承载某一个 VLAN 的流量。连接访问端口的链路称为访问链路。
- 中继端口：中继端口能够同时承载多个 VLAN 的流量，连接中继端口的链路称为干道链路。数据帧进入干道链路时需要添加帧标记（或称 VLAN ID），离开干道链路时去掉帧标记，这个过程对计算机来说是透明的。

现在介绍数据帧通过干道链路添加帧标记的意义：通过干道的数据帧用来标明该帧来自哪个 VLAN。

如图 7-19 所示，计算机 A 发送一个广播帧，SwitchA 知道计算机 A 属于 VLAN1，就将

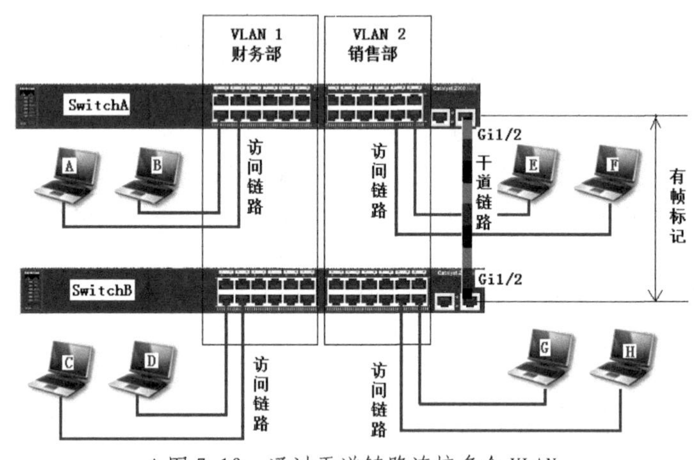

▲图 7-19 通过干道链路连接多个 VLAN

该广播发送到 VLAN1 的所有端口。这个广播帧还会通过干道链路发送到 SwitchB，SwitchB 需要将该广播帧发送到 SwitchB 的 VLAN1 的所有端口。问题是 SwitchB 如何知道该广播帧来自哪个 VLAN？这就需要 SwitchA 将来自 VLAN1 的数据帧添加一个帧标记标明其所属的 VLAN，当 SwitchB 接收后就知道应该将该帧广播到哪个 VLAN。这个数据帧只要离开干道链路就去掉帧标记。在访问链路上是没有帧标记的。

为了说明方便给大家举例广播帧通过干道链路添加帧标记，其实非广播帧通过干道链路同样可以添加帧标记。

这样不管有多少个 VLAN 跨这两个交换机，只需一条干道链路即可。

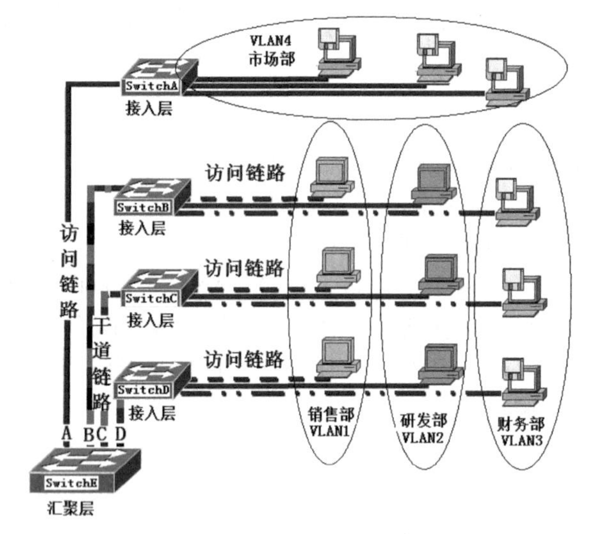

▲图 7-20 需要配置为干道的链路

如图 7-20 所示，接入层交换机 SwitchA、SwitchB、SwitchC、SwitchD 于汇聚层交换机 SwitchE 处连接。市场部计算机都连接到SwitchA，属于 VLAN 4。销售部和研发部以及财务部的计算机分别属于 VLAN1、VLAN2 和 VLAN3，这三个 VLAN 跨 SwitchB、SwitchC 和 SwitchD 三个交换机，需要将哪些链路配置成为干道链路呢？

传递多个 VLAN 数据的链路需要配置成干道链路，因此 SwitchB、SwitchC、SwitchD 与 SwitchE 连接的链路需要配置为干道，而 SwitchA 上连接的是同一个 VLAN 的计算机，因此 SwitchA 与 SwitchE 之间的连接可以使用访问链路连接。

总结	在交换机组建的网络中，如果需要多个 VLAN 通过的链路则需要配置为干道链路。如果链路上只需要单一 VLAN 的数据通过则可以配置为访问链路。

7.4.4 配置干道链路

打开随书光盘中第 7 章练习“06 配置干道链路.pkt”，如图 7-21 所示，网络中的交换机

Switch1、Switch2 是接入层交换机，Switch0 是汇聚层交换机。VLAN1 和 VLAN2 跨三个交换机。

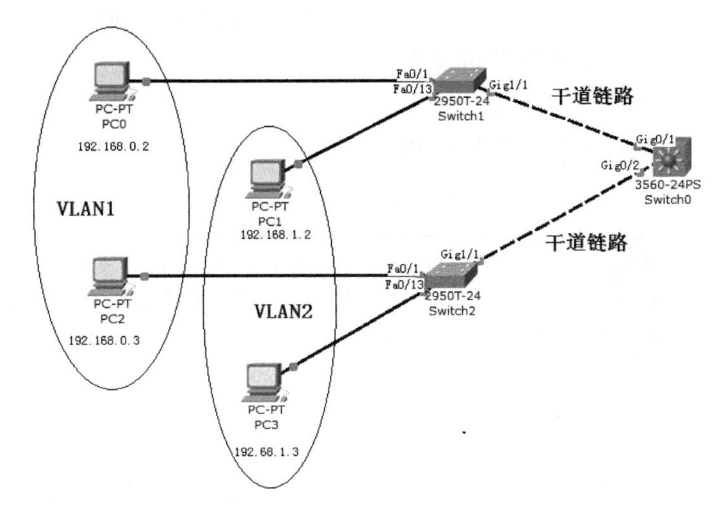

▲图 7-21 网络拓扑

现在你需要在 Switch1、Switch2、Switch0 上创建 VLAN2，前两个交换机将 Fa0/13 ～ 24 端口指定到 VLAN2。将连接汇聚层交换机的端口指定为干道链路。验证 VLAN1 的两个计算机 PC0 和 PC2 能够通信，VLAN2 的两个计算机 PC1 和 PC3 能够相互通信。

操作步骤如下。

（1）在 Switch1 和 Switch2 上，创建 VLAN 2，配置干道端口。

```
Switch>en
Switch#config t
Switch (config) #vlan 2  --创建 VLAN2
Switch (config-vlan) #ex
Switch (config) #interface range fastEthernet 0/13 - 24 --进入接口配置模式
Switch (config-if-range) #switchport mode access        --将接口设置为访问接口
Switch (config-if-range) #switchport access vlan 2      --将接口指定到 VLAN2
Switch (config-if-range) #ex
Switch (config) #interface gigabitEthernet 1/1
Switch (config-if) #switchport mode ?
  access   Set trunking mode to ACCESS unconditionally
  dynamic  Set trunking mode to dynamically negotiate access or trunk mode
  trunk    Set trunking mode to TRUNK unconditionally
Switch (config-if) #switchport mode trunk          --将接口指定为干道接口
```

（2）在 Switch0 上，创建 VLAN 2，配置干道链路。

```
Switch>en
Switch#config t
Switch (config) #vlan 2 --创建 VLAN2
Switch (config-vlan) #ex
Switch (config) #interface range gigabitEthernet 0/1 - 2 --进入接口配置模式
Switch (config-if-range) #switchport trunk encapsulation dot1q
                                          --指定干道链路 VLAN 标识方法
```

```
Switch (config-if-range) #switchport mode trunk  --将接口指定为干道接口
```

（3）在 PC0 上 ping PC2。

```
PC>ping 192.168.0.3
```

（4）在 PC1 上 Ping PC3。

```
PC>ping 192.168.1.3
```

注意

只有 FastEthernet 和 gigabitEthernet 接口支持干道。
必须在 Switch0 上创建 VLAN2，虽然没有 VLAN2 的计算机直接连接到该交换机。
在 Switch0 上将接口配置为干道前，必须指定干道链路 VLAN 的标识方法。

7.4.5 帧标记

关于中继端口的另一件事情是，它们将同时支持标记的和非标记的流量（我们将在下面讨论采用 802.1Q 的中继）。对于所有非标记的流量将要穿越的 VLAN 中继端口将被分配一个默认的端口 VLAN ID（PVID）。这种 VLAN 也称为本机（native）VLAN，默认时，它始终是 VLAN 1（但可以改为任何 VLAN 号）。

类似地，任何带 NULL（没有分配的）VLAN ID 的标记或非标记流量，都假定属于有端口默认 PVID 的 VLAN（同样，默认时为 VLAN1）。其 VLAN ID 等于外出端口默认 PVID 的数据包将作为非标记流量发送，且只能与 VLAN1 中的主机或设备进行通信。其他所有的 VLAN 流量必须用 VLAN 标记发送，以便在与此标记相对应的特定 VLAN 中通信。

VLAN 的识别方法

VLAN 的识别是指当帧通过干道链路时，交换机跟踪帧所属 VLAN 的方式。它指的是交换机怎样识别哪一个帧属于哪一个 VLAN，下面是一些实现中继的方法。

- 交换机间链路

交换机间链路（Inter-Switch Link，ISL）是一种在以太网帧上显式地标记 VLAN 信息的方法。通过一种外部封装方法（ISL），这种标记信息允许 VLAN 在干道链路上实现多路复用，从而允许交换机在中继链路上识别出帧的 VLAN 成员关系。

通过运行 ISL，可以将多台交换机互联起来，当流量在交换机之间的中继链路上传送时，仍然维持 VLAN 信息。ISL 在第 2 层起作用，并用新的报头和循环冗余校验（CRC）对数据帧进行封装。

要注意的是，这是 Cisco 交换机专用的方法，它只用于快速以太网和吉比特以太网链路。ISL 路由的用途相当广泛，可以用在交换机端口、路由器接口和服务器接口卡上。

- IEEE 802.1Q

IEEE 802.1Q 是由 IEEE 创建的，作为帧标记的标准方法，它实际上是在帧中插入一个字段，以标识 VLAN。如果你正在 Cisco 的交换式链路和不同品牌的交换机之间设置中继链路，就不得不使用 802.1Q，以便让中继链路起作用。

它的原理是这样的：首先指定准备采用 802.1Q 封装来实现中继的每个端口，必须为端口分配特定的 VLAN ID，使它们成为本机 VLAN，以便让它们通信。属于同一个中继链路的端口所创建的工作组就成为本机 VLAN，每个端口用反映其本机 VLAN 的标识号作为标记，默认时为 VLAN1。本机 VLAN 允许中继链路传送所接收到的没有任何 VLAN 标识或帧标记的信息。

2960 系列只支持 IEEE 802.1Q 中继协议，但 3560 系列能支持 ISL 和 IEEE 两种方法。

7.4.6 VLAN 干道协议（VTP）

如图 7-22 所示，Switch1、Switch2 通过干道和 Switch0 连接。如果网络中需要新增加一个 VLAN3，你需要在 Switch1、Switch2 以及 Switch0 上创建 VLAN3；如果网络中需要将 VLAN 2 删除，你需要在 Switch1、Switch2 以及 Switch0 上删除 VLAN 2。有没有简单的方法管理 VLAN 的添加和删除呢？

有！那就是配置 VLAN 干道协议（VLAN Trunk Protocol，VTP），使用 VTP 能够在干道链路上通告 VLAN 添加或删除的消息。需要配置以下参数，才能实现交换机间 VLAN 信息共享。

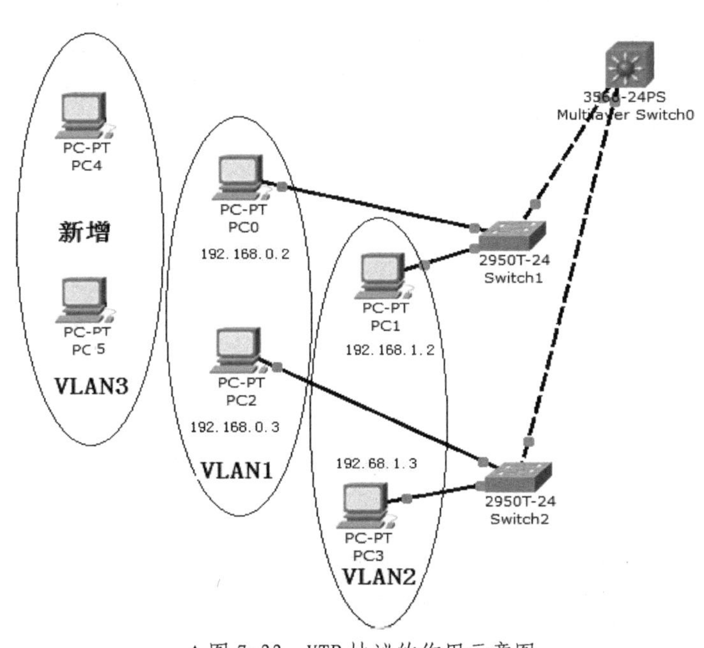

▲图 7-22 VTP 协议的作用示意图

```
Switch (config) #vtp domain todd      --必须有相同的VTP域名
Switch (config) #vtp password aaa     --必须有相同的密码，为了安全考虑最好设置密码
Switch(config)#vtp mode ?        --可以看到VTP模式有Client、Server和Transparent
  client      Set the device to client mode.
  server      Set the device to server mode.
  transparent  Set the device to transparent mode.
```

如果将交换机的 VTP 模式设置为 Server，你能够在该交换机上添加、删除 VLAN，这些更改将会通过 VTP 协议通告给同一个 VTP 中的其他交换机。一个 VTP 域中最少应该有 1 个交换机作为 Server。在 VTP 服务器模式下，VLAN 的配置保存在 NVRAM 中。

如果将交换机的 VTP 模式设置为 Client，该交换机从 VTP 服务器接收 VLAN 信息，同时也发送和接收更新。你不能在这些交换机上添加或删除 VLAN。VLAN 信息不存储在 NVRAM 中，一旦重启交换机，就需要重新从 VTP 的服务器上学习 VLAN 信息。

如果将交换机的 VTP 模式设置为 Transparent，能够通过干道链路通告 VTP 信息，但不会修改自己的 VLAN 信息。

7.4.7 配置 VTP 域

打开随书光盘中第7章练习“07 配置 VTP 域.pkt”，交换机间连接已经配置为干道链路，网络拓扑如图 7-23 所示。

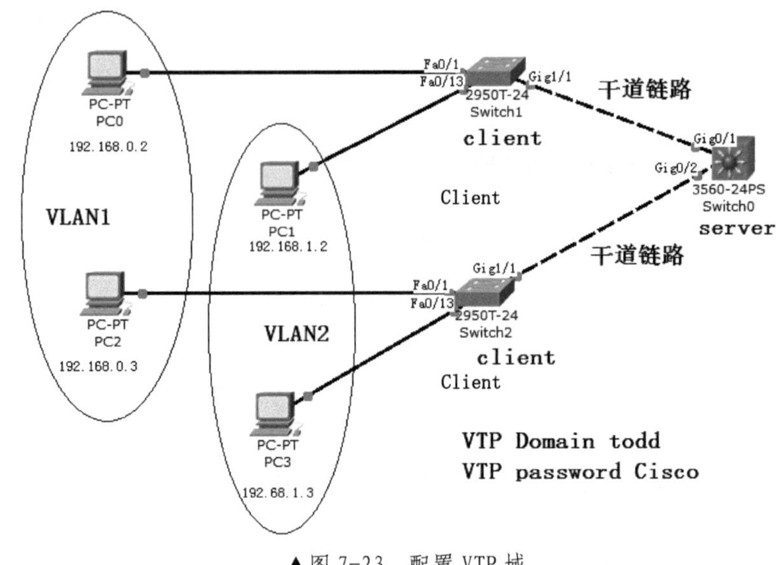

▲图 7-23 配置 VTP 域

你需要配置这三个交换机在同一个 VTP 域“todd”，VTP 密码为“Cisco”。

Switch0 作为 VTP 的 Server，Switch1 和 Switch2 作为 VTP 的 Client。

配置完成后验证 VTP 功能。

操作步骤如下。

（1）在 Switch1 和 Switch2 上，配置 VTP 域名、密码和模式。

```
Switch (config) #vt
Switch (config) #vtp domain todd
Switch (config) #vtp password Cisco
Switch (config) #vtp mode client
```

（2）在 Switch0 上，配置 VTP 域名、密码和模式。

```
Switch>en
Switch#config t
Switch (config) #vtp domain todd
Setting device VLAN database password to Cisco
Switch (config) #vtp mode server
```

（3）在 Switch0 上创建 VLAN 40。

```
Switch (config) #vlan 40
```

（4）在 Switch1 和 Switch2 上查看 VLAN。

```
Switch#show vlan
VLAN Name                             Status    Ports
---------------------------- ------------ ---------------------------------
1    default                        active     Fa0/1, Fa0/2, Fa0/3, Fa0/4
                                               Fa0/5, Fa0/6, Fa0/7, Fa0/8
                                               Fa0/9, Fa0/10, Fa0/11, Fa0/12
                                               Gig1/2
```

```
2    VLAN0002                      active    Fa0/13, Fa0/14, Fa0/15, Fa0/16
                                             Fa0/17, Fa0/18, Fa0/19, Fa0/20
                                             Fa0/21, Fa0/22, Fa0/23, Fa0/24
40   VLAN0040                      active
```

可以看到，在 Switch0 上创建的 VLAN，在 Switch1 和 Switch2 上都能看到。

（5）在 Switch1 上删除 VLAN 40，创建 VLAN 30。

```
Switch(config)#no vlan 40
VTP VLAN configuration not allowed when device is in CLIENT mode.
Switch(config)#vlan 30
VTP VLAN configuration not allowed when device is in CLIENT mode.
```

提示：在 Client 模式设备上不能删除 VLAN，也不能创建 VLAN。

（6）你可以更改 Switch1 的 VTP 模式为 Server，即可在该设备上创建和删除 VLAN。

```
Switch(config)#vtp mode server
```

（7）在 Switch0 上查看 VTP 配置。

```
Switch#show vtp status
VTP Version                     --2
Configuration Revision          --10
Maximum VLANs supported locally --1005
Number of existing VLANs        --7
VTP Operating Mode              --Server
VTP Domain Name                 --todd
VTP Pruning Mode                --Disabled
VTP V2 Mode                     --Disabled
VTP Traps Generation            --Disabled
MD5 digest                      --0xE2 0xB1 0xA5 0x30 0xE5 0x68 0xD5 0xA4
Configuration last modified by 0.0.0.0 at 3-1-93 00:00:00
Local updater ID is 0.0.0.0 (no valid interface found)
Switch#
```

总结：将交换机设置为同一个 VTP 域，一个 VTP 域最少有一个 VTP Server，在 Server 上可以方便地管理交换机中 VLAN 的添加或删除。你需要在每一个交换机上将交换机的端口指定到特定 VLAN，这一点没有办法统一管理。

7.5 配置 VLAN 间路由

VLAN 是建立在物理网络基础上的一种逻辑子网，因此建立 VLAN 需要相应的支持 VLAN 技术的网络设备。当网络中的不同 VLAN 间进行相互通信时，需要路由的支持，这时就需要增加路由设备——要实现路由功能，既可采用路由器，也可采用三层交换机来完成。

7.5.1 单臂路由器实现 VLAN 间路由

如图 7-24（a）所示， Switch1 上有 VLAN1 和 VLAN2，要想实现这两个 VLAN 的路由，可以使用路由器的两个以太网接口分别接入到交换机的 VLAN1 接口和 VLAN2 接口，作为 VLAN1 和 VLAN2 的网关。

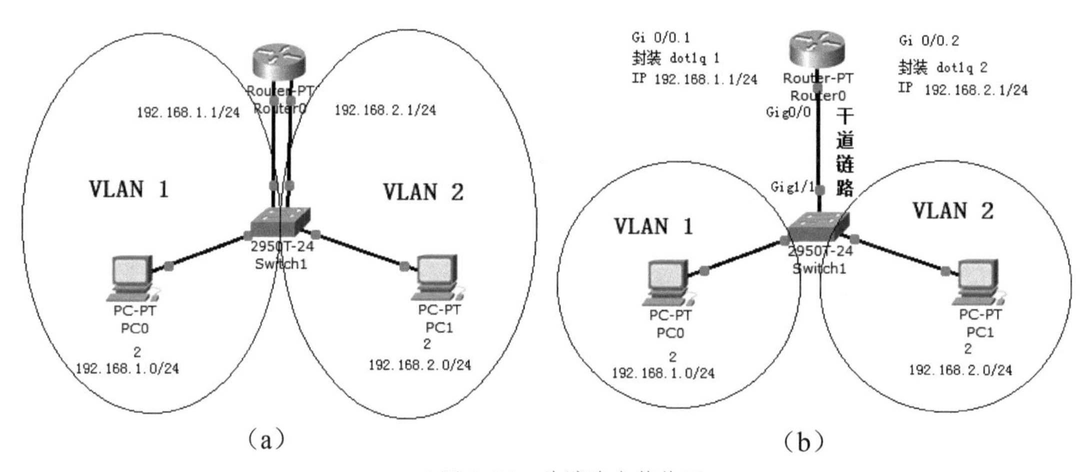

▲图 7-24 单臂路由等价图

如果路由器的以太网接口支持 802.1 Q 或 ISL，皆可以将路由器的以太网接口和交换机的干道接口相连接，通过将路由器的物理接口分为逻辑上的接口，分别作为 VLAN1 和 VLAN2 的网关。使用这种方式实现 VLAN 间路由就是单臂路由。

路由器接口 FastEthernet 或 GigabitEthernet 支持单臂路由。

打开随书光盘中第 7 章练习“08 单臂路由.pkt”，计算机的 IP 地址已经按照图 7-25 所示配置完成，你需要在交换机上创建 VLAN 2，将 Fa0/13～24 接口指定到 VLAN 2，将交换机的 Gig1/1 配置为干道接口，配置路由器的 Gig0/0 子接口支持 VLAN1 和 VLAN2。

（1）在 Switch1 上，创建 VLAN 2，将端口指定到 VLAN 2。

```
Switch#config t
Switch (config) #vlan  2                                  --创建 VLAN 2
Switch (config-vlan) #ex
Switch (config) #interface range fastEthernet 0/13 -24
Switch (config-if-range) #switchport mode access          --指定为访问接口
Switch (config-if-range) #switchport access vlan 2  --指定到 VLAN 2
Switch (config-if-range) #exi
```

```
Switch (config) #interface gigabitEthernet 1/1
Switch (config-if) #switchport mode trunk          --将连接路由器的接口配置为干道
```

（2）在 Router0 上，配置子接口支持 VLAN。

```
Router>en
Router#config t
Router (config) #interface gigabitEthernet 0/0  --进入接口配置模式
Router (config-if) #no sh                    --物理接口需要启用，不需配置 IP 地址
Router (config-if) #ex
Router (config) #interface gigabitEthernet 0/0.1
                                             -- 0.1 子接口，使之作为 VLAN1 的网关
Router (config-subif) #encapsulation dot1Q 1
                                             --配置封装干道封装，1 代表 VLAN1 的帧标记
Router (config-subif) #ip address 192.168.1.1 255.255.255.0
                                             --为子接口添加 IP 地址
Router (config-subif) #no sh                 --启用子接口
Router (config-subif) #ex
Router (config) #interface gigabitEthernet 0/0.2
                                             --0.2 子接口，使之作为 VLAN2 的网关
Router (config-subif) #encapsulation dot1Q 2
                                             --配置封装干道封装，2 代表 VLAN2 的帧标记
Router (config-subif) #ip address 192.168.2.1 255.255.255.0
                                             --为子接口添加 IP 地址
Router (config-subif) #no shutdown           --启用子接口
子接口的编号最好和 VLAN 的编号相同，这样好记。
```

（3）PC0 ping PC1，测试 VLAN 间路由。

```
PC>ping 192.168.2.2
Pinging 192.168.2.2 with 32 bytes of data:
Request timed out.
Reply from 192.168.2.2: bytes=32 time=40ms TTL=127
Reply from 192.168.2.2: bytes=32 time=30ms TTL=127
Reply from 192.168.2.2: bytes=32 time=24ms TTL=127
Ping statistics for 192.168.2.2:
    Packets: Sent = 4, Received = 3, Lost = 1 (25% loss)
Approximate round trip times in milli-seconds:
    Minimum = 24ms, Maximum = 40ms, Average = 31ms
```

7.5.2 多层交换机实现 VLAN 间路由

使用多层交换机实现 VLAN 间路由，多层交换机虚拟接口（Switch Virtual Interface，SVI）代表一个由交换端口构成的 VLAN（其实就是通常所说的 VLAN 接口），以便于实现系统中路由和桥接的功能。一个交换机虚拟接口对应一个 VLAN，当需要路由虚拟局域网之间的流量或桥接 VLAN 之间不可路由的协议，以及提供 IP 主机到交换机连接的时候，就需要为相应的虚拟局域网配置交换机虚拟接口。其实 SVI 就是通常所说的 VLAN 接口，只不过它是虚拟的，用于连接整个 VLAN，所以将这种接口称为逻辑三层接口，也是三层接口。SVI 接口是当在 Interface VLAN 全局配置命令后面键入具体的 VLAN ID 时创建的。

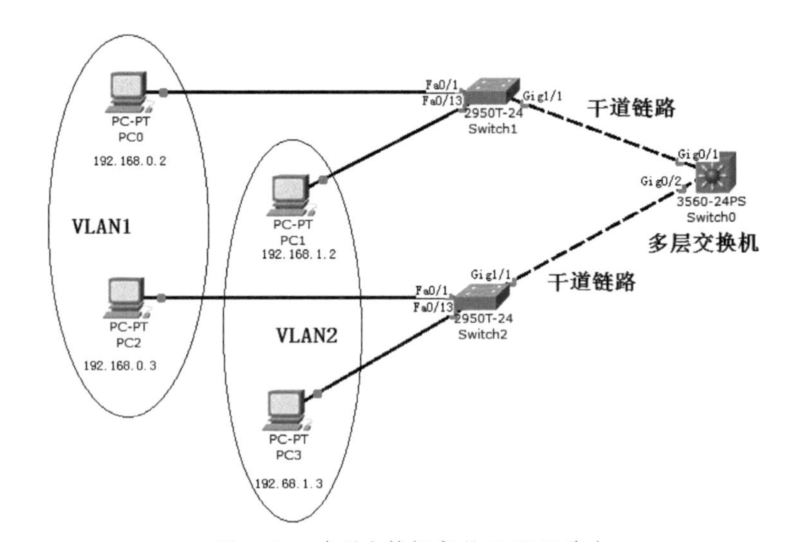

▲图 7-25　多层交换机实现 VLAN 间路由

打开随书光盘中第 7 章练习“08 多层交换机实现 VLAN 间路由.pkt”，网络拓扑如图 7-25 所示，网络中 VLAN1 和 VLAN2 中计算机的 IP 地址已经配置完成，网关是本网段的第一个地址。交换机之间的连接已经配置为干道链路。

你需要配置多层交换机 Switch0 的 SVI 接口，使之支持 VLAN1 和 VLAN2 的路由，并验证 VLAN 间路由。

操作步骤如下。

（1）在 Switch0 上，配置 VLAN 接口。

```
Switch(config)#interface vlan 1  --进入 VLAN 1 的虚拟接口
Switch(config-if)#ip address 192.168.0.1 255.255.255.0
Switch(config-if)#no sh
Switch(config-if)#exi
Switch(config)#interface vlan 2
                              --进入 VLAN 2 的虚拟接口，该命令也用于创建虚拟接口
Switch(config-if)#ip address 192.168.1.1 255.255.255.0
Switch(config-if)#no sh        --启用接口，这个命令很必要
```

（2）查看 VLAN 接口。

```
Switch#show interfaces vlan 1
Vlan1 is up, line protocol is up
  Hardware is CPU Interface, address is 0010.1103.0209 (bia 0010.1103.0209)
```

```
Internet address is 192.168.0.1/24
```

（3）在 PC0 上 ping PC3。

```
PC>ping 192.168.1.3
Pinging 192.168.1.3 with 32 bytes of data:
Request timed out.
Reply from 192.168.1.3: bytes=32 time=33ms TTL=127
Reply from 192.168.1.3: bytes=32 time=30ms TTL=127
Reply from 192.168.1.3: bytes=32 time=12ms TTL=127
Ping statistics for 192.168.1.3:
    Packets: Sent = 4, Received = 3, Lost = 1 (25% loss)
Approximate round trip times in milli-seconds:
    Minimum = 12ms, Maximum = 33ms, Average = 25ms
```

7.5 习 题

1. 网络如图 7-26 所示，在汇聚层交换机实现 VLAN 间路由，请问与汇聚层交换机连接的哪些链路需要配置为干道？

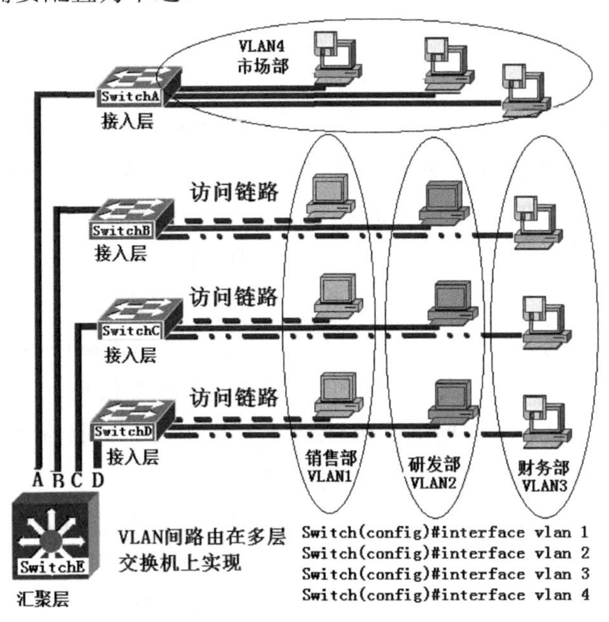

▲图 7-26　需要配置为干道的链路

2. 以太网交换机工作在 OSI 的___(1)___，并按照___(2)___来进行信息转发的决策。以太网交换机上的每个端口都可以绑定一个或多个___(3)___。

（1）A. 物理层　　B. 数据链路层
C. 网络层　　D. 传输层

（2）A. 端口的 IP 地址　　B. 数据包中的 MAC 地址
　　C. 网络广播　　D. 组播地址

（3）A. 网关地址　　B. LLC 地址
　　C. MAC 地址　　D. IP 地址

3. 组建局域网可以用集线器，也可以用交换机。用集线器连接的一组工作站＿（1）＿，用交换机连接的一组工作站＿（2）＿。

（1）A. 同属于一个冲突域，但不属于一个广播域
　　B. 同属于一个冲突域，也同属于一个广播域
　　C. 不属于一个冲突域，但同属于一个广播域
　　D. 不属于一个冲突域，也不属于一个广播域

（2）A. 同属于一个冲突域，但不属于一个广播域
　　B. 同属于一个冲突域，也同属于一个广播域
　　C. 不属于一个冲突域，但同属于一个广播域
　　D. 不属于一个冲突域，也不属于一个广播域

4. 一个园区网内某 VLAN 中的网关地址设置为 195.26.16.1，子网掩码设置为 255.255.240.0，则 IP 地址＿（1）＿不属于该 VLAN。该 VLAN 最多可以配置＿（2）＿台 IP 地址主机。

（1）A. 195.26.15.3　　B. 195.26.18.128
　　C. 195.26.24.254　　D. 195.26.31.64

（2）A. 1021　　B. 1024
　　C. 4093　　D. 4096

5. VLAN 中，每个虚拟局域网组成一个＿（1）＿，如果一个 VLAN 跨越多个交换机，则属于同一 VLAN 的工作站要通过＿（2）＿互相通信。

（1）A. 区域　　B. 组播域
　　C. 冲突域　　D. 广播域

（2）A. 应用服务器　　B. 主干（Trunk）线路
　　C. 环网　　D. 本地交换机

6. 在默认配置的情况下，交换机的所有端口＿（1）＿。连接在不同交换机上的、属于同一 VLAN 的数据帧必须通过＿（2）＿传输。

（1）A. 处于直通状态　　B. 属于同一 VLAN
　　C. 属于不同 VLAN　　D. 地址都相同

（2）A. 服务器　　B. 路由器
　　C. Backbone 链路　　D. Trunk 链路

7. 虚拟局域网中继协议（VTP）有三种工作模式，即服务器模式、客户机模式和透明模式，以下关于这三种工作模式的叙述中，不正确的是＿＿＿。

A. 在服务器模式下可以设置 VLAN 信息

B. 在服务器模式下可以广播 VLAN 信息

C. 在客户机模式下不可以设置 VLAN 信息

D. 在透明模式下不可以设置 VLAN 信息

8. 在下面关于 VLAN 的描述中，不正确的是_________。

A. VLAN 把交换机划分成多个逻辑上独立的交换机

B. 主干链路（Trunk）可以提供多个 VLAN 之间通信的公共通道

C. 由于包含了多个交换机，所以 VLAN 扩大了冲突域

D. 一个 VLAN 可以跨越交换机

9. 下面有关 VLAN 的语句中，正确的是______。

A. 虚拟局域网中继协议 VTP（VLAN Trunk Protocol ）用于在路由器之间交换不同 VLAN 的信息

B. 为了抑制广播风暴，不同的 VLAN 之间必须用网桥分隔

C. 交换机工作在 VTP 服务器模式，这样可以把 VLAN 的配置信息通告给其他交换机

D. 一台计算机可以属于多个 VLAN，即它可以访问多个 VLAN，也可以被多个 VLAN 访问

10. 划分 VLAN 的方法有多种，这些方法中不包括______。

A. 根据端口划分　　B. 根据路由设备划分

C. 根据 MAC 地址划分　　D. 根据 IP 地址划分

习题答案

1. 配置为干道链路的有 B、C、D。由于在 SwitchA 上只有一个 VLAN，因此 A 链路可以配置为访问链路，在汇聚层交换机上需要将 A 接口配置为 Access 接口，并将其指定到 VLAN4 即可。

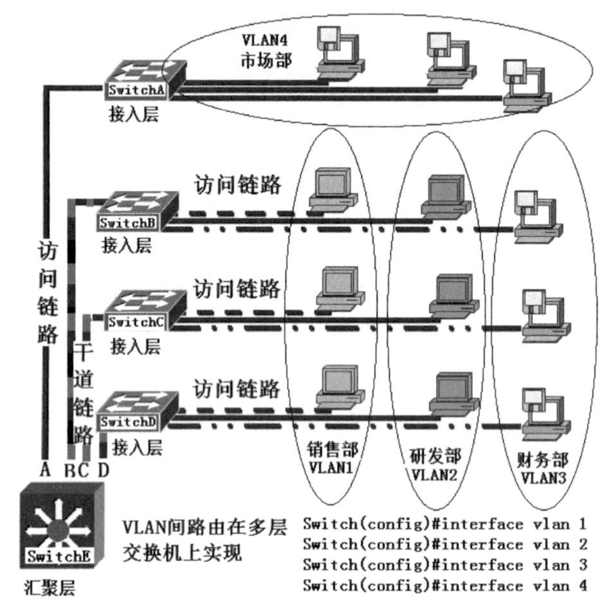

2. （1）B（2）B （3）C
3. （1）B（2）C
4. （1）A（2）C 因为路由器已经用了一个 IP 地址，可用的主机地址还剩下 16×256－3=4093
5. （1）D（2）B
6. （1）B（2）D
7. D
8. C
9. C
10. B 、D

第8章 网络安全

作为一个系统管理员，保护敏感重要的数据和网络资源、防止可能的恶意入侵，是最优先考虑的事情。网络安全的范畴很广泛，包括物理层安全、数据链路层安全、网络层安全、传输层安全以及应用层安全，但是本章的重点在于网络层安全。

通过在路由器上配置访问控制列表，可以实现数据流量过滤，从而实现网络层安全。比如不允许财务部门计算机所在的网段访问 Internet，销售部的计算机所在的网段能够访问 Internet 上网站但不允许上网聊天，禁止 Internet 的黑客使用地址欺骗攻击内网。

本章主要内容：

- 从 OSI 参考模型来看网络安全
- 典型的安全网络架构
- 安全威胁
- 标准访问控制列表
- 扩展访问控制列表
- 使用访问控制列表保护路由安全使用
- 访问控制列表的位置

8.1 网络安全简介

在讲解路由器上实现网络层安全之前，先从广义上为大家介绍一下网络安全涉及的范围。

8.1.1 从 OSI 参考模型来看网络安全

在工作中可能会听到这样的词“物理层安全”、“数据链路层安全”、“网络层安全”、“应用层安全”，这些都是根据 OSI 参考模型的分层来说的。

OSI 参考模型将数据通信分为 7 层：应用层、表示层、会话层、传输层、网络层、数据链路层和物理层。网络安全也可以从这个角度来分类。

下面针对 OSI 参考模型的层列举一些安全的例子。

1. 物理层安全

通过网络设备进行攻击：Hub 和无线 AP 进行攻击。攻击者将计算机连接到使用 Hub 组建的网络中就可以捕获其他用户通信的数据包。无线 AP 如果没有安全措施，攻击者可以捕获无线 AP 通信。再比如，你公司的办公大楼，其中一层租给保险公司，这一层的办公室的网线还在你公司的交换机上连接，并且没有禁用这些端口，保险公司就可以将计算机轻易接入到你公司的网络，这就是物理层不安全。

物理层安全措施：使用交换机替代 Hub，为无线 AP 配置密码实现无线设备的接入保护和实现数据加密通信。

2. 数据链路层安全

数据链路层攻击：恶意获取数据或 MAC 地址，由于大多数 IDS 和操作系统对网络层以下的防御很弱，因此很危险。攻击方式有 ARP 欺骗、ARP 广播，同一网段有重复的 MAC 地址。

数据链路层安全措施：在交换机的端口上控制连接计算机的数量或绑定 MAC 地址，这些都是数据链路层安全。在交换机上划分 VLAN 也属于数据链路层安全。在计算机和路由器上添加 IP 地址和 MAC 地址绑定可防止 ARP 欺骗。ADSL 拨号上网的账号和密码实现的是数据链路层安全。

3. 网络层安全

网络层攻击：IP Spoofing（IP 欺骗）、Fragmentation Attacks（碎片攻击）、Reassembly attacks（重组攻击）、Ping of death（Ping 死攻击）。

网络层安全措施：在路由器上设置访问控制列表和 IPSec、在 Windows 上实现的 Windows 防火墙和 IPSec，这些都属于网络层安全。

4. 传输层安全

传输层攻击：Port Scan（端口扫描）、TCP reset attack（TCP 重置攻击）、SYN DoS floods

(SYN 拒绝服务攻击)、LAND attack(LAND 攻击)、Session hijacking(会话劫持)。

5. 应用层安全

应用层攻击：MS-SQL Slammer worm 缓冲区溢出、IIS 红色警报、E-mail 蠕虫、蠕虫、病毒、木马、垃圾邮件、IE 漏洞。

安全措施：安装杀毒软件，更新操作系统。

8.1.2 典型的安全网络架构

许多大中型企业网络中，各种各样的安全策略都是基于内网、非军事区(DMZ)路由器以及防火墙设备的。防火墙通过屏蔽各部分的网络流量来提供附加的安全保障，而进行这些工作需要使用访问控制列表。

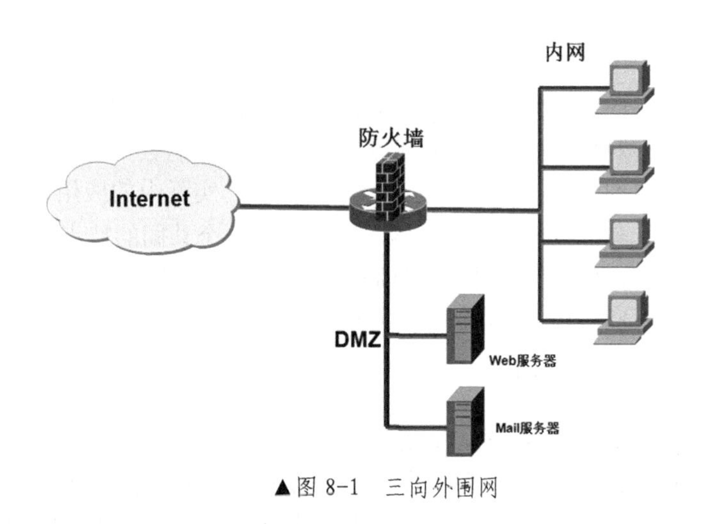

▲图 8-1 三向外围网

典型的网络架构如图 8-1 所示的三向外围网，防火墙设备连接 Internet、内网和 DMZ 区。DMZ 区部署了公司对外的 Web 和 Mail 服务器，一般是公网 IP 地址。内网是私网 IP 地址，一般不对 Internet 用户提供服务，但是需要访问 Internet。如果入侵者突破了该防火墙，就威胁到 DMZ 和内网的安全。

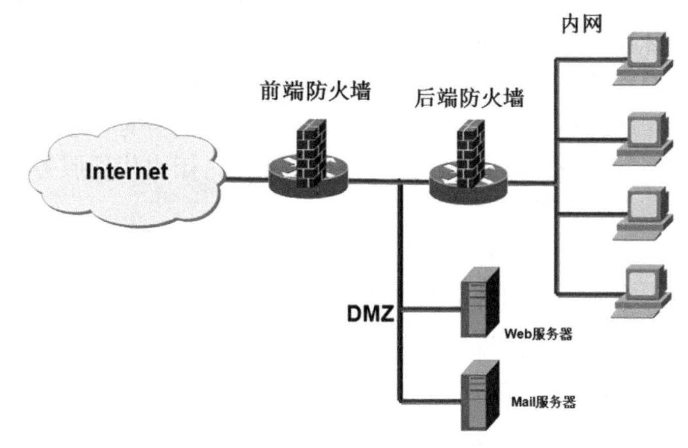

▲图 8-2 背靠背防火墙

另外一种典型的网络架构就是背靠背防火墙，如图 8-2 所示，两个防火墙之间是 DMZ 区，内网在后端防火墙后端。建议这两个防火墙不是同一家公司的产品，比如前端使用 Cisco 公司的 PIX 防火墙，后端使用微软的软件防火墙 ISA 2006。这样入侵者要想入侵内网，就需要突破两个不同厂商的防火墙，增加了难度。

8.1.3 防火墙的种类

防火墙总体上分为包过滤、应用级网关和代理服务器等几大类型。

1. 数据包过滤

数据包过滤（Packet Filtering）技术是在网络层对数据包进行选择，选择的依据是系统内设置的过滤逻辑，被称为访问控制列表（Access Control List，ACL）。通过检查数据流中每个数据包的源地址、目的地址、所用的端口号、协议状态等因素，或它们的组合来确定是否允许该数据包通过。数据包过滤防火墙逻辑简单、价格便宜、易于安装和使用，网络性能和透明性好，它通常安装在路由器上。路由器是内部网络与 Internet 连接必不可少的设备，因此在原有网络上增加这样的防火墙几乎不需要任何额外的费用。

数据包过滤又称为网络级别防火墙，网络级别的防火墙很快，在今天你仍然可以在许多网络设施上找到它们的身影，特别是在路由器上。但是不能基于数据包的内容过滤数据。

2. 应用级网关

应用级网关（Application Level Gateways）是在网络应用层上建立协议过滤和转发功能。它针对特定的网络应用服务协议使用指定的数据过滤逻辑，并在过滤的同时，对数据包进行必要的分析、登记和统计，形成报告。实际中的应用网关通常安装在专用工作站系统上。

数据包过滤和应用网关防火墙有一个共同的特点，就是它们仅仅依靠特定的逻辑判定是否允许数据包通过。一旦满足逻辑，防火墙内外的计算机系统则建立直接联系，防火墙外部的用户便有可能直接了解防火墙内部的网络结构和运行状态，这有利于实施非法访问和攻击。

3. 代理服务

代理服务（Proxy Service）也称链路级网关或 TCP 通道（Circuit Level Gateways or TCP Tunnels），也有人将它归于应用级网关一类。它是针对数据包过滤和应用网关技术存在的缺点而引入的防火墙技术，其特点是将所有跨越防火墙的网络通信链路分为两段。防火墙内外计算机系统间应用层的“链接”由两个终止代理服务器上的“链接”来实现，外部计算机的网络链路只能到达代理服务器， 从而起到了隔离防火墙内外计算机系统的作用。此外，代理服务也对过往的数据包进行分析、注册登记，形成报告，同时当发现被攻击迹象时会向网络管理员发出警报，并保留攻击痕迹。国内代理服务器软件有 CCProxy，微软的代理服务器软件 ISA2006。

防火墙能有效地防止外来入侵，它在网络系统中的作用如下。

- 控制进出网络的信息流向和信息包。
- 提供流量统计和审计。
- 隐藏内部 IP 地址及网络结构的细节。
- 入侵检测且对检测到的入侵采取响应。

8.1.4 常见的安全威胁

因特网变成今天如此重要的工具，是它的创建者绝对想不到的。在网络设计阶段就没有很好地将安全考虑进去，这也是为什么安全会变成如此大的问题的原因——TCP/IP 与生俱来就是不安全的。Cisco 有许多窍门帮助我们来处理这些问题，下面让我们来分析一些常见的攻击。

1. 应用层攻击

这些攻击通常瞄准运行在服务器上的软件漏洞，而这些漏洞众所周知。比如，服务器运行 FTP、Mail、HTTP 服务都有可能有漏洞。因为这些账户的许可层都获得了一定的特权，如果这台计算机正在运行以上提到的应用程序中的一种，恶意者就可以访问并掠取计算机资源。

2. Autorooters

你可以把它想象为一种黑客机器人。恶意者使用某种叫做 Rootkit 的东西来探测、扫描并从目标计算机上捕获数据，装了 Rootkit 后的目标计算机像是在整个系统中装了 “眼睛”一样，自动监视着整个系统。

3. 后门程序

后门程序是通往一个计算机或网络的简洁路径。经过简单入侵或是经过更精心设计的特洛伊木马代码，恶意者可使用植入攻击进入一台指定的主机或是网络，无论何时它们都可进入——除非你发觉并阻止它们。

4. 拒绝服务（DoS）和分布式拒绝服务器（DDoS）攻击

这些攻击很恶劣——摆脱它们同样也很费力。即使黑客们都鄙视使用这种攻击的黑客（因为它们如此令人厌恶），但是它们真的很容易就能实现。从根本上说，当一个服务超范围索取系统正常提供它的资源时，它将变得不正常，而且存在不同的攻击风格。

- TCP SYN 泛洪攻击：发生在一个客户端发起表面上普通的 TCP 连接并且发送 SYN 信息到一台服务器时。这台服务器通过发送 SYN-ACK 信息到客户端进行响应，这样就通过往返 ACK 信息建立连接。听起来很好，但正是在这个过程，（当连接仅有一半打开的时候）中，受害的计算机将完全被蜂拥而至的半打开连接所淹没，最终导致瘫痪。
- “死亡之 ping”攻击：你可能知道 TCP/IP 的最大包大小为 65536 字节。不知道也没关系，仅需要了解这种攻击通过使用大量数据包进行 ping 操作来实行攻击，这些数据包可导致设备不间断地重启、停滞或完全崩溃。

5. IP 欺骗

这有点像它的名字，恶意者从你的网络内部或外部，通过做下列两件事之一：以你的内部网络可信地址范围中的 IP 地址呈现或者使用一个核准的、可信的外部 IP 地址，来伪装成一台可信的主机。因为黑客的真实身份被隐藏在欺骗地址之下，所以这常常仅是你的难题的开始。

6. 中间人攻击

是通过各种技术手段将受入侵者控制的一台计算机虚拟放置在网络连接中的两台通信计算机之间，这台计算机就称为“中间人”，然后入侵者把这台计算机模拟一台或两台原始计算机，使“中间人”能够与原始计算机建立活动连接并允许其读取或修改传递的信息，但是两个原始计算机用户却认为它们是在互相通信。

7. 网络侦察

在入侵一个网络之前，黑客经常会收集所有关于这个网络的信息，因为他们对这个网络知道得越多，越容易对它造成危害。他们通过类似端口扫描、DNS 查询、ping 扫描等方法实现他们的目的。

8. 包嗅探

包嗅探的工作原理：网络适配卡开始工作于混杂模式，它发送的所有包都可以被一个特殊的应用程序从网络的物理层窃取，并进行查看及分类。包嗅探常偷取一些价值高、敏感的数据，其中包括口令和用户名，在实施身份盗取时能获得超值信息。

9. 口令攻击

口令攻击有许多方式，可经由多种较成熟类型的攻击实现。这些攻击包括 IP 欺骗、包嗅探以及特洛伊木马，它们唯一的目的就是发现用户的口令，这样，它们就可以伪装成一个合法的用户，访问用户的特许操作及资源。

10. 强暴攻击

强暴攻击是另一种面向软件的攻击，使用运行在目标网络的程序尝试连接到某些类型的共享网络资源。如果访问账户拥有很多特权，对于黑客来说这是非常完美的，因为这些恶意者可以开启后门，再次访问就可以完全绕过口令。

11. 端口重定向攻击

端口重定向攻击要求黑客已经侵入主机，并经由防火墙得到被改变的流量（这些流量通常是不被允许通过的）。

12. 特洛伊木马攻击和病毒

这两种攻击实际上比较相似：特洛伊木马和病毒都使用恶意代码感染用户计算机，使得用户计算机遭受不同程度的瘫痪、破坏甚至崩溃。但是它们之间还是有区别的：病毒是真正恶意程序，附着在 command.com 文件之上，而 command.com 又是 Windows 系统的主要解释文件。病毒接着会疯狂地运行，删除文件并且感染计算机上任何 command.com 的文件；特洛伊木马是一个封装了秘密代码的真正的完整应用程序，这些秘密代码使得它们呈现为完全不同的实体，表面上像是一个简单、天真的游戏，实际上具有丑陋的破坏工具的本质。

13. 信任利用攻击

信任利用攻击发生在内网之中，由某些人利用内网中的可信关系来实施。例如，一个公司的非军事网络连接中通常运行着类似 SMTP、DNS 以及 HTTP 服务器等重要的东西，一旦和它们处在同一网段时，这些服务器很容易遭受攻击。

在这里不打算详细介绍如何降低上述每一种安全威胁，不仅是因为这将超出本书的范围，也是因为我打算教给你的将是真正保护你远离攻击的一般方法。

因此，基本上可以认为本章在讲述如何实现“网络层安全”。

8.2 访问控制列表

你公司可能有多个部门，每个部门的计算机有一个单独的 VLAN，公司的路由器实现 VLAN 间路由且连接 Internet。如果你打算只允许市场部门的计算机也就是 VLAN1 能够访问 Internet 的资源，而不允许 QQ、MSN 等聊天工具登录；销售部门的计算机不允许访问 Internet，如何实现这样的控制呢？

路由器不但能够在不同网段转发数据包，而且还能够基于数据包的目标地址、源地址、协议和端口号来允许特定的数据包通过或拒绝通过。要实现这样的控制需要在路由器定义访问控制列表（ACL），并将这些 ACL 绑定到路由器的接口。

下面将会为大家介绍两种类型的访问控制列表，即标准访问控制列表和扩展访问控制列表。

8.2.1 标准访问控制列表

标准访问控制列表只基于 IP 数据包的源 IP 地址作为转发或是拒绝的条件。所有决定是基于源 IP 地址的。这意味着标准的访问控制列表基本上允许或拒绝整个协议组。它们不区分 IP 流量类型，例如 Telnet、UDP 等服务。

打开随书光盘中第 8 章练习“01 标准访问控制列表.pkt”，网络拓扑如图 8-3 所示，网络中的路由器和计算机的 IP 地址已经按照拓扑中的标识地址配置完成，路由器上配置了相应的路由。Router0 是企业内网的路由器，内网有三个网段；Router1 模拟的是 Internet 上的路由器。

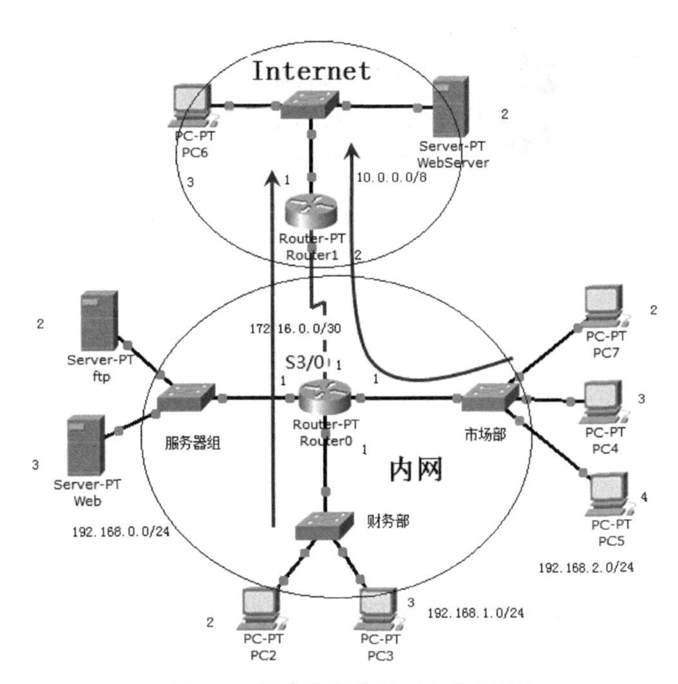

▲图 8-3 标准访问控制列表实验环境

要求只允许市场部和财务部的计算机访问 Internet，服务器组的计算机拒绝访问 Internet。

在路由器 Router0 上定义访问控制列表，将其作为 Router0 的 S3/0 接口的出站访问控制列表，因为市场部和财务部的计算机要访问 Internet 必须从 Router0 的 S3/0 接口转发出去。

操作步骤如下。

（1）使用 PC7 ping WebServer、FTP ping WebServer，发现都能通，如果没有配置 ACL，默认网络是畅通的。

```
PC>ping 10.0.0.2
```

（2）在 Router0 上创建 ACL。

```
Router>en
Router#config t
Router (config) #access-list ?
  <1-99>     IP standard access list      --标准 ACL 的编号范围是 1～99
  <100-199>  IP extended access list      --扩展 ACL 的编号范围是 100～199
Router (config) #access-list 10 permit 192.168.2.0 0.0.0.255
Router (config) #access-list 10 permit 192.168.1.0 0.0.0.255
```

> **提示**
>
> 以上命令定义了一个标准访问控制列表 10，标准访问控制列表的编号可以是 1～99 之间的任何值。
>
> 后面的 0.0.0.255 是反转掩码，也就是二进制的子网掩码中将 0 变成 1、1 变成 0，然后写成十进制。
>
> 该 ACL 10 允许源地址是 192.168.2.0 255.255.255.0 和 192.168.1.0255.255.255.0 网段的数据包通过。
>
> 访问控制列表的 any 和 0.0.0.0 255.255.255.255 等价。

（3）将 ACL 10 绑定到 Router0 的 S3/0 出口

```
Router (config) #interface Serial 3/0
Router (config-if) #ip access-group 10 ?
  in   inbound packets                              --in 表示进入接口时检查
  out  outbound packets                             --out 表示出接口时检查
Router (config-if) #ip access-group 10 out        --标准 ACL 10 出去时检查
使用 PC7 ping WebServer，发现能够 ping 通。
使用 FTP ping WebServer，有以下输出：
Reply from 192.168.0.1: DestiNATion host unreachable.
```

ACL 拦截后，返回计算机目标主机不可到达的。可以看到 ACL 默认隐含拒绝所有流量。

> 每个接口、每个协议或每个方向只能分派一个访问列表，这意味着如果创建了 IP 访问列表，每个接口只可以有一个入口访问列表和一个出口访问列表。除非在访问列表末尾有 permit any 命令，否则所有和列表测试条件不符的数

总结	据包都将被丢弃。 每个列表应该至少有一个允许语句，否则将会拒绝所有流量。 先创建访问列表，然后将列表应用到一个接口。任何应用到接口的访问列表如果不是现成的访问列表，那么此列表不会过滤流量。 访问列表设计为过滤通过路由器的流量，但不过滤路由器产生的流量。

修改现有的访问控制列表

继续以上的实验。

上面的实验已经在 Router0 上配置了标准的访问控制列表 10，只允许市场部和财务部的计算机能够访问 Internet，但是拒绝市场部计算机 PC7 访问 Internet。如何更改访问控制列表才能达到以上目的。

在 ACL 10 中添加一条拒绝主机 192.168.2.2 的设置。

```
Router(config)#access-list 10 deny host 192.168.2.2
host 192.168.2.2 等价于 192.168.2.2 0.0.0.0。
```

使用 PC7 ping WebServer 发现还是能够通。设置不起作用，为什么呢？

```
Router(config)#^Z
Router#show access-lists 10                                  --查看 ACL
Standard IP access list 10
    permit 192.168.2.0 0.0.0.255 (4 match(es))               --第 1 条
    permit 192.168.1.0 0.0.0.255                             --第 2 条
    deny host 192.168.2.2                                    --第 3 条
```

提示	我们看到 ACL 中的顺序和添加时的顺序一致。 路由器在应用访问控制列表时，会逐一从上到下检查，如果发现匹配的就不再检查 ACL 中后面的设置。拒绝主机 192.168.2.2 的第 3 条不会用上，因为第 1 条就已经允许了。 因此需要将第 3 条的设置放置到第 1 条的位置，但是路由器没有为你提供调整顺序的功能，需要删除 ACL，重新创建。这里有一个技巧，你可以在记事本中将 ACL 的顺序调整好，如图 8-4 所示，再将记事本中的内容直接粘贴到全局配置模式下路由器配置的 CLI。

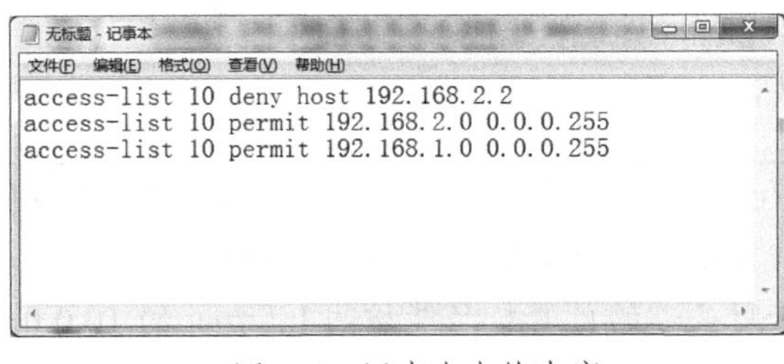

▲图 8-4 记事本中的内容

```
Router (config) #no access-list 10    --删除ACL 10的所有设置
Router (config) #access-list 10 deny host 192.168.2.2
Router (config) #access-list 10 permit 192.168.2.0 0.0.0.255
Router (config) #access-list 10 permit 192.168.1.0 0.0.0.255
```

用 PC7 ping WebServer 不能通，使用 PC4 ping WebServer 能够通，达到了预期的目的。

> **总结**
>
> 组织好访问控制列表，要将更加具体的地址或网段放在访问控制列表的最前面。
>
> 任何时候访问列表添加新条目时，将把新条目放置到列表的末尾。强烈推荐使用文本编辑器编辑访问列表。
>
> 不能从访问列表中删除一行。如果试着这样做，将删除整个列表。最好在编辑列表之前将访问列表复制到一个文本编辑器中。只有使用命名访问列表时例外。

8.2.2 扩展访问控制列表

扩展访问控制列表可以基于IP包的第3层和第4层信息作为数据包是否转发的条件，也就是能够基于数据包的源地址、目标地址、协议和目标端口这些条件来决定是否转发数据包。这使得扩展访问控制列表比标准访问控制列表的控制粒度更细。

打开随书光盘中第8章练习“02 扩展访问控制列表.pkt”，网络拓扑如图8-5所示，网络中的路由器和计算机的IP地址已经按照网络拓扑中的标识地址配置完成，路由器上已经配置了相应的路由。Router0是企业内网的路由器，内网有三个网段，Router1模拟的是Internet上的路由器。

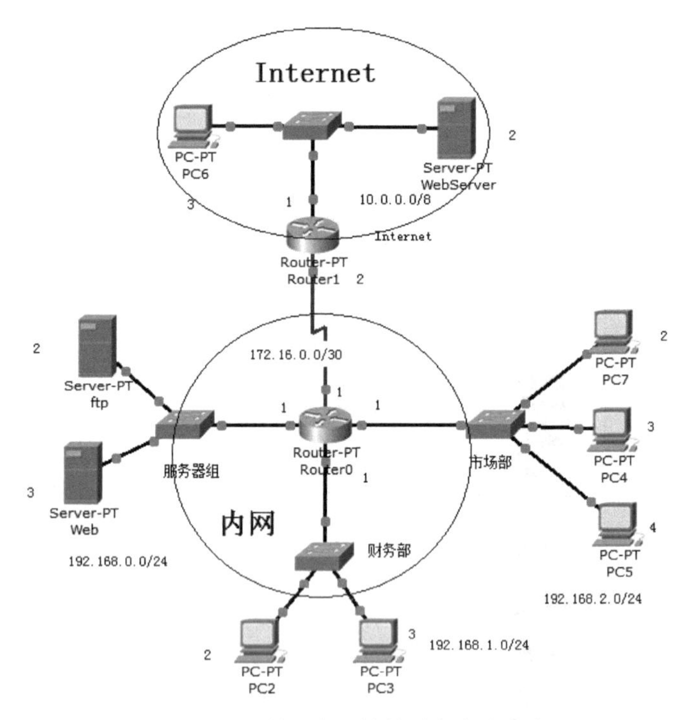

▲图8-5 扩展访问控制列表实验环境

> **要求**
>
> 在Router0上定义扩展访问控制列表实现以下功能。
> 允许市场部的计算机能够访问Internet。
> 允许财务部的计算机只能访问Internet的10.0.0.0/8网段的Web服务器。
> 服务器组中的计算机能够ping 通 Internet的任何计算机。

操作步骤如下。

（1）在 Router0 上创建扩展访问控制列表。

```
Router>en
Router#config t
Router (config) #access-list 101 permit ip 192.168.2.0 0.0.0.255 any
Router (config) #access-list 101 permit TCP 192.168.1.0 0.0.0.255 10.0.0.0
0.255.255.255 eq ?
  <0-65535>  Port number
  ftp        File Transfer Protocol (21)
  pop3       Post Office Protocol v3 (110)
  smtp       Simple Mail Transport Protocol (25)
  telnet     Telnet (23)
  www        World Wide Web (HTTP, 80) --eq后面可以是端口或应用层协议名称
Router (config) #access-list 101 permit TCP 192.168.1.0 0.0.0.255 10.0.0.0
0.255.255.255 eq 80
Router (config) #access-list 101 permit icmp 192.168.0.0 0.0.0.255 any
```

扩展访问控制列表的语法：

```
Access-list 编号 {permit | deny} {TCP | UDP } 源地址 目标地址 eq 目标端口
Access-list 编号 {permit | deny} {IP |ICMP } 源地址 目标地址
```

如果协议是 IP 或 ICMP，则后面没有目标端口

如果你允许了 IP 协议，就等同于允许了所有 TCP、UDP 以及 ICMP 协议的流量。

（2）将扩展访问控制列表 ACL 绑定到 Router0 的接口。

```
Router (config) #interface Serial 3/0
Router (config-if) #ip access-group 101 out
```

（3）验证扩展访问控制列表的设置。

市场部的计算机 PC7 能够 ping 通 Internet 上任何计算机，也能够访问 WebServer 的网站，如图 8-6 所示。

财务部的计算机 PC2 不能 ping 通 Internet 上任何计算机，也能够访问 WebServer 的网站

服务器组的计算机能ping通Internet上任何计算机，但不能访问 WebServer 的网站。

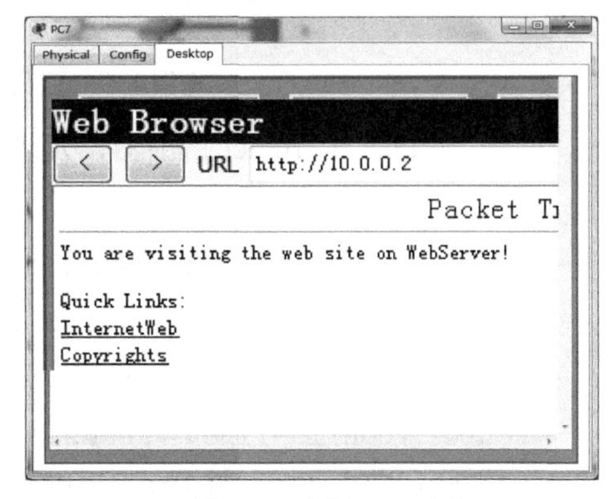

▲图 8-6 访问 Web 站点

8.2.3 使用访问控制列表保护路由

为了远程配置路由器方便，路由器一般都开启了 Telnet 功能，如何保护路由器的安全呢？你可以创建访问控制列表只允许特定的计算机能够 Telnet 路由器。路由器的任何一个接口都允许 Telnet，你不得不将访问控制列表应用到每个接口的入口方向上，这对一个具有十几个甚至上百个接口的大型路由器来说不是很好的办法。这里有更好的解决方案：使用标准的 IP 访问列表控制访问 VTY 线路。

打开随书光盘中第 8 章练习“03 使用访问控制列表保护路由器安全.pkt”，网络拓扑如图 8-7 所示，路由器和计算机的 IP 地址已经按照图示的地址配置，且路由器已经配置 Telnet 密码和 enable 密码，分别为 hanlg 和 todd。现在任何一个计算机都可以 Telnet 路由器。

为了安全起见，你需要在 Router0 上创建标准访问控制列表，只允许 ITG 部门的计算机可以 Telnet 路由器。

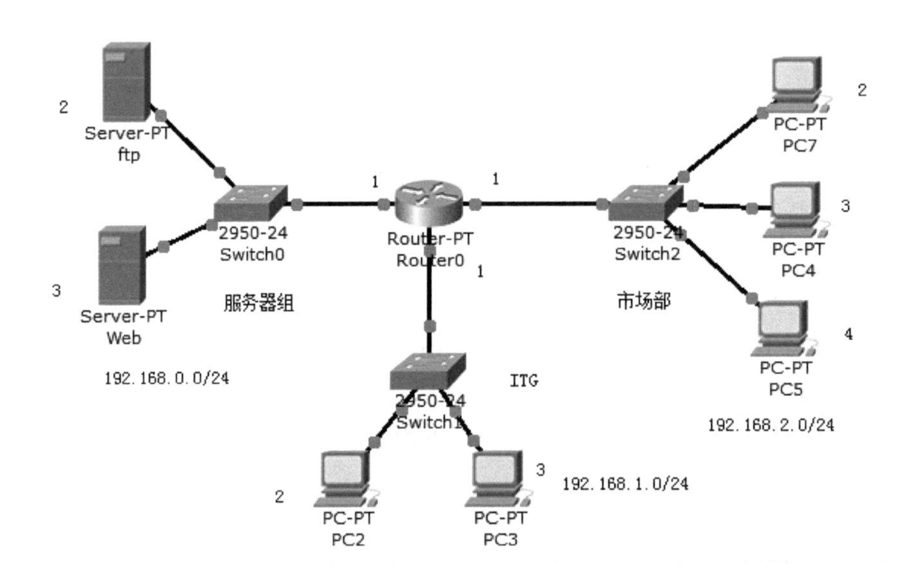

▲图 8-7　使用访问控制列表保护路由器安全

（1）在 PC7 上 Telnet 路由器，发现只要密码输入正确就能 telnet 成功。

```
PC>telnet 192.168.2.1
```

（2）在 Router0 上创建标准的访问控制列表

```
Router (config) #access-list 12 permit 192.168.1.0 0.0.0.255 --定义 ACL
Router (config) #line vty 0 15                                --进入 VTY 虚接口
Router (config-line) #access-class 12 in                      --绑定 ACL
```

（3）验证只有 ITG 部门的计算机能够 Telnet 到路由器

```
PC7 telnet 路由器，PC2 telnet 路由器。
PC>telnet 192.168.2.1
```

8.3 访问控制列表的位置

将 IP 标准访问控制列表尽可能放置在靠近目的地址的位置，这是因为我们并不真正的要在自己的网络内使用表中的访问控制列表。不能将标准访问控制列表放置在靠近源主机或源网络的位置，因为这样会过滤基于源地址的流量，而导致不能转发任何流量。

将扩展访问控制列表尽可能放置在靠近源地址的位置。既然扩展访问控制列表可以过滤每个特定的地址和协议，那么我们就不希望流量穿过整个网络后再被拒绝。通过将这样的列表放置在尽量靠近源地址的位置，可以在它使用有限的带宽之前过滤掉此流量。

8.4 习 题

1. 路由器的访问控制列表的作用是________。

   A．访问控制列表可以监控交换的字节数 B．访问控制列表提供路由过滤功能

   C．访问控制列表可以检测网络病毒　　　D．访问控制列表可以提高网络的利用率

2. 以下的访问控制列表中，________禁止所有 Telnet 访问子网 10.10.1.0/24。

   A．access-list 15 deny telnet any 10.10.1.0 0.0.0.255 eq 23

   B．access-list 1 15 deny udp any 10.10.1.0 eq telnet

   C．access-list 115 deny tcp any 10.10.1.0 0.0.0.255 eq 23

   D．access-list 15 deny udp any 10.10.1.0 255.255.255.0 eq 23

3. ________IP 地址和反转掩码可以用来阻断来自 192.168.16.43/28 网段的流量。

   A．192.168.16.32 0.0.0.16

   B．192.168.16.43 0.0.0.212

   C．192.168.16.0 0.0.0.15

   D．192.168.16.32 0.0.0.15

   E．192.168.16.0 0.0.0.31

   F．192.168.16.16 0.0.0.31

4. 一个标准访问控制列表应用到路由器的一个以太网接口，该标准访问控制列表能够基于_______来过滤流量。

   A．源地址和目标地址

   B．目标端口

   C．目标地址

   D．源地址

   E．以上所有

5. 河北师大软件学院某个子网使用 29 位的子网掩码，在配置扩展访问控制列表时如何允许或拒绝整个子网？________

   A．255.255.255.224

   B．255.255.255.248

   C．0.0.0.224

   D．0.0.0.8

   E．0.0.0.7

   F．0.0.0.3

6. 假若你是石家庄飞烨科技公司的网络管理员，你正打算使用访问控制列表到路由器的一个接口，_______命令可以达到目的。

   A．permit access-list 101 out

   B．ip access-group 101 out

   C．apply access-list 101 out

   D．access-class 101 out

   E．ip access-list e0 out

7. 石家庄新迈科技公司网络拓扑如图 8-8 所示。你是公司的系统管理员，在 TK1 路由器上，你定义了以下访问控制列表。

   Access-list 101 deny tcp 5.1.1.10 0.0.0.0 5.1.3.0 0.0.0.255 eq telnet

   Access-list 101 permit ip any any

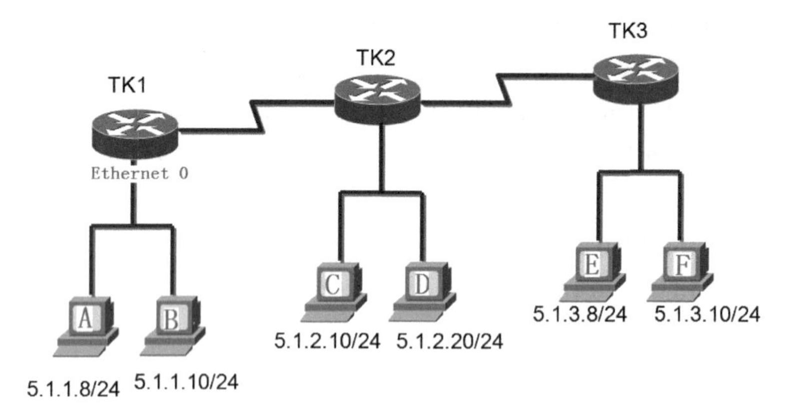

▲图 8-8　网络拓扑

你将该访问控制列表绑定到 TK1 的 Ethernet 0 接口，ip access-group 101 in，_______将会被访问控制列表阻断。

   A．从主机 A 访问主机 5.1.1.10 的 Telnet 会话

   B．从主机 A 访问主机 5.1.3.10 的 Telnet 会话

   C．从主机 B 访问主机 5.1.2.10 的 Telnet 会话

   D．从主机 B 访问主机 5.1.3.8 的 Telnet 会话

   E．从主机 C 访问主机 5.1.3.10 的 Telnet 会话

8. 在路由器的串口，一个入站的访问控制列表配置拒绝 TCP 端口 21、 23 和 25，所有的其他流量允许。基于这个信息，_____类型的流量将会被允许通过该接口。(选择 3 个)

A．SMTP

B．DNS

C．FTP

D．Telnet

E．HTTP

F．POP3

9.________命令可以将一个访问控制列表绑定到路由器的 VTY 接口。

A．RouterTK（config-line）# access-class 10 in

B．RouterTK（config-if）# ip access-class 23 out

C．RouterTK（config-line）# access-list 150 in

D．RouterTK（config-if）# ip access-list 128 out

E．RouterTK（config-line）# access-group 15 out

F．RouterTK（config-if）# ip access-group 110 in

10. 实施访问控制列表通常的指导方针是_______。

A．应该放置标准访问控制列表尽可能靠近源网络.

B．应该放置扩展访问控制列表尽可能接近源网络

C．应该放置标准访问控制列表尽可能接近目标网络

D．应该放置扩展访问控制列表尽可能接近目标网络

习题答案

1．B
2．C
3．D
4．D
5．E
6．B
7．D
8．B、E、F
9．A
10．B、C

第 9 章　NAT

本章将介绍网络地址转换（Network Address Translation，NAT）、动态 NAT 和端口地址转换（Port Address Translation，PAT），PAT 也称为复用；将会介绍 NAT、PAT 和端口映射的应用场景以及配置方法。

同时也演示了使用 Windows XP 配置连接共享实现 NAT 和端口映射，在 Windows Server 2003 上配置 NAT 和端口映射。

本章主要内容：

- 应用 NAT 的场景
- 配置静态 NAT
- 配置动态 NAT
- 配置 PAT
- 配置端口映射
- 通过 Internet 连接共享配置 NAT 和端口映射
- 通过配置 Windows Server NAT 实现地址转换和端口映射

9.1 网络地址转换技术简介

下面介绍 NAT 的使用场景、NAT 的优缺点以及 NAT 的三种类型。

9.1.1 NAT 的应用场景

NAT 的最初目的是允许将私有 IP 地址映射到公网（合法的 Internet IP 地址）地址的，以减缓 IP 地址空间的消耗。

当一个组织更换它的互联网服务提供商（Internet Service Provider，ISP），比如从网通更改为电信，如果不想更改内网配置方案时，NAT 同样很有用途。

以下是符合使用 NAT 的各种情况。

- 需要连接 Internet，但是你的主机没有公网 IP 地址。
- 更换了一个新的 ISP，需要重新组织网络。
- 需要合并两个具有相同网络地址的内网。

NAT 一般应用在边界路由器中，比如公司连接 Internet 的路由器上。NAT 的优缺点如表 9-1 所示。

表 9-1　NAT 的优点和缺点

优　点	缺　点
节约合法的公网 IP 地址	地址转换产生交换延迟，也就是消耗路由器性能
减少地址重叠出现	无法进行端到端的 IP 跟踪
增加连接 Internet 的灵活性	某些应用无法在 NAT 的网络中运行
增加内网的安全性	

NAT 最显著的优点是节约你的合法公网 IP 地址，正是因为这个原因我们到现在还能使用 IPv4，否则早已升级到 IPv6 了。

9.1.2 NAT 的类型

下面介绍 NAT 的三种类型：静态 NAT、动态 NAT 和 PAT。

- 静态 NAT：这种类型的 NAT 是为了在本地和全球地址间允许一对一映射而设计的。需要记住的是，静态 NAT 需要网络中的每台主机都拥有一个真实的因特网 IP 地址，多用于公网地址到内网主机的端口映射。
- 动态 NAT：这种类型的 NAT 可以实现映射一个未注册 IP 地址到注册 IP 地址池中的一个注册 IP 地址。你不必像使用静态 NAT 那样，在路由器上静态映射内部到外部的地址，但是你必须保证拥有足够的真实 IP，保证每个在因特网中收发包的用户都有真实的 IP 可用。
- PAT：这是最流行的 NAT 配置类型。PAT 实际上是动态 NAT 的一种形式，它映射多个私网 IP 地址到一个公网 IP 地址，通过使用不同的端口来区分内网主机，也被称为复用。通过使用 PAT，可实现上千个用户仅通过一个真实的全球 IP 地址连接到 Internet。使用复用是我们至今在互联网上没有使用完合法 IP 地址的真实原因。

9.2 实现网络地址转换

下面介绍各种类型网络地址转换的实现过程，以及配置步骤。

9.2.1 配置静态 NAT

这种类型的 NAT 是为了在本地和全球地址间允许一对一映射而设计的。需要记住的是，静态 NAT 需要网络中的每台主机都拥有一个真实的因特网 IP 地址，多用于公网地址到内网主机的端口映射。

打开随书光盘中第 9 章练习“01 配置静态 NAT.pkt”，网络拓扑如图 9-1 所示。网络中的计算机和路由器已经配置好了 IP 地址和路由表，企业内网使用私有 IP 地址 10.0.0.0/24，CPE 是连接 Internet 和内网的边界路由器，你需要在 CPE 上配置静态 NAT，使内网的计算机能够访问 Internet，Internet 也能访问内网的计算机。

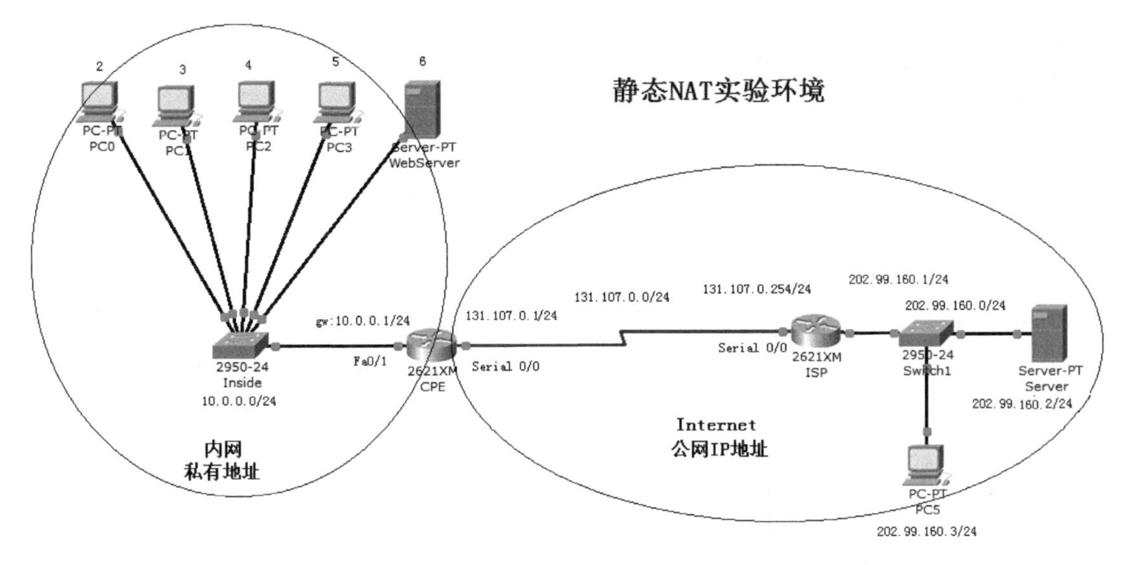

▲图 9-1　静态 NAT 实验环境

在路由器 CPE 上配置静态 NAT 映射。

- 内网计算机 PC0 的私网地址 10.0.0.2 使用公网地址 131.107.0.2 地址。
- 内网计算机 PC1 的私网地址 10.0.0.3 使用公网地址 131.107.0.3 地址。
- 内网计算机 PC2 的私网地址 10.0.0.4 使用公网地址 131.107.0.4 地址。
- 内网计算机 PC3 的私网地址 10.0.0.5 使用公网地址 131.107.0.5 地址。
- 内网计算机 WebServer 的私网地址 10.0.0.6 使用公网地址 131.107.0.6 地址。

如图 9-2 所示，是配置了静态映射路由器，数据包传输过程中的数据包转换。

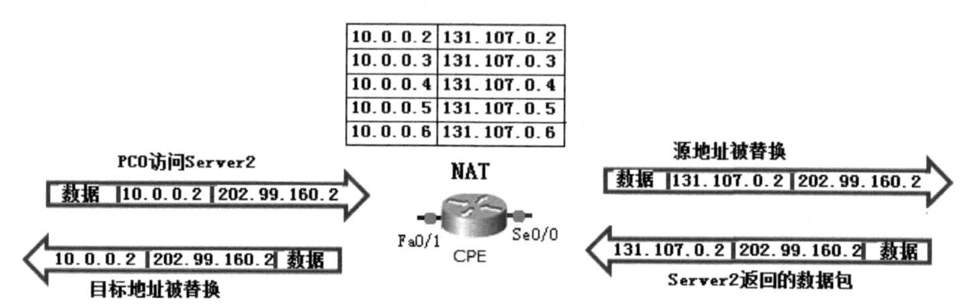

▲图 9-2 静态 NAT 映射数据包转换过程

配置了静态映射后，PC0 访问 Internet 的 Server，数据包经过 CPE 路由器，根据配置的静态映射，数据包的源地址被 131.107.0.2 地址替换。

Server 向 131.107.0.2 发送返回的数据包，在进入内网时，根据配置的静态映射表，将会使用 PC0 的 IP 地址替换数据包的目标地址。

配置静态映射的步骤如下。

（1）验证配置静态映射前内网的计算机不能和 Intenret 上的计算机通信。PC0 ping 202.99.160.2 不通。

（2）在 CPE 上配置静态 NAT 映射。

```
CPE>en
CPE#config t
CPE (config) #ip NAT inside source static 10.0.0.2 131.107.0.2
CPE (config) #ip NAT inside source static 10.0.0.3 131.107.0.3
CPE (config) #ip NAT inside source static 10.0.0.4 131.107.0.4
CPE (config) #ip NAT inside source static 10.0.0.5 131.107.0.5
CPE (config) #ip NAT inside source static 10.0.0.6 131.107.0.6
CPE (config) #interface fastEthernet 0/1
CPE (config-if) #ip NAT inside              --指定该接口为 NAT 的内网接口
CPE (config-if) #ex
CPE (config) #int
CPE (config) #interface Serial 0/0
CPE (config-if) #ip NAT outside             --指定该接口为 NAT 的外网接口
CPE (config-if) #ex
CPE#debug ip NAT                            --让路由器显示 NAT 信息
```

（3）验证配置了静态映射后，内网计算机能够访问 Internet。PC0 ping 202.99.160.2 能够通。

（4）在 CPE 路由器上的显示如下。

```
CPE#
NAT: s=10.0.0.2->131.107.0.2, d=202.99.160.2 [1]
NAT*: s=202.99.160.2, d=131.107.0.2->10.0.0.2 [1]
```

（5）配置了静态映射后，Internet 上的计算机通过访问 131.107.0.6 能够访问内网的 WebServer 的 Web 站点，如图 9-3 所示。

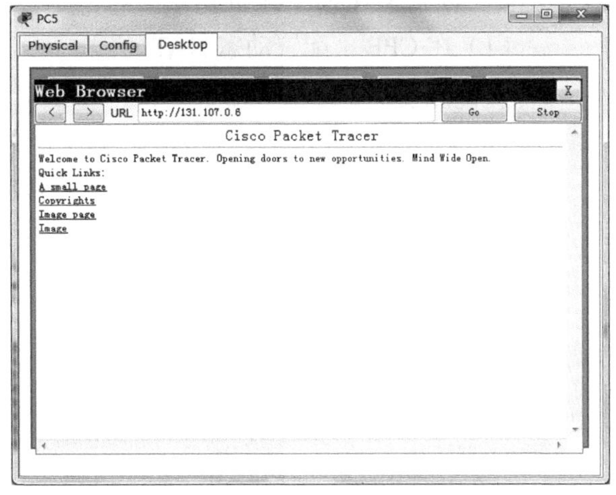

▲图 9-3　验证静态映射

9.2.2　配置动态 NAT

这种类型的 NAT 可以实现映射一个未注册 IP 地址到注册 IP 地址池中的一个注册 IP 地址。你不必像使用静态 NAT 那样，在路由器上静态映射内部到外部的地址，但是你必须保证拥有足够的真实 IP，保证每个在因特网中收发包的用户都有真实的 IP 可用。

打开随书光盘第 9 章练习“02　动态 NAT.pkt”，网络拓扑如图 9-4 所示，网络中的计算机和路由器已经配置好了 IP 地址和路由表，企业内网使用私有 IP 地址 10.0.0.0/24，CPE 是连接 Internet 和内网的边界路由器，你需要在 CPE 上配置动态 NAT，使内网的计算机能够访问 Internet。注意，动态 NAT，Internet 上的计算机不能访问内网上的计算机。

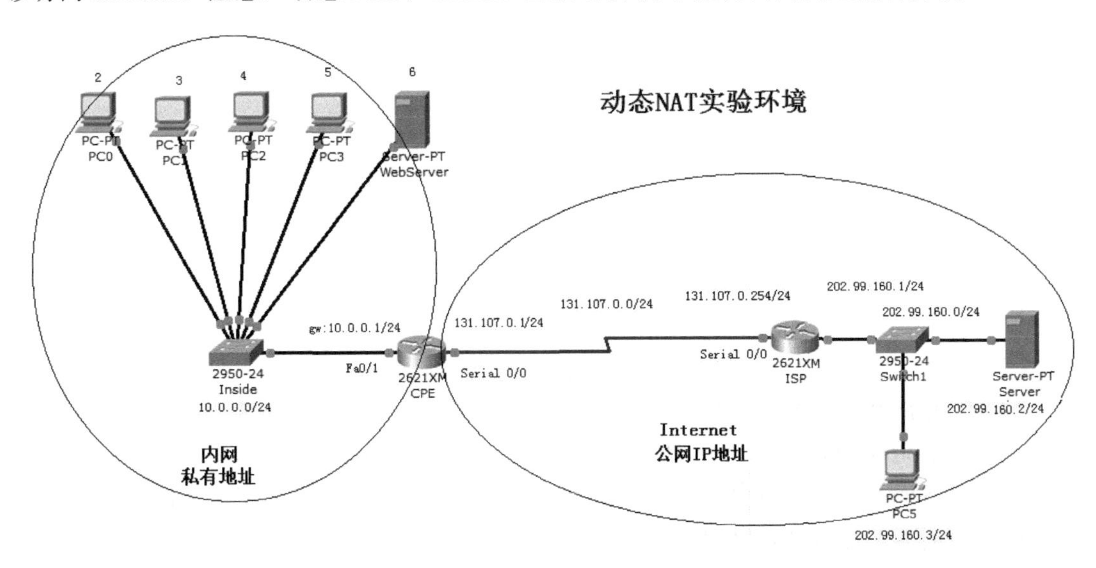

▲图 9-4　动态 NAT 实验环境

如图 9-5 所示，本实验外网地址有 3 个地址，内网有 5 台计算机，配置为动态映射，只有 3 个内网的计算机能够做地址转换。也就是内网的计算机同时只能有 3 台计算机访问 Internet。（这可是我故意这样设计的）

配置动态 NAT 的步骤如下。

（1）在 CPE 上配置动态 NAT。

```
CPE#config t
CPE (config) #access-list 10 permit 10.0.0.0 0.0.0.255
```

定义访问控制列表，如果内网有多个网段需要 NAT，则需要在 ACL 中都添加上

```
CPE (config) #ip NAT pool todd 131.107.0.1 131.107.0.3 netmask 255.255.255.0
```

todd 是地址池的名字，可以任意指定，指定公网地址池的开始地址和结束地址，以及子网掩码，地址池只有 3 个地址，也就是说只允许内网的 3 个计算机能够访问 Internet。

```
CPE (config) #ip NAT inside source list 10 pool todd    --地址池和访问控制列表进行关联
CPE (config) #interface Serial 0/0
CPE (config-if) #ip NAT outside                         --指定 NAT 的外网接口
CPE (config-if) #ex
CPE (config) #interface fastEthernet 0/1
CPE (config-if) #ip NAT inside                          --指定 NAT 的内网接口
```

（2）在 CPE 上查看 NAT 配置的状态。

```
CPE#show ip NAT statistics
Total translations: 0 (0 static, 0 dynamic, 0 extended)
Outside Interfaces: Serial0/0
Inside Interfaces: fastEthernet0/1
Hits: 13  Misses: 20
Expired translations: 13
Dynamic mappings:                                        --动态映射
-- Inside Source
access-list 10 pool todd refCount 0
 pool todd: netmask 255.255.255.0
      start 131.107.0.1 end 131.107.0.3
      type generic, total addresses 3 , allocated 0 (0%) , misses 3
```

（3）使用 PC0 访问 Server 的 Web 站点，用 PC1、PC2 和 PC3 ping Server。将发现 PC0 能够访问 Server 的 Web 站点，PC1 和 PC2 能够 ping 通 Server，PC3 却不能 ping 通 Server。那是因为地址池仅 3 个地址，只允许三个内网的主机访问外网。

（4）查看 NAT 地址转换信息。

```
CPE#show ip NAT translations
```

```
Pro  Inside global      Inside local     Outside local      Outside global
icmp 131.107.0.2:5      10.0.0.3:5       202.99.160.3:5     202.99.160.3:5
icmp 131.107.0.2:6      10.0.0.3:6       202.99.160.3:6     202.99.160.3:6
tcp  131.107.0.1:1025  10.0.0.2:1025    202.99.160.2:80    202.99.160.2:80
tcp  131.107.0.1:1026  10.0.0.2:1026    202.99.160.2:80    202.99.160.2:80
tcp  131.107.0.1:1027  10.0.0.2:1027    202.99.160.2:80    202.99.160.2:80
```

（5）清除转换表中的 NAT 条目。

```
CPE#clear ip NAT translation *
```

（6）PC3 ping Server，能通。

总结	使用动态 NAT 技术，如果地址池的 IP 地址做映射用完了，剩余的内网的计算机将不能再访问外网。

9.2.3 配置 PAT

这是最流行的 NAT 配置类型。PAT 实际上是动态 NAT 的一种形式，它映射多个私网 IP 地址到一个公网 IP 地址，通过使用不同的端口来区分内网主机，也被称为复用。通过使用 PAT，可实现上千个用户仅通过一个真实的全球 IP 地址连接到 Internet。使用复用是我们至今在互联网上没有使用完合法 IP 地址的真实原因。

打开随书光盘中第 9 章练习“03 PAT.pkt”，网络拓扑如图 9-5 所示，网络中的计算机和路由器已经配置好了 IP 地址和路由表，企业内网使用私有 IP 地址 10.0.0.0/24，CPE 是连接 Internet 和内网的边界路由器，你需要在 CPE 上配置 PAT，使内网的计算机能够访问 Internet。注意，PAT，Internet 上的计算机不能访问内网计算机。

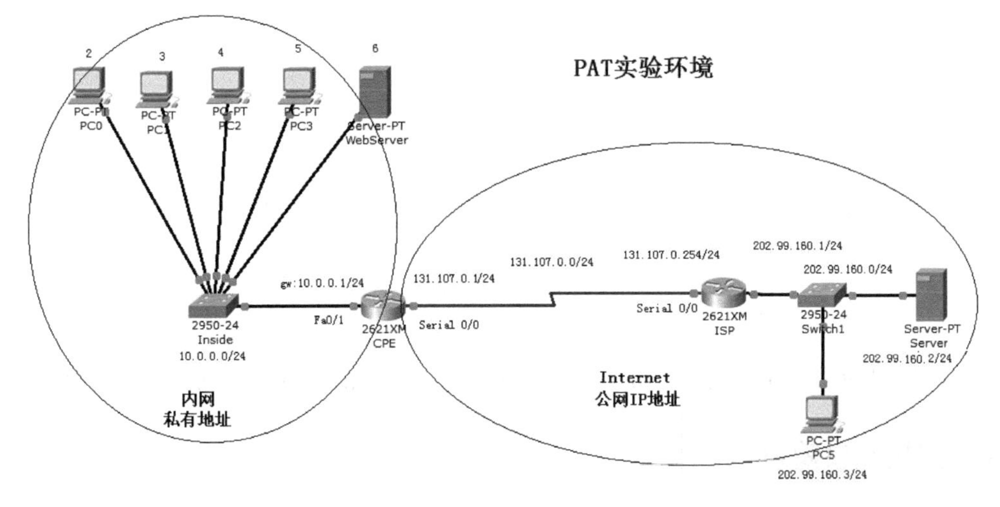

▲图 9-5　PAT 实验环境

如图 9-6 所示，PC0 访问 Internet 上的 Server 的 Web 站点，源端口可能是 1723，PC1 访问 Internet 上的 Server 的 Web 站点，源端口也可能是 1723，如果数据包只做地址转换，返回的数据包目标地址都是 131.107.0.1、目标端口都是 1723，路由器就没有办法确定这个数据包应该发送给 PC0 还是 PC1。因此如果使用一个公网 IP 地址让很多内网计算机访问 Internet，必须由路由器对访问 Internet 的数据包进行统一的源端口替换，如图 9-6 所示，使用不同的源端口进行替换，这样路由器就可以根据返回的数据包目标端口确定数据包应该转发给哪一个内网的计算机。

	协议	内网地址和端口	外网地址和端口	Server地址和端口
PC0 访问 Server	TCP	10.0.0.2:1723	131.107.0.1:4000	202.99.160.2:80
PC1 访问 Server	TCP	10.0.0.3:1723	131.107.0.1:4001	202.99.160.2:80
PC2访问 Server	TCP	10.0.0.4:1723	131.107.0.1:4002	202.99.160.2:80
PC3 访问 Server	TCP	10.0.0.5:1723	131.107.0.1:4003	202.99.160.2:80

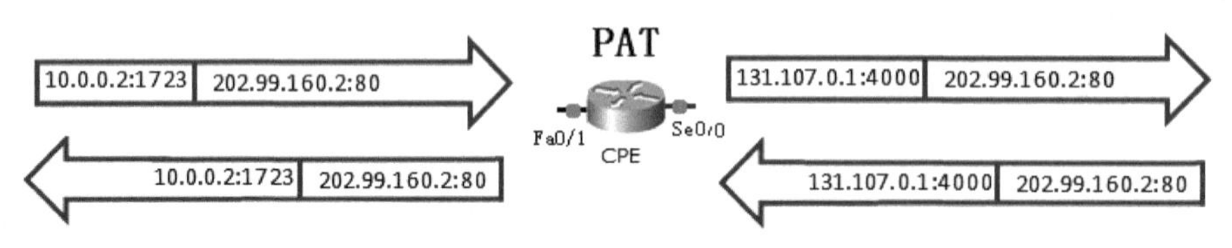

▲图 9-6　源端口替换

配置 PAT 的步骤如下。

（1）在 CPE 上配置 PAT。

```
CPE#config t
CPE (config) #access-list 10 permit 10.0.0.0 0.0.0.255
CPE (config) #ip NAT pool todd 131.107.0.1 131.107.0.1 netmask 255.255.255.0
                                                 --前后两个地址一样，因为就一个公网地址
CPE (config) #ip NAT inside source list 10 pool todd   overload
                                                 --overload 参数将会启用 PAT
CPE (config) #interface Serial 0/0
CPE (config-if) #ip NAT outside                  --指定 NAT 的外网接口
CPE (config-if) #ex
CPE (config) #interface fastEthernet 0/1
CPE (config-if) #ip NAT inside                  --指定 NAT 的内网接口
```

（2）使用 PC0、PC1、PC2、PC3 和 WebServer ping Internet 上的 Server，都能通。

9.2.4　配置端口映射

端口映射是应用非常广泛的技术，很多单位只有一个公网 IP 地址，通过配置 PAT 允许内网的计算机使用这个公网 IP 地址访问 Internet，同时还可以配置静态的端口映射，使得 Internet 上的用户访问内网的服务器。比如下面的实验，内网有两个 Web 服务器，可以将公网地址 131.107.0.1 的 TCP 协议 80 端口映射到内网的 WebServer1，将公网地址 131.107.0.1 的 TCP 协议 81 端口映射到内网的 WebServer2。通过将公网地址的 TCP 的 25 端口和 TCP 的 110 端口映射到内网的邮件服务，可以使 Internet 用户访问内网的邮件服务器。

打开随书光盘中第 9 章练习“04 端口映射.pkt”，网络拓扑如图 9-7 所示，网络中的路由器和计算机已经配置好了 IP 地址，你需要在 CPE 路由器上配置端口映射，使 Internet 上的用户能够访问内网的 MailServer、WebServer1 和 WebServer2。

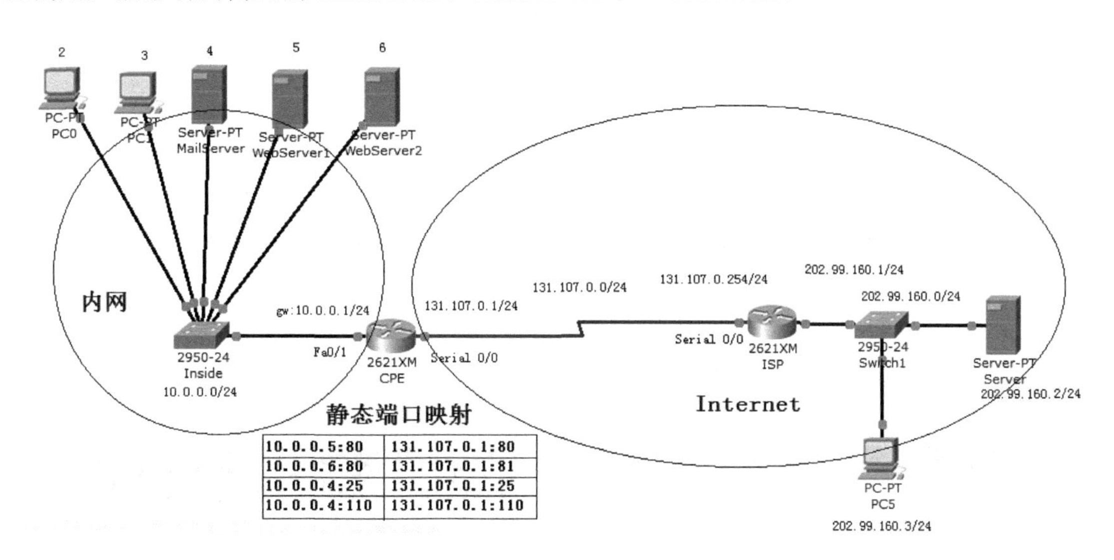

10.0.0.5:80	131.107.0.1:80
10.0.0.6:80	131.107.0.1:81
10.0.0.4:25	131.107.0.1:25
10.0.0.4:110	131.107.0.1:110

▲图 9-7　配置静态端口映射

配置端口映射的步骤如下。

（1）在 CPE 上配置静态端口映射。

```
CPE>en
CPE#config t
CPE (config) #ip NAT inside source static tcp 10.0.0.5 80 131.107.0.1 80
CPE (config) #ip NAT inside source static tcp 10.0.0.6 80 131.107.0.1 81
CPE (config) #ip NAT inside source static tcp 10.0.0.4 25 131.107.0.1 25
CPE (config) #ip NAT inside source static tcp 10.0.0.4 110 131.107.0.1 110
CPE (config) #interface fastEthernet 0/1
CPE (config-if) #ip NAT inside
CPE (config-if) #ex
CPE (config) #interface Serial 0/0
CPE (config-if) #ip NAT outside
```

（2）在 Internet 的计算机 PC5 上测试端口映射，注意访问的公网地址 131.107.0.1 的不同端口，如图 9-8 和图 9-9 所示。

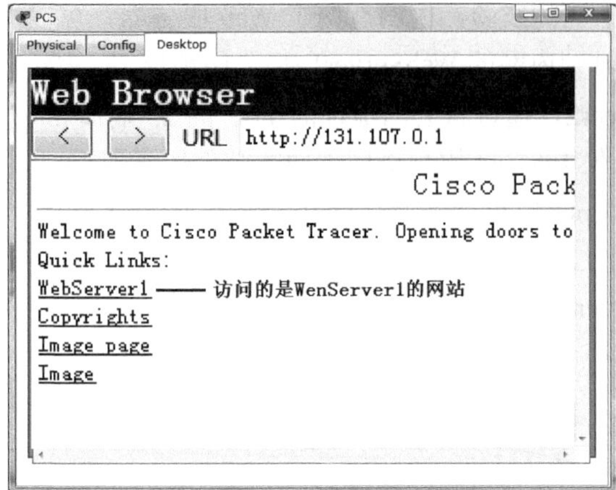

▲图 9-8　访问内网网站 1

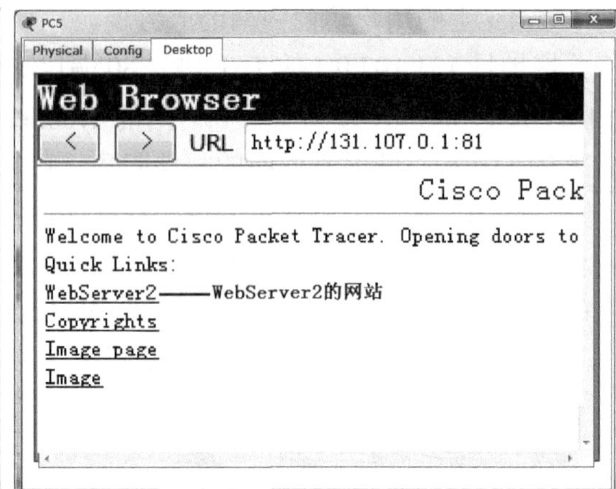

▲图 9-9　访问内网网站 2

(3) 按照图 9-10 所示，配置邮件客户端，密码为 password1!，注意收发电子邮件服务器都是 131.107.0.1，保存配置。

(4) 如图 9-11 所示，给自己发一封电子邮件。

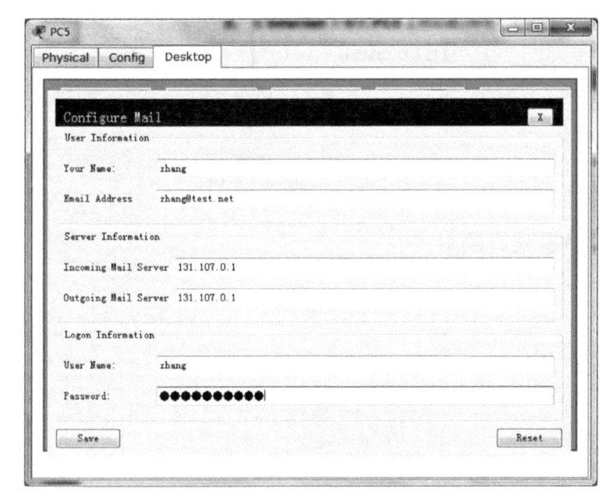

▲图 9-10　配置邮件客户端

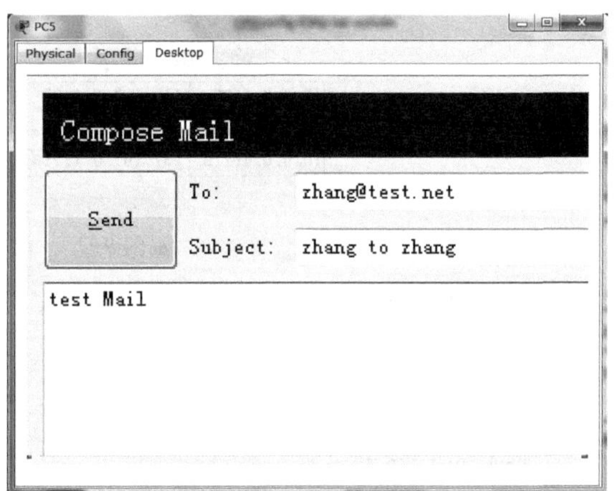

▲图 9-11　发送电子邮件

(5) 如图 9-12 所示，单击 Receive 按钮，能够收到邮件。

以上实验证明端口映射成功。

▲图 9-12　收到电子邮件

9.3 在 Windows 上实现网络地址转换和端口映射

在 Windows 中网络地址转换就是前面介绍的 PAT 的概念，特此说明。

Windows XP 或 Windows Server 2003 也能够实现 PAT 和端口映射，并且这种应用在规模较小的企业中会经常用得到。下面将为大家介绍在 Windows XP 上配置 Internet 连接共享实现的 PAT 和端口映射以及 Windows Server 2003 上实现的网络地址转换和端口映射。

9.3.1 在 Windows XP 上配置连接共享和端口映射

如图 9-13 所示，一个小的公司使用安装 Windows XP 操作系统的 ADSL 拨号访问 Internet。该主机还有一个网卡连接内网的交换机，内网的计算机需要通过 Windows XP 访问 Internet。这就需要在 Windows XP 上将 ADSL 拨号的连接共享给内网计算机，同时你也可将内网的 Web 服务器通过端口映射允许 Internet 用户访问。

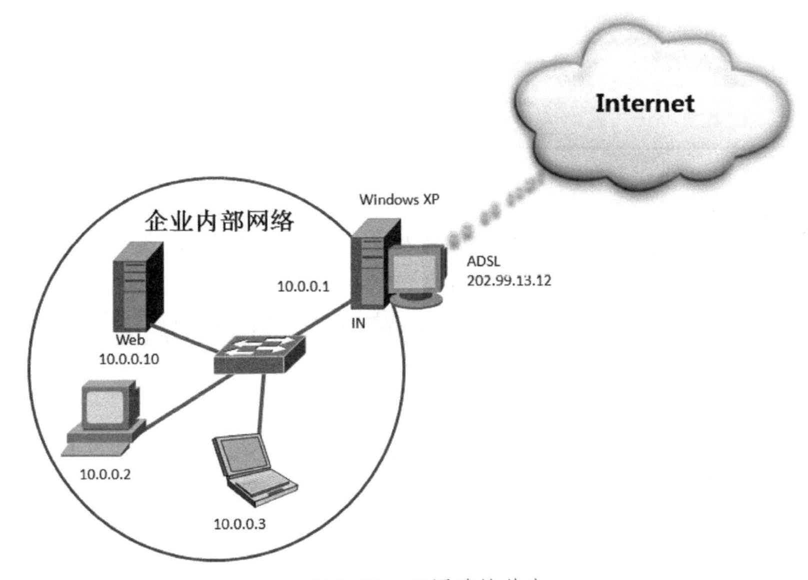

▲图 9-13　配置连接共享

1. 在 Windows XP 上配置 Internet 连接共享的步骤

（1）选择“开始”→“设置”→“网络连接”命令，选中 ADSL 拨号建立的连接，右击，在弹出的快捷菜单中选择“属性”命令。

（2）如图 9-14 所示，在出现的“ADSL 属性”对话框的“高级”选项卡中选中“允许其他网络用户通过此计算机的 Internet 连接来连接”复选框。

> **注意** 如果你的计算机只一个本地连接，不会出现“Internet 连接共享”选项组，你可以禁用一个网卡试试，如图 9-15 所示。

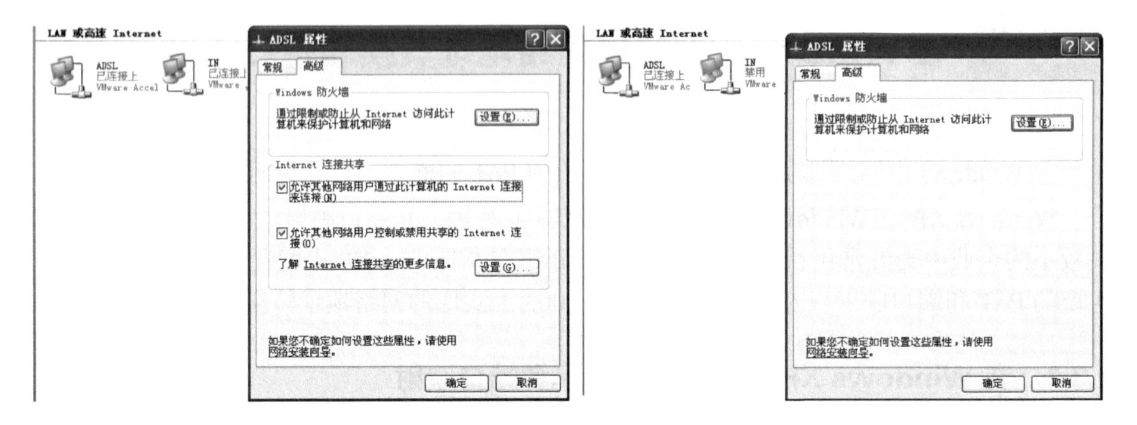

▲图 9-14　启用连接共享　　　　▲图 9-15　没有了“Internet 连接共享”选项组

（3）如图 9-16 所示，单击“确定”按钮，会出现提示对话框，提示将 LAN 连接的 IP 地址配置成 192.168.0.1。单击“是”，完成连接共享。

你再把连接内网的连接 IP 地址更改为 10.0.0.1。注意，内网的连接不设置网关。

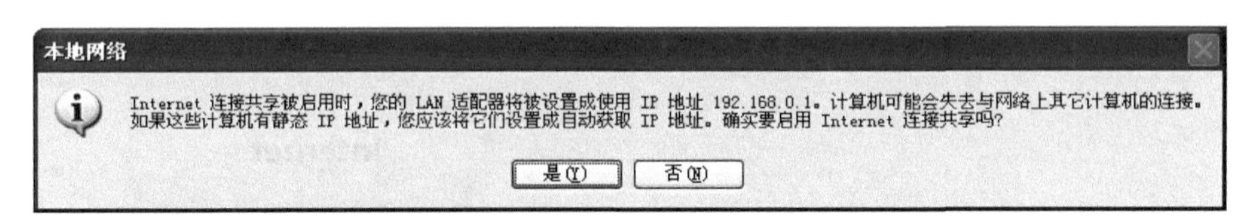

▲图 9-16　提示

（4）如图 9-17 所示，再看连接共享的图标，已经有了使用共享的图标标识，相当于在路由器的外网网卡上运行了 ip NAT outside 命令。

▲图 9-17　查看共享图标

在 Windows XP 上配置 PAT 就这么简单。

2. 配置端口映射的步骤

（1）如图 9-18 所示，打开“ADSL 属性”对话框，在“高级”选项卡中，单击“设置”按钮。

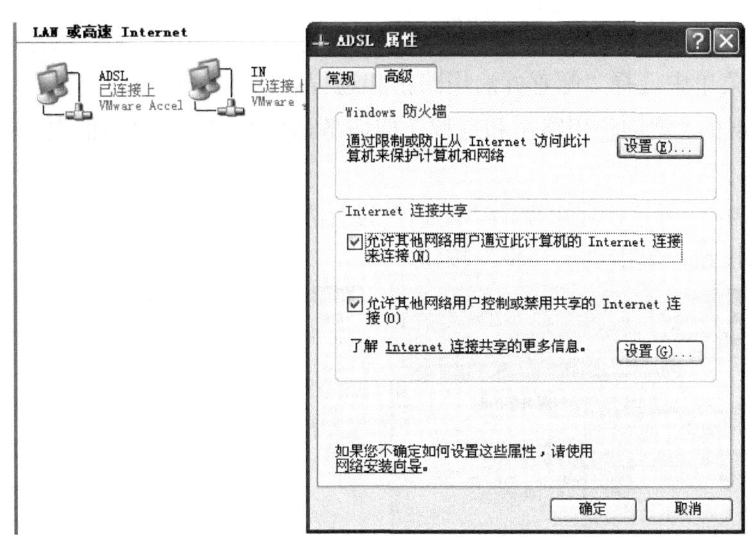

▲图 9-18 “ADSL 属性”对话框

（2）如图 9-19 所示，在出现的“高级设置”对话框中，选中“Web 服务器（HTTP）”复选框，单击“编辑”按钮。

（3）如图 9-20 所示，在出现的“服务设置”对话框中，输入内网 Web 服务器的 IP 地址，单击“确定”按钮。

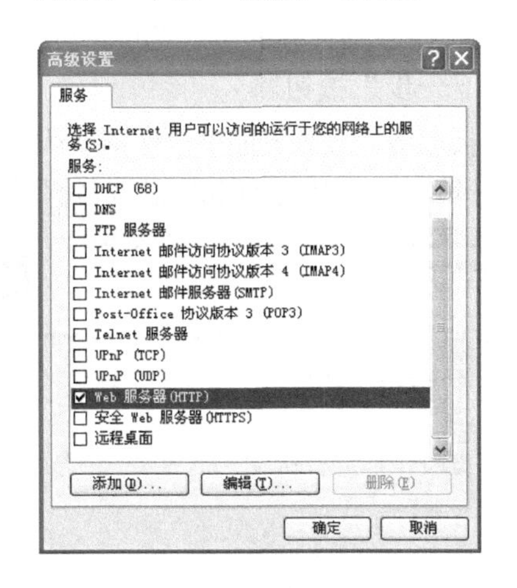

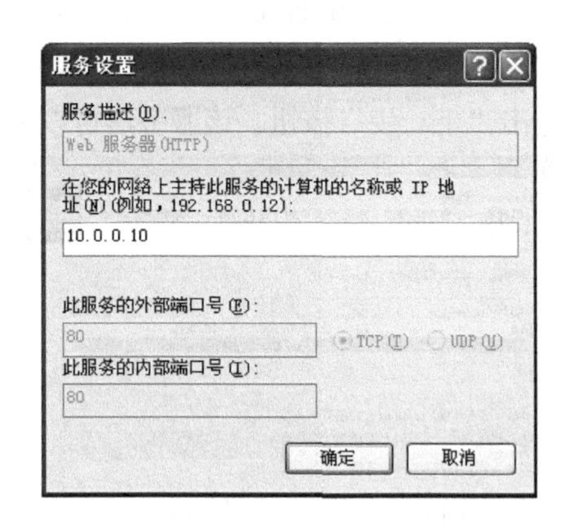

▲图 9-19 配置 Web 服务器端口映射　　▲图 9-20 指定内网 Web 服务器地址

端口映射完成。在 Windows XP 上配置端口映射也很简单。

9.3.2 在 Windows Server 2003 上配置网络地址转换和端口映射

在 Windows Server 2003 上可以配置 Internet 连接共享实现 PAT 和端口映射，还可以使用路由和远程访问配置网络地址转换和端口映射实现 PAT 和端口映射。

1. 配置网络地址转换

（1）选择“开始”→“程序”→“管理工具”→“路由和远程访问”命令。

（2）如图 9-21 所示，在出现的“路由和远程访问”窗口中，右击服务器，在弹出的快捷菜单中选择“配置并启用路由和远程访问”命令。

（3）在出现的“欢迎使用路由和远程访问服务器安装向导”对话框中，单击“下一步”按钮。

（4）如图 9-22 所示，在出现的“配置”设置界面中，选中“网络地址转换（NAT）”单选按钮，单击“下一步”按钮。

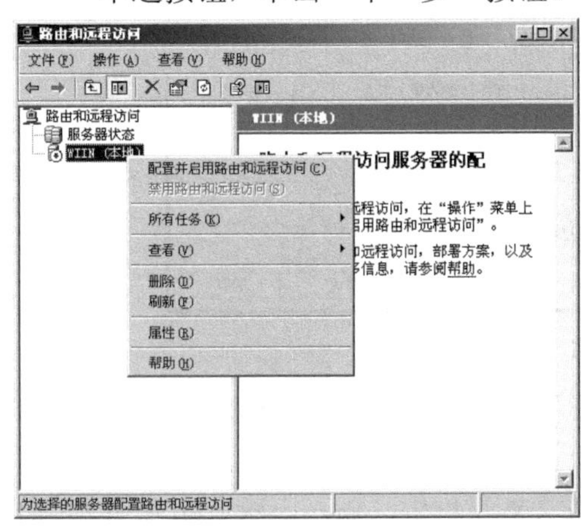

▲图 9-21　配置并启用路由和远程访问

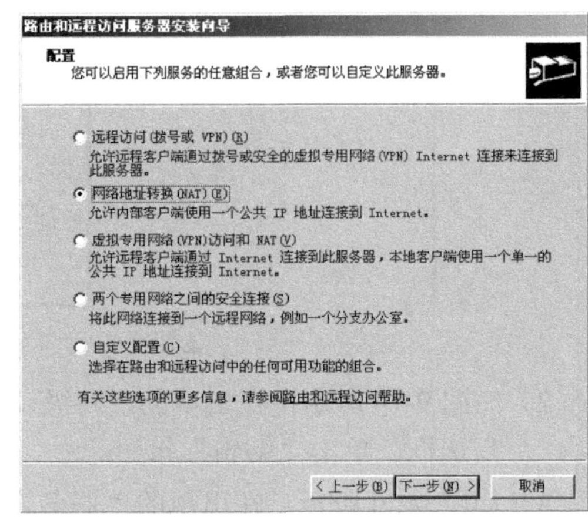

▲图 9-22　“配置”设置界面

（5）如图 9-23 所示，在出现的“NAT Internet 连接”设置界面中，选中“使用此公共接口连接到 Internet”单选按钮，单击“下一步”按钮。

（6）如图 9-24 所示，在出现的“名称和地址转换服务”设置界面中，保持默认选项，单击“下一步”按钮。该服务器可以为内网计算机分配 IP 地址和提供域名解析服务。

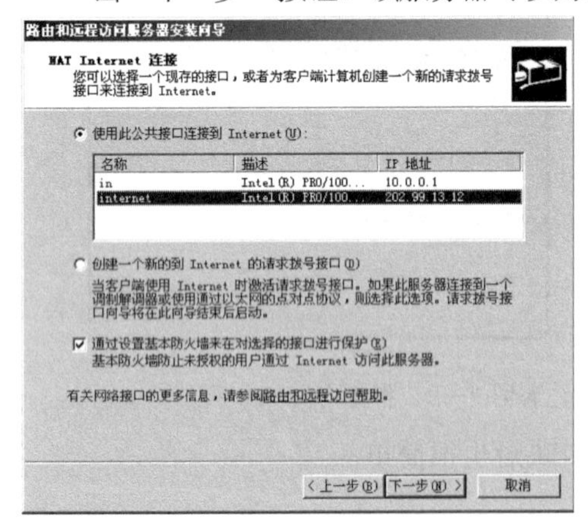

▲图 9-23　“NAT Internet 连接”设置界面

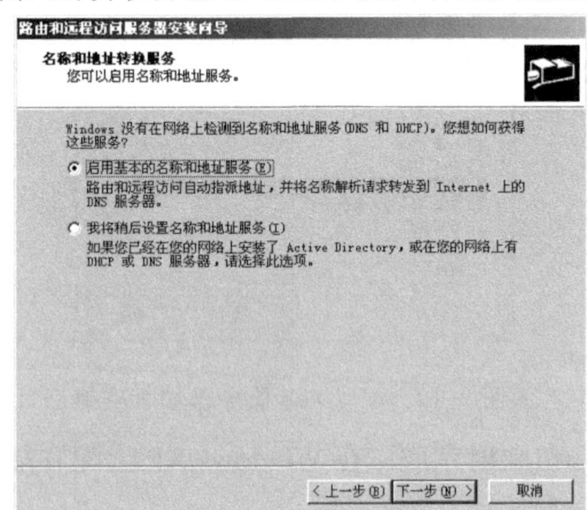

▲图 9-24　“名称和地址转换服务”设置界面

（7）如图 9-25 所示，在出现的“地址指派范围”设置界面中，单击“下一步”按钮。

（8）如图 9-26 所示，在出现的“正在完成路由和远程访问服务器安装向导”界面中，单击“完成”按钮。

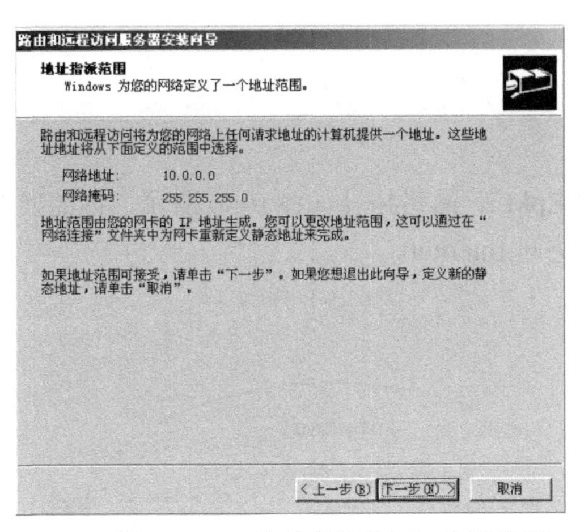

▲图 9-25　“地址指派范围”设置界面

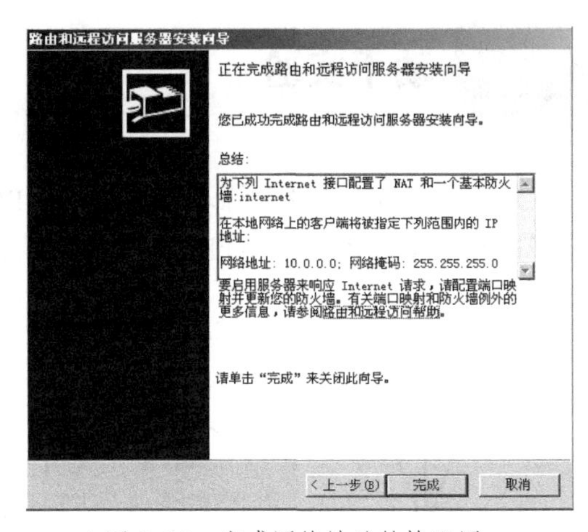

▲图 9-26　完成网络地址转换配置

2．配置端口映射

（1）如图 9-27 所示，右击 Internet 连接，在弹出的快捷菜单中选择“属性”命令。

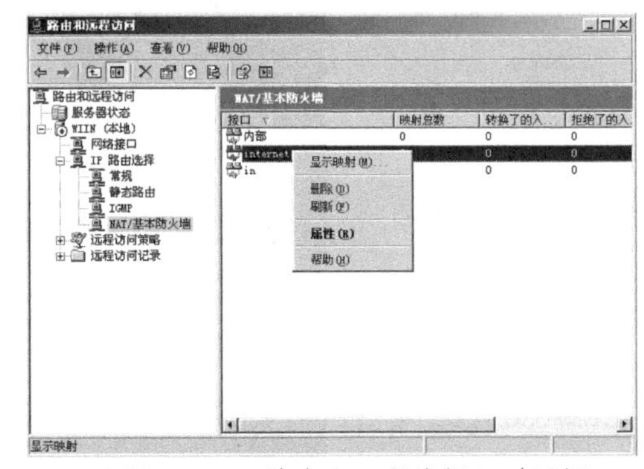

▲图 9-27　“路由和远程访问”对话框

（2）如图 9-28 所示，在出现的“Internet 属性”对话框的“服务和端口”选项卡中，选中“Web 服务器（HTTP）”复选框。

（3）如图 9-29 所示，在出现的“编辑服务”对话框的“专用地址”文本框中输入“10.0.0.10”，单击“确定”按钮。

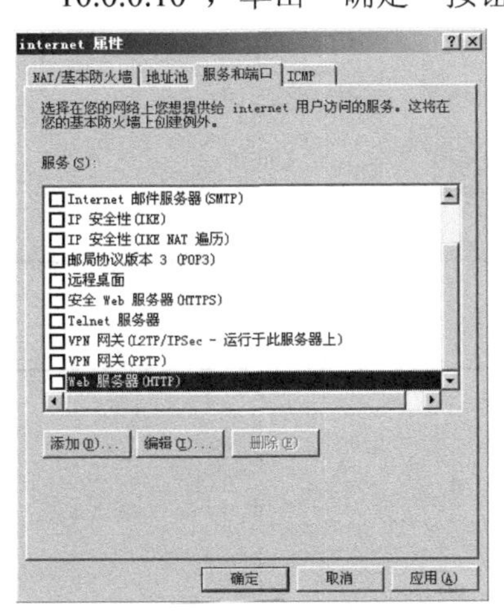

▲图 9-28　选择 Web 服务器

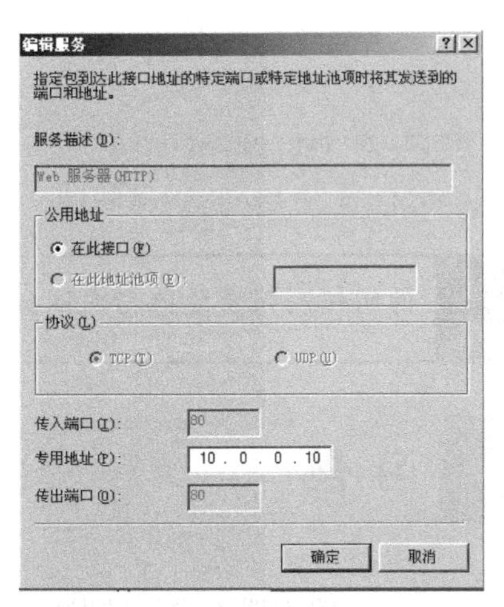

▲图 9-29　指定内网的 IP 地址

9.4 动手实验

打开随书光盘中第 9 章练习“实验 01　PAT.pkt”，网络拓扑如图 9-30 所示，你需要在 CPE 路由器上配置 PAT，允许内网的两个网段访问 Internet。

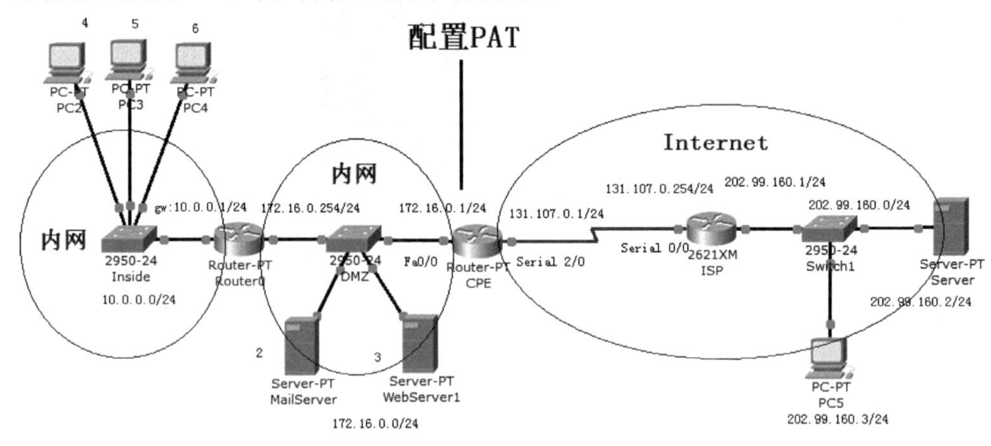

▲图 9-30　配置 PAT 实验环境

操作步骤如下。

在 CPE 上的配置：

```
CPE (config) #access-list 10 permit 10.0.0.0 0.0.0.255
CPE (config) #access-list 10 permit 172.16.0.0 0.0.0.255
CPE (config) #ip NAT pool todd 131.107.0.1 131.107.0.1 netmask 255.255.255.0
CPE (config) #ip NAT inside source list 10 pool todd overload
CPE (config) #interface Serial 2/0
CPE (config-if) #ip NAT outside
CPE (config-if) #exi
CPE (config) #interface fastEthernet 0/0
CPE (config-if) #ip NAT inside
```

> **注意** 访问控制列表要包括内网的两个网段。

9.5 习　题

1. Internet 上路由器不进行转发的网络地址是______。

   A．101.1.32.7　　B．192.178.32.2

   C．172.16.32.1　　D．172.35.32.244

2. 北京佳城公司有一个 25 台计算机组建的局域网，打算使该网络中的计算机能够同时访问 Internet，但是佳城公司只有 4 个可用的公网地址，如何配置才能使这 25 台计算机能够访问 Internet？

   A. Static NAT

   B. Global NAT

   C. Dynamic NAT

   D. Static NAT with ACLs

   E. Dynamic NAT with overload

3. 石家庄新迈科技公司的网络拓扑如图 9-31 所示，网络管理员打算使用网络地址转换技术使内网能够访问 Internet，内网计算机使用的是私网地址，应该在______上进行 NAT 配置。

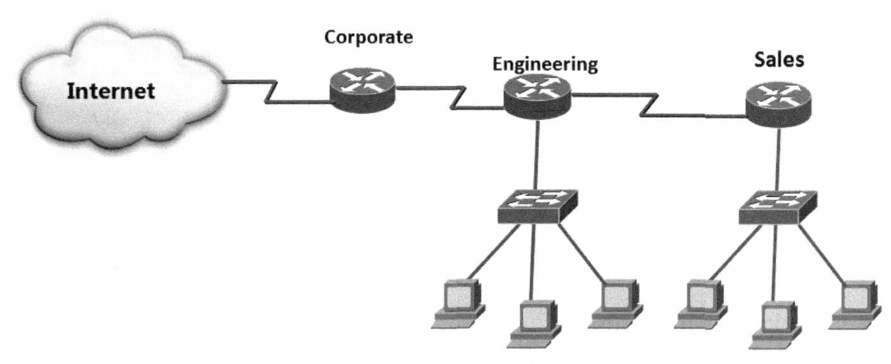

▲图 9-31　网络拓扑

   A. Corporate 路由器

   B. Engineering 路由器

   C. Sales 路由器

   D. 所有的路由器

   E. 所有的路由器和交换机

4. Cisco 路由器已经使用以下命令进行了配置：

   ip NAT pool NAT-test 192.168.6.10 192.168.6.20 netmask 255.255.255.0

   这是________。

   A. 静态 NAT

   B. 动态 NAT

   C. 带 overload 的动态 NAT

   D. 端口地址转换 PAT

5. ________是 NAT 的缺点。（选择 3 个）

   A. 导致转发延迟

   B. 节省了合法的公网地址

   C. 破坏了端到端的连接性

D. 增加了接入 Internet 的灵活性

E. 在使用网络地址转换的情况下某些应用程序将不能工作

F. 减少了 IP 地址重叠

6. ______命令可以看到路由器上实时的地址转换。

A. Show ip NAT translation

B. Show ip NAT statistics

C. Debug ip NAT

D. Cleare ip NAT translations

7. ______命令将会清除所有路由器上的转换活动。

A. Show ip NAT translations

B. Show ip NAT statistics

C. Debug ip NAT

D. Clear ip NAT translations *

8. ______命令将会显示 NAT 配置的汇总信息。

A. Show ip NAT translations

B. Show ip NAT statistics

C. Debug ip NAT

D. Clear ip NAT translations *

9. ______命令将会创建一个名称为 Todd 的提供 30 个公网地址的动态地址池。

A. Ip NAT pool Todd 171.16.10.65 172.16.10.94 net 255.255.255.240

B. Ip NAT pool Todd 171.16.10.65 172.16.10.94 net 255.255.255.224

C. Ip NAT pool todd 171.16.10.65 172.16.10.94 net 255.255.255.224

D. Ip NAT pool Todd 171.16.10.65 172.16.10.94 net 255.255.255.0

10. 地址转换的类型有______。

A. Static

B. IP NAT pool

C. Dynamic

D. NAT double-translation

E. Overload

11. ______是使用网络地址转换的理由。

A. 需要连接 Internet 但是没有足够的公网地址

B. 改变了一个新的 ISP，需要重新更改内网 IP 地址

C. 不想任何主机连接 Internet

D. 有需要合并相同网段的内网

习题答案

1．C

2．E

3．A

4．B

5．A、B、D

6．C

7．A

8．D

9．B，地址池名称区分大小写

10．A、C、E

11．A、B、D

读书笔记

第 10 章　IPv6

本章将介绍 IPv6 比现在的 IP 有哪些方面的改进。具体介绍 IPv6 的地址体系，IPv6 下的计算机地址配置方式，IPv6 的静态路由和动态路由，支持 IPv6 的动态路由协议 RIPng、EIGRPv6 和 OSPF v3 的配置。

本章主要内容：

- 为什么需要 IPv6
- IPv6 地址体系
- IPv6 下的计算机 IP 地址配置方式
- IPv6 的静态路由和动态路由

10.1 为什么需要 IPv6

从 20 世纪 70 年代开始，互联网技术就以超出人们想像的速度迅猛发展。然而，随着基于 IPv4 协议的计算机网络特别是 Internet 的迅速发展，互联网在产生了巨大的经济效益和社会效益的同时也暴露出其本身固有的问题，如安全性不高、路由表过度膨胀，特别是 IPv4 地址的匮乏。随着互联网的进一步发展特别是未来电子、电器设备和移动通信设备对 IP 地址的巨大需求，IPv4 的约 42 亿个地址空间是根本无法满足要求的。有预测表明以目前 Internet 的发展速度计算，所有 IPv4 地址将在 2012 年分配完毕。这也是推动下一代互联网协议 IPv6 研究的主要动力。

10.1.1 IPv4 的不足之处

IPv4 的不足主要体现在以下几个方面。

1. 地址空间的不足

在 Internet 发展的初期，人们认为网络地址是不可能分配完的，这就导致网络地址分配时的随意性，其结果就是 IP 地址的利用率较低。由于组织的存在，IP 地址不是一个接一个地分配的，而且由于缺乏经验的地址分类的做法，造成了大量的地址浪费。

分配的过程是按时间顺序进行的，刚开始的时候一个学校可以拥有一个 A 类网络，而后来一个国家可能只能拥有一个 C 类网络。A 类网络的数目并不多，因此问题的焦点就集中在 B 类和 C 类网络地址上，A 类的网络太大，而 C 类的网络太小，因为后来的几乎所有的申请者都愿意申请一个 B 类网络，一个 B 类网络可以拥有 65534 个主机地址，而实际上根本用不了这么多的地址，由于这样的低效率的分配方法，导致 B 类地址消耗得特别快。也就导致对现有的 IP 地址的分配速率很快，造成 IP 地址即将被分配完的局面。

2. 对现有路由技术的支持不够

由于历史原因，今天的 IP 地址空间的拓扑结构都只有两层或者三层，这在路由选择上来看是非常糟糕的。各级路由器中路由表的数目过度增长，最终的结果是使路由器不堪重负，Internet 的路由选择机制因此而崩溃。

当前，Internet 发展的瓶颈已经不再是物理线路的速率，ATM 技术，百兆/千兆以太网技术的出现使得物理线路的表现有了显著的改善，现在路由器的处理速度成为阻碍 Internet 发展的主要因素。而 IPv4 天生设计上的缺陷更大大加重了路由器的负担。

首先，IPv4 的分组报头的长度是不固定的，这样不利于在路由器中直接利用硬件来实现分组中路由信息的提取、分析和选择。

其次，目前的路由选择机制仍然不够灵活，对每个分组都进行同样过程的路由选择，没有充分利用分组间的相关性。

再次，由于 IPv4 设计时未能完全遵循端到端通信的原则，加上当时物理线路的误码率比较高，使得路由器还要具备以下两个功能。

- 根据线路的 MTU 来分段和重组过大的 IP 分组
- 逐段进行数据校验。

这同样会造成路由器处理速度降低。

3. 无法提供多样的 QoS

随着 Internet 的成功和发展，商家已经将更多的关注投向了 Internet，他们意识到其中蕴含着巨大的商机，今天乃至将来，有很多的业务应用都希望在互联网上进行。在这些业务中包括对时间和带宽要求很高的实时多媒体业务，如语音、图像等；包括对安全性要求很高的电子商务业务以及发展越来越迅猛的移动 IP 业务等。这些业务对网络 QoS 的要求各不相同。但是，IPv4 在设计时没有引入 QoS 这样的概念，设计上的不足使得它很难相应地提供丰富的、灵活的 QoS 选项。

虽然人们提出了一系列的技术，如 NAT、CIDR、VLSM、RSVP 等来缓解这些问题，但这些方法都只是权宜之计，解决不了因地址不多及地址结构不合理而导致的地址短缺的根本问题。最终 IPv6 应运而生。

10.1.2 IPv6 的改进

IPv6 相对于 IPv4 来说有以下方面的改进：

1. 扩展的地址空间和结构化的路由层次

IPv6 地址长度由 IPv4 的 32 位扩展到 128 位，全局单点地址采用支持无分类域间路由的地址聚类机制，可以支持更多的地址层次和更多的结点数目，并且使得自动配置地址更加简单。

2. 简化了报头格式

IPv4 报头中的一些字段被取消或是变成可选项，尽管 IPv6 的地址长度是 IPv4 的 4 倍，但是 IPv6 的基本报头只是 IPv4 报头长度的两倍。取消了对报头中可选项长度的严格限制，增加了灵活性。

3. 简单的管理：即插即用

IPv6 通过实现一系列的自动发现和自动配置功能，简化网络结点的管理和维护。已实现的典型技术包括最大传输单元发现（MTU Discovery）、邻接结点发现（Neighbor Discovery）、路由器通告（Router Advertisement）、路由器请求（Router Solicitation）、结点自动配置（Auto-configuration）等。

4．安全性

在制定 IPv6 技术规范的同时，产生了 IPSec（IP Security），用于提供 IP 层的安全性。目前，IPv6 实现了认证头（Authentication Header，AH）和封装安全载荷（Encapsulated Security Payload，ESP）两种机制。前者实现数据的完整性及对 IP 包来源的认证，保证分组确实来自源地址所标记的结点；后者提供数据加密功能，实现端到端的加密。

5．QoS 能力

报头中的“标签”字段允许鉴别属于同一数据流的所有报文，因此路径上所有路由器可以鉴别一个流的所有报文，实现非默认的服务质量或实时的服务等特殊处理。

6．改进的多点寻址方案

通过在组播地址中增加了“范围”字段，允许将组播的路由限定在正确的范围之内。另一个“标志”字段允许 Intranet 区分永久性的多点地址和临时性的多点地址。

7．定义了一种新的群通信地址方式：Anycast

在点到多点的通信中，将报文传递到一组结点中的一个（通常是最近的一个），从而允许在源点路由中允许结点控制传递路径。

8．可移动性

IPv6 协议设计的若干技术有利于移动计算的实现，包括信宿选项头（destiNATion options header）、路由选项头（routing header）、自动配置、安全机制以及 Anycast 技术。将 QoS 技术同移动结点相结合还将强化 IPv6 对移动计算的支持。

10.1.3 IPv6 协议栈

图 10-1 所示是 IPv4 和 IPv6 协议栈的比较。

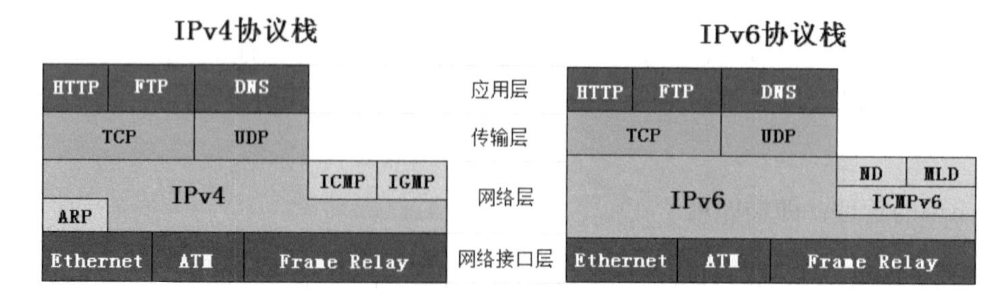

▲图 10-1　IPv6 协议栈和 IPv4 协议栈的比较

可以看到，IPv6 协议栈与 IPv4 协议栈相比较在网络层变化最大，IPv6 的网络层没有 ARP 协议和 IGMP 协议，ICMP 协议功能做了很大的扩展。ICMP 在 IPv6 定义中重新修订。此外，IPv4 组成员协议（IGMP）的多点传送控制功能和 ARP 协议的功能也嵌入到 ICMPv6 中，分别是邻居发现（ND）协议和多播侦听器发现（MLD）协议。

IPv6 网络层的核心协议包括以下几种。

- IPv6：取代 IPv4，它是一个可路由协议，为数据包进行寻址、路由、分段和重组。
- Internet 控制消息协议 IPv6 版 （ICMPv6）：取代 ICMP，它报告错误和其他信息以帮助您诊断不成功的数据包传送。
- 邻居发现（ND）协议：ND 取代 ARP，它管理相邻 IPv6 结点间的交互，包括自动配置地址和将下一跃点 IPv6 地址解析为 MAC 地址。
- 多播侦听器发现（MLD）协议：MLD 取代 IGMP，它管理 IPv6 多播组成员身份。

10.1.4 ICMPv6 协议的功能

IPv6 使用的是 ICMP for IPv4 的更新版本。这一新版本叫做 ICMPv6，它执行常见的 ICMP for IPv4 功能，报告传送或转发中的错误并为疑难解答提供简单的回显服务。ICMPv6 协议还为 ND 和 MLD 消息提供消息结构。

1．邻居发现（ND）

ND 是一组 ICMPv6 消息和过程，用于确定相邻结点间的关系。ND 取代了 IPv4 中使用的 ARP、ICMP 路由器发现和 ICMP 重定向，提供了更丰富的功能。

主机可以使用 ND 完成以下任务。

- 发现相邻的路由器。
- 发现并自动配置地址和其他配置参数。

路由器可以使用 ND 完成以下任务。

- 公布它们的存在、主机地址和其他配置参数。
- 向主机提示更好的下一跃点地址来帮助数据包转发到特定目标。

结点（包括主机和路由器）可以使用 ND 完成以下任务：

- 解析 IPv6 数据包将被转发到的一个相邻结点的链路层地址（又称 MAC 地址）。
- 动态公布 MAC 地址的更改。
- 确定某个相邻结点是否仍然可以到达。

表 10-1 列出了 RFC 2461 中描述的 ND 过程并作了说明。

表 10-1 ND 过程

ND 过程	说　明
路由器发现	主机通过该过程来发现它的相邻路由器
前缀发现	主机通过该过程来发现本地子网目标的网络前缀
地址自动配置	无论是否存在地址配置服务器（例如运行动态主机配置协议 IPv6 版（DHCPv6）的服务器），该过程都可以为接口配置 IPv6 地址
地址解析	结点通过该过程将邻居的 IPv6 地址解析为它的 MAC 地址。IPv6 中的地址解析相当于 IPv4 中的 ARP

续表

ND 过程	说　明
下一跃点确定	结点根据目标地址通过该过程来确定数据包要转发到的下一跃点 IPv6 地址。下一跃点地址可能是目标地址，也可能是某个相邻路由器的地址
邻居不可访问性检测	结点通过该过程确定邻居的 IPv6 层是否能够发送或接收数据包
重复地址检测	结点通过该过程确定它打算使用的某个地址是否已被相邻结点占用
重定向功能	该过程提示主机更好的第一跃点 IPv6 地址来帮助数据包向目标传送

2. 地址解析

IPv6 地址解析包括交换“邻居请求”和“邻居公布”消息，从而将下一跃点 IPv6 地址解析为其对应的 MAC 地址。发送主机在适当的接口上发送一条多播“邻居请求”消息。“邻居请求”消息包括发送结点的 MAC 地址。

当目标结点接收到“邻居请求”消息后，将使用“邻居请求”消息中包含的源地址和 MAC 地址的条目更新其邻居缓存（相当于 ARP 缓存）。接着，目标结点向“邻居请求”消息的发送方发送一条包含它的 MAC 地址的单播“邻居公布”消息。

接收到来自目标的“邻居公布”后，发送主机根据其中包含的 MAC 地址使用目标结点条目来更新它的邻居缓存。此时，发送主机和“邻居请求”的目标就可以发送单播 IPv6 通信量了。

3. 路由器发现

主机通过路由器发现过程尝试发现本地子网上的路由器集合。除了配置默认路由器之外，IPv6 路由器发现还配置以下设置。

- IPv6 报头中的“跃点限制”字段的默认设置。
- 用于确定结点是否应当为地址和其他配置参数使用地址配置协议（例如，动态主机配置协议 IPv6 版 （DHCPv6））的设置。
- 为链路定义网络前缀列表。每个网络前缀都包含 IPv6 网络前缀及其有效的和首选的生存时间。如果指示了网络前缀，主机便使用该网络前缀来创建 IPv6 地址配置而不使用地址配置协议。网络前缀还定义了本地链路上的结点的地址范围。

IPv6 路由器发现过程如下：

- IPv6 路由器定期在子网上发送多播“路由器公布”消息，以公布它们的路由器身份信息和其他配置参数（例如地址前缀和默认跃点限制）。
- 本地子网上的 IPv6 主机接收“路由器公布”消息，并使用其内容来配置地址、默认路由器和其他配置参数。
- 一个正在启动的主机发送多播“路由器请求”消息。收到“路由器请求”消息后，本地子网上的所有路由器都向发送路由器请求的主机发送一条单播“路由器公布”消息。该主机接收“路由器公布”消息并使用其内容来配置地址、默认路由器和其他配置参数。

4. 地址自动配置

IPv6 的一个非常有用的特点是，它无须使用地址配置协议（例如，动态主机配置协议 IPv6 版 （DHCPv6））就能够自动进行自我配置。默认情况下，IPv6 主机能够为每个接口配置一个在子网上使用的地址。通过使用路由器发现，主机还可以确定路由器的地址、其他地址和其他配置参数。“路由器公布” 消息指示是否使用地址配置协议。

5. 多播侦听器发现（MLD）

MLD 是 IGMP 版本 2（用于 IPv4）的 IPv6 版本。MLD 是路由器和节点交换的一组 ICMPv6 消息，供路由器用来为各个连接的接口发现有侦听结点的 IPv6 多播地址的集合。同 IGMPv2 一样，MLD 只能发现那些至少包含一个侦听器的多播地址，而不能发现各个多播地址的单个多播侦听器的列表。RFC 2710 中对 MLD 进行了定义。

与 IGMPv2 不同，MLD 使用 ICMPv6 消息而不是定义它自己的消息结构。

MLD 消息有三种类型：

- 多播侦听器查询：路由器使用“多播侦听器查询” 消息来查询子网上是否有多播侦听器。
- 多播侦听器报告：多播侦听器使用“多播侦听器报告” 消息来报告它们有兴趣接收发往特定多播地址的多播通信量，或者使用这类消息来响应“多播侦听器查询” 消息。
- 多播侦听器完成：多播侦听器使用“多播侦听器完成” 消息来报告它们可能是子网上最后的多播组成员。

10.2 IPv6 寻址

下面讲解 IPv6 的 IP 地址的体系结构、地址类型和一些特殊的 IPv6 地址，并且讲授在 Windows XP 上安装 IPv6 协议和配置 IPv6 地址的方法。

10.2.1 IPv6 寻址及表达式

我们已经知道，IPv6 的主要改变就是地址的长度：128 位。IPv6 地址一共有 2128 个，340.282.366.920.463.374.607.431.768.211.456 这个地址数足够地球上每人拥有上千个 IP 地址。

IPv6 使用冒号将其分割成 8 个 16 比特的数组，每个数组表示成 4 位十六进制数。一般有以下四种文本表示形式：

1. 首选的格式

把 128 比特划分成 8 段，每段为 16 比特，用十六进制表示，并使用冒号等间距分隔。例如：F00D:4598:7304:3210:FEDC:BA98:7654:3210。

2. 压缩格式

在某些 IPv6 的地址形式中，很可能地址包含了长串的“0”。为书写方便，可以允许“0”压缩，即一连串的 0 可用一对冒号来取代。例如，以下地址：

```
1080:0:0:0:8:8000:200C:417A
```

可以表示为：

```
1080::8:8000:200C:417A
```

但要注意，为了避免出现地址表示的不清晰，一对冒号（::）在一个地址中只能出现一次。

3. 内嵌 IPv4 的 IPv6 地址

当涉及 IPv4 和 IPv6 的混合环境时，有时使用地址表示形式 x:x:x:x:x:x:d.d.d.d，这里 6 个“x”分别代表地址中的用十六进制表示的一位数，4 个“d”分别代表地址中的 8 比特，用十进制表示。例如：

```
0:0:0:0:0:0:218.129.100.10
```

或者以压缩形式表示：

```
 ::218.129.100.10
```

4.“地址/前缀长度”表示法

表示形式是：IPv6 地址/前缀长度:其中“前缀长度”是一个十进制数，表示该地址的前多少位是地址前缀。例如：F00D:4598:7304:3210:FEDC:BA98:7654:3210，其地址前缀是 64 位，就可以表示为：F00D:4598:7304:3210:FEDC:BA98:7654:3210/64。

当使用 Web 浏览器向一台 IPv6 设备发起 HTTP 连接时，必须将 IPv6 地址输入浏览器，而且要用方括号将 IPv6 地址括起来。为什么呢？这是因为浏览器在指定端口号时，已经使用了一个冒号。因此，如果你不用方括号将 IPv6 地址括起来，浏览器将无法识别出信息。

下面是这种情况的一个例子：

```
http://[2001:0db8:3c4d:0012:0000:0000:1234:56ab]/default.html
```

显然，如果可以的话，你肯定愿意使用网站的域名来访问 Web 站点，比如 http://www.edu2act.org，在 IPv6 的网络中 DNS 变得尤为重要。

10.2.2 IPv6 的地址类型

IPv6 地址是独立接口的标识符，所有的 IPv6 地址都被分配到接口，而非结点。 RFE 2373 中定义了三种 IPv6 地址类型：单播地址（Unicast）、多播地址（Multicast）和任播地址（Anycast）。

1. 单播地址（Unicast）

单播地址是点对点通信时使用的地址，此地址仅标识一个接口，网络负责把对单播地址发送的数据包送到该接口上。

单播地址有：全球单播地址（Global Unicast Address）、未指定地址 （Unspecified Address）、环回地址（Loopback Address）等几种形式。

一般的，全球单播地址的格式如图 10-2 所示。

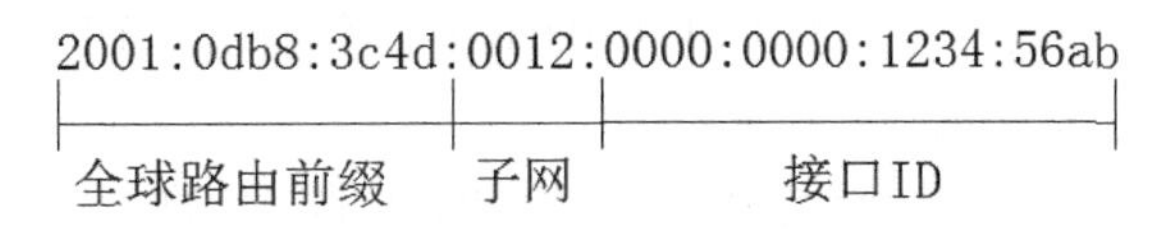

▲图 10-2 单播地址结构

IPv6 全局单播地址的分配方式如下：顶级地址聚集机构 TLA(即大的 ISP 或地址管理机构)获得大块地址，负责给次级地址聚集机构 NLA(中小规模 ISP)分配地址，NLA 给站点级地址聚集机构 SLA(子网)和网络用户分配地址。

全球路由前缀（global routing prefix）：典型的分层结构，根据 ISP 来组织，用来分配给站点（Site），站点是子网/链路的集合。

- 子网 ID（SubnetID）：站点内子网的标识符。由站点的管理员分层地构建。
- 接口 ID（InterfaceID）：用来标识链路上的接口。在同一子网内是唯一的。

2. 多播地址

多播地址标识一组接口（一般属于不同结点）。当数据包的目的地址是多播地址时，网络尽量将其发送到该组的所有接口上。信源利用多播功能只需生成一次报文即可将其分发给多个接收者。多播地址以 11111111 即 ff 开头。

3. 任播地址

任播地址标识一组接口，它与多播地址的区别在于发送数据包的方法。向任播地址发送的数据包并未被分发给组内的所有成员，而是发往该地址标识的“最近的”那个接口。

任播地址从单播地址空间中分配，使用单播地址的任何格式。因而，从语法上，任播地址与单播地址没有区别。当一个单播地址被分配给多于一个的接口时，就将其转化为任播地址。被分配具有任播地址的结点必须得到明确的配置，从而知道它是一个任播地址。

4. 链路本地地址

IPv6 中有种地址类型叫做链路本地（link local）地址，该地址用于在同一网中的 IPv6 计算机之间进行通信。自动配置，邻居发现，没有路由器的链路上的结点都使用这类地址。任意需要将包发往单一链路上的设备和不希望包发往链路范围外的协议都可以使用链路本地地址。当你配置一个单播 IPV6 地址的时候，接口上会自动配置一个链路本地地址。链路本地地址和可路由的 IPv6 地址共存。

10.2.3 IPv6 中特殊的地址

在 IPv6 中是否会有特殊的、保留的地址，因为在 IPv4 中就有这样的地址。是的，在 IPv6 中也有很多这样的地址。

下面将列出一些地址和地址范围，大家一定要记住它们，因为肯定能用到。它们都很特殊，或者是为特定使用目的而保留的，但与 IPv4 不同的是，IPv6 的地址空间特别巨大，因此，保留一些地址确实无关紧要。

- 0:0:0:0:0:0:0:0：等于::。这是 IPv4 中 0.0.0.0 的等价物，当正在使用有状态的地址配置时，典型情况下是主机的源地址。
- 0:0:0:0:0:0:0:1：等于::1。这是 IPv4 中 127.0.0.1 的等价物。
- 0:0:0:0:0:0:192.168.100.1：这是在 IPv6/IPv4 混合网络环境中 IPv4 地址的表示式。
- 2000::/3：全球单播地址范围。写成二进制 0010 0000 0000 0000::/3，只要前三位是 001 就是全球单播地址，写成十六进制即 2xxx：：/64 和 3xxx::/64 打头的都是全球单播地址。
- FE80::/10：链路本地单播地址范围。
- FF00::/8：组播地址范围。
- 3FFF:FFFF::/32：为示例和文档保留的地址。
- 2001:0DB8::/32：也是为示例和文档保留的地址。
- 2002::/16：用于 IPv6 到 IPv4 的转换系统，这种结构允许 IPv6 包通过 IPv4 网络进行传输，而无须显式地配置隧道。

10.2.4 IPv6 计算机地址配置方法

IPv6 协议的一个突出特点是支持网络结点地址自动配置，极大地简化了网络管理者的工作。下面将演示一台设备自动地为它自己配置地址的能力，这就是“无状态自动配置”；另一种自动配置类型，称为“有状态自动配置”。一定要牢记，有状态自动配置与 IPv4 中使用的 DHCP 服务器配置十分相像。

1. 无状态自动配置

自动配置是一种令人难以置信的、有用的解决方案，因为它允许网络中的设备用链路本地单播地址自动进行地址配置。这个过程在开始时从路由器那里学习前缀信息，然后将设备自己的接口地址作为接口 ID 附加上去。但它从哪里获得接口 ID 呢？大家知道，以太网中的每台设备都有一个物理 MAC 地址，这个 MAC 地址就用来作为接口 ID。可是 IPv6 地址中的接口 ID 是 64 位的，而 MAC 地址仅为 48 位，因此，需要另外再加上 16 位。这 16 位从哪里来呢？是在 MAC 地址的中间填充 FFFE。

例如，我们假定某台设备的 MAC 地址如下：

```
0060.d673.1987
```

在填充之后，就变为 0260.d6FF.FE73.1987

那么，地址开头的 2 是从哪里来的呢？大家要知道，如果地址是本地唯一的或全球唯一的，那么填充过程的部分（称为改进的 eui-64 格式）会将一位改为特定的数字，被改动的这一位是二进制 MAC 地址中的第 7 位。这一位的值为 1，意味着是全球唯一的；这一位的值为 0，意味着是本地唯一的。看看例子，你能说出这个地址是全球唯一的还是本地唯一的么？对了，是全球唯一的。如果是 0060.d6FF.FE73.1987，这意味着是本地唯一的。

示例：安装 IPv6 并查看本地链路地址

Windows Server 2003、Windows 7、Windows Server 2008 默认已经启用了 IPv6。默认 Windows XP 没有启用 IPv6 协议，需要安装 IPv6。

（1）如图 10-3 所示，打开“本地连接 属性”对话框，在“常规”选项卡中，单击“安装”按钮。

（2）如图 10-4 所示，在出现的“选择网络组件类型”对话框中，选中“协议”选项，单击“添加”按钮。

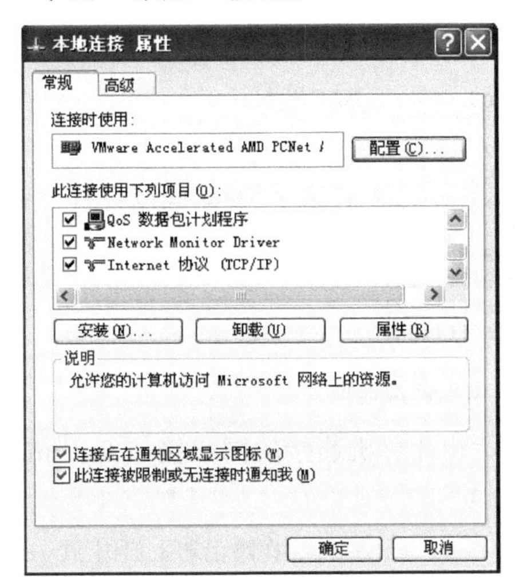

▲图 10-3 “本地连接 属性”对话框

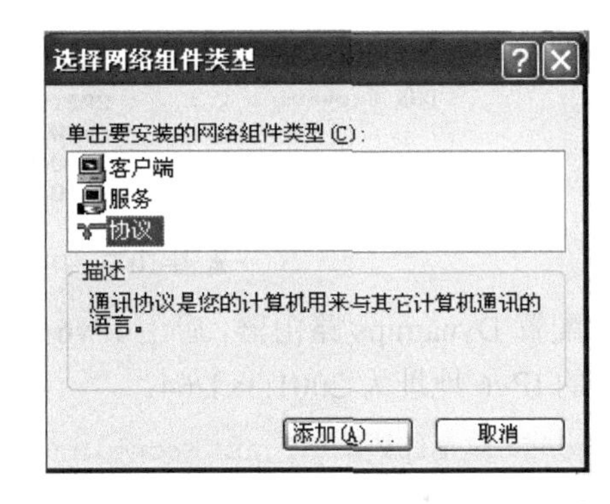

▲图 10-4 选择协议

（3）如图 10-5 所示，在出现的“选择网络协议”对话框中，选择“Microsoft TCP/IP 版本 6”选项，单击“确定”按钮。

（4）如图 10-6 所示，添加了 IPv6 协议绑定到本地连接。

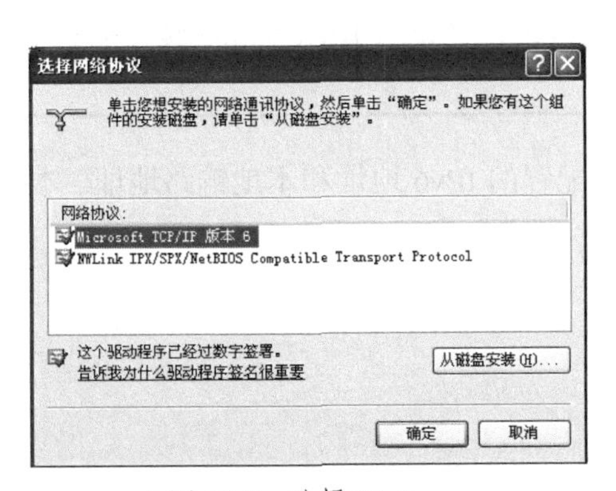

▲图 10-5 选择 IPv6

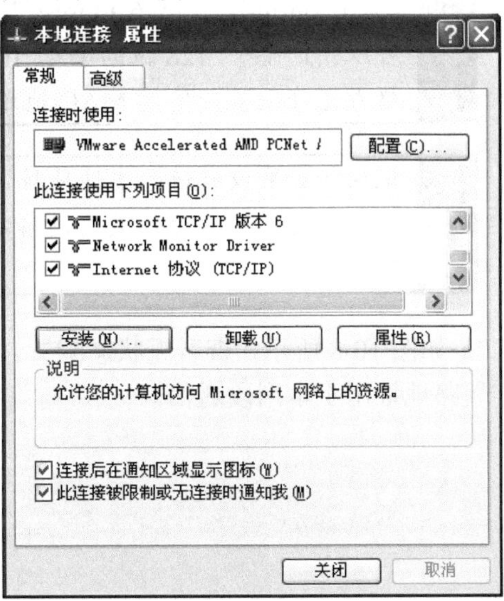

▲图 10-6 添加了 IPv6 协议

(5) 如图 10-7 所示，在命令提示符下，输入 ipconfig 能够看到 IPv6 的本地链路地址。

```
C:\Documents and Settings\Administrator>ipconfig /all

Windows IP Configuration

        Host Name . . . . . : han-a08e3360c71
        Primary Dns Suffix  :
        Node Type . . . . . : Unknown
        IP Routing Enabled. : No
        WINS Proxy Enabled. : No

Ethernet adapter 本地连接:

        Connection-specific DNS Suffix  . :
        Description . . . . : VMware Accelerated AMD PCNet Adapter

        Physical Address. . : 00-0C-29-C5-1F-77   MAC地址
        Dhcp Enabled. . . . : No
        IP Address. . . . . : 10.0.1.122
        Subnet Mask . . . . : 255.255.255.0
        IP Address. . . . . : fe80::20c:29ff:fec5:1f77%5   本地链路地址
        Default Gateway . . : 10.0.1.1
        DNS Servers . . . . : 202.99.168.8
                              fec0:0:0:ffff::1%1
                              fec0:0:0:ffff::2%1
                              fec0:0:0:ffff::3%1
```

▲图 10-7　IPv6 的本地链路地址

(6)配置 Dynamips 路由器，启用 IPv6 转发，和计算机连接的网络接口 fastEthernet 1/0 的 IPv6 地址为 2001:3::1/64。

```
RA (config) #ipv6 unicast-routing                 --在路由器上启用 IPv6 转发
RA (config) #interface fastEhernet 1/0
RA (config-if) #ipv6 address 2001:3::1/64         --指定 IPv6 地址
```

提示

你也可以使用以下方式配置 IPv6 地址。
RA (config-if) #ipv6 address 2001:3::/64 eui-64
可以指定整个 128 位的全球 IPv6 地址，或者使用 eui-64 选项。记住，eui-64 格式允许设备使用其 MAC 地址并对它进行填充，以得到接口 ID。

说明

记住，如果仅有链路本地地址，将只能与本地子网上的主机通信。
要将路由器配置为仅使用链路本地地址，可使用 IPv6 enable 接口配置命令：RA (config-if) #ipv6 enable。

(7) 如图 10-8 所示，查看无状态配置自动配置的 IPv6 地址和本地链路地址。本地链路地址用于本网段通信。

```
C:\Documents and Settings\Administrator>ipconfig /all

Windows IP Configuration

    Host Name . . . . . . . . . : han-a08e3360c71
    Primary Dns Suffix  . . . . :
    Node Type . . . . . . . . . : Unknown
    IP Routing Enabled. . . . . : No
    WINS Proxy Enabled. . . . . : No

Ethernet adapter 本地连接:

    Connection-specific DNS Suffix  . :
    Description . . . . . . . . : VMware Accelerated AMD PCNet Adapter

    Physical Address. . . . . . : 00-0C-29-C5-1F-77
    Dhcp Enabled. . . . . . . . : No
    IP Address. . . . . . . . . : 10.0.1.122
    Subnet Mask . . . . . . . . : 255.255.255.0
    IP Address. . . . . . . . . : 2001:3::8be:8bbb:b832:fdf9
    IP Address. . . . . . . . . : 2001:3::20c:29ff:fec5:1f77  无状态地址配置
    IP Address. . . . . . . . . : fe80::20c:29ff:fec5:1f77%5  本地链路地址
    Default Gateway . . . . . . : 10.0.1.1
                                  fe80::ce00:5ff:fec8:0%5  网关是路由器的本地链路地址
```

▲图 10-8 无状态地址配置的 IPv6 地址

2. 有状态自动配置

大家可能会感到吃惊，但确实有一些其他的选项是 DHCP 仍然提供而自动配置却不能提供的。无状态自动配置中，绝对没有提到 DNS 服务器、域名服务，或者其他许多选项，这些都是 DHCP 在 IPv4 自动配置中一直提供的。这就是为什么在大多数情况下，我们可能仍然要在 IPv6 中使用 DHCP 的原因。

IPv4 中，在引导期间，客户端发送一个 DHCP 发现消息，以查找服务器，得到它所需要的信息。但要记住，在 IPv6 中，首先发生 RS 和 RA 过程。如果网络中有一台 DHCPv6 服务器，返回到客户端的 RA 将告诉它 DHCP 服务器是否可用。如果没有找到路由器，客户端将发送 DHCP 征求消息。征求消息实际上就是组播消息，源地址为 ff02::1:2，意味着所有的 DHCP 代理，包括服务器和中继器都响应该征求信息。

Windows Server 2008 的 DHCP 服务器支持 IPv6。

3. 指定静态 IPv6 地址

对于服务器来说，为了客户端访问方便，最好指定固定的 IPv6 地址，以便客户端能够较容易地找到。Windows XP 和 Windows Server 2003 没有提供图形界面配置 IPv6 的地址、网关以及 DNS 等，以下命令是在 Windows XP 上运行的，可以指定本地连接的 IPv6 地址、网关和 DNS 服务器。

```
C:\Documents and Settings\Administrator>netsh interface ipv6 add address
"本地连接" 2001:3::2
C:\Documents and Settings\Administrator>netsh interface ipv6 add route ::/0
"本地连接"  2001:3::1
C:\Documents and Settings\Administrator>netsh interface ipv6 add dns "本
地连接"
 2001:3::100
```

查看 IPv6 的配置，如图 10-9 所示。

将以上命令中的 add 换成 delete，就可以删除 IPv6 地址、DNS 和网关。

如图 10-10 所示，Windows Server 2008、Windows 7 和 Vista 操作系统中的 IPv6 可以这样指定 IPv6 的配置。

```
C:\Documents and Settings\Administrator>ipconfig /all

Windows IP Configuration

        Host Name . . . . . . . . . . . . : han-a08e3360c71
        Primary Dns Suffix  . . . . . . . :
        Node Type . . . . . . . . . . . . : Unknown
        IP Routing Enabled. . . . . . . . : No
        WINS Proxy Enabled. . . . . . . . : No

Ethernet adapter 本地连接:

        Connection-specific DNS Suffix  . :
        Description . . . . . . . . . . . : VMware Accelerated AMD PCNet Adapter

        Physical Address. . . . . . . . . : 00-0C-29-C5-1F-77
        Dhcp Enabled. . . . . . . . . . . : No
        IP Address. . . . . . . . . . . . : 10.0.1.122
        Subnet Mask . . . . . . . . . . . : 255.255.255.0
        IP Address. . . . . . . . . . . . : 2001:3::2     指定的静态IPv6地址
        IP Address. . . . . . . . . . . . : fe80::20c:29ff:fec5:1f77%5
        Default Gateway . . . . . . . . . : 10.0.1.1
                                            2001:3::1
        DNS Servers . . . . . . . . . . . : 202.99.168.8
                                            2001:3::100
```

▲图 10-9　指定的静态 IPv6 地址

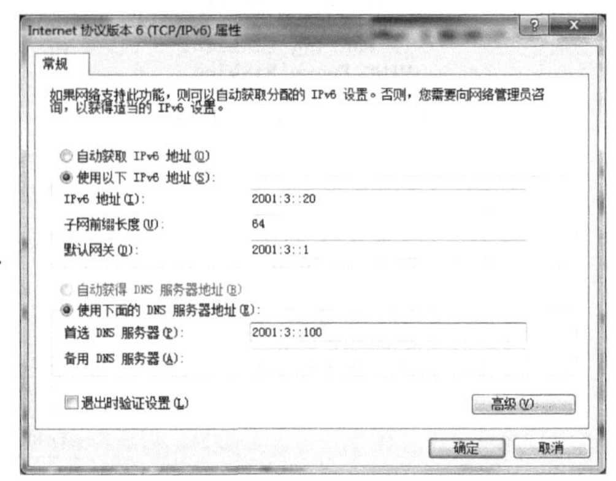

▲图 10-10　指定静态 IPv6 地址

10.3 配置 IPv6 路由

在网络规模不大的情况下，IPv6 环境也可以使用静态路由。配置 IPv6 的静态路由和配置 IPv4 的静态路由一样。路由器要知道到达所有网络的路由。

为了在 IPv6 网络中使用，前面讨论过的大多数路由协议已经升级了。我们讨论过的许多功能和配置，将以几乎一样的方式在这里继续得到应用。大家知道，在 IPv6 中取消了广播地址，因此，完全使用广播流量的任何协议都不会再用了，这是一件好事情，因为它们消耗大量的带宽。

在 IPv6 中仍然使用的路由协议都有了新的名字，并做了翻新。

首先是 RIPng（下一代 RIP）。如果你已经在 IT 行业工作了一段时间，就会知道 RIP 在小型网络中工作得很好，正是因为这一点，使得 RIP 一直沿用了下来，还将应用在 IPv6 网络中。我们还会使用 EIGRPv6，因为它已经有了与协议有关的模块，我们所要做的只是向其中添加 IPv6 协议即可。剩下的路由协议就是 OSPFv3 了，它是真正的第 3 版，因为 IPv4 网络中的 OSPF 实际上是第 2 版，因此，当它升级到 IPv6 时，就变成了第 3 版。

以下将会演示配置 IPv6 的静态路由，配置支持 IPv6 的动态路由协议 RIPng、EIGRPv6 和 OSPFv3。

10.3.1 配置 IPv6 静态路由

打开随书光盘第 10 章练习“01 IPv6 静态路由.pkt”，网络拓扑如图 10-11 所示。网络中包括 3 个 IPv6 网段。网络中的路由器和计算机已经按照图示配置好了 IPv6 地址。你需要在 RA 和 RB 路由器上添加静态路由，使这 3 个网段的计算机能使用 IPv6 通信。

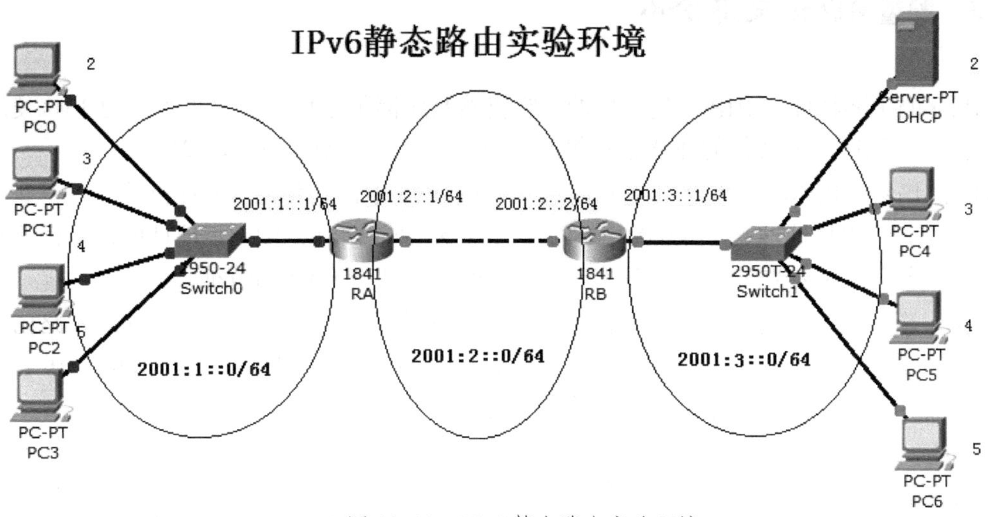

▲图 10-11 IPv6 静态路由实验环境

配置 IPv6 静态路由的步骤如下。

（1）在 RA 上查看 IPv6 的路由，没有到达 2001:3:：0/64 网段的路由。

```
RA#show ipv6 route
C  2001:1::/64 [0/0]
    via ::, fastEthernet0/0
L  2001:1::1/128 [0/0]
    via ::, fastEthernet0/0
C  2001:2::/64 [0/0]
    via ::, fastEthernet0/1
L  2001:2::1/128 [0/0]
    via ::, fastEthernet0/1
L  FF00::/8 [0/0]
    via ::, Null0
```

（2）在 RA 上添加到达 2001:3:：0/64 网段的静态路由。

```
RA#config t
RA (config) #ipv6 route 2001:3::/64 2001:2::2
```

（3）在 RB 上添加到 2001:1:：0/64 网段的静态路由。

```
RB#config t
RB (config) #ipv6 route 2001:1::/64 2001:2::1
```

（4）在 RA 上查看路由表，显示添加的静态路由。

（5）使用 PC0 ping DHCP 计算机的 IPv6 地址，能通。

```
PC>ping 2001:3::2
```

10.3.2 配置 RIPng 支持 IPv6

RIPng 的主要特性与 RIPv2 是一样的。它仍然是距离矢量协议，最大跳数为 15，使用水平分割、毒性逆转和其他的环路避免机制，但它现在使用 UDP 端口 521。

RIPng 仍然使用组播来发送其更新信息，但在 IPv6 中，它使用 FF02::9 为传输地址。在 RIPv2 中，该组播地址是 224.0.0.9，因此，在新的 IPv6 组播范围中，地址的最后仍然有一个 9。事实上，大多数路由协议都像这样，保留了一部分 IPv4 的特征。

当然，新版本肯定与旧版本有不同之处，否则它就不是新版本了。我们知道，路由器在其路由表中，为每个目的网络保留了其邻居路由器的下一跳地址。对于 RIPng，其不同之处在于，路由器使用链路本地地址而不是全球地址来跟踪下一跳地址。

在 RIPng 中，最大的改变是，需要从接口配置模式配置或启用网络中的通告，而不是在路由器配置模式下使用 network 命令来通告（所有的 IPv6 路由协议都如此）。因此，在 RIPng 中，在接口上直接启用它而不是进入路由器配置模式并启动 RIPng 进程，那么将启动一个新的 RIPng 进程，它看起来是这样的：

输入以下命令，在路由器上启用 RIPng。

```
Router1 (config) #ipv6 router rip 1
```

在这条命令中，1 是一种标记，用来识别正在运行的 RIPng 进程，可以是数字和字符串。

```
Router1 (config-if) #ipv6 rip 1 enable
```

这将使该接口参与 RIP 进程 1 的活动，不必进入路由器全局配置使用 network 进行配置。

因此要记住，RIPng 的应用与在 IPv4 网络中基本一样。最大的不同是，它使用网络本身，而不是使用大家习惯了的网络命令，来启用接口到所连接的网络的路由功能。

示例：在 IPv6 网络中配置 RIPng

打开随书光盘中第 10 章练习“02 IPv6 动态路由协议 RIPng.pkt”，网络拓扑如图 10-12 所示，网络中有 3 个 IPv6 网段，计算机和路由器已经按照图示配置好了 IPv6 地址，你需要在 IPv6 环境中配置动态路由协议 RIPng。

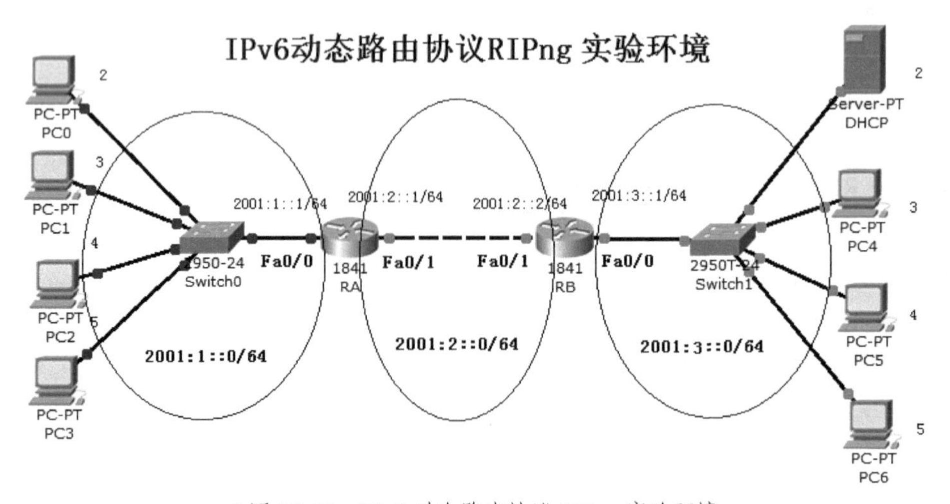

▲图 10-12 IPv6 动态路由协议 RIPng 实验环境

配置 RIPng 步骤如下。

（1）在 RA 上配置 RIPng。

```
RA (config) #ipv6 unicast-routing   --在路由器上启用 IPv6
RA (config) #ipv6 router rip ds     --启用 RIPng，后面的 ds 是 RIPng 进程名称，可以是数字和字符
RA (config-rtr) #exit
RA (config) #interface fastEthernet 0/0
RA (config-if) #ipv6 rip ds enable  --在该接口启用 RIPng，相当于 network 的作用
RA (config-if) #exit
RA (config) #interface fastEthernet 0/1
RA (config-if) #ipv6 rip ds enable
```

（2）在 RB 上配置 RIPng。

```
RB (config) #ipv6 unicast-routing   --在路由器上启用 IPv6
RB (config) #ipv6 router rip ds     --启用 RIPng，后面的 ds 是名称
RB (config-rtr) #exit
RB (config) #interface fastEthernet 0/0
RB (config-if) #ipv6 rip ds enable  --在该接口启用 RIPng，相当于 network 的作用
RB (config-if) #exit
RB (config) #interface fastEthernet 0/1
RB (config-if) #ipv6 rip ds enable
```

（3）查看 RA 路由器的路由表。

```
RA#show ipv6 route
IPv6 Routing Table - 6 entries
C   2001:1::/64 [0/0]
     via ::, fastEthernet0/0
L   2001:1::1/128 [0/0]
     via ::, fastEthernet0/0
C   2001:2::/64 [0/0]
     via ::, fastEthernet0/1
L   2001:2::1/128 [0/0]
     via ::, fastEthernet0/1
R   2001:3::/64 [120/1] --通过 RIPng 学到的路由
     via FE80::201:64FF:FE40:4E02, FastEthernet0/1
L   FF00::/8 [0/0]
     via ::, Null0
```

（4）在 RA 上查看运行的支持 IPv6 的路由协议。

```
RA#show ipv6 protocols
```

```
IPv6 Routing Protocol is "connected"
IPv6 Routing Protocol is "static
IPv6 Routing Protocol is "rip ds"
  Interfaces:
    fastEthernet0/0
    fastEthernet0/1
```

（5）PC0 ping DHCP 服务器，能通。

```
PC>ping 2001:3::2
```

10.3.3 配置 EIGRPv6 支持 IPv6

就像 RIPng 一样，EIGRPv6 与其 IPv4 前辈几乎是一样的，EIGRP 的大多数特性在 EIGRPv6 中都保留了。

EIGRPv6 仍然是高级距离矢量路由协议，并且有一些链路状态路由协议的特征。邻居发现的过程仍然使用 hello 来进行，它仍然使用可靠的传输协议来提供可靠的通信，并使用弥散更新算法（DUAL）实现无环路的快速收敛。

EIGRPv6 使用组播传输来发送 hello 包和更新信息，正如 RIPng 一样，EIGRPv6 的组播地址几乎是一样的。在 IPv4 中，它是 224.0.0.10；在 IPv6 中，它是 FF02::A（在十六进制表示法中，A=10）。

但显然，这两个版本有着不同之处。最明显的不同是，正如 RIPng 一样，不使用网络命令了，要通告的网络和接口必须在接口配置模式下启用。但在 EIGRPv6 中，仍然使用路由器配置模式来启用路由协议，因为路由协议必须用文字命令打开，就像要用 no shutdown 命令打开接口一样。

```
EIGRPv6 的配置如下：
Router1 (config) #ipv6 router eigrp 10
```

在这里，10 仍然是自治系统（AS）号。提示符变成了（config-rtr） #，而且必须在这里执行 no shutdown 命令：

```
Router1 (config-rtr) #no shutdown
```

还必须指定一个 routerID：

```
Router1 (config-rtr) #router-id 4.0.0.1
```

在这种模式下，也可以配置其他的选项，比如路由再发布。

现在，让我们进入接口模式，并启用 EIGRPv6：

```
Router1 (config-if) #ipv6 eigrp 10
```

在接口命令中，10 同样表示 AS 号，它是在配置模式下启用的。

示例：在 IPv6 网络中配置 EIGRPv6

打开随书光盘中第 10 章练习“03 IPv6 动态路由协议 EIGRPv6.pkt”，网络拓扑如图 10-13 所示，网络中有 3 个 IPv6 网段，计算机和路由器已经按照图示配置好了 IPv6 地址，你需要在 IPv6 环境中配置动态路由协议 EIGRPv6。

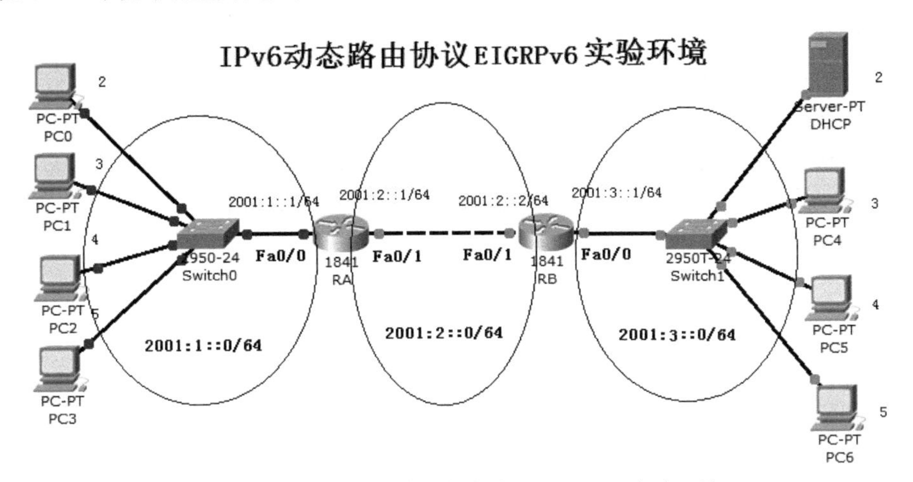

▲图 10-13　IPv6 动态路由协议 EIGRPv6 实验环境

配置 EIGRPv6 的步骤如下。

（1）使用 PC0 ping DHCP 测试网络，你会发现不通。因为路由器没有配置路由表。

（2）在 RA 上启用 EIGRPv6。

```
RA (config) #ipv6 unicast-routing              --启用 IPv6 支持
RA (config) #ipv6 router eigrp 10              --10 是自制系统编号，和 EIGRP 一样
RA (config-rtr) #router-id 4.0.0.1             --指定一个 routerID，必须的
RA (config-rtr) #no shutdown                   --必须运行 no shutdown 启用 EIGRP
RA (config-rtr) #exi
RA (config) #interface fastEthernet 0/0
RA (config-if) #ipv6 eigrp 10
                              --在接口启用 EIGRPv6，相当于 EIGRP 中的 network 作用
RA (config-if) #ex
RA (config) #interface fastEthernet 0/1
RA (config-if) #ipv6 eigrp 10
```

（3）在 RB 上启用 EIGRPv6。

```
RB (config) #ipv6 unicast-routing
RB (config) #ipv6 router eigrp 10
RB (config-rtr) #router-id 4.0.0.2  --指定一个 routerID，必须的
RB (config-rtr) #no shutdown        --必须运行 no shutdown 启用 EIGRP
RB (config-rtr) #exi
RB (config) #interface fastEthernet 0/0
RB (config-if) #ipv6 eigrp 10
RB (config-if) #ex
```

```
RB (config) #interface fastEthernet 0/1
RB (config-if) #ipv6 eigrp 10
```

(4) 在 RB 上查看 IPv6 路由表。

```
RB#show ipv6 route
IPv6 Routing Table - 6 entries
D   2001:1::/64 [90/30720]              --通过 EIGRPv6 学到的路由
     via FE80::260:3EFF:FEC8:8402,  fastEthernet0/1
C   2001:2::/64 [0/0]
     via ::, fastEthernet0/1
L   2001:2::2/128 [0/0]
     via ::, fastEthernet0/1
C   2001:3::/64 [0/0]
     via ::, fastEthernet0/0
L   2001:3::1/128 [0/0]
     via ::, fastEthernet0/0
L   FF00::/8 [0/0]
     via ::, Null0
```

(5) 在 RB 上查看支持 IPv6 的动态路由协议配置情况。

```
RB#show ipv6 protocols
IPv6 Routing Protocol is "connected"
IPv6 Routing Protocol is "static"
IPv6 Routing Protocol is "eigrp 10 "
  EIGRP metric weight K1=1,K2=0,K3=1,K4=0,K5=0
  EIGRP maximum hopcount 100
  EIGRP maximum metric variance 1
  Interfaces:
    fastEthernet0/0
    fastEthernet0/1
Redistributing: eigrp 10
  Maximum path: 16
  Distance: internal 90 external 170
```

(6) 使用 PC0 ping DHCP，你会发现网络通。

```
PC>ping 2001:3::2
```

10.3.4 配置 OSPFv3 支持 IPv6

新版本中的 OSPF 与 IPv4 中的 OSPF 有许多相似之处。

OSPF 的基本概念还是一样的，它仍然是链路状态路由协议，它将整个网络或自治系统分成地区，从而使网络具有层次。

在 OSPFv2 中，路由器 ID（RID）由分配给路由器的最大 IP 地址决定（也可以由你来分配）。在 OSPFv3 中，可以分配 RID、地区 ID 和链路状态 ID，链路状态 ID 仍然是 32 位的值，但却不能再使用 IP 地址来找到了，因为 IPv6 的地址为 128 位。根据这些值的不同分配，会有相应的改动，从 OSPF 包的报头中，还删除了 IP 地址信息，这使得新版本的 OSPF 几乎能通过任何网络层协议进行路由。

在 OSPFv3 中，邻接和下一跳属性使用链路本地地址，但仍然使用组播流量来发送其更新和应答信息，对于 OSPF 路由器，地址为 FF02::5，对于 OSPF 指定路由器，地址为 FF02::6，这些新地址分别用来替换 224.0.0.5 和 224.0.0.6。

此外，IPv4 协议的灵活性不是太好，不具有通过 OSPFv2 向 OSPF 进程分配特定的网络和接口的能力。但仍然需要在路由器配置模式下配置一些选项。在 OSPFv3 中，就像我们前面讨论过的其他 IPv6 路由协议的配置一样，接口及与这些接口相连的网络，是在接口配置模式下直接在接口上进行配置的。

OSPFv3 的配置如下：

```
Router1 (config) #ipv6 router ospf 10
Router1 (config-rtr) #router-id 4.0.0.1
```

需要从路由器配置模式中执行一些配置命令，比如路由汇总和重分配。

在接口上启用 OSPFv3，只需进入每个接口并分配进程 ID 和地区即可。

```
Router1 (config-if) #ipv6 ospf 10 area 0
```

示例：在 IPv6 网络中配置 OSPFv3

打开随书光盘第 10 章练习“04 IPv6 动态路由协议 OSPFv3.pkt”，网络拓扑如图 10-14 所示，网络中有 3 个 IPv6 网段，计算机和路由器已经按照图示配置好了 IPv6 地址，你需要在 IPv6 环境中配置动态路由协议 OSPFv3。

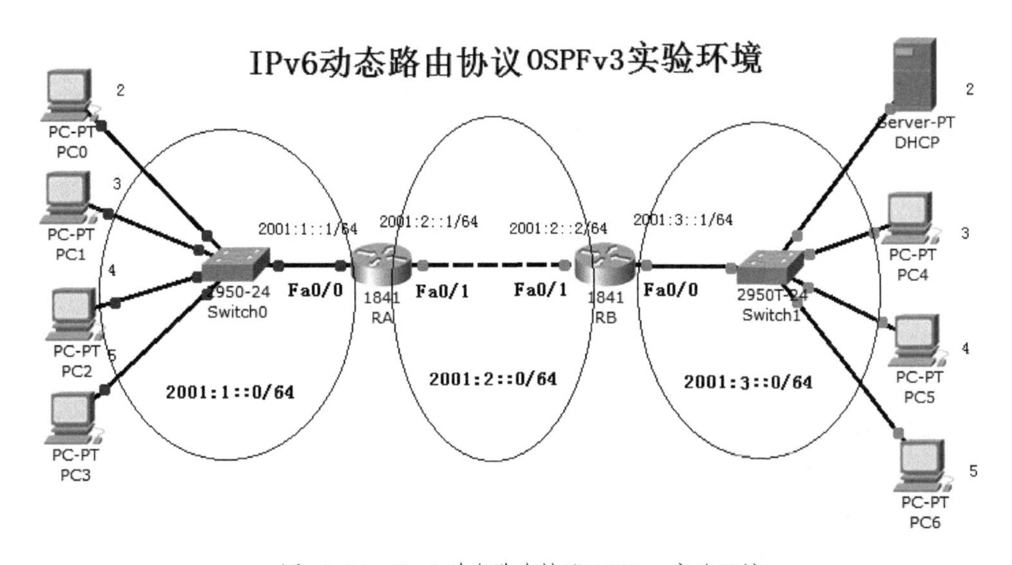

▲图 10-14　IPv6 动态路由协议 OSPFv3 实验环境

配置 OSPFv3 的步骤如下。

（1）在 RA 上启用 OSPFv3，并配置工作的接口和区域。

```
RA (config) #ipv6 unicast-routing
RA (config) #ipv6 router ospf 1       --1 是 OSPF 进程号
RA (config-rtr) #router-id 4.0.0.1  --必须指定一个 routerID 作为路由的标识

RA (config-rtr) #exit
RA (config) #interface fastEthernet 0/0
RA (config-if) #ipv6 ospf 1 area 0    --指定 OSPF 协议工作的接口和所属的区域
RA (config-if) #ex
RA (config) #interface fastEthernet 0/1
RA (config-if) #ipv6 ospf 1 area 0
```

（2）在 RB 上启用 OSPFv3，并配置工作的接口和区域。

```
RB (config) #ipv6 unicast-routing
RB (config) #ipv6 router ospf 1
RB (config-rtr) #router-id 4.0.0.2
RB (config-rtr) #ex
RB (config) #interface fastEthernet 0/0
RB (config-if) #ipv6 ospf 1 area 0
RB (config-if) #ex
RB (config) #interface fastEthernet 0/1
RB (config-if) #ipv6 ospf 1 area 0
```

（3）在 RB 上查看路由表。

```
RB#show ipv6 route
IPv6 Routing Table - 6 entries
O  2001:1::/64 [110/1]                    --通过 OSPFv3 学到的路由
    via FE80::260:3EFF:FEC8:8402, fastEthernet0/1
C  2001:2::/64 [0/0]
    via ::, fastEthernet0/1
L  2001:2::2/128 [0/0]
    via ::, fastEthernet0/1
C  2001:3::/64 [0/0]
    via ::, fastEthernet0/0
L  2001:3::1/128 [0/0]
    via ::, fastEthernet0/0
L  FF00::/8 [0/0]
    via ::, Null0
```

（4）在 RB 上查看配置 IPv6 的协议。

```
RB#show ipv6 protocols
IPv6 Routing Protocol is "connected"
IPv6 Routing Protocol is "static"
IPv6 Routing Protocol is "ospf 1"
  Interfaces (area 0)
    fastEthernet0/0
    fastEthernet0/1
```

（5）使用 PC0 ping DHCP，测试 IPv6 网络是否畅通。

```
PC>ping 2001:3::2
```

10.4 习题

1. IPv6（Internet Protocol Version 6）是网络层协议的第二代标准协议，也被称为______（IP Next Generation），它是 Internet 工程任务组（IETF）设计的一套规范，是 IPv4 的升级版本。IPv6 和 IPv4 之间最显著的区别就是 IP 地址的长度从 32 位升为_______位。
2. IPv6_______协议是确定邻居结点之间关系的一组消息和进程，是一组 ICMPv6（Internet Control Message Protocol for IPv6）消息，管理着邻居结点（即同一链路上的结点）的交互。
3. 邻居发现协议用高效的______和单播消息代替了______、ICMPv4 路由器发现（Router Discovery）和 ICMPv4 重定向（Redirect）消息，并提供了一系列其他功能。
4. 未来获得 IPv4 地址会越来越难，IPv4 地址已变成一种稀缺资源，而互联网仍然在高速发展，NAT 是一个重要的解决方案，但 NAT 存在一些弊端，如 NAT 破坏了 IP 的______模型、NAT 阻止了________、NAT 的效率。
5. IPv6 主要有三种地址：______________、___________、____________。
6. 单播只能进行一对一的传输，它只能识别一个接口，并将报文传输到此地址。但是，IPv6 单播地址的类型可有多种，包括__________、__________和_________。
7. IPv6 地址中的 64 位 IEEE eui-64 格式接口标识符（InterfaceID）用来标识链路上的一个唯一的接口。这个地址是从接口的_______________变化而来的。
8. IPv6 地址中的接口标识符是 64 位，而 MAC 地址是 48 位，因此需要在 MAC 地址的中间位置插入十六进制数________。为了确保这个从 MAC 地址得到的接口标识符是唯一的，还要将 U/L 位（从高位开始的第 7 位）设置为“1”。最后得到的这组数就作为 eui-64 格式的接口 ID。
9. ____________是 IPv6 进行地址自动配置时的一个过程。

10. IPv6 通过 IPv4 网络的隧道的类型有：__________、____________、___________。
11. IPv6 扩展报头包括，路由项、________、_________、________、逐跳选项、目的选项。
12. 下列选项中________是本地站点地址所用的地址前缀。
    A. 2001::/10
    B. FE80::/10
    C. FEC0::/10
    D. 2002::/10
13. 构架在 IPv4 网络上的两个 IPv6 孤岛互联，一般会使用______技术解决。
    A. ISATAP 隧道
    B. 配置隧道
    C. 双栈
    D. GRE 隧道
14. 关于链路本地地址，下面说法正确的是_____。
    A. 是一种单播受限地址，本地链路内使用
    B. 格式前缀为 1111 1110 10
    C. 链路本地地址可用于邻居发现，且总是自动配置的
    D. 包含链路本地地址的包永远也不会被 IPv6 路由器转发
15. 关于本地站点地址，下面说法正确的是_____。
    A. 单播受限地址，限于站点内使用
    B. 格式前缀为 1111 1110 11
    C. 本地站点地址总是自动配置的
    D. 相当于 172.16.0.0/12 和 192.168.0.0/16 等 IPv4 私用地址空间
16. 关于组播地址，下面说法正确的是_____。
    A. IPv6 多点传送地址格式前缀为 1111 1111
    B. 除前缀，多播地址还包括标志、范围域和组 ID 字段
    C. 标志位 4 位，高三位保留，初始化成 0，第一位为 0，表示一个被 IANA 永久分配的组播地址，为 1 则表示一个临时的多点传送地址
    D. 范围域 4 位，是一个多点传送范围域，用来限制组播的范围
17. 简要描述 PMTU 发现的工作过程。
18. 简述 IPv6 主机无状态地址配置的过程。.

习题答案

1. IPng、128
2. 邻居发现
3. 组播、ARP
4. 端到端、端到端的网络安全
5. TLA 地址、NLA、SLA
6. 全球单播地址、链路本地地址、站点本地地址
7. MAC
8. FFFE
9. 无状态的自动配置
10. 6 to 4 隧道、ISATAP 隧道、NAT-PT
11. 分段、认证、安全封装
12. C
13. A
14. A、B、C、D
15. A、B、D
16. A、C、D
17. PMTU 发现的工作过程是：源端主机先使用自己的 MTU 值向目的主机发送报文，如果中间路由器给源端返回一个错误消息，则源端主机使用更小的 MTU 值来重新发送这个报文，如此反复，直到目的端主机收到这个报文，从而确定网络中两台主机之间能够处理的最大报文的大小。在确定这个报文大小后，这条路径上的所有结点
18. 简述 IPv6 主机无状态地址配置的过程

    生成链路本地地址—发送多播邻接点请求报文—c 是否收到回应

    停止地址自动配置

    初始化链路本地地址—发送路由器请求报文—收到路由器回应报文，进行设置—生成无状态地址前缀+接口 ID—发送多播邻接点请求报文—是否收到回应—停止自动配置

    初始化无状态地址。

读书笔记

第 11 章　广　域　网

本章为大家介绍广域网使用的协议，重点讲授广域网协议 HDLC、PPP 和帧中继协议，同时还会介绍 VPN 的配置、使用 Windows Server 2003 配置为远程访问服务器。

本章主要内容：

- 广域网与局域网的区别
- 广域网连接类型
- 典型的广域网封装协议
- 广域网协议 HDLC 的配置和应用场景
- PPP 协议的应用场景和配置
- 配置路由器广域网接口支持帧中继永久虚电路
- 虚拟专用网（VPN）
- 配置 Windows Server 2003 作为 VPN 服务器

11.1 广域网简介

现在对比介绍广域网和局域网，以下的介绍没有严格从这两个词的原始定义和原始意思来解释。当代技术使得这一定义变得不是很清晰。

- 局域网（Local Area Network，LAN）是指在某一区域内由多台计算机互联成的计算机组。一般企业或机构自己购买设备，将物理位置较近的办公区的计算机使用网络设备连接起来，覆盖范围在几千米以内。局域网使用的网络设备有集线器或交换机，带宽为10M、100M、1000M几个标准，而使用无线连接的局域网带宽标准为54M。
- 广域网（Wide Area Network，简称WAN）是一种跨越大的、地域性的计算机网络的集合。由专业的Internet服务器提供商（ISP）网通或电信提供广域网连接。比如你公司需要将石家庄一个办事处的局域网和北京总公司的网络连接起来，你公司不会找施工队架设和维护石家庄到北京的网络线路。你只需租用网通或电信的线路即可。广域网的带宽由企业所付的费用决定，比如我们使用的ADSL就是租用网通或电信的服务，带宽有1M、2M、4M。

随着技术的发展，广域网和局域网的划分有时候也不是单纯从距离上划分的。比如你和邻居都分别使用ADSL访问Internet，当你访问邻居的计算机共享文件或其他资源的时候，你的计算机和邻居的计算机就是广域网连接，因为你们是通过租用网通或电信提供的服务连接的；你和邻居的计算机如果使用网线直接连接，就是局域网连接。

再比如一个企业的两栋大楼距离几公里，这两栋大楼中的局域网通过公司的光纤连接，我们也可以将其理解为局域网，因为没有租用网通或电信提供的广域网链路，也就是没有使用广域网技术。

简而言之，局域网就是自己花钱购买网络设备，自己维护网络，带宽10M、100M、1000M；广域网就是花钱租用广域网线路，网通或电信等ISP负责保证网络的连通性，带宽由费用决定。

11.1.1 广域网术语

下面介绍广域网服务提供商经常使用的术语。图11-1示意了广域网术语所指的概念。

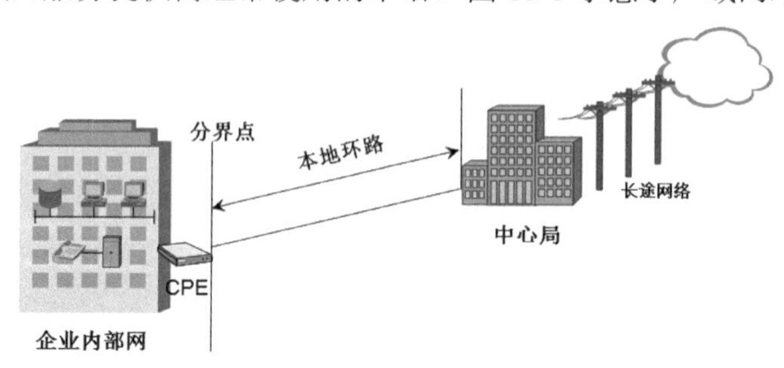

▲图11-1　广域网术语示意图

- 用户驻地设备（Customer Premises Equipment，CPE）：是用户方拥有的设备，位于用户驻地一侧。

- 分界点（Demarcation Point）：是服务提供商最后负责点，也是 CPE 的开始。通常是最靠近电信的设备，并且由电信公司拥有和安装。客户负责从此盒子到 CPE 的布线（扩展分界），通常是连接到 CSU/DSU 或 ISDN 接口。
- 本地环路（Local Looop）：连接分界点到称为中心局的最近交换局。
- 中心局（Central Office，CO）：这个点连接用户到提供商的交换网络，有时也指呈现点（POP）。
- 长途网络（Toll Network）：这些是广域网提供商网络中的中继线路。它是属于 ISP 的交换机和设备的集合。

熟悉这些术语非常重要，因为这是理解广域网技术的关键。

11.1.2 广域网连接类型

广域网可以使用许多不同的连接类型，这部分将介绍目前市场上常见的各种广域网连接类型。可以通过 DCE 网络将局域网连接在一起。下面解释广域网连接类型。

- 租用线路（Leased Lines）：租用线路典型地指点到点连接或专线连接，它是从本地 CPE 经过 DCE 交换机到远程 CPE 的一条预先建立的广域网通信路径。允许 DTE 网络在任何时候不用设置就可以传输数据进行通信。当不考虑使用成本时，它是最好的选择类型。它使用同步串行线路，速率最高可达 45Mb/s。租用线路通常使用 HDLC 和 PPP 封装类型，下面将会讲到这两种封装类型。租用线路适用于大数据传输，数据流量恒定的环境。一般建议在连接时间长、距离较短的场合使用，如图 11-2 所示。

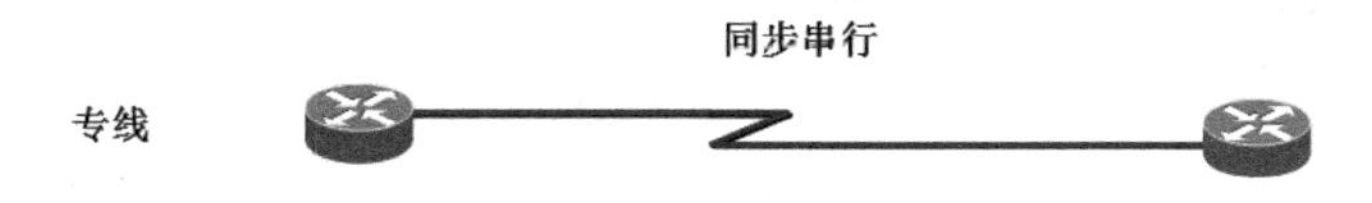

▲图 11-2　租用线路

- 电路交换（Circuit Switching）：当你听到电路交换这个术语时，就想一想电话呼叫。它最大的优势是成本低——只需为真正占用的时间付费。在建立端到端连接之前，不能传输数据。一般用在电话公司网络中，与我们日常拨打电话类似，是一种按需拨号技术，连接时使用专用物理线路，也用于备份连接、场点规模小、短时间的访问。常用的连接方式有：拨号上网、ISDN 和 ADSL，如图 11-3 所示。

▲图 11-3　电路交换

- 包交换（Packet Switching）：这是一种广域网交换方法，允许和其他公司共享带宽以节省资金。可以将包交换想像为一种看起来像租用线路，但费用更像电路交换的一种网络。不利因素是，如果需要经常传输数据，则不要考虑这种类型，应当使用租用线路；如果是偶然的突发性的数据传输，那么包交换可以满足需要。帧中继和 X.25 是包交换技术，速率从 56kb/s 到 T3（45Mb/s）。由于共享物理线路；包交换连接的性价比较高，一般可用于长时间连接或大地域跨度连接，如图 11-4 所示。

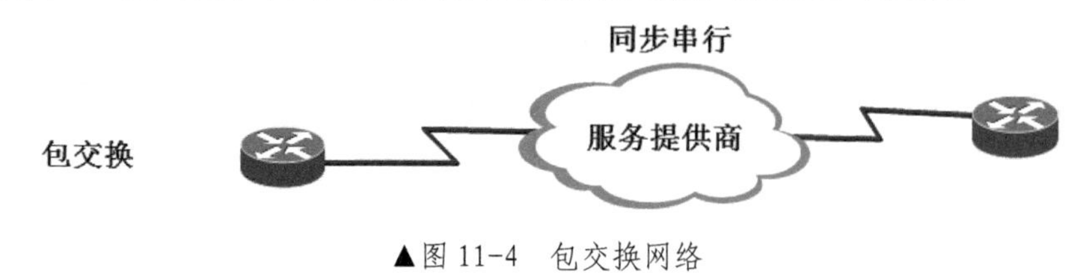

▲图 11-4　包交换网络

11.1.3　通用的广域网协议

如图 11-5 所示，Cisco 支持 HDLC、PPP 和帧中继。在任何串行接口执行 encapsulation ? 命令可以证实这一点（输出结果根据所运行 IOS 版本的不同而不同）。

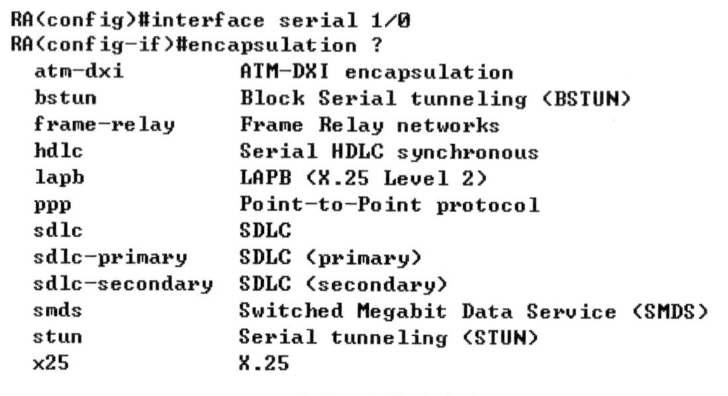

```
RA(config)#interface serial 1/0
RA(config-if)#encapsulation ?
  atm-dxi          ATM-DXI encapsulation
  bstun            Block Serial tunneling (BSTUN)
  frame-relay      Frame Relay networks
  hdlc             Serial HDLC synchronous
  lapb             LAPB (X.25 Level 2)
  ppp              Point-to-Point protocol
  sdlc             SDLC
  sdlc-primary     SDLC (primary)
  sdlc-secondary   SDLC (secondary)
  smds             Switched Megabit Data Service (SMDS)
  stun             Serial tunneling (STUN)
  x25              X.25
```

▲图 11-5　路由器支持的广域网封装

如果路由器上有其他类型的接口，那么可以封装成其他类型，如 ISDN 或 ADSL。记住，不能在串行接口上配置以太网或令牌环网封装。

在这部分，我们将定义使用最突出的广域网协议——帧中继、ISDN、LAPD、 HDLC、PPP、 PPPoE、Cable、DSL、MPLS 和 ATM。但目前通常在串行接口上配置的广域网协议只有 HDLC、 PPP 和帧中继。

当前广大网民访问 Internet 使用最多的接入方式是 ADSL 接入，通过现有的电话线路作为 Internet 的接入线路，使用的协议为 PPPoE。

- ADSL 同时支持语音和数据的传输，它为下行流分配更多的带宽。家庭用户通常执行的操作（如下载视频、电影和音乐，在线游戏，网上冲浪和查看 E-mail，下载较大的附件）都需要更大的下行流带宽。ADSL 的下载速度在 256kb/s～8Mb/s，但上传速度只能达到 1Mb/s。
- PPPOE（以太网上的点到点协议）和 ADSL 服务一起使用，它将 PPP 帧封装成以太帧，并使用 PPP 的一些如认证、封装和压缩等常用特征。但如前所述，防火墙配置差会很麻烦。有一个隧道协议可以将 IP 协议和其他协议分层，根据 PPP 链接的特性运行 PPP 协议，从而连接上其他的以太网设备并初始化点到点连接来传输 IP 包。

11.2 典型的广域网协议

Cisco 串行连接几乎支持广域网服务的任何类型。典型的广域网连接是使用 HDLC、PPP 和帧中继的专线，其速度可高达 45Mb/s（T3）。HDLC、PPP 和帧中继可以使用相同的物理层规范。

11.2.1 HDLC

HDLC，高级数据链路控制协议（High-Level Data-Link Control Protocol）是流行的 ISO 标准的、面向位的数据链路层协议。它使用帧特性、校验和规定数据在同步串行数据链路上的封装方法。HDLC 是一种用于租用线路的点到点协议。没有任何认证可以用于 HDLC。

在面向字节的协议中，用整个字节对控制信息进行编码；另一方面，面向位的协议可能使用单个位代表控制信息（面向位的协议包括 SDLC、LLC、HDLC、TCP、IP 等）。

HDLC 是 Cisco 路由器在同步串行线路上的默认封装方式。Cisco 的 HDLC 是专用的——不能和其他厂商的 HDLC 通信。但是不要为此抱怨 Cisco，每个厂商的 HDLC 都是专用的。图 11-6 显示了 Cisco 的 HDLC 格式。

每个厂商都有一种专用的 HDLC 封装方式的原因是，每个厂商解决 HDLC 和网络层协议通信时采用了不同的方法。如果厂商没有办法解决 HDLC 和不同的第 3 层协议的通信问题，那么 HDLC 只能携带一种协议。这个标识协议属性的报头位于 HDLC 封装的数据字段中。

如果你只有一台 Cisco 路由器，需要连接到一台非 Cisco 的路由器（因为另一台 Cisco 路由器正在订购中），该怎么办呢？不能使用默认的 HDLC 串行封装，因为它不能正常运行。你应当使用像 PPP 这样的能识别上层协议的 ISO 标准的封装方式。

Cisco HDLC

标志	地址	控制	专用	数据	帧校验序列（FCS）	标志

* 每个厂商的HDLC都有一个专用的数据字段以支持协议环境

HDLC

标志	地址	控制	数据	帧校验序列（FCS）	标志

* 只支持一个协议环境

▲图 11-6　HDLC 格式

配置广域网接口使用 HDLC 封装

打开随书光盘中第 11 章练习“01 配置广域网接口使用 HDLC 封装.pkt”，网络拓扑如图 11-7 所示。RouterA 和 RouterB 之间使用串口连接，你需要配置广域网链路使用 HDLC 封装。

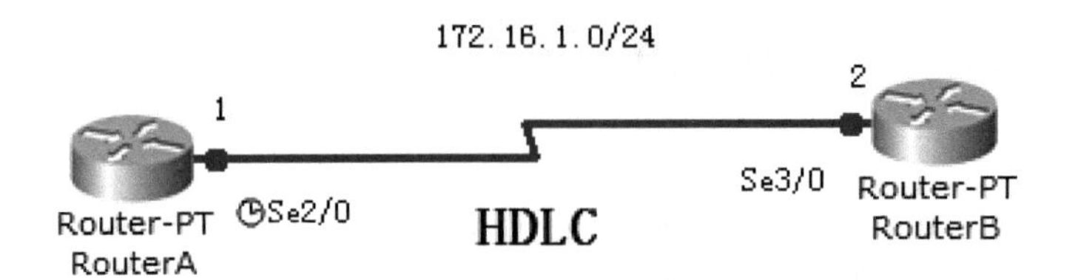

▲图 11-7　配置 HDLC 封装

（1）配置 RouterA 广域网接口 Serial 2/0 使用 HDLC 封装。

```
RouterA>en
RouterA#config t
RouteA (config)#interface Serial 2/0
RouterA (config-if)#clock rate 64000
RouterA (config-if)#no sh
RouterA (config-if)#ip address 172.16.1.1 255.255.255.0
RouterA (config-if)#encapsulation ?       --查看广域网接口支持的封装类型
 frame-relay  Frame Relay networks
 hdlc         Serial HDLC synchronous
 ppp          Point-to-Point protocol
RouterA (config-if)#encapsulation hdlc     --配置接口使用 HDLC 封装
```

真正的路由器支持广域网封装类型的很多，但 Packet Tracer 模拟的路由器只支持这三种。

（2）在 RouterB 广域网接口 Serial 3/0 使用 HDLC 封装。

```
RouterB(config)#
RouterB(config)#interface Serial 3/0
RouterB(config-if)#ip address 172.16.1.2 255.255.255.0
RouterB(config-if)#encapsulation hdlc
RouterB(config-if)#no shutdown
RouterB(config-if)#exit
RouterB(config)#exit
RouterB#show interfaces Serial 3/0
Serial3/0 is up,line protocol is up (connected)
 Hardware is HD64570
 Internet address is 172.16.1.2/24
 MTU 1500 bytes,BW 128 Kbit,DLY 20000 usec
   reliability 255/255,txload 1/255,rxload 1/255
 Encapsulation HDLC,loopback not set,keepalive set (10 sec)
```

其中，第一个 up 代表物理接口 up，第二个 up 代表数据链路层 up。如果广域网接口两端封装不一致，则会出现 Serial3/0 is up,line protocol is down （connected）。可以看到封装类型为 HDLC。

11.2.2 点到点 PPP

PPP（Point-To-Point Protocol，点到点协议）可以用于异步串行（拨号）或同步串行（ISDN）介质。它使用 LCP（Link Control Protocol，链路控制协议）建立并维护数据链路连接。NCP（Network Control Protocol，网络控制协议）允许在点到点连接上使用多种网络层协议（被动路由协议），如图 11-8 所示。

既然 HDLC 是 Cisco 串行链路上默认的串行封装协议，并且 HDLC 的性能非常好，那么什么时候使用 PPP 呢？PPP 的基本目标是在数据链路层点到点链路上传输第 3 层包。它不是一个专用协议，这意味着如果你的路由器并不都是 Cisco 的，在串行接口上就需要封装 PPP，由于 HDLC 是 Cisco 专用协议，所以封装 HDLC 后不会正确运行。另外，既然 PPP 可以封装多种第 3 层被动路由协议，并且提供认证、动态寻址以及回叫功能，那么这些都是放弃 HDLC 而选择 PPP 作为封装方案的理由。

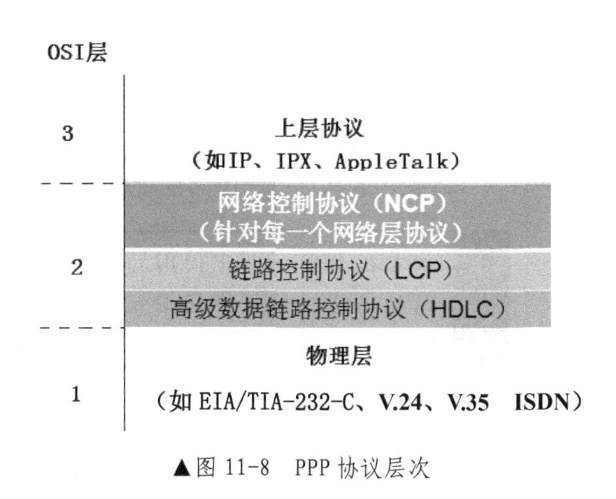

▲图 11-8 PPP 协议层次

PPP 包含的 4 个主要组件如下。

- EIA/TIA-232-C、V.24、V.35 和 ISDN 串行通信的物理层国际标准。
- 在串行链路上封装数据包的方法——HDLC。
- 建立、配置、维护和结束点到点连接的方法——LCP。
- 建立和配置不同网络层协议的方法——NCP。NCP 设计允许同时使用多个网络层协议。例如有些协议是 IPCP（Internet Protocol Control Protocol，因特网协议控制协议）和 IPXCP（Internetwork Packet Exchange Control Protocol，互联网络包交换控制协议）。

理解 PPP 协议栈只是物理层和数据链路层的规范非常重要。NCP 通过对 PPP 数据链路上的协议进行封装来允许在多种网络层协议之间实现通信。

> **提示** 如果当一台 Cisco 路由器和一台非 Cisco 路由器通过串行连接在一起，必须配置 PPP 或另一种封装方法，像帧中继，因为默认的 HDLC 不能工作！

下面将讨论 LCP 和 PPP 会话的建立。

1）LCP 的配置选项

LCP 提供各种 PPP 封装选项，包括如下内容。

- Authentication（认证）：该选项告诉链路的呼叫方发送可以确定其用户身份的信息。

两种方法是 PAP（Password Authentication Protcol，密码认证协议）和 CHAP（Challenge Handshke Authentication，问答握手认证协议）。

- Compression（压缩）：该选项用于通过传输之前压缩数据或负载来增加 PPP 连接的吞吐量。PPP 在接收端解压数据帧。
- Error Detection（错误检测）：PPP 使用 Quality（质量）和 Magic Number（魔术号码）选项确保可靠的、无环路的数据链路。
- Multilink（多链路）：从 IOS 11.1 版本开始，Cisco 路由器在 PPP 链路上支持多条链路选项。该选项允许几条不同的物理路径在第 3 层表现为一条逻辑路径。例如，运行 PPP 多链路的两条 T1 线路在第 3 层路由协议中以一条 3Mb/s 路径的形式出现。
- PPP callback（PPP 回叫）：PPP 可以配置为认证成功后进行回叫。PPP 回叫对于账户记录或各种其他原因是一个很好的功能，因为可以根据访问费用跟踪使用情况。启动回叫后，呼叫路由器（客户端）将和远程路由器（服务器端）取得联系，并像前面描述的那样进行认证。两台路由器必须都配置回叫。一旦完成认证，远程路由器将中断连接，并从远程路由器重新初始化到呼叫路由器的连接。

说明	如果在 PPP 回叫中使用的是 Microsoft 设备，要意识到 Microsoft 可能使用它专用的回叫功能，即微软回叫控制协议（Microsoft Callback Control Protocol，MCCP），并且 IOS 11.3 以上版本是支持这种回叫协议的。

2）PPP 会话的建立

当 PPP 连接开始时，链路经过以下 3 个会话建立阶段。

- 链路建立阶段：每台 PPP 设备发送 LCP 包来配置和测试链路。LCP 包包括一个叫“配置选项”的字段，允许每台设备查看数据的大小、压缩和认证。如果没有设置“配置选项”字段，则使用默认配置。
- 认证阶段：如果配置了认证，在认证链路时可以使用 CHAP 或 PAP。认证发生在读取网络层协议信息之前，同时可能发生链路质量决策。
- 网络层协议阶段：PPP 使用 NCP 协议，允许封装成多种网络层协议并在 PPP 数据链路上发送。每个网络层协议（例如 IP、IPX、AppleTalk 这些被动路由协议）都建立和 NCP 的服务关系。

3）PPP 认证方法

PPP 链路可以使用以下两种认证方法。

- PAP：PAP 是两种方法中安全程度较低的一种。口令以明文发送，并且 PAP 只在初始链路建立时执行。在 PPP 链路首次建立时，远程结点向发送路由器回送路由器用户名和口令，直到获得认证。
- CHAP：CHAP 用于链路初始启动，并且为了证实路由器连接的仍然是同一台主机，要进行周期性的链路检查。

PPP 结束了初始阶段后，本地路由器向远程设备发送一个盘问请求。远程设备发送一个用叫做 MD5 的单方向散列函数计算出来的值。本地路由器要检查此散列值，确定它是否匹配。如果这个值不匹配，该链路立即结束。

配置广域网接口使用 PPP 封装

打开随书光盘中第 11 章练习“02 配置广域网接口使用 PPP 封装.pkt”，网络拓扑如图 11-9 所示。你需要配置 RouterA 和 RouterB 之间的连接使用 PPP 封装，共享密钥为 Todd，配置 RouterB 和 RouterC 之间的连接使用 PPP 封装，共享密钥为 Cisco，PPP 认证方法为 CHAP，并且诊断 PPP 认证的过程。

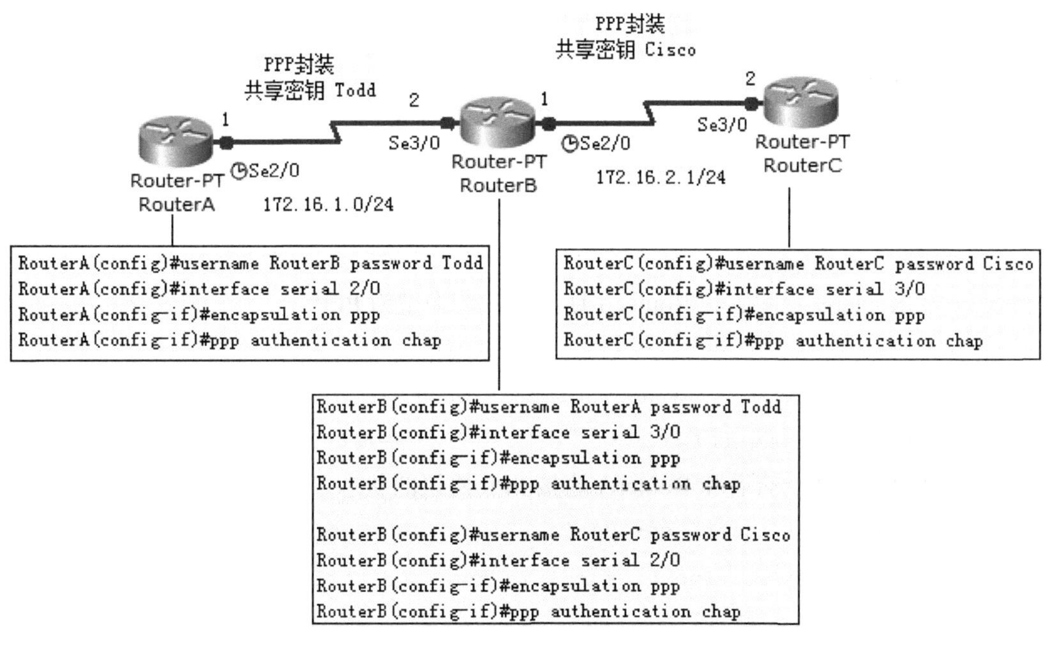

▲图 11-9　配置 PPP 封装

（1）在 RouterA 上配置和 RouterB 连接的 PPP 封装和共享密钥。

```
RouterA(config)#interface Serial 2/0
RouterA(config-if)#clock rate 64000
RouterA(config-if)#ip address 172.16.1.1 255.255.255.0
RouterA(config-if)#no sh
RouterA(config-if)#encapsulation ppp       --配置使用 PPP 封装
RouterA(config-if)#ppp authentication ?    --查看支持的认证方法
  chap  Challenge Handshake Authentication Protocol <CHAP>
  pap   Password Authentication Protocol <PAP>
RouterA(config-if)#ppp authentication chap
RouterA(config-if)#ex
RouterA(config)#username RouterB password Todd
```

```
                                              --配置和 RouterB 路由器的共享密钥
```

（2）在 RouterB 上查看串口默认的数据封装类型和接口状态。

```
RouterB (config) #interface Serial 3/0
RouterB (config-if) #ip address 172.16.1.2 255.255.255.0
RouterB (config-if) #no sh
RouterB (config-if) #^Z
RouterB #show interfaces Serial 3/0
Serial3/0 is up,line protocol is down (disabled)
                                              --协议 down，两端封装不一致
  Hardware is HD64570
  Internet address is 172.16.1.2/24
  MTU 1500 bytes,BW 128 Kbit,DLY 20000 usec,
     reliability 255/255,txload 1/255,rxload 1/255
  Encapsulation HDLC,loopback not set,keepalive set (10 sec)
                                              --默认为 HDLC 封装
```

（3）在 RouterB 上配置和 RouterA 连接的封装类型为 PPP。

```
RouterB (config) #interface Serial 3/0
RouterB (config-if) #encapsulation ppp  --配置为 PPP 封装
RouterB (config-if) #^Z                 --按 Ctrl+C 组合键，退回到特权模式
```

（4）在 RouterB 上查看和 RouterA 连接 PPP 协议的状态。

```
RouterB#show interfaces Serial 3/0
Serial3/0 is up,line protocol is down (disabled)
  Hardware is HD64570
  Internet address is 172.16.1.2/24
  MTU 1500 bytes,BW 128 Kbit,DLY 20000 usec,
     reliability 255/255,txload 1/255,rxload 1/255
  Encapsulation PPP,loopback not set,keepalive set (10 sec) --PPP 封装
  LCP Closed            --链路控制协议关闭，没有配置和 RouterA 的共享密码
  Closed: LEXCP,BRIDGECP,IPCP,CCP,CDPCP,LLC2,BACP  --网络层协议均关闭
```

（5）在 RouterB 上配置和 RouterA 的共享密码。

```
RouterB (config) #username RouterA password Todd
                                              --配置和 RouterA 的共享密码
%LINEPROTO-5-UPDOWN: Line protocol on Interface Serial3/0,changed state
to up 接口状态变为 up
```

（6）在 RouterB 上查看和 RouterA 连接的端口状态。

```
RouterB#show interfaces Serial 3/0
```

```
Serial 3/0 is up,line protocol is up (connected)  --数据链路层 up
  Hardware is HD64570
  Internet address is 172.16.1.2/24
  MTU 1500 bytes,BW 128 Kbit,DLY 20000 usec,
     reliability 255/255,txload 1/255,rxload 1/255
  Encapsulation PPP,loopback not set,keepalive set (10 sec)
  LCP Open              --链路控制协议打开
  Open: IPCP,CDPCP      --支持的网络层协议打开
```

（7）在 RouterB 上配置和 RouterC 共享的密码和封装类型。

```
RouterB (config) #interface Serial 2/0
RouterB (config-if) #clock rate 64000
RouterB (config-if) #no sh
RouterB (config-if) #ip address 172.16.2.1 255.255.255.0
RouterB (config-if) #encapsulation ppp
RouterB (config-if) #ppp authentication chap
RouterB (config-if) #ex
RouterB (config) #username RouterC password Cisco
```

（8）在 RouterC 上配置和 RouterB 的共享密码和封装类型。

```
RouterC (config) #interface Serial 3/0
RouterC (config-if) #ip address 172.16.2.2 255.255.255.0
RouterC (config-if) #no sh
RouterC (config-if) #encapsulation ppp
RouterC (config-if) #ppp authentication chap
RouterC (config-if) #ex
RouterC (config) #username RouterB password Cisco
```

（9）在 RouterA 上诊断 PPP 认证。

```
RouterA#debug ppp authentication
RouterA#config t
RouterA (config) #interface Serial 2/0
RouterA (config-if) #shutdown              --禁用接口
RouterA (config-if) #no shutdown           --启用接口，可以看到 PPP 验证的过程
%LINK-5-CHANGED: Interface Serial 2/0,changed state to up
Serial 2/0 IPCP: I CONFREQ [Closed] id 1 len 10
Serial 2/0 IPCP: O CONFACK [Closed] id 1 len 10
Serial 2/0 IPCP: I CONFREQ [REQsent] id 1 len 10
Serial 2/0 IPCP: O CONFACK [REQsent] id 1 len 10
```

11.2.3 帧中继

帧中继已成为近几十年广域网服务最流行的技术之一。它受欢迎有很多的原因，但主要是由于费用较低。帧中继比其他技术更节省费用，这是网络设计不可忽略的因素。

1. 帧中继简介

帧中继默认情况下属于非广播多路访问（None Broadcast MultiAccess ，NBMA）网络，意思是默认情况下不在网络上发送像 RIP 更新这样的广播包。将在后面进一步讨论这个特性。

帧中继是从 X.25 技术发展来的。考虑到目前可靠性和比较“清洁”的电信网络，帧中继本质上和 X.25 的功能是不相容的，忽略了不再需要的纠错功能。它和在 HDLC 和 PPP 协议中学到的简单租用线路网络相比显得非常复杂。这些租用线路是易于构建的，帧中继却不是。它可能非常复杂和多变，这就是为什么在网络图形中经常用“网云”代表它的原因。后面将会介绍它。这里将从概念上介绍帧中继，并介绍如何区别它和简单的租用线路技术。

在 CCNA 考试中，要求你理解帧中继技术的基本原理，并能够在简单的场景中进行配置。首先理解帧中继是包交换技术。从目前学到的知识来看，只告诉你这一点应当使你想起和包交换有关的几件事情。

- 不能使用 encapsulation hdlc 或 encapsulation ppp 命令进行配置。
- 帧中继和点到点租用线路不一样（尽管可以做到，看起来像租用线路）。
- 帧中继在许多情况下没有租用线路昂贵，但是为了节省费用会有些损失。

1）数据链路连接标识符

帧中继 PVC 使用数据链路连接标识符（Data Link Connection Identity，DLCI）标识 DTE 设备。帧中继服务提供商分配 DLCI 值，帧中继用 DLCI 值区分网络上的不同虚电路。因为在一个多点帧中继接口上可以有多个虚电路，所以这种接口可以有多个 DLCI。

2）虚电路

帧中继使用虚电路工作方式，所谓“虚”是相对于租用线路使用的真正电路而言的。这些虚电路是由连接到提供商“网云”上的几千台设备构成的链路。帧中继为两台 DTE 设备之间建立的虚电路，使它们就像通过一条电路连接起来一样，实际上是将帧放入一个很大的共享设施中。因为有了虚电路，你永远都不会看到“网云”内部所发生的复杂操作。

有两种虚电路——永久虚电路和交换虚电路。

永久虚电路（Permanent Virtual Circuits，PVC）是目前最常用的类型。永久的意思是电信公司在内部创建映射，并且只要你付费，虚电路就一直有效。

交换虚电路（Switch Virtual Circuits，SVC）更像电话呼叫。当数据需要传输时，建立虚电路；数据传输完成后，拆除虚电路。

3）子接口

正如前面讲过的，可能在一个串行接口上有多条虚电路，并且将每条虚电路视为一个单独的接口，它被认为是子接口。可以将子接口想象为一个由 IOS 软件定义的逻辑接口。多个子接口将共享一个物理硬件接口，但为了配置，把它们想象为单独的物理接口（称为复用）。

若想将帧中继网络中的路由器配置为避免水平分割阻止路由更新，可以为每条 PVC 配置多个子接口，并且为每个子接口分配唯一的 DLCI 和子网地址。

可以用 interface Se1/0.1 这样的命令定义子接口。首先必须在物理串行接口上设置封装类型，然后定义子接口。一般一个子接口定义一条 PVC。

点到点：当一条虚电路连接一台路由器到另一个路由时，使用点到点子接口。每个点到点子接口需要自己的子网。

多点：当路由器位于星状虚电路的中心时，使用多点子接口。所有连接到帧中继交换机上的路由器接口都使用同一个子网。

2. 帧中继配置实例

下面通过 Packet Tracer 软件搭建帧中继实验环境，为大家介绍使用帧中继连接多个局域网、配置路由器广域网接口使用帧中继封装，以及如何在一个路由器的物理接口配置子接口支持多条虚拟电路的过程。

打开随书光盘中第 11 章练习“03 帧中继配置实例.pkt”，网络拓扑如图 11-10 所示。某公司的总公司在北京，石家庄和天津有分公司，使用帧中继网络将 3 个城市的网络连接。现在需要你配置这些路由器和帧中继实现以下功能。

- 配置图 11-9 中的 3 个路由器使用帧中继连接。
- 逻辑上实现北京、石家庄和天津 3 个路由器全互联。
- 配置网络中的路由器使用 EIGRP 协议学习到各个网络的路由。
- 验证广域网配置。

1）物理连接拓扑

物理连接拓扑如图 11-10 所示。

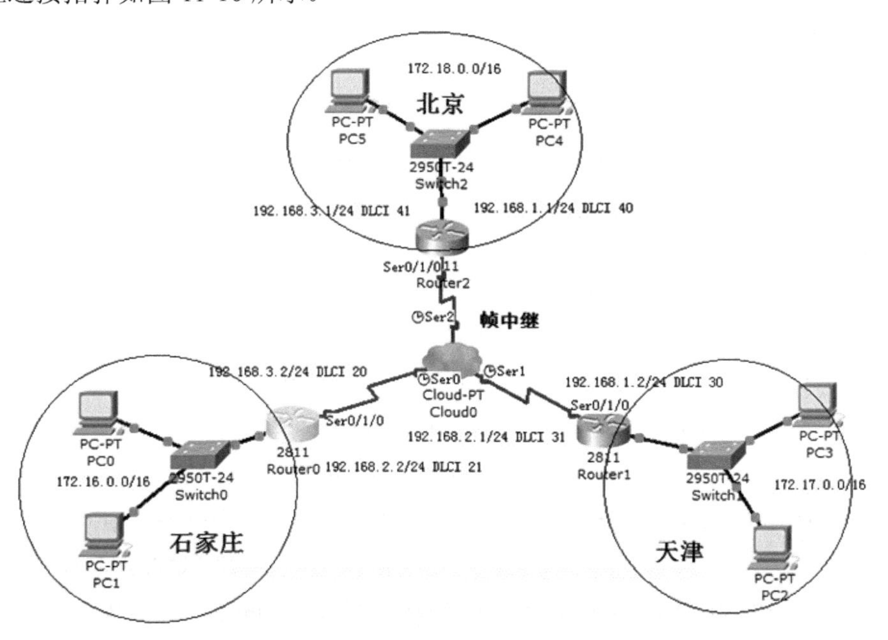

▲图 11-10　帧中继实验物理拓扑

通过将连接帧中继网络的路由器的串口配置为多个子接口，实现北京、石家庄和天津3个局域网全互联。

2）等价的逻辑连接

等价的逻辑拓扑如图11-11所示。

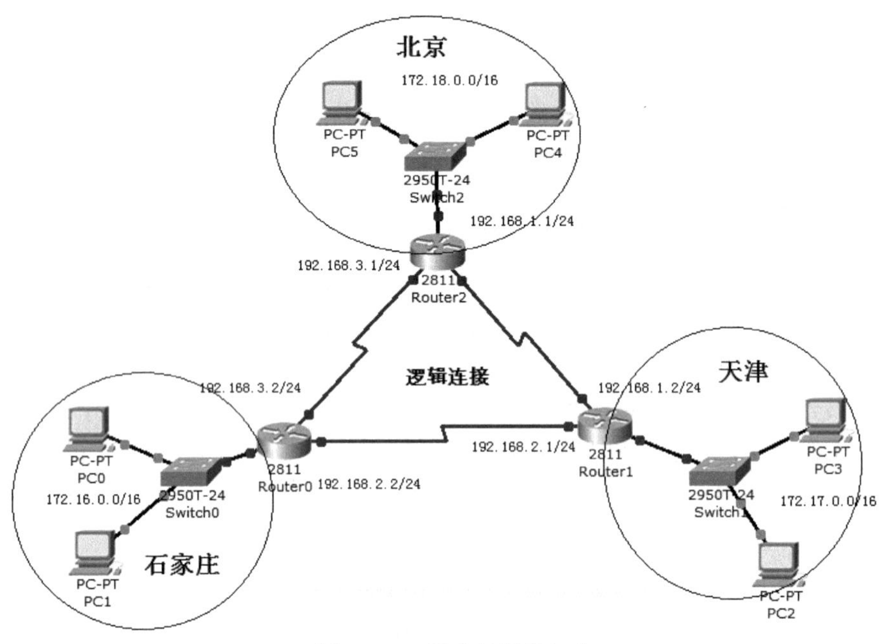

▲图 11-11　帧中继逻辑拓扑

3）配置步骤

（1）在Router0上，配置路由器广域网接口使用帧中继封装，并且配置子接口和对应的帧中继DLCI，以及EIGRP动态路由协议。

```
Router (config) #hostname Router0
Router0 (config) #interface Serial 0/1/0
Router0 (config-if) #encapsulation frame-relay
                                          --在物理接口配置封装帧中继
Router0 (config-if) #no sh                --启用物理接口，不要配置 IP 地址
Router0 (config-if) #ex
Router0 (config) #interface Serial 0/1/0.1 ? --进入子接口
  multipoint     Treat as a multipoint link
  point-to-point  Treat as a point-to-point link
  <cr>
Router0 (config) #interface Serial 0/1/0.1 point-to-point
                                          --配置逻辑子接口，点到点封装
%LINK-5-CHANGED: Interface Serial0/1/0.1, changed state to up
```

```
%LINEPROTO-5-UPDOWN: Line protocol on Interface Serial0/1/0.1, changed state to up
Router0(config-subif)#ip address 192.168.3.2 255.255.255.0
                                        --配置子接口 IP 地址
Router0(config-subif)#description Link Router0 DLCI 20
                                        --配置描述，可选的配置
Router0(config-subif)#frame-relay interface-dlci 20
                                        --数据链路连接标识符
Router0(config-subif)#ex
Router0(config)#interface serial 0/1/0.2 point-to-point
Router0(config-subif)#ip address 192.168.2.2 255.255.255.0
Router0(config-subif)#frame-relay interface-dlci 21
Router0(config-subif)#exi
Router0(config)#router eigrp 10          --配置路由协议
Router0(config-router)#network 172.16.0.0
Router0(config-router)#network 192.168.3.0
Router0(config-router)#network 192.168.2.0
```

（2）在 Router1 上，配置路由器广域网接口使用帧中继封装，并且配置子接口和对应的帧中继 DLCI，以及 EIGRP 动态路由协议。

```
Router (config)#hostname Router1
Router1(config)#interface Serial 0/1/0
Router1(config-if)#encapsulation frame-relay
Router1(config-if)#no sh
Router1(config-if)#exit
Router1(config)#interface serial 0/1/0.1 point-to-point
Router1(config-subif)#ip address 192.168.1.2 255.255.255.0
Router1(config-subif)#frame-relay interface-dlci 30
Router1(config-subif)#ex
Router1(config)#interface serial 0/1/0.2 point-to-point
Router1(config-subif)#ip address 192.168.2.1 255.255.255.0
Router1(config-subif)#frame-relay interface-dlci 31
Router1(config-subif)#ex
Router1(config)#router eigrp 10
Router1(config-router)#network 172.17.0.0
Router1(config-router)#network 192.168.2.0
Router1(config-router)#network 192.168.1.0
```

（3）在 Router2 上，配置路由器广域网接口使用帧中继封装，并且配置子接口和对应的帧中继 DLCI，以及 EIGRP 动态路由协议。

```
Router (config) #hostname Router2
Router2 (config) #interface Serial 0/1/0
Router2 (config-if) #no sh
Router2 (config-if) #encapsulation frame-relay
Router2 (config-if) #ex
Router2 (config) #interface serial 0/1/0.1 point-to-point
Router2 (config-subif) #ip address 192.168.1.1 255.255.255.0
Router2 (config-subif) #frame-relay interface-dlci 40
Router2 (config-subif) #exi
Router2 (config) #interface serial 0/1/0.2 point-to-point
Router2 (config-subif) #ip address 192.168.3.1 255.255.255.0
Router2 (config-subif) #frame-relay interface-dlci 41
Router2 (config-subif) #ex
Router2 (config) #router eigrp 10
Router2 (config-router) #network 172.18.0.0
Router2 (config-router) #network 192.168.3.0
Router2 (config-router) #network 192.168.1.0
```

（4）如图 11-12 所示，配置帧中继接口的 DLCI。选中 Serial0，DLCI 输入 20，Name 输入 to_R2_41，单击 Add 按钮；DLCI 输入 21，Name 输入 to_R1_31，单击 Add 按钮。

（5）如图 11-13 所示，配置帧中继接口的 DLCI，选中 Serial1。DLCI 输入 30，Name 输入 to_R2_40，单击 Add 按钮，DLCI 输入 31，Name 输入 to_R0_21，单击 Add 按钮。

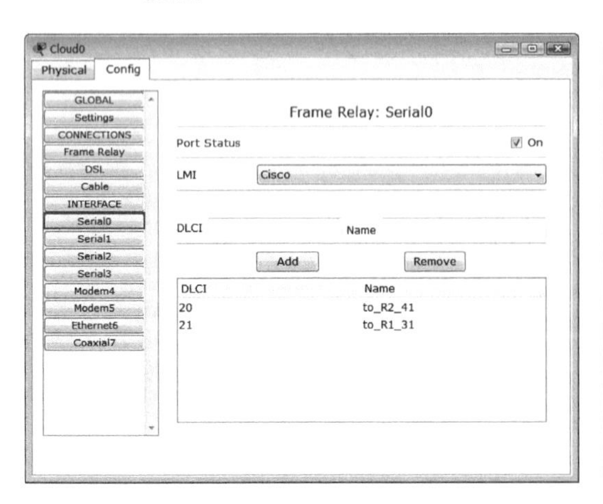

▲图 11-12　配置帧中继接口 Serial0 的 DLCI

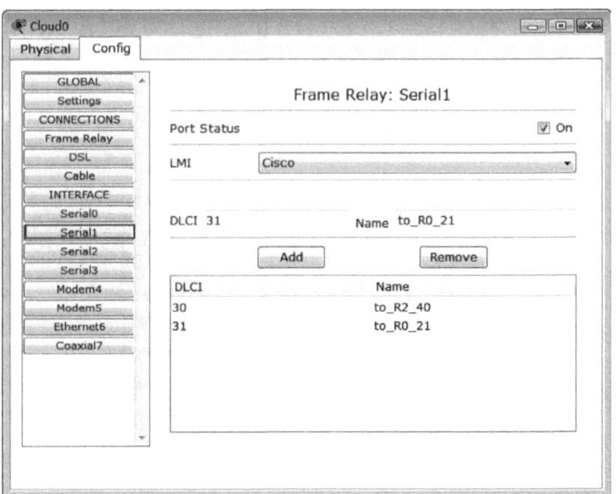

▲图 11-13　配置帧中继接口 Serial1 的 DLCI

（6）如图 11-14 所示，配置帧中继接口的 DLCI，选中 Serial2。DLCI 输入 40，Name 输入 to_R1_30，单击 Add 按钮；DLCI 输入 41，Name 输入 to_R0_20，单击 Add 按钮。

（7）如图 11-15 所示，配置帧中继永久虚电路。选中 Serial0 接口的 to_R1_31 和 Serial1 接口的 to_R0_21，单击 Add 按钮，这就意味着从这两个接口建立了一条永久虚电路；选中 Serial0 接口的 to_R2_41 和 Serial2 接口的 to_R0_20，单击 Add 按钮，选中 Serial1 接口的 to_R2_40 和 Serial2 接口的 to_R1_30，单击 Add 按钮。

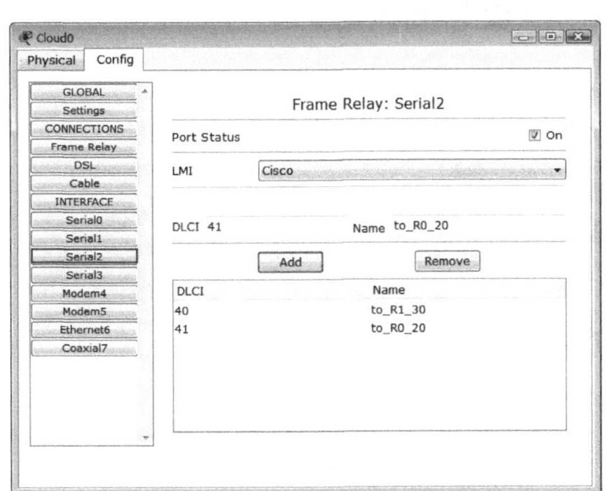

▲图 11-14　配置帧中继接口 Serial2 的 DLCI

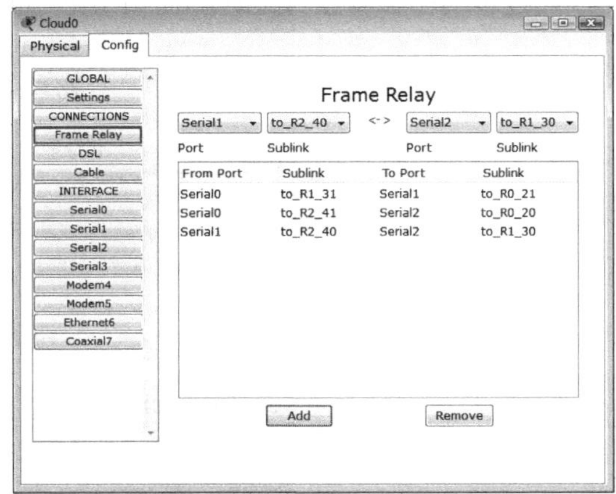

▲图 11-15　配置帧中继电路交换

（8）在 Router0 上验证帧中继配置。

```
Router0#show ip route
Codes: C - connected,S - static,I - IGRP,R - RIP,M - mobile,B - BGP
       D - EIGRP, EX - EIGRP external,O - OSPF,IA - OSPF inter area
       N1 - OSPF NSSA external type 1,N2 - OSPF NSSA external type 2
       E1 - OSPF external type 1,E2 - OSPF external type 2,E - EGP
       i - IS-IS,L1 - IS-IS level-1,L2 - IS-IS level-2,ia - IS-IS inter area
       * - candidate default,U - per-user static route,o - ODR
       P - periodic downloaded static route
Gateway of last resort is not set
C    172.16.0.0/16 is directly connected, fastEthernet0/0
D    172.17.0.0/16 [90/2172416] via 192.168.2.1, 00:00:03, Serial0/1/0.2
D    172.18.0.0/16 [90/2172416] via 192.168.3.1, 00:05:13, Serial0/1/0.1
D    192.168.1.0/24 [90/2681856] via 192.168.2.1, 00:13:02, Serial0/1/0.2
                    [90/2681856] via 192.168.3.1, 00:07:30, Serial0/1/0.1
C    192.168.2.0/24 is directly connected, Serial0/1/0.2
C    192.168.3.0/24 is directly connected, Serial0/1/0.1
```

可以看到 Router0 已经学到了到达北京和天津网络的路由，说明帧中继配置成功。

说句实话，一般企业的网络管理员很少有机会配置帧中继网络，而更多的是配置路由器的广域网接口使用帧中继封装，然后配置子接口以及所对应帧中继的 DLCI。

3．将路由器配置为帧中继交换机

本实验会将路由器降级成为帧中继交换机，在帧中继交换机上配置两条永久虚电路，能够使得路由器 RA 和路由器 RB 相当于点到点的两个逻辑链路连接。各个子接口的 IP 地址和 DLCI 如图 11-16 所示，你需要配置路由器 RB 实现两个逻辑链路数据帧的转发。

通过本实验你将很好地理解在帧中继中配置永久虚电路的过程。

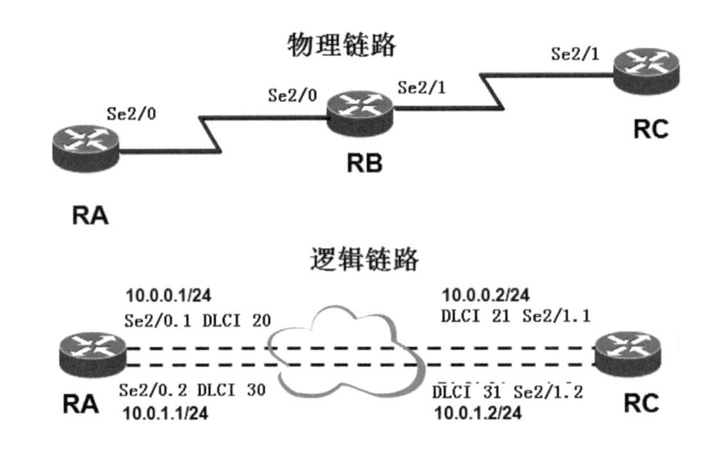

▲图 11-16　帧中继实验环境

操作步骤如下。

（1）在路由器 RA 上，配置广域网接口使用帧中继封装，配置子接口的 IP 地址以及对应的 DLCI。配置过程如图 11-17 所示。

```
Router>
Router>en
Router#config t
Router(config)#hostname RA
RA(config)#interface serial 2/0
RA(config-if)#no sh                                      物理端口配置帧中继封装
RA(config-if)#encapsulation frame-relay  ——  物理接口不要配置IP地址
RA(config-if)#exi
RA(config)#interface serial 2/0.1 point-to-point——进入子接口
RA(config-subif)#ip address 10.0.0.1 255.255.255.0
RA(config-subif)#frame-relay interface-dlci 20 ——指定DLCI编号
RA(config-fr-dlci)#ex
RA(config-subif)#exi
RA(config)#interface serial 2/0.2 point-to-point ——进入子接口
RA(config-subif)#ip address 10.0.1.1 255.255.255.0
RA(config-subif)#frame-relay interface-dlci 30 ——指定DLCI编号
RA(config-fr-dlci)#ex
```

▲图 11-17　在路由器 RA 上配置帧中继子接口

（2）在路由器 RB 上，将其配置为帧中继交换机，并在接口上配置帧中继封装以及永久虚电路，如图 11-18 所示。

```
Router>en
Router#config t
Router(config)#hostname RB
RB(config)#frame-relay switching ______将路由器降级为帧中继交换机

RB(config)#interface serial 2/0
RB(config-if)#encapsulation frame-relay      配置帧中继封装且为DCE
RB(config-if)#frame-relay intf-type dce      配置时钟频率
RB(config-if)#clock rate 64000
RB(config-if)#frame-relay route 20 interface serial 2/1 21  配置帧中继映射
RB(config-if)#frame-relay route 30 interface serial 2/1 31  即配置永久虚电路
RB(config-if)#ex

RB(config)#interface serial 2/1               配置帧中继封装且为DCE
RB(config-if)#encapsulation frame-relay       配置时钟频率
RB(config-if)#frame-relay intf-type dce
RB(config-if)#clock rate 64000
RB(config-if)#frame-relay route 31 interface serial 2/0 30  配置帧中继映射
RB(config-if)#frame-relay route 21 interface serial 2/0 20  即配置永久虚电路
```

▲图 11-18　配置帧中继交换机

路由器 RB 原本是三层设备，现在将其作为帧中继交换机，成为了二层设备，因此是降级使用。在接口上配置帧中继映射的过程就是在帧中继交换机上创建永久虚电路的过程。

（3）在路由器 RC 上，配置广域网接口使用帧中继封装，配置子接口的 IP 地址以及对应的 DLCI，如图 11-19 所示。

```
RC(config)#interfac serial 2/1
RC(config-if)#encapsulation frame-relay ————— 配置物理接口
                                               帧中继封装
RC(config-if)#no sh
RC(config-if)#exi

RC(config)#interface serial 2/1.1 point-to-point
RC(config-subif)#ip address 10.0.0.2 255.255.255.0  配置子接口IP
RC(config-subif)#frame-relay interface-dlci 21      和DLCI
RC(config-fr-dlci)#ex
RC(config-subif)#no sh

RC(config)#interface serial 2/1.2 point-to-point    配置子接口IP
RC(config-subif)#ip address 10.0.1.2 255.255.255.0  和DLCI
RC(config-subif)#frame-relay interface-dlci 31
RC(config-fr-dlci)#^Z
```

▲图 11-19　在路由器 RC 上配置帧中继子接口

（4）在路由器 RA 上查看子接口状态。可以看到物理层和数据链路层都是 up 状态，帧中继封装，如图 11-20 所示。

```
RA#show interfaces serial 2/0.1
Serial1/0.1 is up, line protocol is up
  Hardware is M4T
  Internet address is 10.0.0.1/24
  MTU 1500 bytes, BW 1544 Kbit, DLY 20000 usec,
     reliability 255/255, txload 1/255, rxload 1/255
  Encapsulation FRAME-RELAY
  Last clearing of "show interface" counters never
RA#show interfaces serial 2/0.2
Serial1/0.2 is up, line protocol is up
  Hardware is M4T
  Internet address is 10.0.1.1/24
  MTU 1500 bytes, BW 1544 Kbit, DLY 20000 usec,
     reliability 255/255, txload 1/255, rxload 1/255
  Encapsulation FRAME-RELAY
  Last clearing of "show interface" counters never
```

▲图 11-20　查看帧中继子接口

（5）在路由器 RA 上测试到 RC 的两个逻辑接口是否通，如果通，说明帧中继的两个永久虚电路配置成功，如图 11-21 所示。

```
RA#ping 10.0.0.2
Type escape sequence to abort.
Sending 5, 100-byte ICMP Echos to 10.0.0.2, timeout is 2 seconds:
!!!!!
Success rate is 100 percent (5/5), round-trip min/avg/max = 216/395/504 ms

RA#ping 10.0.1.2
Type escape sequence to abort.
Sending 5, 100-byte ICMP Echos to 10.0.1.2, timeout is 2 seconds:
!!!!!
Success rate is 100 percent (5/5), round-trip min/avg/max = 216/342/564 ms
```

▲图 11-21　测试网络连通性

11.3 虚拟专用网

虚拟专用网络（VPN，Y）我们可以把它理解成是虚拟出来的企业内部专线。它可以通过特殊加密的通信协议连接在 Internet 上的位于不同地方的两个或多个企业内部网之间建立一条专用的通信线路，如同架设了一条专线，但是它并不需要真正地去铺设光缆之类的物理线路。这好比去电信局申请专线，但是不用付铺设线路的费用，也不用购买路由器等硬件设备。VPN 技术原是路由器具有的重要技术之一，目前交换机、防火墙设备以及 Windows 2003 和 Windows Server 2003 等软件中也都支持 VPN。总之，VPN 的核心就是利用公共网络建立虚拟私有网。

如图 11-22 所示的远程用户可以通过 Internet 建立到企业内部网络的 VPN 连接，这样该用户就可以像是在内网中一样访问企业内部网络的任意计算机。远程用户建立到 RAS（Remote Access Server）服务器的 VPN 拨号连接后，会得到一个内网的 IP 地址 10.0.0.8。当它访问内网的 WebServer1 时，数据包的封装如图 11-21 所示，将会把局域网的数据包当做数据，使用 RAS 的公网地址和自己的公网地址再次封装为广域网数据包，这样数据包就能通过 Internet 到达 RAS 的公网地址 23.23.2.2。RAS 再将广域网封装的部分去掉，使局域网数据包在企业内部网络传输。这里省去了广域网封装过程中数据包加密和完整性的封装介绍。

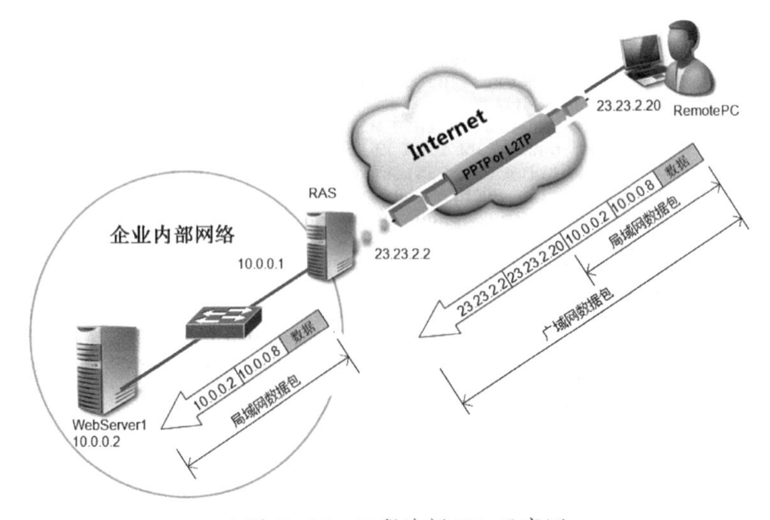

▲图 11-22　远程访问 VPN 示意图

还有一种 VPN 是站点间 VPN，如图 11-23 所示。站点间 VPN 可以通过 Internet 将两个局域网连接起来，你只需配置北京和石家庄两个局域网的 VPN 服务器即可，对于北京和石家庄内网的计算机相互访问 Internet 则是透明的。

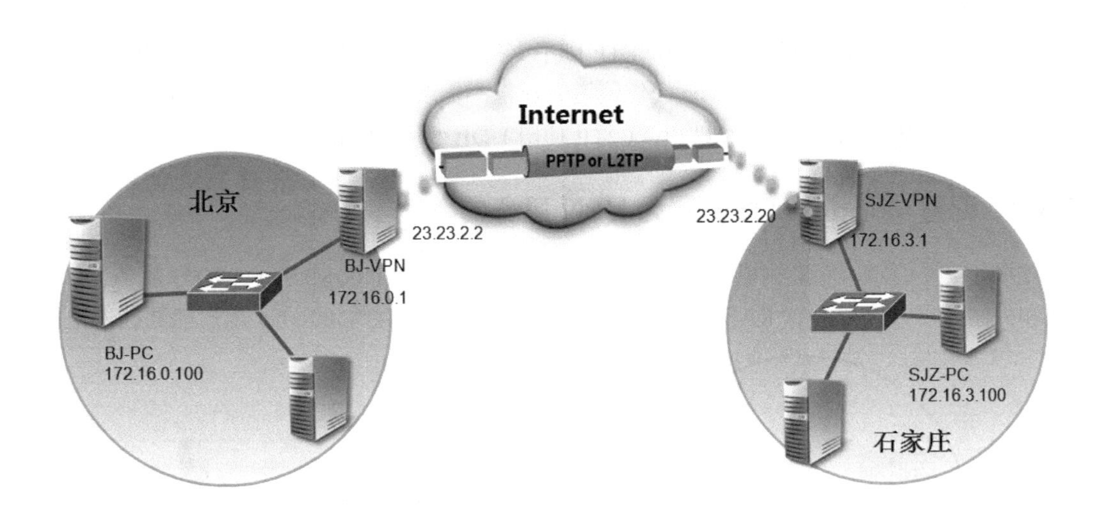

▲图 11-23　站点间 VPN 示意图

通过以上介绍可以看出，VPN 技术是利用 Internet 扩展私有网络的一项非常有用的技术，它不需要额外的开销，利用现有的 Internet 接入，只需稍加配置就能实现远程用户对内网的访问以及两个私有网络的相互访问。

下面将会介绍 VPN 使用的广域网协议以及如何在路由器和 Windows Server 2003 上实现远程访问 VPN。

11.3.1　VPN 使用的广域网协议

VPN 中的隧道是由隧道协议形成的。VPN 使用的隧道协议主要有两种：点到点隧道协议（PPTP）和第二层隧道协议（L2TP over IPSec）。

PPTP 封装了 PPP 数据包中包含的用户信息，支持隧道交换。隧道交换可以根据用户权限，开启并分配新的隧道，将 PPP 数据包在网络中传输。另外，隧道交换还可以将用户导向指定的企业内部服务器。PPTP 便于企业在防火墙和内部服务器上实施访问控制。位于企业防火墙的隧道终端器接收包含用户信息的 PPP 数据包，然后对不同来源的数据包实施访问控制。

L2TP 协议综合了 PPTP 协议和 L2F（Layer 2 Forwarding）协议的优点，并且支持多路隧道，这样可以使用户同时访问 Internet 和企业网，但需要结合 IPSec 实现其安全性。

PPTP 和 L2TP 都使用 PPP 协议对数据进行封装，然后添加附加报头用于数据在互联网络上的传输。尽管两个协议非常相似，但仍存在以下几方面的不同。

- PPTP 要求互联网络为 IP 网络；L2TP 只要求隧道媒介提供面向数据包的点对点连接。L2TP 可以在 IP（使用 UDP）、帧中继永久虚拟电路（PVCs）、X.25 虚拟电路（VCs）或 ATM VCs 网络上使用。

- PPTP只能在两端点间建立单一隧道；L2TP支持在两端点间使用多隧道，使用L2TP，用户可以针对不同的服务质量创建不同的隧道。
- L2TP可以提供包头压缩，当压缩包头时，系统开销(overhead)占用4个字节；而PPTP协议下要占用6个字节。
- L2TP可以提供隧道验证；而PPTP则不支持隧道验证。但是当L2TP或PPTP与IPSec共同使用时，可以由IPSec提供隧道验证，不需要在第2层协议上验证隧道。
- PPTP使用TCP的1723端口；L2TP使用UDP的1701端口。

11.3.2 配置Windows服务器为VPN服务器

如图11-24所示，企业内网地址为10.0.0.0/24，RAS为Windows Server 2003服务器，连接内网和外网。现在需要配置RAS服务器为远程访问服务器，允许Internet用户能够拨入内网。

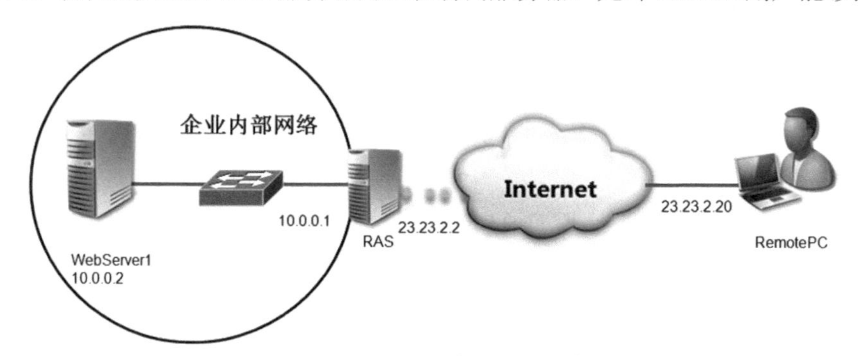

▲图11-24 远程访问VPN示意图

在Windows Server 2003上配置远程访问服务器的步骤如下。

(1) 启用路由和远程访问服务器。
(2) 指定分配给远程计算机的IP地址。
(3) 创建用户允许远程拨入。

1. 配置远方访问服务器的

在RAS上，按照图11-25所示配置连接Internet和内网的IP地址。

(1) 选择“开始”→“程序”→“管理工具”→“路由和远程访问”命令。

(2) 如图11-25所示，右击服务器，在弹出的快捷菜单中选择“配置路由和远程访问”命令。

(3) 在出现的“欢迎使用路由和远程访问服务器安装向导”对话框中，单击“下一步”按钮。

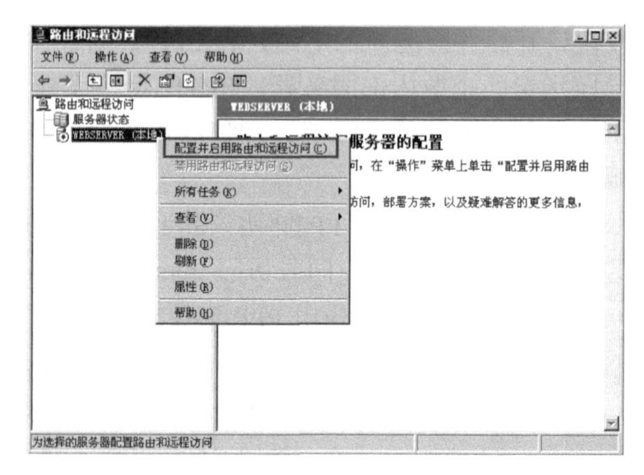

▲图11-25 配置路由和远程访问

（4）如图 11-26 所示，在出现的“配置”设置界面中，选中“远程访问（拨号或 VPN）”单选按钮，单击“下一步”按钮。

（5）如图 11-27 所示，在出现的“远程访问”设置界面中，选中 VPN 复选框，单击“下一步”按钮。

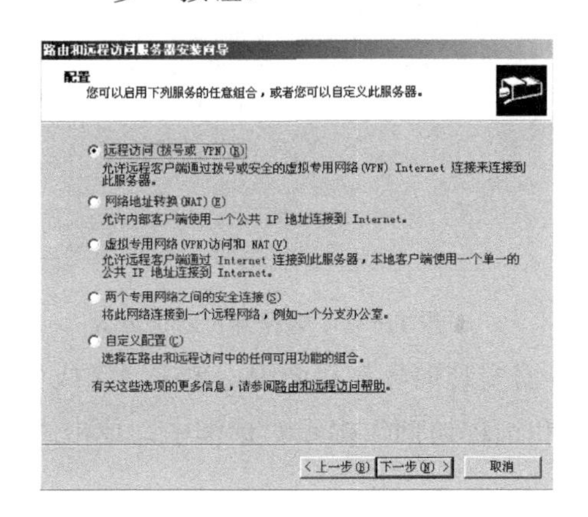

▲图 11-26　选择远程访问

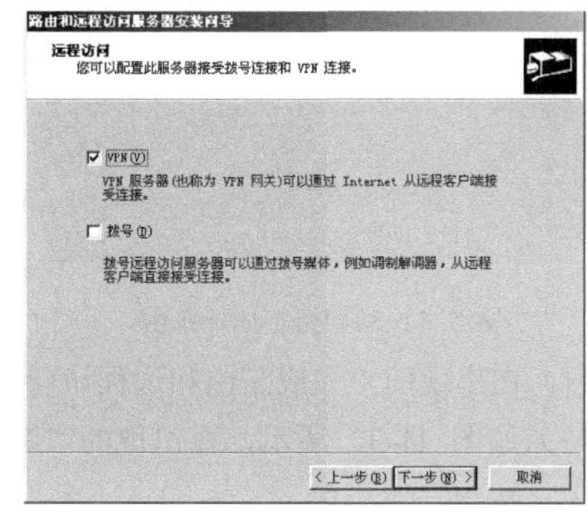

▲图 11-27　选择 VPN 连接

（6）如图 11-28 所示，在出现的“VPN 连接”设置界面中，选中连接 Internet 的网卡，单击“下一步”按钮。

（7）如图 11-29 所示，在出现的“IP 地址指定”设置界面中，选中“来自一个指定的地址范围”，单击“下一步”按钮。

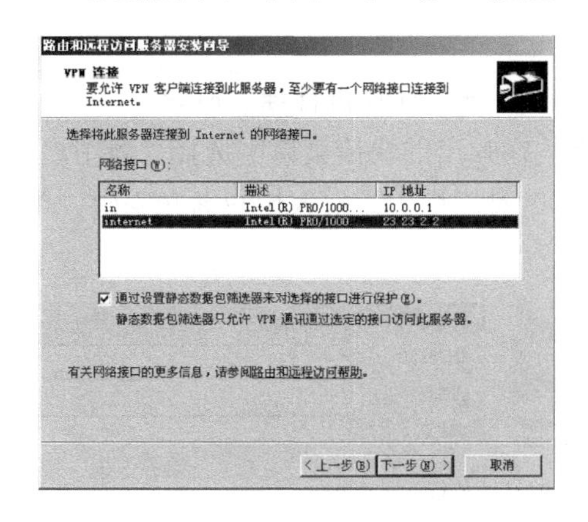

▲图 11-28　选择连接 Internet 的网卡

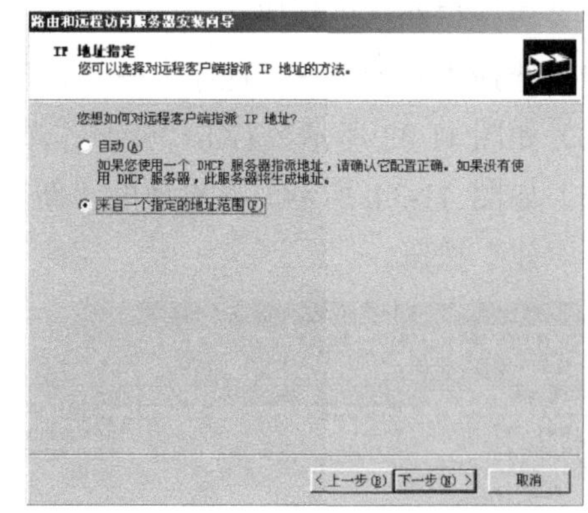

▲图 11-29　选择分配地址的方式

（8）如图 11-30 所示，在出现的“地址范围指定”设置界面中，单击“新建”按钮。

（9）如图 11-30 所示，在出现的“新建地址范围”对话框中，输入一个地址范围。远程计算机 VPN 拨入将会从中选择一个地址分配给远程计算机。

（10）如图 11-31 所示，在出现的“管理多个远程访问服务器”设置界面中，选中“否，使用路由和远程访问来对连接请求进行身份验证”，单击“下一步”按钮。

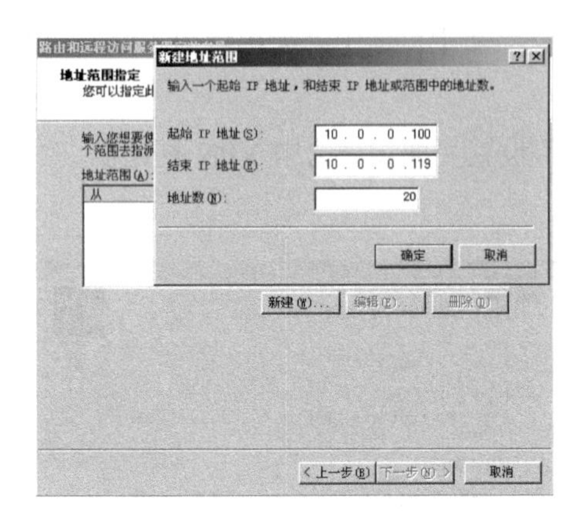

▲图 11-30 指定地址范围

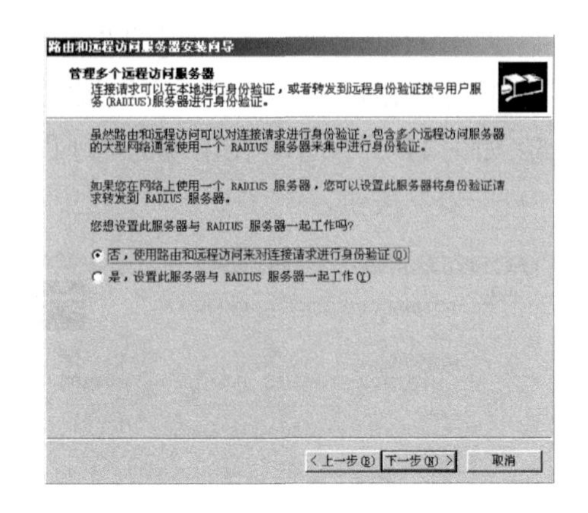

▲图 11-31 选择身份验证方式

（11）在出现的“完成路由和远程访问服务器安装向导”界面中，单击“完成”按钮。

（12）如图 11-32 所示，在出现的“路由和远程访问”提示对话框中，单击“确定”按钮。

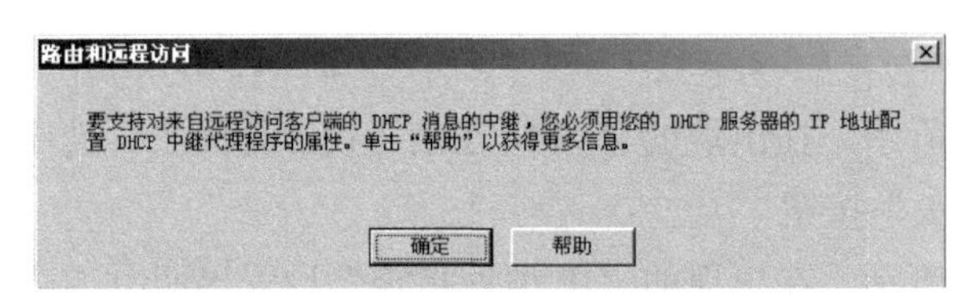

▲图 11-32 提示配置 DHCP 中继代理

2. 创建用户允许远程拨入

（1）选择“开始”→“程序”→“管理工具”→“计算机管理”命令。

（2）如图 11-33 所示，右击“用户”节点，在弹出的快捷菜单中选择“新用户”命令。

（3）如图 11-34 所示，在出现的“新用户”对话框中，输入用户名和密码，单击“创建”按钮。

▲图 11-33 选择“新用户”命令

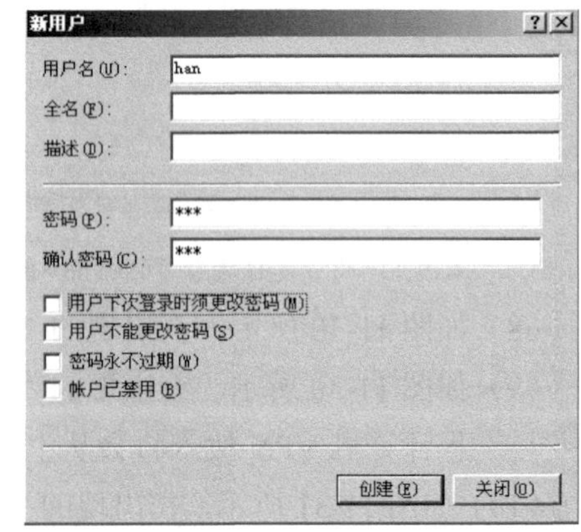

▲图 11-34 “新用户”对话框

（4）双击新用户，如图 11-35 所示，在出现的用户属性对话框的“拨入”选项卡中选中“允许访问”单选按钮，单击“确定”按钮。

远程访问服务器配置完毕。

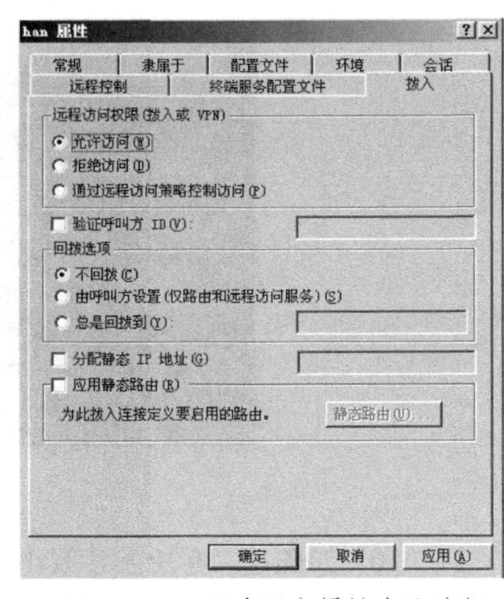

▲图 11-35　更改用户属性允许访问

下面介绍 RemotePC 如何建立 VPN 拨号连接访问 RAS。

3. 建立 VPN 拨号

（1）在 RemotePC 上，选择“开始”→“设置”→“网络连接”命令。确保其能够和 RAS 连接 Internet 的网卡通信。

（2）如图 11-36 所示，在“网络连接”窗口中，单击“创建一个新的连接”命令。

（3）在出现的“欢迎使用新建连接向导”设置界面中，单击“下一步”按钮。

（4）在出现的“网络连接类型”设置界面中，选中“连接到我的工作场所的网络”单选按钮，单击“下一步”按钮。

（5）在出现的“网络连接”设置界面中，选中“虚拟专用网络连接”单选按钮，单击“下一步”按钮。

（6）在出现的“连接名”设置界面中，输入公司名称，单击“下一步”按钮。

（7）如图 11-37 所示，在出现的“VPN 服务器选择”设置界面中，输入 RAS 的公网地址，单击“下一步”按钮。

（8）在出现的“正在完成新建连接向导”设置界面中，选中“在我的桌面上添加一个到此连接的快捷方式”复选框，单击“完成”按钮。

▲图 11-36　“网络连接”窗口

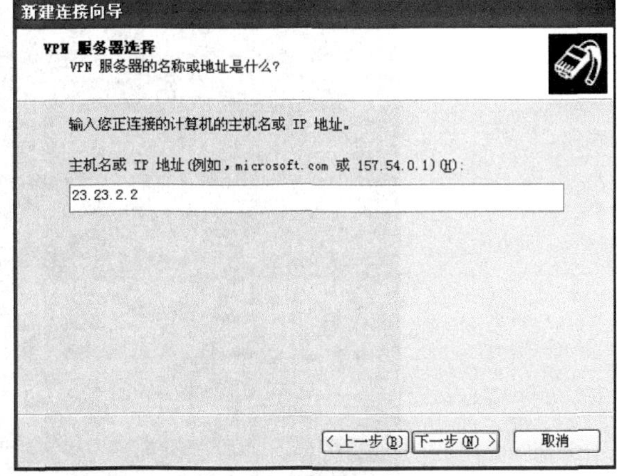

▲图 11-37　输入 RAS 的公网地址

（9）如图 11-38 所示，在 VPN 拨号之前，ping RAS 服务器的内网地址，不通。

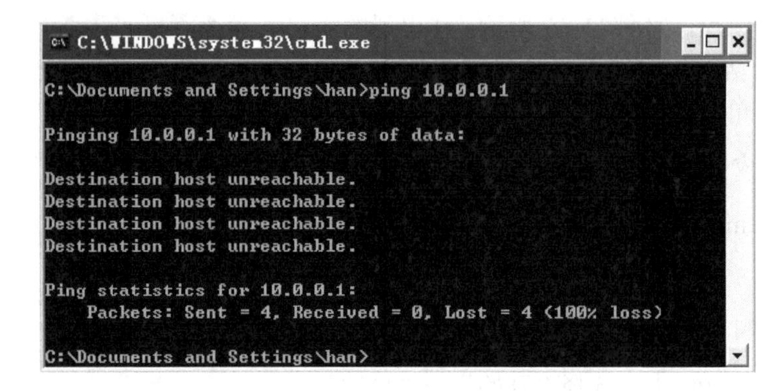

▲图 11-38　测试到内网的连接

（10）如图 11-39 所示，双击刚才建立的 VPN 拨号连接，可以看到默认使用 PPTP 协议进行连接。输入用户名和密码，单击“连接”按钮。

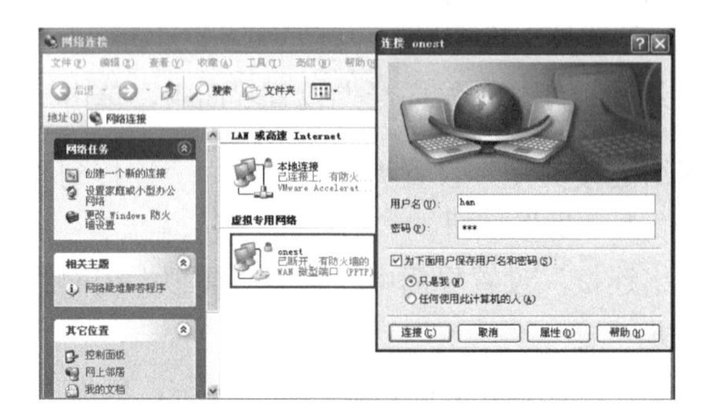

▲图 11-39　拨号连接

（11）如图 11-40 所示，拨通之后，在命令提示符下输入 ipconfig，可以看到 RAS 分配给该计算机的内网地址。

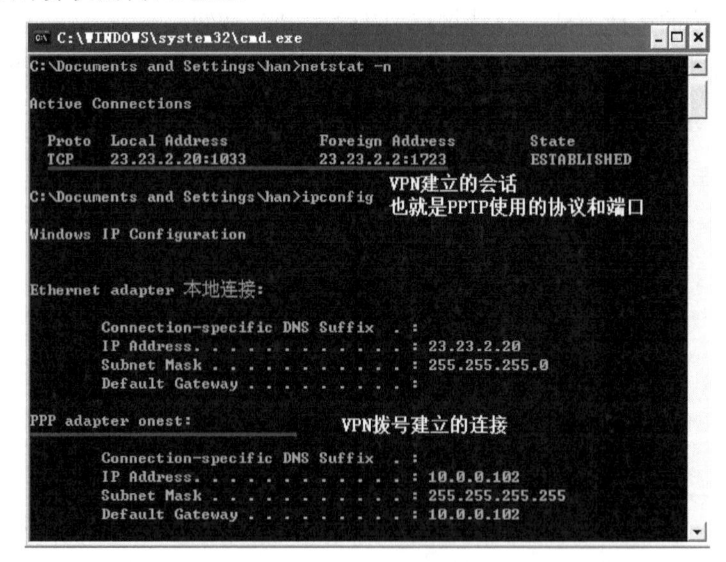

▲图 11-40　查看 VPN 建立的会话和 VPN 建立的连接

（12）如图 11-41 所示，ping RAS 的内网 IP 地址 10.0.0.1，可以看到能够 ping 通。

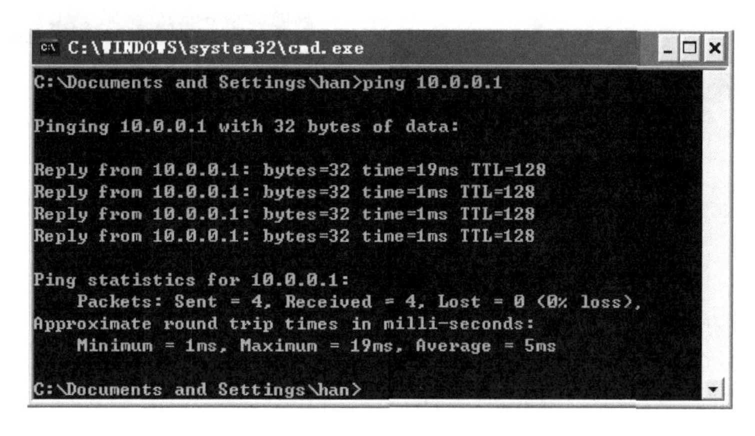

▲图 11-41　测试到内网的连通性

4．配置 VPN 使用 L2TP 协议

VPN 拨号默认使用的是 PPTP 协议，如果使用 L2TP 协议，则需要在远程访问服务器和客户端指定 IPSec 用来身份验证的共享密钥。

（1）如图 11-42 所示，在 RAS 上，打开“路由和远程访问”窗口，右击服务器，在弹出的快捷菜单中选择“属性”命令。

（2）如图 11-43 所示，在出现的服务器属性对话框的“安全”选项卡中，选中“为 L2TP 连接允许自定义 IPSec 策略”复选框，输入预共享的密钥，单击“确定”按钮。

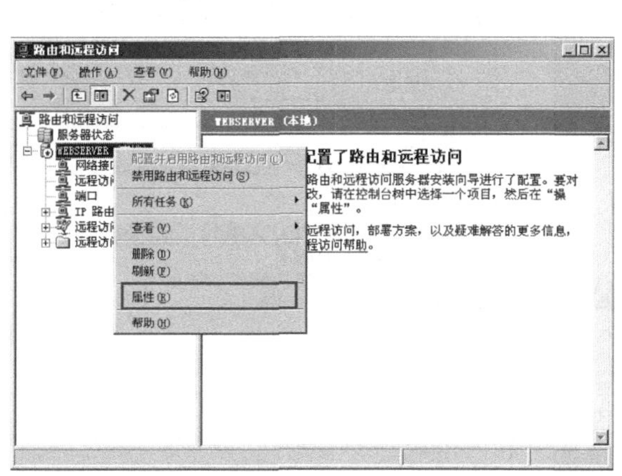

▲图 11-42　选择“属性”命令

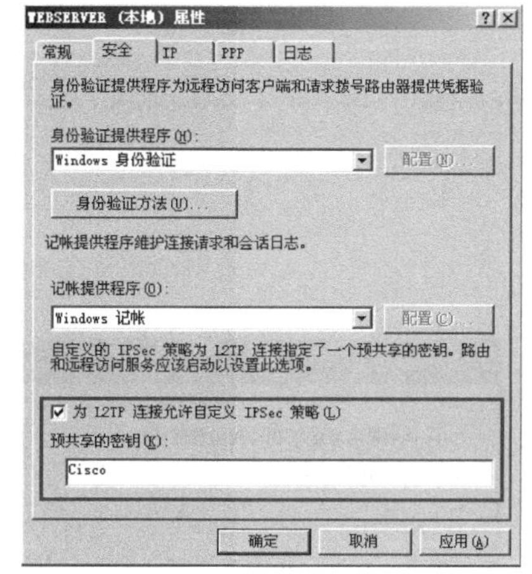

▲图 11-43　设置共享密钥

（3）如图 11-44 所示，在 RemotePC 上，右击建立的 VPN 连接，在弹出的快捷菜单中选择“属性”命令。

（4）如图 11-45 所示，在出现的连接属性对话框的“安全”选项卡中，单击“IPSec 设置”按钮。

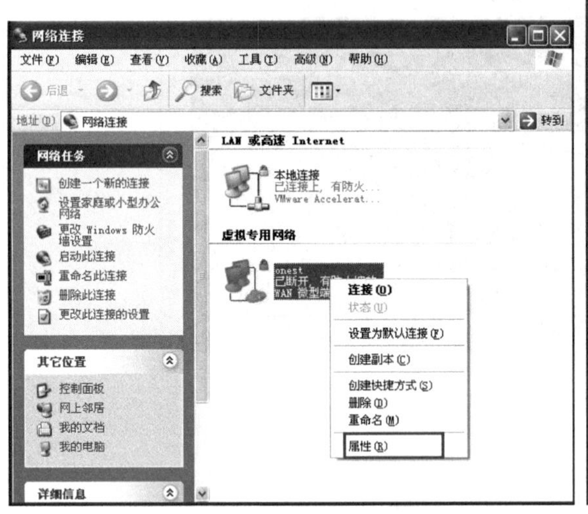

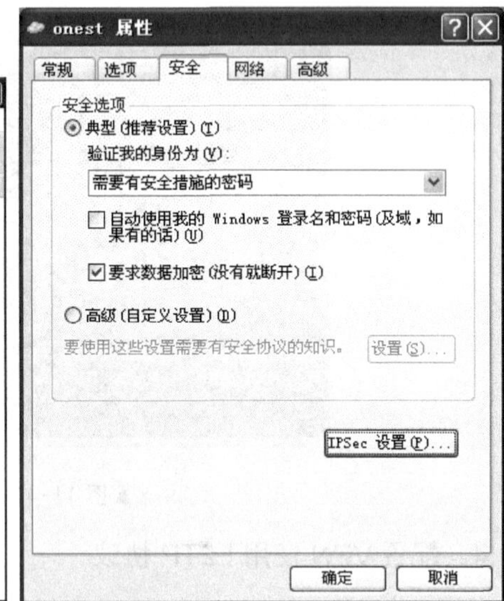

▲图 11-44　更改拨号连接属性　　　▲图 11-45　设置 IPSec

（5）如图 11-46 所示，在出现的“IPSec 设置”对话框中，选中“使用预共享的密钥作为身份验证”复选框，输入密钥，单击“确定”按钮，这个密钥必须和 RAS 上指定的密钥相同。

（6）如图 11-47 所示，在属性对话框的“网络”选项卡中的“VPN 类型”下拉列表框中选中“LZTP IPSec VPN”选项，单击“确定”按钮。

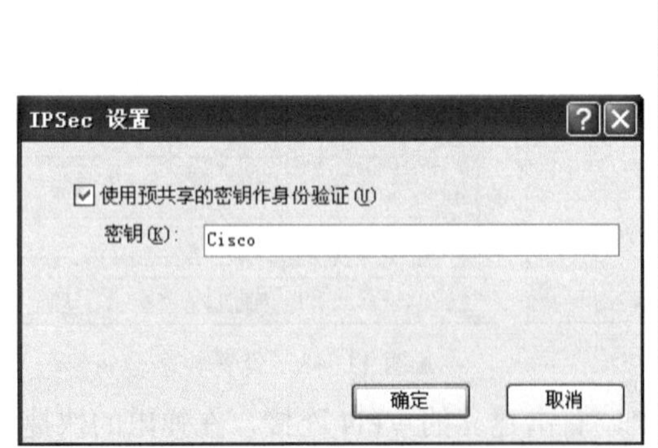

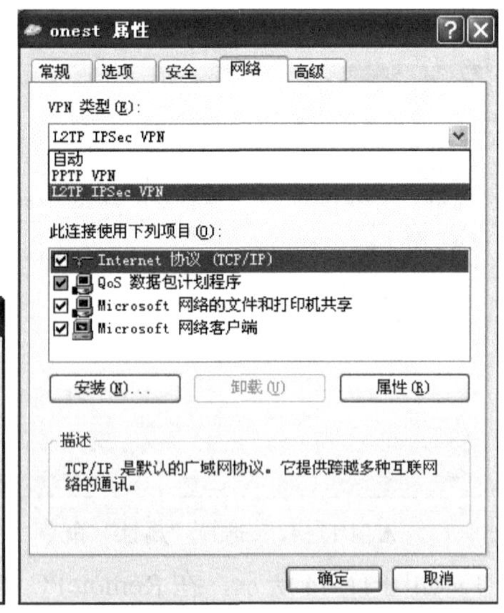

▲图 11-46　设置 IPSec 共享密钥　　　▲图 11-47　指定 VPN 类型

（7）如图 11-48 所示，连接，可以看到使用 L2TP 建立的 VPN 连接，能够 ping 通 RAS 内网的 IP 地址，输入 netstat –n 命令，看不到建立的会话。因为 L2TP 使用的是 UDP 协议的端口 1701。

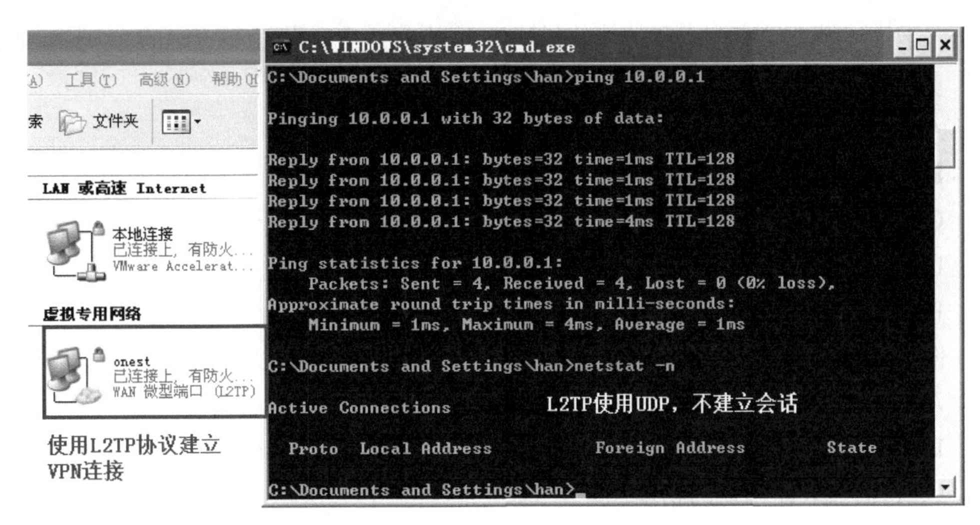

▲图 11-48　使用 L2TP 拨通远程访问服务器

11.4 习 题

1. ________是广域网链路通常的封装。（选择所有正确答案）

   A. Ethernet

   B. PPP

   C. Token Ring

   D. HDLC

   E. Frame Relay

   F. POTS

2. 关于 PPP 特征的描述，下列________是正确的描述。（选择所有正确答案）

   A. 可封装多种不同的路由协议

   B. 只支持 IP

   C. 能够在模拟电路上应用

   D. Cisco 专用

   E. 支持错误诊断

3. 你准备将两个路由器的两个串口创建一个点到点的广域网连接，一端是 Cisco 路由器，另一端是华为路由器，应该使用________命令。

   A. TK1（config-if）# encapsulation hdlc ansi

   B. TK1（config-if）# encapsulation ppp

   C. TK1（config-if）# encapsulation LAPD

   D. TK1（config-if）# encapsulation frame-relay ietf

   E. TK1（config）#encapsulation ppp

4. 关于描述帧中继点到点子接口的描述，下列________描述是正确的。(选择两个答案)

A. 需要用来实现逆向 ARP

B. 每一个 DLCI 映射到一个单独的 IP 子网

C. 多个 DLCI 映射单一 IP 子网

D. 解决 NBMA（none broadcast multiaccess）水平分割

E. Requires use of the frame-relay map command

5. 你的帧中继网络在永久虚电路上使用 DLCI 信息，其目的是________。

A. 它确定了帧中继的封装类型

B. 它们标识在本地路由器和帧中继交换机之间的逻辑虚电路

C. 它们代表路由器的物理地址

D. 它们代表永久虚电路的活跃

6. 下面______命令能够应用到广域网接口，但是不能应用到局域网接口。(选择所有正确答案)

A. IP address

B. encapsulation PPP

C. no shutdown

D. PPP authentication CHAP

E. Speed

F. None of the above

7. 你正在配置的 Cisco 路由器接口使用 PPP 封装，支持______身份验证。(选择两个答案)

A. SSL

B. SLIP

C. PAP

D. LAPB

E. CHAP

F. VNP

8. 在一个实验中，两个路由器使用广域网接口连接，没有 DCE 设备，使链路 up，需要附加的命令。

A. serial up

B. clockrate

C. clock rate

D. dce rate

E. dte rate

习题答案

1．B、 D、 E

2．A、C、E

3．B

4．B、D

5．B

6．B、D

7．C、E

8．C

读书笔记

第 12 章 网络排错和地址自动分配

本章通过一个具体的例子讲解了网络排错的过程，列出了引起网络故障的原因以及解决办法。同时展示了配置路由器作为 DHCP 中继、支持跨网段 IP 地址自动分配的详细步骤。

本章主要内容：

- 网络排错的方法
- 不能访问 Internet 排错过程
- IP 地址自动分配
- 配置路由器作支持 DHCP 中继

12.1 网络排错

排除网络故障除了书本上的知识，还需要经验的积累。下面讲一个故事：

一个小公司通过 ADSL 连接 Internet，计算机和服务器出现的故障经常找我咨询。有一天我接到电话说不能上网了。我让他 ping 网关看看是否通，再 ping 一个公网地址看看通不通，把所有网卡连接拔了再插一遍，把连接猫的电话线拔了再插一遍，把猫和拨号路由器电源重新加电，重新配置拨号路由拨号的账号和密码……，把我所说的方法都试了一遍，还是不通，我都黔驴技穷了。冥思苦想好一阵，忽然想到是不是该交上网费了。我让他打电话咨询一下电信，果然欠费了。缴费之后，一切 OK 了。

以后再解决网络故障时针对 ADSL 拨号用户还要检查是否欠费，经验就是这么积累的。好了，现在告诉大家网络排错的通用方法。

12.1.1 网络排错过程

（1）先看症状。

（2）列出引起该症状的尽可能多的原因。

（3）然后针对每个原因进行排查。

（4）找到原因。

（5）解决问题。

在这里第（2）步非常重要，列出原因的越多，你就越能排除较为复杂的网络故障。

现在就以一个用户不能访问 Internet 为例，给大家展示网络排错的过程。

12.1.2 网络排错案例

如图 12-1 所示：公司 A 计算机不能打开 Internet 网站。

原因：

（1）A 计算机的网线没有连接好。

（2）A 计算机的网卡没有安装驱动。

（3）A 计算机 IP 地址、子网掩码、网关错误。

（4）A 计算机被 ARP 欺骗。

（5）A 计算机域名解析出现故障。

（6）A 计算机设置了 IPSec。

（7）A 计算机 IE 设置了错误的代理服务。

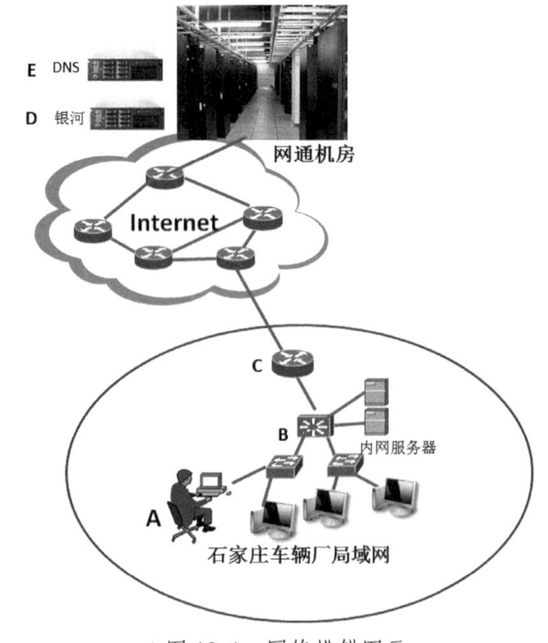

▲图 12-1 网络排错图示

（8）公司路由器 C 设置访问控制列表错误。

排错过程

（1）确定是只有 A 计算机不能访问 Internet，还是和 A 计算机在一个网段的所有计算机都不能访问。如果是只有 A 计算机不能访问 Internet，就在 A 计算机上找原因。

（2）看看 A 计算机是不是有本地连接，如图 12-2 所示，如果没有，需要安装网卡驱动。

（3）如果有“本地连接”，看看网线是否连接正常。如图 12-3 所示。

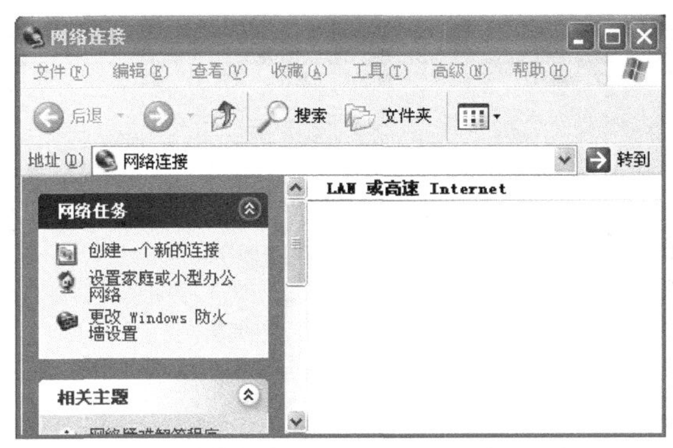

▲图 12-2　没有安装驱动

▲图 12-3　网线没接好

（4）如果有“本地连接”，并且显示“已连接”，看看本地连接是否有收发的数据包。如果只有收的包或只有发的包，你需要重新连接网线，或重新做网线的水晶头。网络通信要求必须能够接收数据包和发送数据包。要是还不行，你就重新卸载网卡驱动，重新扫描硬件，加载驱动。

（5）同时也要看看网卡的速度是否和交换机的接口匹配，默认是自动协商速度。如果强制指定带宽和交换机的接口速度不能匹配成功，网络也不通，如图 12-4 所示。

（6）打开 TCP/IP 属性，可以看到配置的静态 IP 地址、子网掩码和网关，以及 DNS 是否设置正确，如图 12-5 所示。

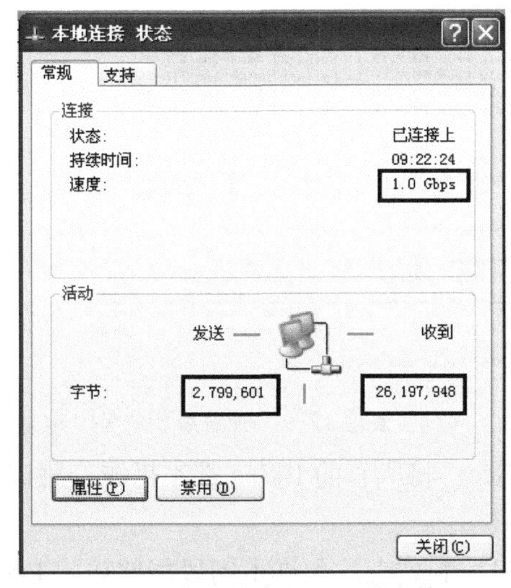

▲图 12-4　查看收发包以及带宽情况

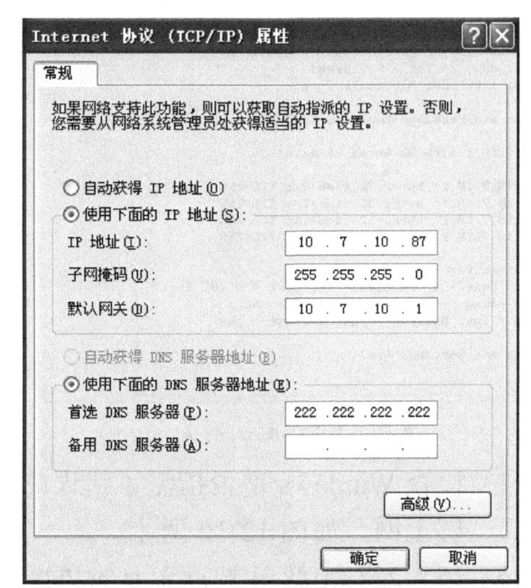

▲图 12-5　查看网络配置

（7）或在命令行下输入 ipconfig /all 查看是否配置正确，如图 12-6 所示，注意自动获取的 IP 地址，以及配置的静态的 IP 地址。如果从这看到的地址和配置的静态地址不一致，需要禁用、启用一下网卡，要是还不行，就重启一下系统。默认情况下 Windows 更改 IP 地址后就直接生效，但是个别情况有例外。使用 ipconfig /all 命令看到的地址是当前生效的地址。

（8）禁用没有用的网卡。多余的网卡上的错误 IP 地址也会造成网络问题，如图 12-7 所示。

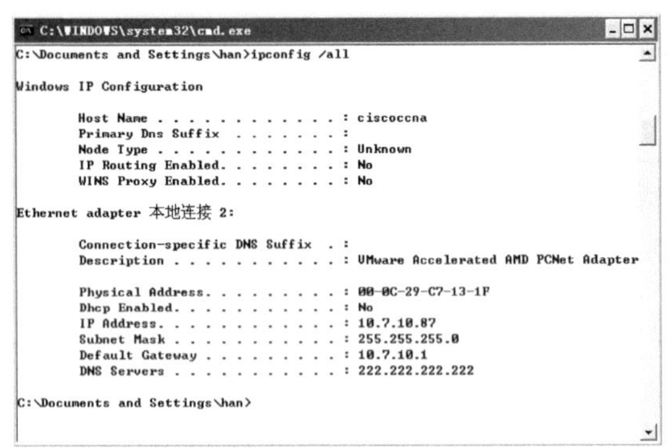

▲图 12-6　查看网络配置

▲图 12-7　禁用无用连接

（9）检查网络连接正常，有收发的数据包，IP 地址子网掩码和网关都正常，就要 ping 网关是否通，ping 本网段的其他计算机是否通。查看 time 的值是否正常，100M 网络如果不堵塞，延迟应该小于 10 毫秒。如果大于 100 毫秒，则要考虑使用抓包工具排错，如图 12-8 所示。

（10）如果 ping 网关不通，ping 本网段其他计算机能够通，则要考虑是否 MAC 地址欺骗。输入 arp –a 查看缓存的网关 MAC 地址，是不是正确网关的 MAC 地址。如果计算机缓存了一个错误的网关 MAC 地址，则要安装 ARP 防火墙，防止 ARP 欺骗，如图 12-9 所示。

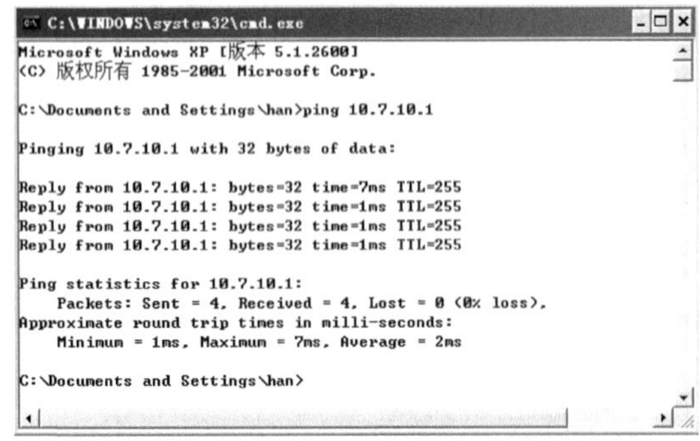

▲图 12-8　测试网关

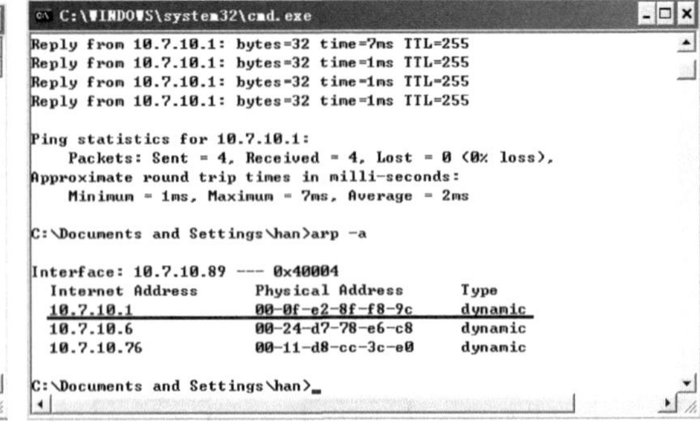

▲图 12-9　查看解析的 MAC 地址

（11）检查 Windows 是否指派了错误的 IPSec，将所有的 IPSec 都不指派，测试是否能够上网，如图 12-10 所示。

（12）检查在公司路由器 C 上是否设置访问控制列表，允许本网段能够访问 Internet。

（13）ping 202.99.160.68 -t，该地址是河北石家庄（中国网通）DNS 服务器地址，我经常用该地址测试是否能访问 Internet，如图 12-11 所示。

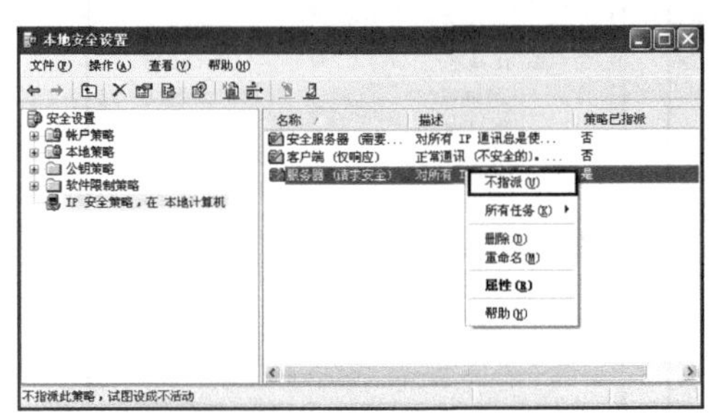

▲图 12-10　禁用 IPSec

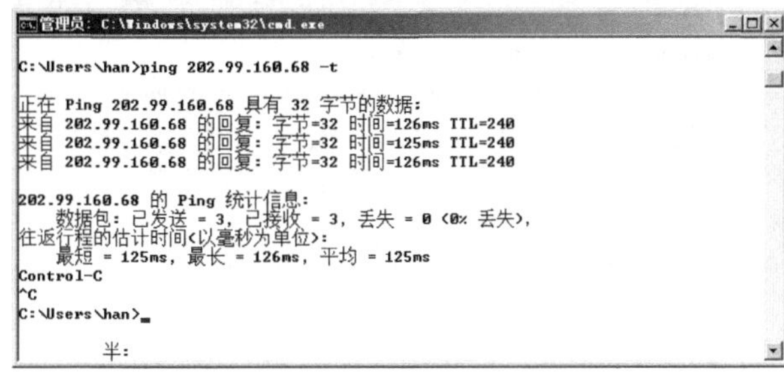

▲图 12-11　测试网络

（14）ping 域名，查看是否能解析到网站的域名。如图 12-12 所示，ping www.inhe.net 能够解析域名，且还能够通，ping www.microsoft.com 解析域名成功，只不过该网站不允许 icmp 协议出入，你别误认为该网站不能访问。如果你的 DNS 设置错误，你的计算机就不能进行域名解析，这时可以而为你的计算机配置多个 DNS 服务器，如图 12-13 所示。

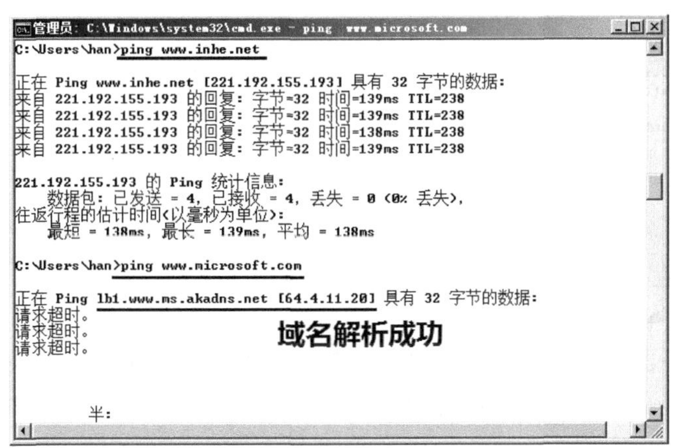

▲图 12-12　测试域名解析

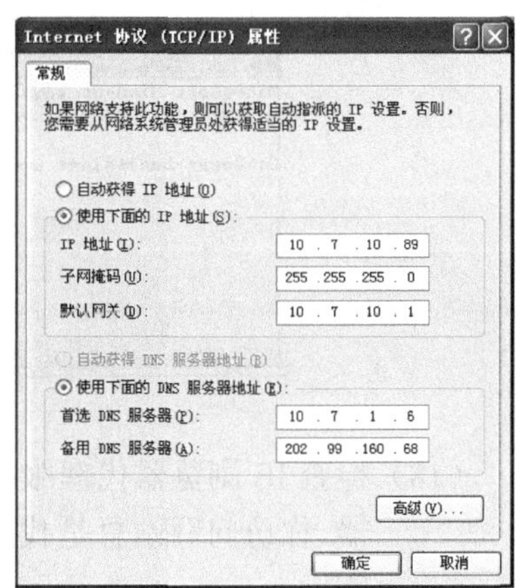

▲图 12-13　配置多个 DNS 服务器

（15）如果个别网站访问不了，也可能是病毒向你的计算机 C:\Windows\System32\drivers\etc\hosts 文件添加内容了。使用记事本打开该文件。只保留如图 12-14 内容就可以。该文件存储域名和 IP 地址的对应关系，如果该文件有就不用 DNS 解析了。所以如果病毒给你在该记事本中添加一条 22.22.22.22 www.baidu.com，你就不能访问百度网站了。你 ping www.baidu.com 可以看到解析的地址是 22.22.22.22，如图 12-14 所示。

（16）如果你的计算机使用错误的 DNS 服务器解析到了错误的 IP 地址，或 ARP 解析到了错误的 MAC 地址，你可以通过“修复”按钮清除缓存，如图 12-15 所示。

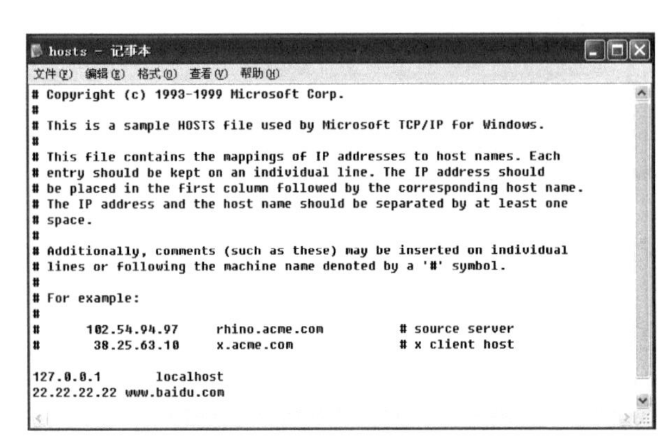

▲图 12-14　Host 文件

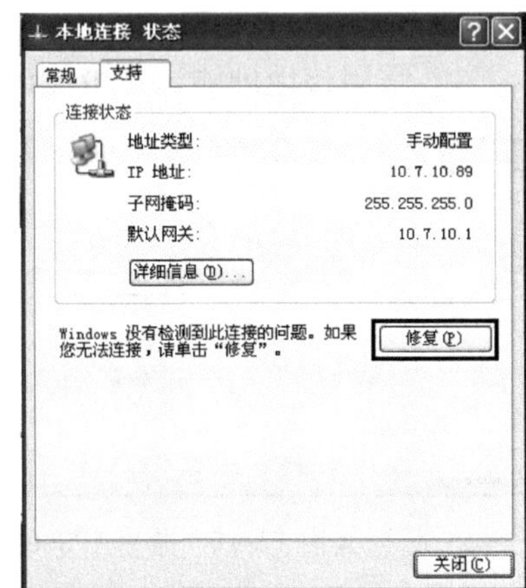

▲图 12-15　修复网络连接

（17）如果 ping www.inhe.net 能够解析到 IP 地址。测试是否能够访问 Web 服务，就要使用 telnet www.inhe.net 80 进行测试。如图 12-16 所示，如果能够成功，则你的计算机就应该能够访问该网站。如果 IE 还是访问不了，应该检查你的 IE 浏览器设置，是否设置了错误的代理服务器。

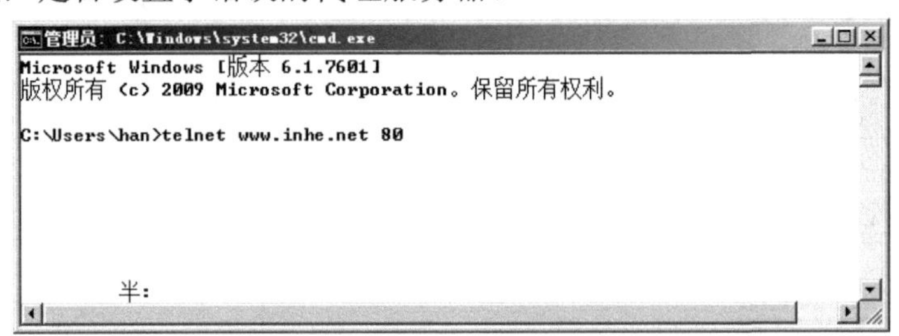

▲图 12-16　telnet 测试

（18）检查 IE 浏览器代理服务器设置。有些病毒给你设置了一个并不存在的代理服务器。你访问网站总是找这个代理服务器，当然打不开网页了。如图 12-17 和图 12-18 所示。

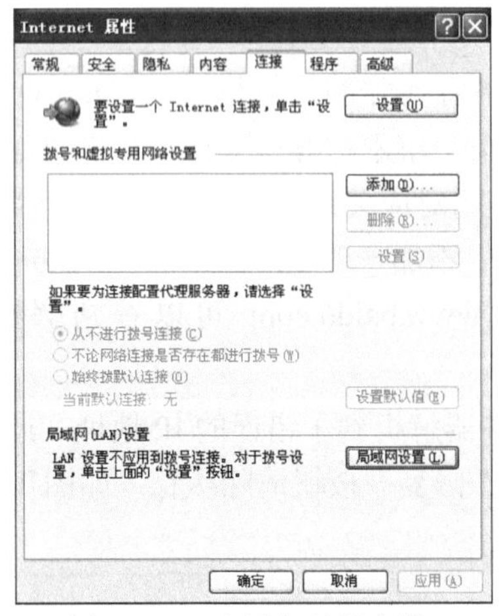

▲图 12-17　配置代理服务器

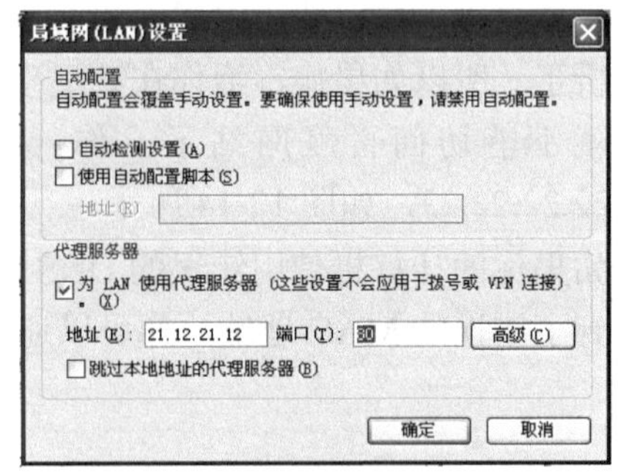

▲图 12-18　检查代理服务器设置

12.2 IP 地址自动分配方案

计算机的 IP 地址可以自动分配也可以指定静态 IP 地址。

在移动频繁的网络环境（如使用笔记本）中，计算机 IP 地址最好设置为自动获得，由 DHCP 服务器自动为计算机分配 IP 地址。在计算机较为固定的网络环境中，IP 地址最好设置为固定的。

动态主机配置协议（DHCP）是一个 TCP/IP 标准，用于减少网络客户机 IP 地址配置的复杂度和管理开销。Windows Server 2003 或 Windows Server 2008 提供 DHCP 服务，该服务允许一台计算机作为 DHCP 服务器并配置用户网络中启用 DHCP 的客户计算机。DHCP 在服务器上运行，能够自动集中管理 IP 地址和用户网络中客户计算机所配置的其他 TCP/IP 设置。

DHCP 的优点

对于基于 TCP/IP 的网络，必须要进行 IP 数据的配置，例如 IP 地址、子网掩码或默认网关等，可以使用两种方式进行自定义的 TCP/IP 配置：

- 手动 TCP/IP 配置

可以通过手动输入的方式为网络上的每个设备设置其 IP 配置数据。

手工输入不可避免地会产生输入错误。这些错误也许会导致通信无法正常进行或 IP 地址冲突。而且某些情况下，网络中的计算机（例如笔记本电脑）会经常性变换它们所处的网段。手工输入方式不适合比较大的网络，管理负担会过于繁重。

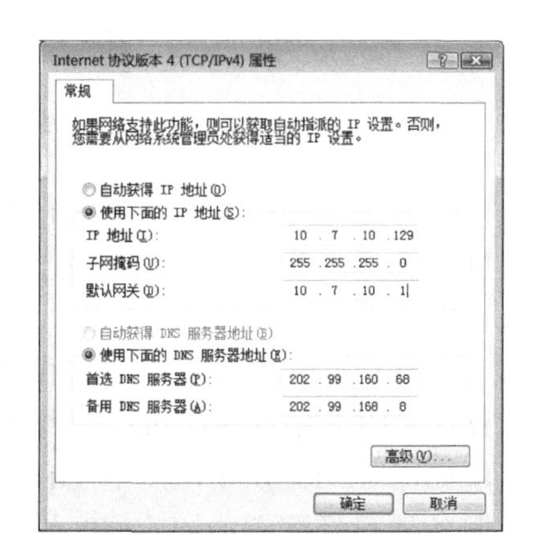

▲图 12-19 静态地址

- 自动 TCP/IP 配置

使用 DHCP 进行自动化配置，当将 DHCP 服务器设置为支持 DHCP 客户端时，DHCP 服务器将自动把相关的配置信息提供给 DHCP 客户端。

这种方式保证网络中的客户端会得到正确配置。而且，如果需要对某些客户端的 IP 配置数据做出调整，只需要在 DHCP 服务器上一次完成，然后 DHCP 服务器将自动更新这些客户端上的配置信息以使这些调整生效。

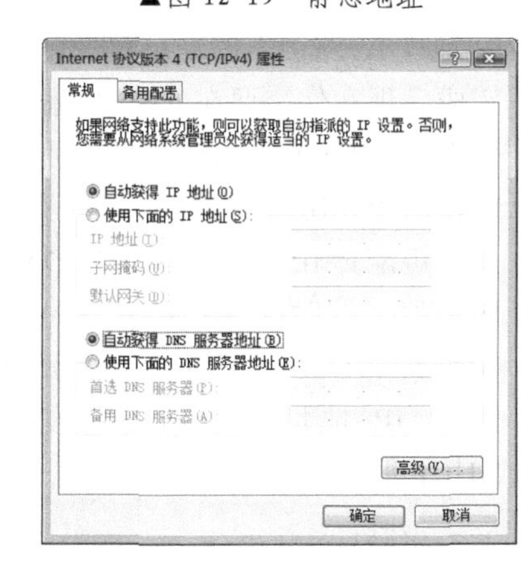

▲图 12-20 自动获得 IP 地址配置

使用 DHCP 的优点

- 安全可靠的配置 DHCP 把手工 IP 地址配置所导致的配置错误减少到最低程度，比如输入错误或者把当前已分配的 IP 地址再分配给另一台计算机所造成的地址冲突等。
- 减少了网络管理工作量。

- TCP/IP 配置是集中化和自动化的。网络管理员能集中定义全局和特定子网的 TCP/IP 配置。使用 DHCP 选项可以自动给客户机分配全部范围的附加 TCP/IP 配置值。
- 客户机配置的地址变化必须经常更新，比如远程访问客户机经常到处移动，这样便于它在新的地点重新启动时，高效而又自动地进行配置。

> **提示** 大部分路由器能转发 DHCP 配置请求，这就减少了在每个子网设置 DHCP 服务器的必要，除非有其他原因。

举例来说：在一个中型网络中，需要设置 200 台计算机的 IP 配置信息。如果没有 DHCP，就需要一台接一台的手工设置这 200 台计算机，而且设置完成后，还需要牢记这 200 个设置。如果要对这些计算机的 IP 配置做出变动，还需要再做一遍以上的工作。

有了 DHCP，只需为服务器添加一个 DHCP 服务器角色就可以支持这 200 个网络客户端。当需要对 IP 设置做变动的时候，只需在 DHCP 服务器上一次完成，然后每个 TCP/IP 网络上的主机将会更新它们的 DHCP 客户端配置。

12.2.1 配置路由器支持跨网段分配 IP 地址

下面就为你展示使用 DHCP 服务器为多个网段计算机分配 IP 地址过程。

打开第 12 章 01 配置路由器作为 DHCP 中继代理.pkt，网络环境如图 12-19 所示，图中 DHCP 服务器已经配置为固定 IP 地址（DHCP 服务器必须配置为固定 IP 地址），路由器的地址已经配置完成，现在你需要在 DHCP 服务器上为 Office1 和 Office2 两个网段创建两个作用域，为这两个网段的计算机配置 IP 地址、网关和 DNS 服务器。同时配置路由器支持将 Office1 和 Office2 两个网段计算机请求 IP 地址的数据包转发到 DHCP 服务器 192.168.0.100。

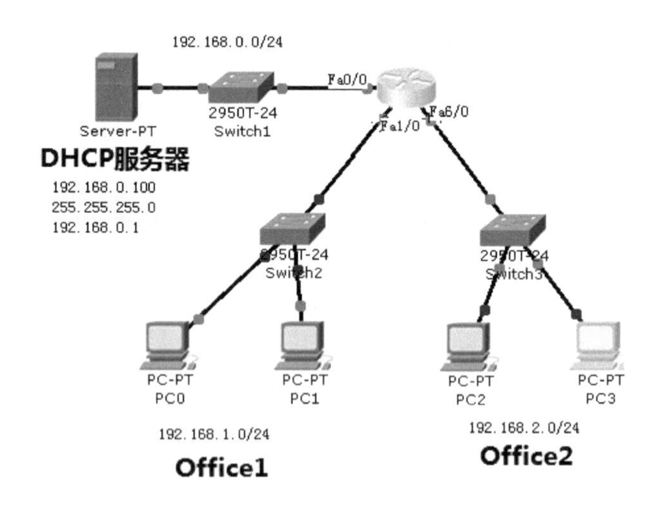

▲图 12-21 DHCP 中继示意图

步骤：

（1）在 DHCP 服务器上为 Office1 添加一个地址池，配置网关和 DNS 服务器，以及分配指的数量，点击 Add 按钮。

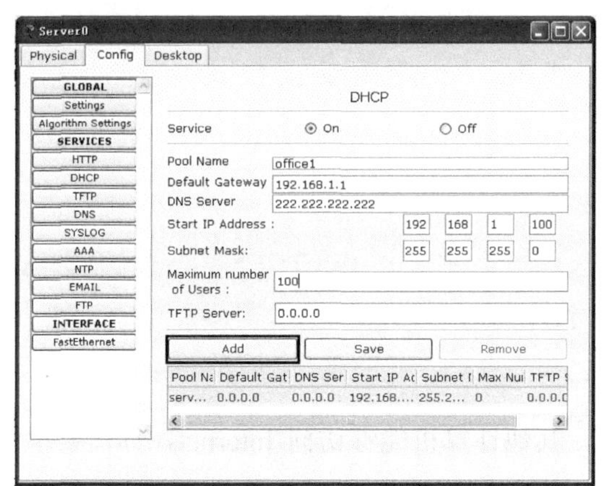

▲图 12-22　为 Office1 创建作用域

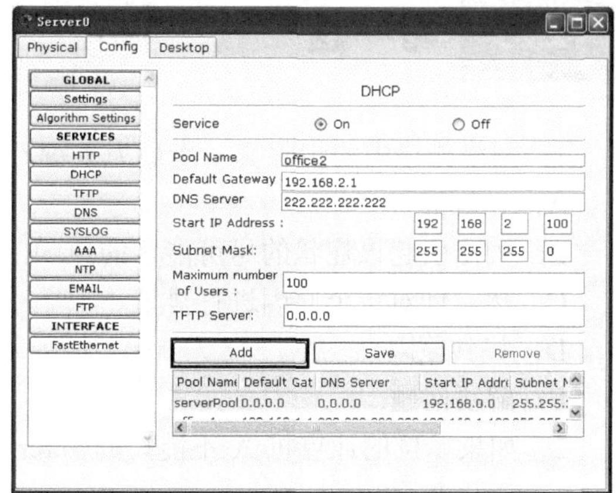

▲图 12-23　为 office2 创建作用域

（2）在路由器上的配置。进入连接 Office1 网段的接口，配置 DHCP 中继代理，进入链接 Office2 网段的接口，配置 DHCP 中继代理，如图 12-24 所示。

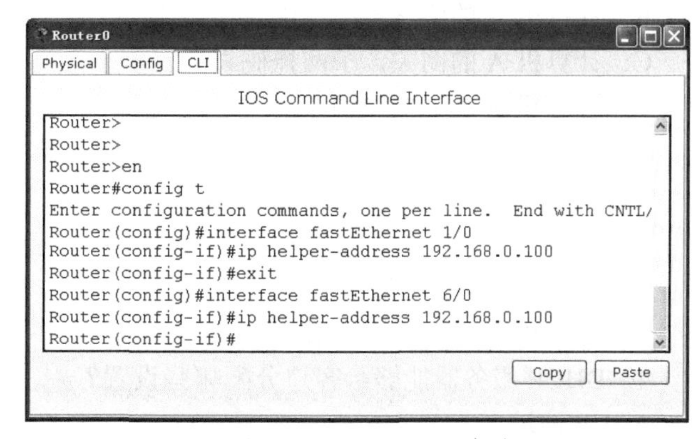

▲图 12-24　配置 DHCP 中继

（3）在 Office1 网段中的 PC0 上测试，可以看到 DHCP 自动分配的地址、子网掩码和网关以及 DNS。如果请求失败，可以选中 Static 选项，再选中 DHCP 选项，再次请求，如图 12-25 所示。

（4）在 Office2 网段的 PC2 上测试，如图 12-26 所示，能够自动得到 IP 地址。

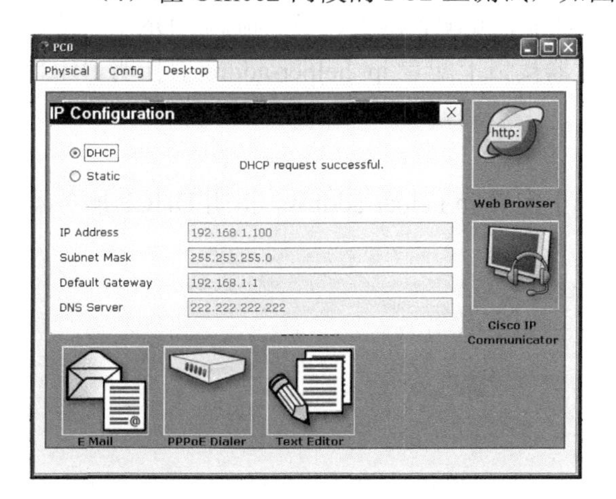

▲图 12-25　在 PC0 上自动获得地址

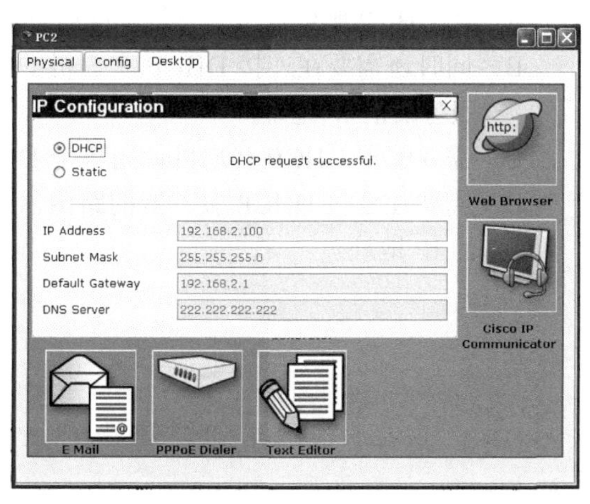

▲图 12-26　在 PC2 上自动获得地址

12.3 习 题

1．网络排错中的步骤哪一步最为关键？
A．先看症状
B．列出引起该症状的尽可能多的原因
C．然后针对每个原因进行排查
D．找到原因
E．解决问题
2．如果单位的计算机 A 不能访问 Internet，其他计算机能够访问 Internet，你需要检测哪几方面？
A．单位路由上的路由表
B．计算机 A 的网络连接、IP 地址配置
C．计算机 A 的网关，子网掩码设置
D．计算机 A 的 DNS 设置
3．如果你单位所有计算机不能访问 Internet，你需要检查哪儿方面？
A．交换机上的 VLAN 划分是否正确
B．路由器上的访问控制列表是否正确配置
C．检查路由器上的路由表
D．逐个检查计算机的 IP 配置
4．DHCP 服务器能够给客户分配哪些设置？
A．IP 地址
B．子网掩码
C．网关
D．DNS
5．实现跨网段 DHCP 地址分配，需要哪些设置？
A．在 DHCP 服务器上，为每个网段创建地址池，并配置网关、子网掩码、DNS 等设置
B．同时还需要在连接 DHCP 客户机的路由器接口上配置 ip helper-address 指明 DHCP 服务器的 IP 地址
C．需要配置 DHCP 客户机使用哪个 DHCP 服务器
D．需要在连接 DHCP 服务器的路由器接口上配置 ip helper-address 指明 DHCP 服务器的 IP 地址

习题答案

B

BCD

ABC

ABCD

AB